건축설계 제도

도면 이해하고 따라하기

김영민·이혜명·정용훈 지음

ARCHITECTURE
DESIGN & DRAWING

 성안당
www.cyber.co.kr

저 자 소 개

김영민
· 공학박사(수료)
· 건축사
· 현. 국제대학교 건축과 교수

이혜명
· 공학박사
· 현. 국제대학교 컴퓨터정보통신과 교수

정용훈
· 성균관대학교 과학기술대학원 석사
· 현. 다인플랜건축사사무소 대표이사
  국제대학교 건축과 겸임교수

건축설계·제도
도면 이해하고 따라하기

2009. 3. 10. 초 판 1쇄 발행
2013. 10. 25. 초 판 3쇄 발행
2017. 9. 15. 개정증보1판 1쇄 발행
2019. 3. 26. 개정증보1판 2쇄 발행

지은이 | 김영민, 이혜명, 정용훈
펴낸이 | 이종춘
펴낸곳 | BM (주)도서출판 성안당
주소 | 04032 서울시 마포구 양화로 127 첨단빌딩 3층(출판기획 R&D 센터)
     | 10881 경기도 파주시 문발로 112 출판문화정보산업단지(제작 및 물류)
전화 | 02) 3142-0036
     | 031) 950-6300
팩스 | 031) 955-0510
등록 | 1973. 2. 1. 제406-2005-000046호
출판사 홈페이지 | www.cyber.co.kr
ISBN | 978-89-315-6370-2 (93540)
정가 | 29,000원

이 책을 만든 사람들
기획 | 최옥현
진행 | 이희영
교정·교열 | 문 황
전산편집 | 최은지
표지 디자인 | 박현정
홍보 | 김계향, 정가현
국제부 | 이선민, 조혜란, 김혜숙
마케팅 | 구본철, 차정욱, 나진호, 이동후, 강호묵
제작 | 김유석

■ 도서 A/S 안내

Preface

최근 들어 수많은 건축관련 서적들이 새롭게 나와 있지만 건축을 처음 접하는 경우 건축관련 공부를 어디서부터 어떻게 시작해야 하며, 어떤 책을 선정해야 할지 막막할 것입니다. 더욱이 건축설계와 관련해서는 건축도면을 보고 이해를 해야 하는데 주변의 전공서적을 뒤적여 보아도 건축설계와 관련하여 체계적이면서 논리적으로 정리된 책을 만나기란 쉽지 않을 것입니다.

건축설계와 관련해서는 건축도면을 충분히 이해하고 설계도면을 그려야 함에도 불구하고 지금까지 대학에서는 그저 건축도면을 보고 그대로 따라 그리는 수준에 머물러 있지 않았나 하는 안타까움을 저자는 늘 가지고 있었습니다.

이러한 문제점을 해결하기 위해 건축을 처음 시작하는 학생들에게 건축제도의 기초부터 설계까지 스스로 도면을 이해하고, 이를 바탕으로 해서 건축도면을 그리는 데 도움을 주고자 고민하며 본 원고를 준비하였습니다.

먼저 건축도면을 보고 이해하는 데 필요한 기초과정으로 건축제도의 기초, 건축구조의 이해, 철근 배근도의 이해라는 기초단계를 거친 후 평면도, 입면도, 단면도 그리기를 위한 전 과정을 그리는 순서에 따라 본 교재에 표현하였으며, 여기에 충분한 이해를 돕기 위해 3D형태의 표현을 추가하였습니다.

저자는 학생들이 대학을 졸업했음에도 불구하고 학생 스스로 건축도면(평면도, 입면도, 단면도 및 구조도)을 이해하고 그려내는 데 어려움이 많다는 것을 잘 알고 있습니다. 이를 조금이나마 해결하기 위해 『건축설계 · 제도(도면 이해하고 따라하기)』를 몇 년 동안의 준비과정을 거쳐 관련 전문가의 검토 및 수정 · 보완을 거듭한 끝에 원고가 완성되어 책으로 나오게 되었습니다. 물론 부족함이 많은 원고입니다. 하지만 저자의 능력으로 최선을 다하였습니다. 부족한 부분은 더욱 더 노력하여 보완하도록 하겠습니다.

본 원고가 완성되기까지 설계도면의 전개과정 및 구조도의 이해를 실무에서 곧바로 적용 가능하도록 현장 중심형 설계도면으로 정리하신 정용훈 교수님, 건축설계도면을 3D로 입체적 표현을 담당하신 이혜명 교수님의 노고로 인하여 본 원고가 다시 정리되었습니다.

끝으로 본 원고가 교재로 나올 수 있도록 도움을 주신 출판사 관계자 여러분께도 감사를 전합니다.

저자를 대표하여

김영민

|출처|
Sketch: Greenpeace, Alameda, California
12″×8″(30.5×45.7cm)
Medium: Pencil and technical pens
Courtesy of William P.Bruder, Architect

출제기준(산업기사)

01 | 출제기준

직무 분야	건설	중직무 분야	건축	자격 종목	건축산업기사	적용 기간	2017.1.1.~2019.12.31.

- 직무내용 : 건축에 관한 공학적 기술이론을 가지고 건축물의 설계, 구조설계, 환경 · 설비 등의 시공 및 공사감리, 사업관리, 감독 등의 직무 수행
- 수행준거
  ① 건축물의 부분별(기초, 기둥, 벽체, 보 및 바닥, 계단, 지붕, 창호, 반자, 마감) 시공도면을 작성할 수 있다.
  ② 단독주택의 도면을 작성할 수 있다.
  ③ 공동주택의 도면을 작성할 수 있다.
  ④ 상업건축의 도면을 작성할 수 있다.

실기검정방법	작업형	시험시간	4시간 정도

주요 항목	세부 항목	세부 내용
건축시공실무 (건축제도)	1. 기본설계도면 작성하기	(1) 건물 전체의 층수와 층고 및 천정고, 주요 Open공간 등 건물의 크기와 공간의 형태가 표현되고, 대지와의 관계가 표현된 단면도를 작성할 수 있다.
	2. 실시설계도서 작성하기	(1) 최종 결정된 내용을 상세하게 표현한 실시설계 기본도면을 작성할 수 있다. (2) 시공과 기능에 적합한 상세도를 작성할 수 있다. (3) 구조 계산서를 기준으로 구조도면과 각종 일람표를 작성할 수 있다.

02 | 수검자 유의사항

(1) 건축제도의 원칙을 반드시 준수하되 명기되지 않은 조건은 일반시공기준을 적용한다.

(2) 주어진 트레이싱지에는 연필로만 작도한다. 일체 다른 것을 사용시에는 채점대상에서 제외된다.

(3) 시험장에서 지급된 재료 이외의 재료를 사용할 수 없으며 시험 중 재료교환은 허용되지 않는다.

(4) 수검자는 주어진 조건을 반드시 지켜야 한다.

(5) 다음과 같은 조건은 채점대상에서 제외한다.
- 주어진 조건을 지키지 않고 작동한 경우
- 전체 도면을 작도하지 않은 경우
- 구조적 또는 기능적으로 사용 불가능한 경우
- 각 부분의 표현이 미숙하여 공사비를 산출할 수 없는 경우

(6) 주어진 표준시간을 초과할 경우 초과된 시간 10분 이내마다 전체 득점에서 5점 감점한다.

(7) 주어진 연장시간을 30분 초과하면 채점대상에서 제외된다.

(8) 각 도면명은 아래 예시와 같이 도면의 중앙 하단에 기입하고 일체 다른 표기를 할 수 없다.

예시 :   A부분 단면 상세도   S=1/30

(9) 완성된 도면은 감독위원에게 제출한 후 다음 도면을 작도하도록 한다.

(10) 표제란은 도면 좌측 상단에 볼펜으로 기입한다.

CONTENTS

01 | 건축제도의 기본

1. 건축제도의 준비 / 003
2. 건축제도의 기본 이해하기 / 007
❑ 과제 연습 / 017

02 | 건축공간 및 규모 이해

1. 건축공간 및 규모 이해하기 / 027
❑ 과제 연습 / 031

03 | 건축구조의 이해

1. 건축구조 이해하기 / 035

04 | 건축설계의 기본

1. 건축설계의 기본 이해하기 / 041
2. 상세도 이해하기 / 048
❑ 과제 연습 / 065

05 | 구조도의 이해

1. 벽체의 종류와 구조도 / 083
2. 중심선 이해하기 / 084
3. 기둥 이해하기 / 086
4. 보 이해하기 / 088
5. 슬래브, 기초 이해하기 / 090

06 | 평면도 그리기

1. 1층 평면도 그리기 / 093
2. 2층 평면도 그리기 / 112
3. 옥탑층 평면도 그리기 / 121
❑ 과제 연습 / 129

07 | 입면도 그리기

1. 1층 입면도 그리기 / 137
2. 2층 입면도 그리기 / 151
3. 옥탑층 입면도 그리기 / 161

08 | 단면도 그리기

1. 1층 단면도 그리기 / 171
2. 2층 단면도 그리기 / 183
3. 옥탑층 단면도 그리기 / 195

09 | 철근 배근도 이해하기

1. 전체 철근 배근도 이해하기 / 209
2. 기초 철근 배근도 이해하기 / 214
3. 기둥 철근 배근도 이해하기 / 216
4. 보 철근 배근도 이해하기 / 218
5. 파라펫 철근 배근도 이해하기 / 220
6. 기초, 기둥, 지중보 연결 이해하기 / 221
7. 계단 이해하기 / 222
8. 배근도 이해하기 / 224

부록 Ⅰ | 기출문제 분석

1. 단독주택 1 / 233
2. 단독주택 2 / 237
3. 단독주택 3 / 241
4. 아파트 1 / 245
5. 아파트 2 / 249
6. 아파트 3 / 253
7. 근린생활시설 1 / 257
8. 근린생활시설 2 / 261
9. 근린생활시설 3 / 265

부록 Ⅱ | 시공완료된 실시설계도면

1. 단독주택편 / 269
2. 근린생활시설편 / 295

건축제도의 기본

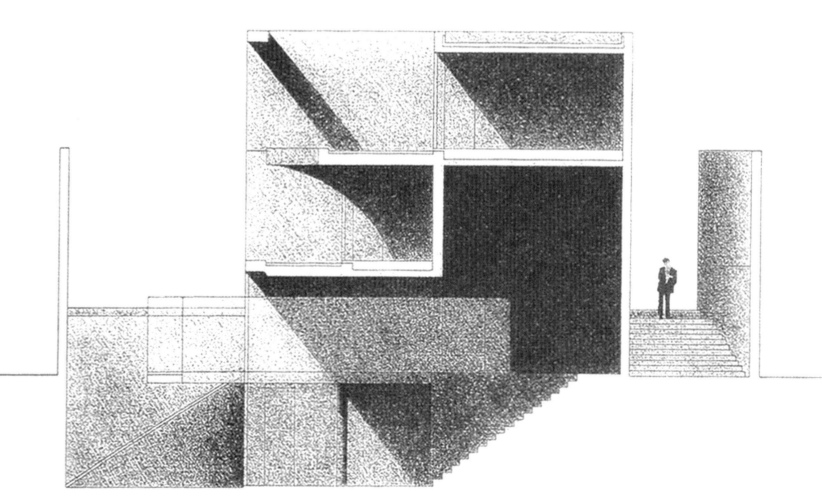

|출처|
Drawing: I Gallery, Tokyo, Japan
429×297cm(16.9"×11.7"), Scale: 1 : 100
Medium: Colored pencil on the copy of the inked drawing
Courtesy of Tadao Ando, Architect

(1) 제도용 기본 도구

제도판		제도판의 종류 • A0판(특대판) : 1200×900mm • B0판(대판) : 1050×800mm • A1판(중판) : 900×600mm • A2판(소판) : 600×450mm • A3판(휴대용 소판) : 450×325mm
T자		• 수평선을 그리는데 사용한다.
각도자 & 삼각자		• 수직과 사선을 그을 때 사용한다. • 작업에 가장 많이 사용되므로 관리 철저
스케일		• 3면이 축척으로 이루어져 있다. • 축척은 1/100~1/600로 되어 있다.
제도용 비		• 제도판 위 지우개 찌꺼기를 치울 때 사용한다.
샤프 및 샤프심		• 샤프는 0.5mm, 0.7mm, 0.9mm를 사용한다.
템플릿		• 각종 표시 기호가 축척별로 있다.
지우개 & 지우개판		• 도면을 지울 때 부분수정이 요구될 때 지우개판을 사용한다.
마스킹테이프		• 트레이싱지를 붙일 때 사용한다.
도면통(화통)		• 도면을 보관하는 통

(2) 제도 용지 레이아웃

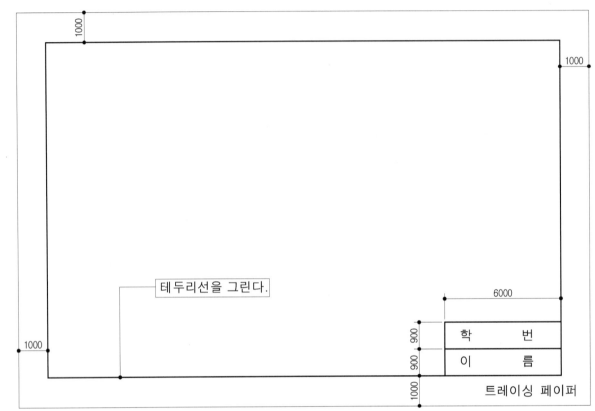

테두리선을 그린다.

| 학 | 번 |
| 이 | 름 |

트레이싱 페이퍼

✅ 트레이싱 페이퍼는 규격 구분없이 전체적으로 100mm를 띄우고 도면을 그린다.

(3) 선긋기

표 현	명 칭	용 도
	굵은 실선	기둥, 외벽, 단면선
	중간 실선	치수선, 지시선
	가는 실선	입면 및 빗금
	점선	숨은선
	일점쇄선	중심선
	이점쇄선	대지경계선
8.000	치수 보조선	치수 기입
	해치선	벽돌 단면 표현

(4) 도면의 표현 효과

1) 도면 축번호 표기

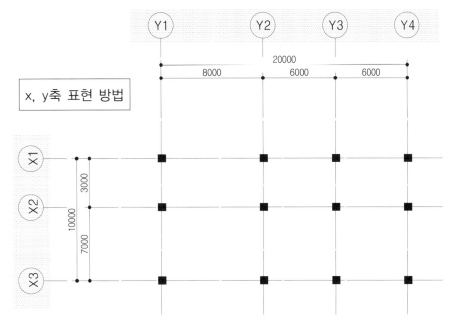

x, y축 표현 방법

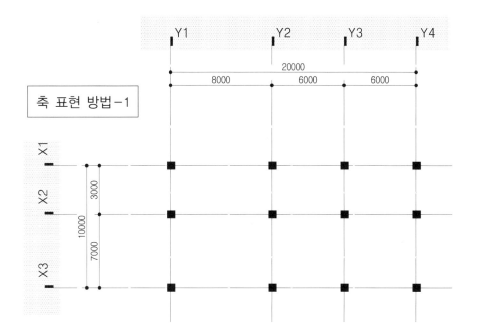

축 표현 방법-1

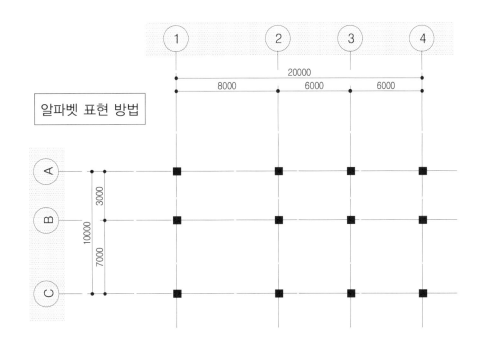

알파벳 표현 방법

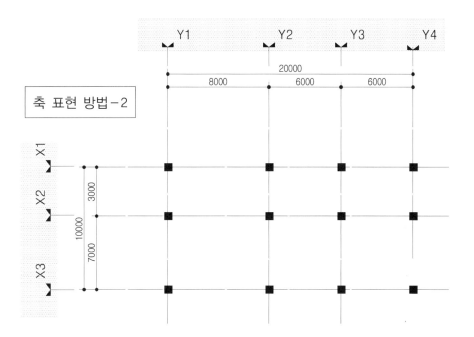

축 표현 방법-2

2) 방위각의 기본 표기

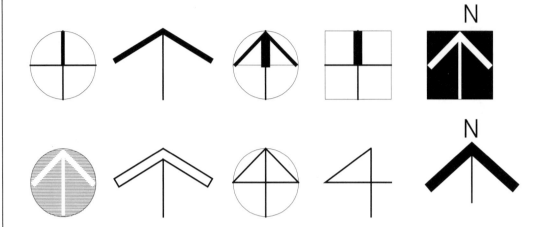

3) 도면명 표기

1층 평면도
SCALE:1/200

A | 01

1층 평면도
SCALE:1/200

A−01

4) 출입구 표기

5) 레벨 표기

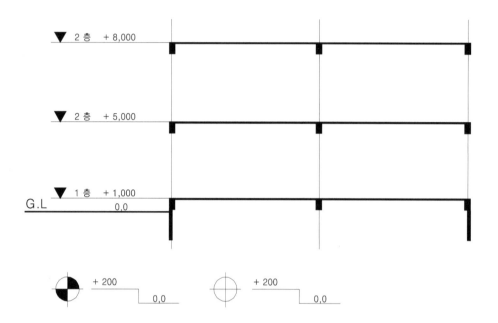

▼ 2 층   + 8,000

▼ 2 층   + 5,000

▼ 1 층   + 1,000
G.L   0,0

+ 200
0,0

+ 200
0,0

6) 단면 절단 표기

A−01

✅ 도면의 표현 효과

도면의 표현 효과는 설계자의 창의성과 독창성에 따라 다양하게 표현할 수 있다. 도면은 보여주는 작품이므로 다양한 표현은 그 설계도서가 하나의 작품으로 탄생될 수 있다. 이러한 작품은 건축주나 시공자가 한눈에 도면을 이해하고 소화하는데 많은 도움이 될 것이다. 하나의 선이나 점도 그 설계도서는 작품으로 표현됨을 잊어서는 안 된다.

PART 02 | 건축제도의 기본 이해하기

(1) 도면 이해하기

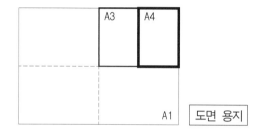

도면 용지

✅ 제도 용지의 크기는 KS A 5201(종이의 제단치수) A열에 따른다. 설계도면의 적당한 크기는 A1, A2이며, 기본설계는 A3를 사용한다. 도면을 철할 때는 좌측으로 함에 따라 여백을 고려하고, 위 아래 우측의 여백도 적당히 고려하여야 한다.

제도 용지의 크기 (단위 : mm)

용지 번호	A0	A1	A2	A3	A4	A5	A6
도면 크기	841×1189	594×841	420×594	287×420	210×297	148×210	105×148

(2) 선 이해하기

① 건축도면은 수없이 많은 선으로 이루어져 있어 복작한 도면을 이해하기 위하여 여러 종류의 선이 사용된다.

② 선은 일반적으로 굵은선, 보통선, 가는선으로 구분하여 사용되어 진다.

③ 또한 보이지 않는 부분의 표현은 파선(은선 : 보이지 않는 숨은선)으로 표현한다.

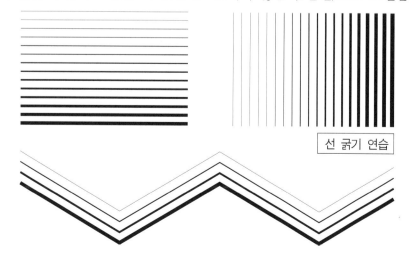

선 굵기 연습

1) 선의 종류

보이는 선(실선)

절단된 면의 아래, 위선(파선)

중심선

대지경계선

통신회로선

2) 선의 굵기

선의 굵기 표현(굵은선)

선의 굵기 표현(약간 굵은선)

선의 굵기 표현(보통선)

3) 선의 성질

1층, 2층, 지붕층 평면도
(SCALE : 1/300)

✅ 도면 작업시 선의 굵기에 대한 표현은 대단히 중요하다. 선의 굵기 표현에 따라 도면의 효과가 나타나는데 단면이 절단된 철근콘크리트의 선은 가장 굵은선으로, 벽체의 단면선은 약간 굵은선으로, 일반적인 표현은 보통선으로 한다.
보이지 않는 위층선과 아래층의 선은 일반적으로 파선(점선)으로 표현하되 파선(점선)의 간격 및 굵기에 따라 위층, 아래층으로 구분하기도 한다.

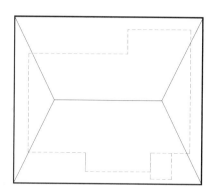

4) 선의 마무리

선의 시작과 끝은 시작시 힘을 준 후 일정한 힘의 크기로 선을 긋고 끝난 후에는 처음과 같이 힘
주어 마무리한다. 파선, 점선은 가능한 일정한 크기와 간격을 유지하여야 한다. 각이 서로 맞물리
는 경우에는 교차된 부분이 정확히 마무리 되도록
정리하여야 한다. 선을 그을 때는 중복하여 선을
긋는 것은 좋지 못하며, 선은 왼쪽에서 오른쪽으
로 긋고, 아래에서 위로 선을 긋는다. 펜은 항상
시계방향으로 돌려 주면서 긋는다.

좋다 나쁘다 나쁘다

선의 마무리

(3) 글자 이해하기

건축 도면에서 글자의 크기와 모양에 따라 도면의 표현이 돋보여 누구나 도면을 보면 도면이
살아있다고 말하기도 한다. 이처럼 글자의 적절한 크기와 모양은 건축도면 표현 효과에 대단히
중요하다. 일반적으로 건축도면에서 글자의 서체는 고딕체를 기준으로 일부 변형된 글자를 본
인이 선택하여 사용하면 된다. 글자는 수직 또는 약간의 경사를 두면서 쓴다. 숫자는 아라비아
숫자를 쓰도록 한다.

| 글씨를 크게 표현하는 경우 |

**배치도 1층평면도 2층평면도 3층평면도
지붕층평면도 입면도 단면도 단면상세도
보복도 창호도 연면적 건축면적 건폐율
바닥면적 주차댓수 조경면적 맨홀상세도**

| 글씨를 적절히 표현하는 경우 |

사무소 공간을 충분히 고려하여 공간활용 계획을
작성하여 가설계도면을 만든다. 이를 기초로 하여
실시설계가 이루어진다. 배치계획은 건축주 말을
충분히 듣고 설계자가 건축설계 도면을 만듬

| 숫자의 크기에 따른 표현 느낌 |

123456

12345678

123456789

12345 678910

12345 678910

설계자 : 손제석
지성건축사사무소
이천시 신둔면 주택
2007. 05.

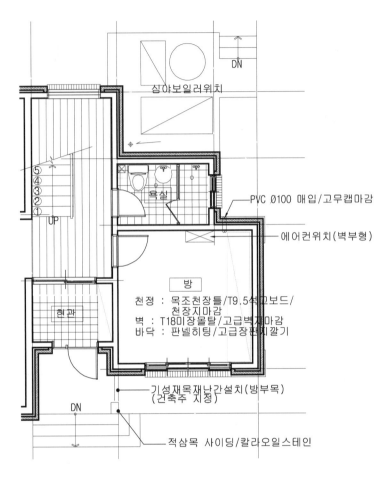

DN

심야보일러위치

욕실

PVC Ø100 매입/고무캡마감

에어컨위치(벽부형)

UP

방

천정 : 목조천장틀/T9.5석고보드/
천장지마감
벽 : T18미장몰탈/고급벽지마감
바닥 : 판넬히팅/고급장판시깔기

현관

기성재목재난간설치(방부목)
(건축주 지정)

DN

적삼목 사이딩/칼라오일스테인

도면의 크기에 적절한 글씨크기

N

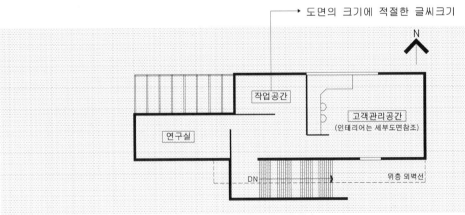

작업공간

고객관리공간
(인테리어는 세부도면참조)

연구실

DN 위층 외벽선

기준층 평면도 (SCALE : 1/300)

✔ 도면에 표현되는 글자는 도면 축척에 따라 글자의 크기가 달라진다. 글자의 크기는 도면
에 적절한 크기로 결정하되 평면도 내부 글자는 일반적인 크기로, 제목은 약간 크게, 주의
사항은 별도의 크기로 한다.

(4) 치수 이해하기

치수의 표현과 크기는 도면의 크기 및 내용에 따라 적당한 크기로 조정한다. 치수단위는 mm로 하고 도면에는 단위기호(mm)를 기입하지 않는다.
치수는 특별히 명시하지 않는 한 마무리 치수로 표현하며, 치수기입은 치수선의 중앙에 위치한다. 치수를 기입하기가 좁은 경우에는 별도의 지시선을 이용하여 표현한다.

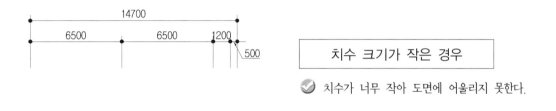

치수 크기가 작은 경우

✅ 치수가 너무 작아 도면에 어울리지 못한다.

간격이 너무 넓다.
(일반적으로 간격은 90~100mm가 적당하다)

치수선 간격이 넓은 경우

✅ 치수선 너비가 너무 커서 도면에 어울리지 못한다.

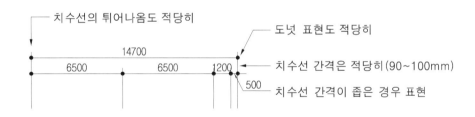

치수선의 튀어나옴도 적당히
도넛 표현도 적당히
치수선 간격은 적당히(90~100mm)
치수선 간격이 좁은 경우 표현

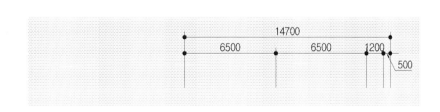

치수 크기가 적당한 경우

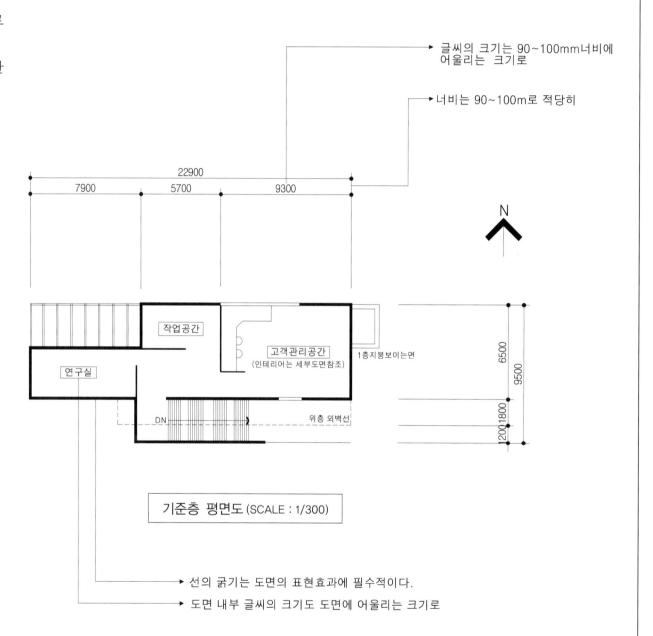

글씨의 크기는 90~100mm너비에 어울리는 크기로

너비는 90~100m로 적당히

기준층 평면도 (SCALE : 1/300)

선의 굵기는 도면의 표현효과에 필수적이다.

도면 내부 글씨의 크기도 도면에 어울리는 크기로

(5) 도면 표시기호 이해하기

건축도면에 각 재료들을 기호화하여 통일된 표시기호로 표현한다.
표시기호로 표현하기 어려운 것은 도면 우측에 참고사항을 기록하고 표현한다.

문 표시방법

명 칭	평면 표시기호	명 칭	평면 표시기호
여닫이문	① 한쪽방향으로 열림 외여닫이문　쌍여닫이문 ② 양쪽방향으로 열림 외여닫이문　쌍여닫이문	미닫이문	두짝미서기문 네짝미서기문 외미닫이문 (오른쪽으로 열림)
회전문 접이문	회전문 접이문	셔트달리문 망사문	셔트달린문 망사문

창호 표시방법

명 칭	평면 표시기호	명 칭	평면 표시기호
미서기창 회전창	두짝미서기창 네짝미서기창 회전창	외미닫이창 붙박이창	외미닫이창 붙박이창
회전문 접이문	회전문 접이문	셔트달린창 오르내리창	서트달린창 오르내리창

주방 및 욕실 표시방법

명 칭	평면 표시기호	명 칭	평면 표시기호
주방 관련 표현하기	싱크대 가스레인지 주방 유니트	욕실 관련 표현하기	변기　세면기　소변기 욕조 장애용 소변기 욕실 유니트

조경 및 배치 표시방법

명 칭	평면 표시기호	명 칭	평면 표시기호
조경 관련 표현하기		배치도 표현하기	

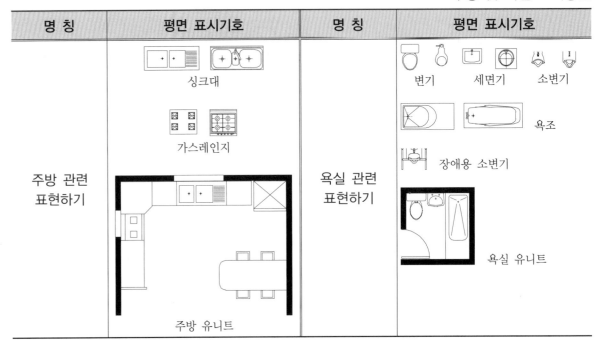

KS F 1501(1996) 건축제도 통칙(평면 표시기호)
KS F 1502(1980) 창호기호

평면 표현방법

명 칭	축척 1/1200~1/50인 경우	축척 1/2~1/5 경우
벽돌벽		
블록벽		
철근콘크리트 기둥, 내력벽		
철골 철근콘크리트 기둥, 내력벽		
목조 심벽		
목조 평벽		

단면 표현방법

명 칭	축척 1/1200~1/50인 경우	축척 1/2~1/5 경우
지반(GL)		
잡석		
인조석		
자연석		
보온, 흡음 단열재		단열재
망		

조명기구 및 설비기호

	FLUORESCENT LAMP(FL) 형광등(1EA)		ACCESS DOOR 점검구
	FLUORESCENT LAMP(FLD) 형광등(2EA)		VENTILATOR 환기구
	DOWN LIGHT 매입등		PANEL BOARD 배전반
	CHANDELIER 샹들리에(장식등)		CONCENT 콘센트
	BRACKET 벽부착등(벽부등)		TELEPHON OUTLET 전화선 인입구
	PENDANT 내림등(국부 조명용)		SPEAKER 스피커
S	SMOKE DETECTOR 연기감지기		SPINING TRIANGLE 무대용 특수조명
	TV OUTLET TV안테나선 인입구		EFFECT MACHINE 무대용 특수조명
S$_T$	TIME OUTLET 타임스위치		SUPPLE DIFFUSER 천장부착형 급기구
S	SWITCH 스위치		RETURN DIFFUSER 천장부착형 환기구

(6) 선그리기와 종류

굵은선 표현

📀 선긋기 연습

트레이싱지에 적당한 넓이로 면을 나
눈 후에 가는 실선(3mm)으로 선긋기
연습을 한다.

📀 선의 굵기 표현

1. 굵은선 : 0.5mm
2. 가는선 : 0.3mm

가는선 표현

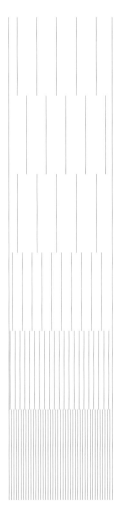

선의 간격

📀 선의 간격을 연습한다.

(7) 스케치 연습

  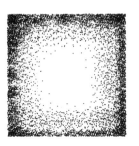 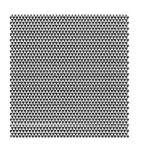

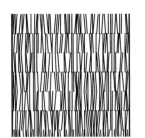  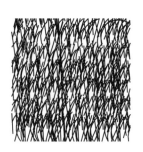 

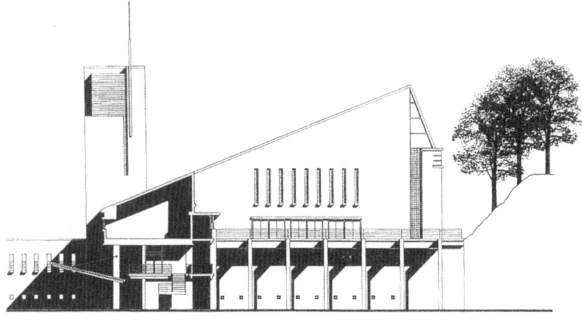

|출처|
Drawing: Singapore American School, Singapore
36"×24"(91×61.4cm)
Medium: Ink on Mylar
Courtesy of Perkins & Will Architects

✅ 명암과 질감의 표현

질감의 의미는 대개 표현의 부드러운 정도와 거친 정도를 표현하는 것으로서 재료의 특성에 따라 그 느낌이 다양하다. 목재의 경우에는 부드럽게, 콘크리트 표면은 다소 거친 느낌으로 표현하며, 철은 차가운 느낌이 나도록 선과 점을 사용하여 표현한다. 우리의 시각은 시각과 촉각이 상호 연관관계성을 갖고 있으므로 시각적으로 부드럼과 거친 느낌이 재료의 그 특성을 잘 표현하도록 연습하여야 한다.

선으로 표현할 경우에는 시작점에서 다소 힘을 주어 선을 그으면서 끝에 와서 선에 힘을 약하게 하면서 마무리한다. 점의 경우에는 거친 부분은 힘을 주어 터치하고 부드러운 부분은 가볍게 점을 찍는다. 이때 명암과의 관계성도 동시에 고려하면 더욱 더 효과적이다.

✅ 사물의 그림자

명암의 정도를 표현하는 것은 그림자를 도면에 표현하는 것으로서 사물의 입체감을 도면에 그려 넣는 것이다. 빛의 방향을 이해하고 사물의 그늘을 찾아 그린다.

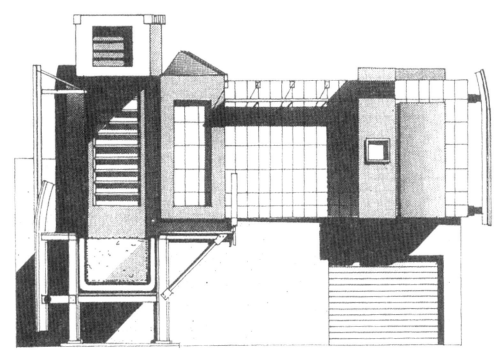

|출처|

Drawing: Private studio, Venice, Califomia
10"×8"(25.4×20.3cm), Scale: 1/8"=1'0"
Medium: Vellum, ink, and Zipatone
Courtesy of William Adams Architect

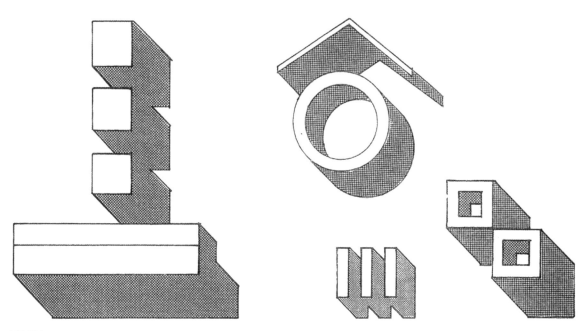

|출처|

Drawing: Student project by William Xie and Daniel Orona
Design of a sculptural wall of shadows
Studio professor: Pershing C. Lin
Courtesy of the City College of San Francisco
Department of Architecture

(8) 글씨 연습

건축설계제도 용어정리
배치도 평면도 입면도 단면도 부분단면도 부분상세도 철근배근도 배근
우측면도 배면도 좌측면도 계단단면도 주단면도 기초이해 보이해 슬라
건축구조도 줄기초 늑근 벽돌시공 돌 시공 드라이비트시공 물탱크실

건축설계제도 용어정리
배치도 평면도 입면도 단면도 부분단면도 부분상세도 철
우측면도 배면도 좌측면도 계단단면도 주단면도 기초이해
건축구조도 줄기초 늑근 벽돌시공 돌 시공 드라이비트시

건축설계제도 용어정리
배치도 평면도 입면도 단면도 부분단면도 부분상세도 철근배근도 배
우측면도 배면도 좌측면도 계단단면도 주단면도 기초이해 보이해 슬
건축구조도 줄기초 늑근 벽돌시공 돌 시공 드라이비트시공 물탱크

건축설계제도 용어정리
배치도 평면도 입면도 단면도 부분단면도 부분상세도 철근배근도 배
우측면도 배면도 좌측면도 계단단면도 주단면도 기초이해 보이해 슬
건축구조도 줄기초 늑근 벽돌시공 돌 시공 드라이비트시공 물탱크

건축설계제도 용어정리
배치도 평면도 입면도 단면도 부분단면도 부분상세도 철근배근도 배
우측면도 배면도 좌측면도 계단단면도 주단면도 기초이해 보이해 슬라
건축구조도 줄기초 늑근 벽돌시공 돌 시공 드라이비트시공 물탱크

건축설계제도 용어정리
배치도 평면도 입면도 단면도 부분단면도 부분상세도 철근배근도 배근
우측면도 배면도 좌측면도 계단단면도 주단면도 기초이해 보이해 슬라
건축구조도 줄기초 늑근 벽돌시공 돌 시공 드라이비트시공 물탱크실 사무

건축설계제도 용어정리
배치도 평면도 입면도 단면도 부분단면도 부분상세도 철근배근도
우측면도 배면도 좌측면도 계단단면도 주단면도 기초이해 보이해

ABCDEFGHIJKLMNOPQRSTUVWXYZabcdefghijklmnopqrstuv
ABCDEFGHIJKLMNOPQRSTUVWXYZabcdefghijklmnopqrstuv
ABCDEFGHIJKLMNOPQRSTUVWXYZabcdefghijklmnopqrstuv

ABCDEFGHIJKLMNOPQRSTUVWXYZabcdefghijklmnopq
ABCDEFGHIJKLMNOPQRSTUVWXYZabcdefghijklmnopq
ABCDEFGHIJKLMNOPQRSTUVWXYZabcdefghijklmnopq

ABCDEFGHIJKLMNOPQRSTUVWXYZabcdefghijklmnopqrstuvwxyz
ABCDEFGHIJKLMNOPQRSTUVWXYZabcdefghijklmnopqrstuvwxyz
ABCDEFGHIJKLMNOPQRSTUVWXYZabcdefghijklmnopqrstuvwxyz

ABCDEFGHIJKLMNOPQRSTUVWXYZabcdefghijklmnopqrst
ABCDEFGHIJKLMNOPQRSTUVWXYZabcdefghijklmnopqrst
ABCDEFGHIJKLMNOPQRSTUVWXYZabcdefghijklmnopqrst

ABCDEFGHIJKLMNOPQRSTUVWXYZabcdefghijklmnopqrstu
ABCDEFGHIJKLMNOPQRSTUVWXYZabcdefghijklmnopqrstu
ABCDEFGHIJKLMNOPQRSTUVWXYZabcdefghijklmnopqrstu

ABCDEFGHIJKLMNOPQRSTUVWXYZabcdefghijklmnopqrstuvwxyza
ABCDEFGHIJKLMNOPQRSTUVWXYZabcdefghijklmnopqrstuvwxyza
ABCDEFGHIJKLMNOPQRSTUVWXYZabcdefghijklmnopqrstuvwxyza

ABCDEFGHIJKLMNOPQRSTUVWXYZabcdefghijklmnopqrstuv
ABCDEFGHIJKLMNOPQRSTUVWXYZabcdefghijklmnopqrstuv
ABCDEFGHIJKLMNOPQRSTUVWXYZabcdefghijklmnopqrstuv

123456789101112131415161718192021222324252627282930313233
123456789101112131415161718192021222324252627282930313233
123456789101112131415161718192021222324252627282930313233

123456789101112131415161718192021222324252627
123456789101112131415161718192021222324252627

과제 연습

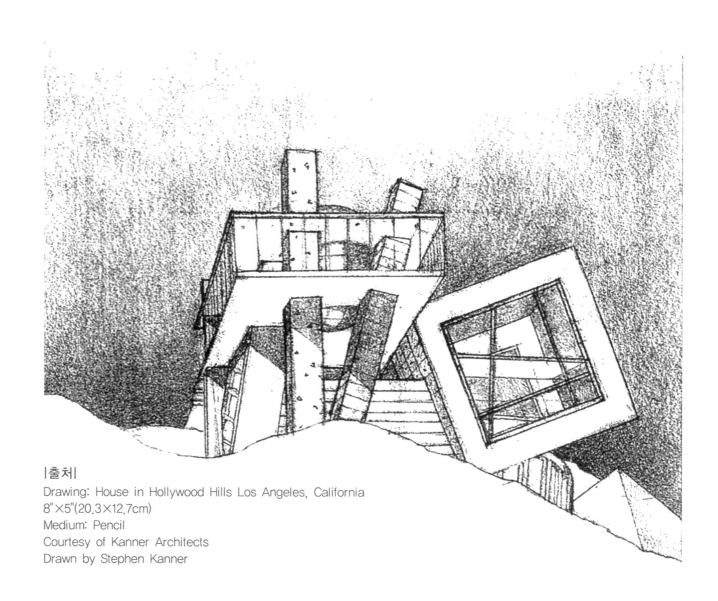

올려다 본 모습(곤충의 눈 시계)

|출처|
Drawing: House in Hollywood Hills Los Angeles, California
8"×5"(20.3×12.7cm)
Medium: Pencil
Courtesy of Kanner Architects
Drawn by Stephen Kanner

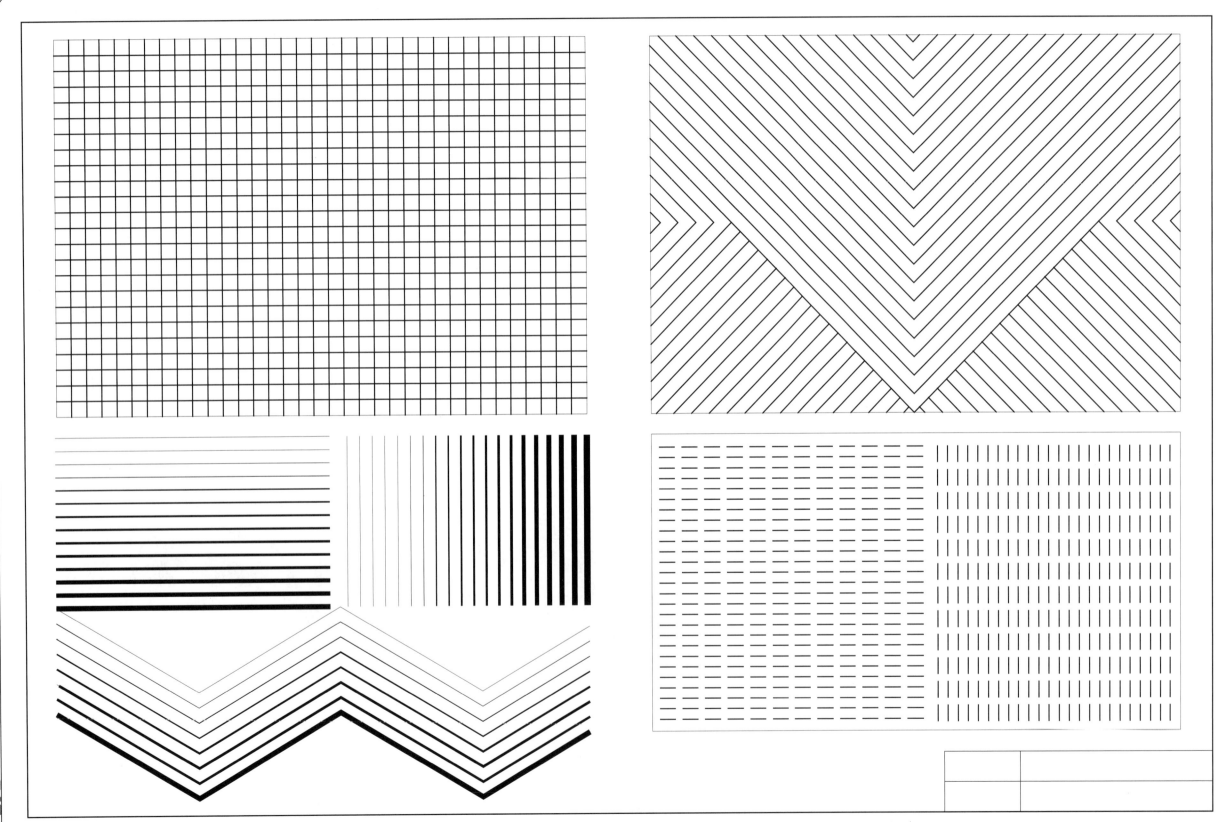

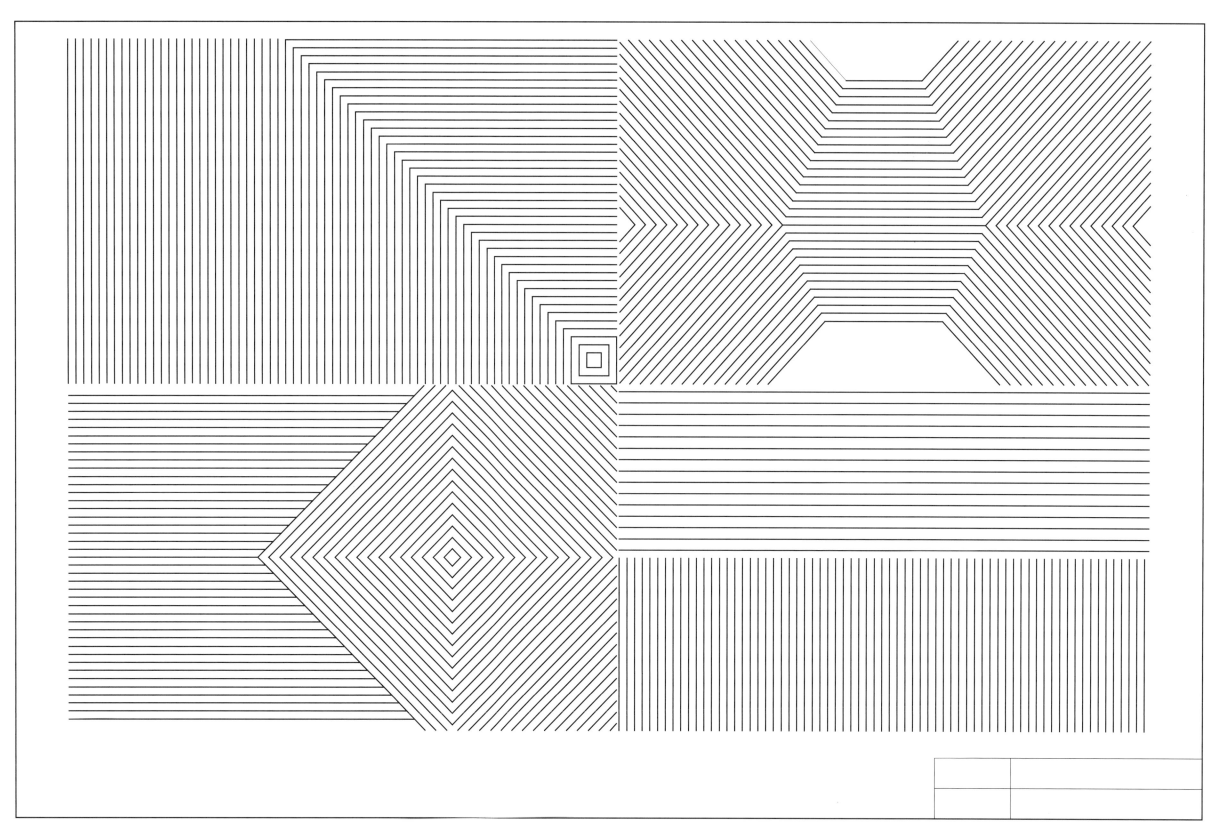

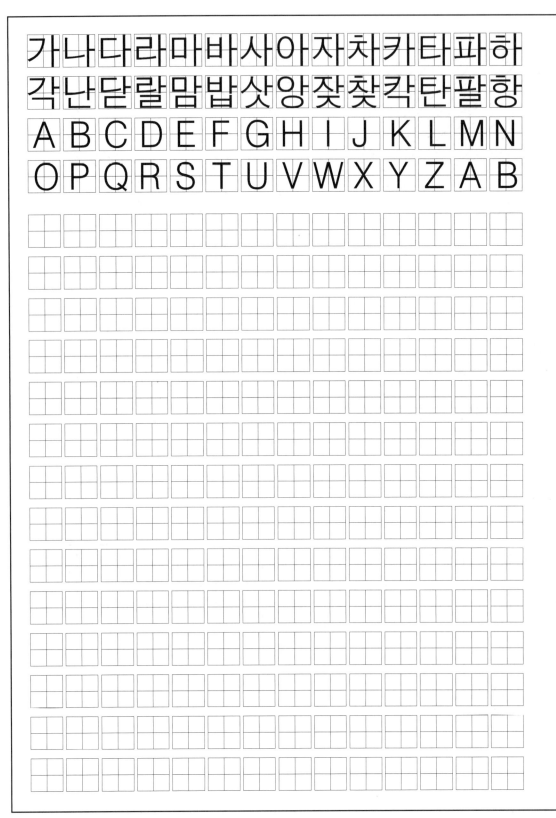

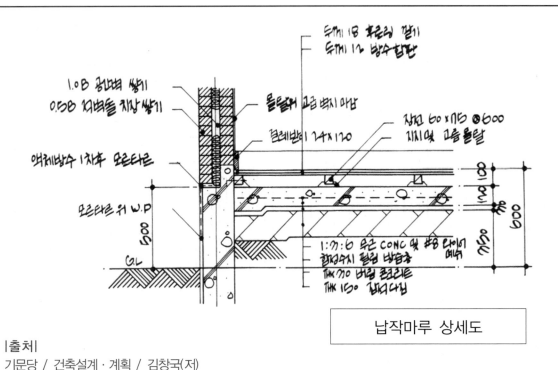

납작마루 상세도

|출처|

기문당 / 건축설계 · 계획 / 김창국(저)

I LIKE COMPLEXITY AND CONTRADICTION IN
ARCHITECTURE. I LIKE ELEMENTS WHICH ARE
HYBRID RATHER THAN "PURE," COMPROMISING
RATHER THAN "CLEAN," DISTORTED RATHER THAN
"STRAIGHTFORWARD," AMBIGUOUS RATHER THAN
"ARTICULATED," PERVERSE AS WELL AS
IMPERSONAL, BORING AS WELL AS "INTERESTING,"
CONVENTIONAL RATHER THAN "DESIGNED,"
ACCOMMODATING RATHER THAN EXCLUDING,
REDUNDANT RATHER THAN SIMPLE, VESTIGIAL AS
WELL AS INNOVATING, INCONSISTENT AND
EQUIVOCAL RATHER THAN DIRECT AND CLEAR. I
AM FOR MESSY VITALITY OVER OBVIOUS UNITY. I
INCLUDE THE NON SEQUITUR AND PROCLAIM THE
DUALITY.

(VENTURI 1966, 16)

|출처|

Architectural statement: Reprinted with permission from
Robert Venturi's 'Complexity and Contradiction in Architecture',
1977, 2nd edition, New York: The Museum of Modem Art

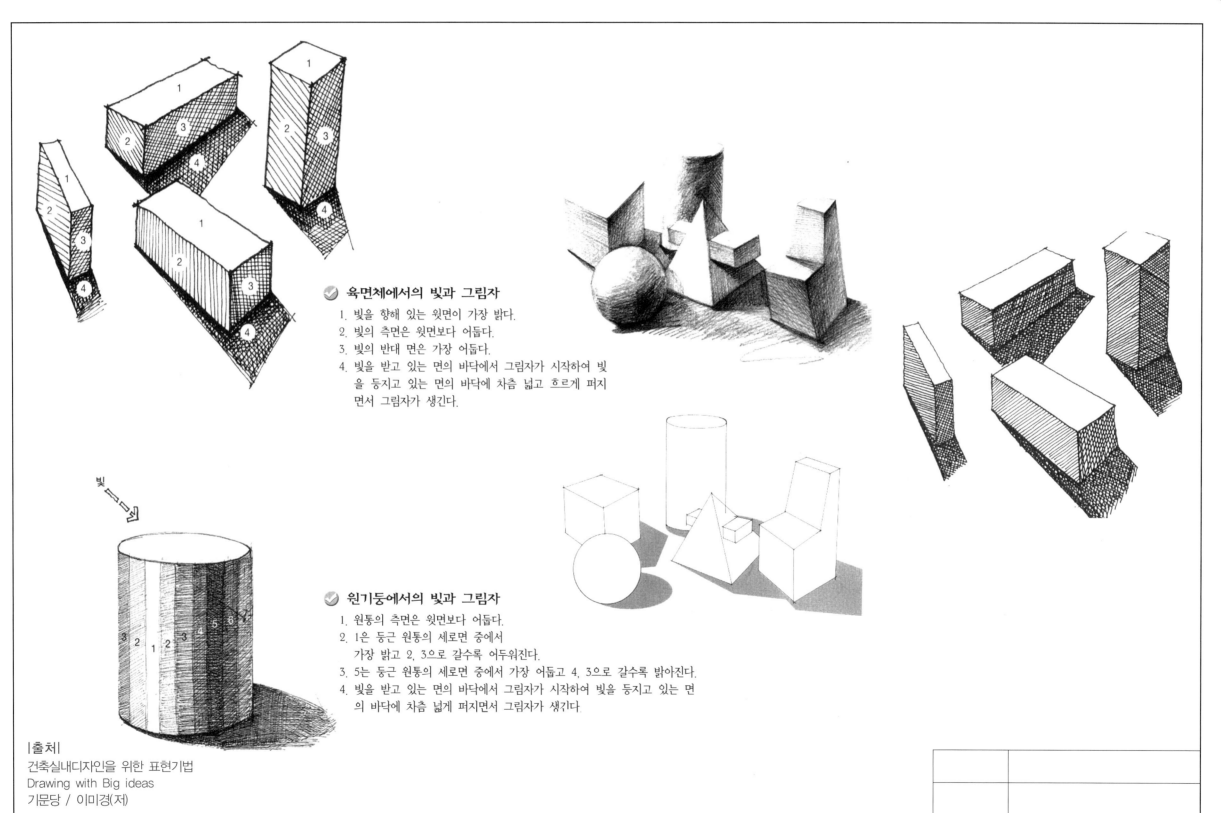

육면체에서의 빛과 그림자

1. 빛을 향해 있는 윗면이 가장 밝다.
2. 빛의 측면은 윗면보다 어둡다.
3. 빛의 반대 면은 가장 어둡다.
4. 빛을 받고 있는 면의 바닥에서 그림자가 시작하여 빛을 등지고 있는 면의 바닥에 차츰 넓고 흐르게 퍼지면서 그림자가 생긴다.

원기둥에서의 빛과 그림자

1. 원통의 측면은 윗면보다 어둡다.
2. 1은 둥근 원통의 세로면 중에서 가장 밝고 2, 3으로 갈수록 어두워진다.
3. 5는 둥근 원통의 세로면 중에서 가장 어둡고 4, 3으로 갈수록 밝아진다.
4. 빛을 받고 있는 면의 바닥에서 그림자가 시작하여 빛을 등지고 있는 면의 바닥에 차츰 넓게 퍼지면서 그림자가 생긴다.

|출처|
건축실내디자인을 위한 표현기법
Drawing with Big ideas
기문당 / 이미경(저)

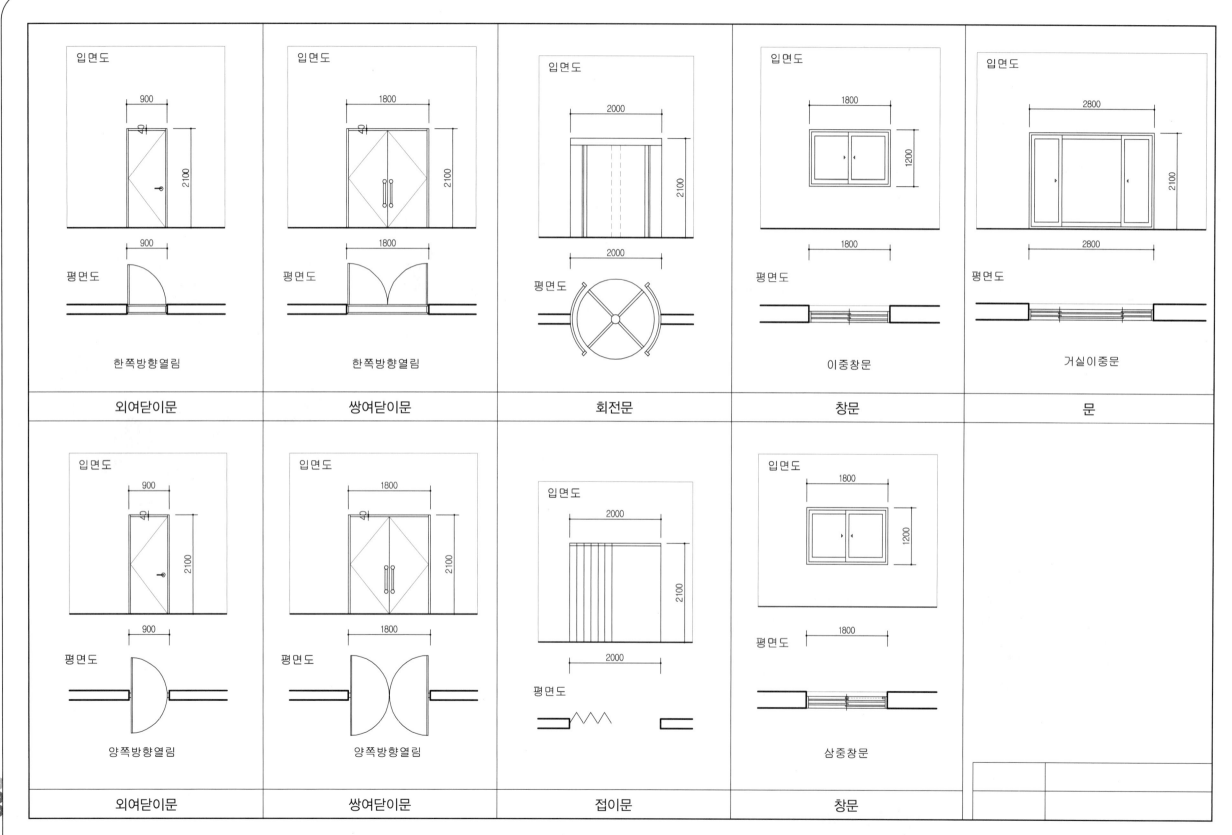

입면도 (900, 2100)	입면도 (1800, 2100)	입면도 (2000, 2100)	입면도 (1800, 1200)	입면도 (2800, 2100)
평면도 한쪽방향열림	평면도 한쪽방향열림	평면도	평면도 이중창문	평면도 거실이중문
외여닫이문	쌍여닫이문	회전문	창문	문
입면도 (900, 2100)	입면도 (1800, 2100)	입면도 (2000, 2100)	입면도 (1800, 1200)	
평면도 양쪽방향열림	평면도 양쪽방향열림	평면도	평면도 삼중창문	
외여닫이문	쌍여닫이문	접이문	창문	

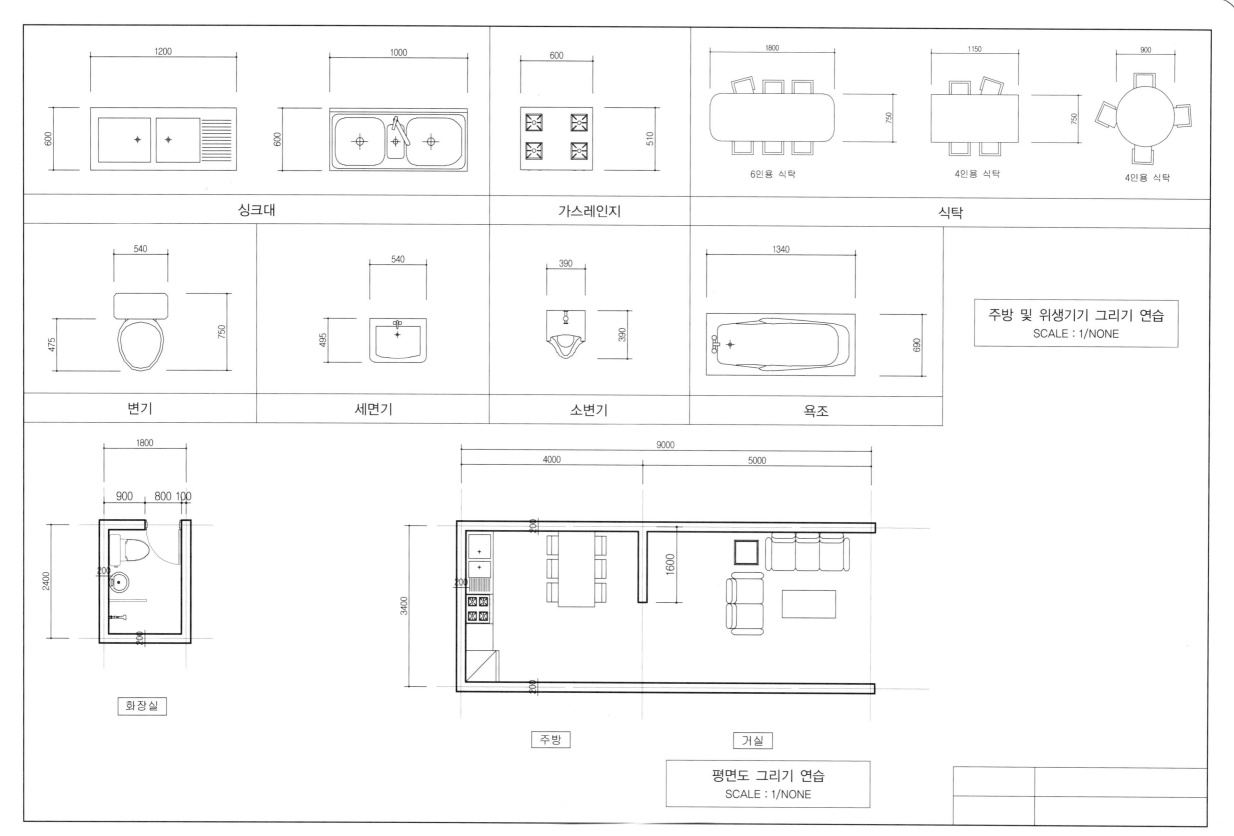

싱크대

가스레인지

식탁

6인용 식탁

4인용 식탁

4인용 식탁

변기

세면기

소변기

욕조

주방 및 위생기기 그리기 연습
SCALE : 1/NONE

화장실

주방

거실

평면도 그리기 연습
SCALE : 1/NONE

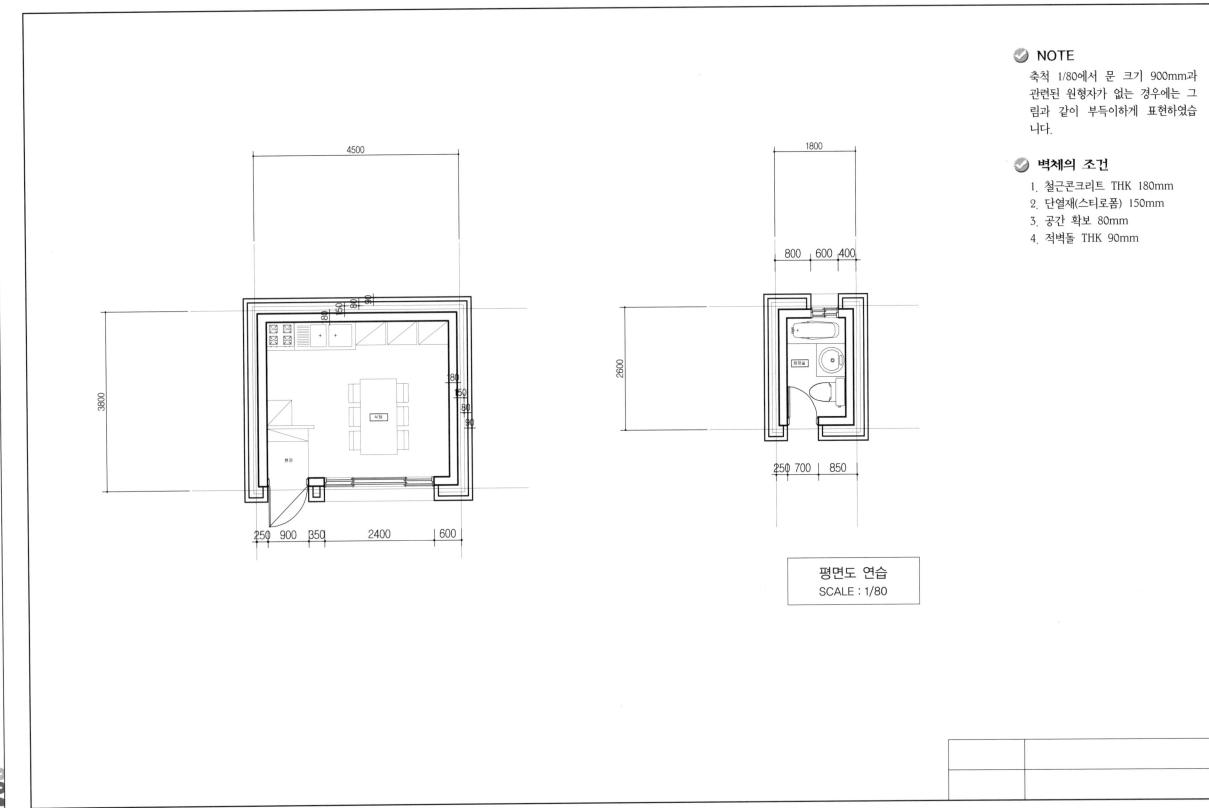

NOTE
축척 1/80에서 문 크기 900mm과 관련된 원형자가 없는 경우에는 그림과 같이 부득이하게 표현하였습니다.

벽체의 조건
1. 철근콘크리트 THK 180mm
2. 단열재(스티로폼) 150mm
3. 공간 확보 80mm
4. 적벽돌 THK 90mm

평면도 연습
SCALE : 1/80

02 |

건축공간 및 규모 이해

|출처|
Richard Meier Architect 2
Rizzoli International Publications, Inc.
300 Park Avenue South
New York, N.Y. 10010

PART 01 | 건축공간 및 규모 이해하기

인간이 거주하는 생활공간의 치수는 인체의 치수에서부터 시작이다. 인체의 치수는 지역, 민족, 연령, 성별에 따라 다르기 때문에 설계자는 이러한 제반사항을 충분히 검토하여 계획에 반영하여야 한다.

(1) 주거공간계획

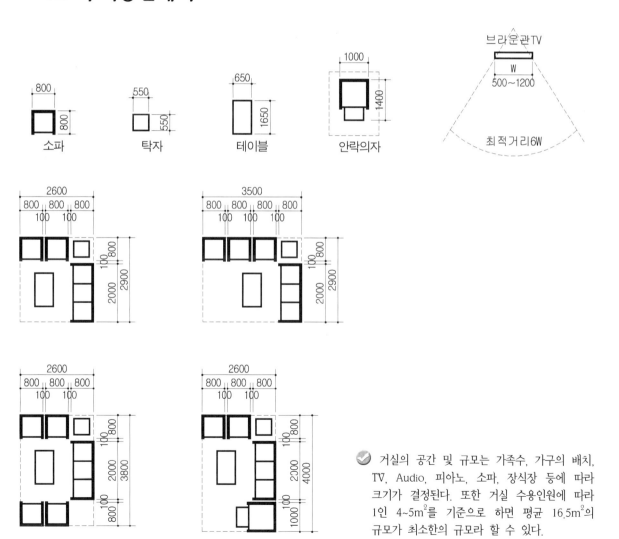

소파
탁자
테이블
안락의자

브라운관TV
W
500~1200
최적거리6W

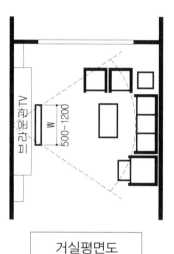

거실평면도

✅ 가족중심 공간으로서 식당, 현관, 침실, 욕실 등 다른 공간과 상호 연계되도록 최대한 고려되어야 한다. 동시에 거실은 다른 공간들을 연결하는 통로 공간으로서의 역할이 아니라 상호 연결되는 거실로서의 독립적인 공간구조로 이루어져야 한다.

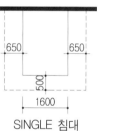
SINGLE 침대

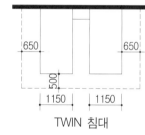
TWIN 침대

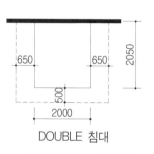
DOUBLE 침대

침실계획

✅ 거실의 공간 및 규모는 가족수, 가구의 배치, TV, Audio, 피아노, 소파, 장식장 등에 따라 크기가 결정된다. 또한 거실 수용인원에 따라 1인 4~5m²를 기준으로 하면 평균 16.5m²의 규모가 최소한의 규모라 할 수 있다.

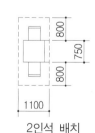
2인석 배치

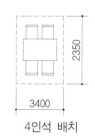
4인석 배치

6인석 배치-1

6인석 배치-2

주방계획

(2) 상업시설 및 도서관 공간계획

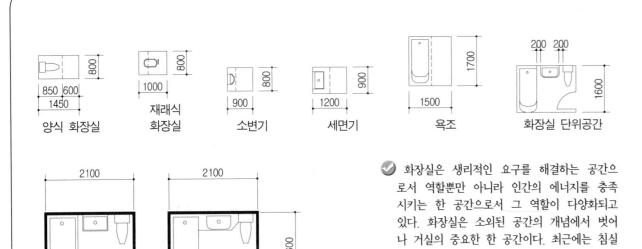

양식 화장실   재래식 화장실   소변기   세면기   욕조   화장실 단위공간

화장실 평면도

✅ 화장실은 생리적인 요구를 해결하는 공간으로서 역할뿐만 아니라 인간의 에너지를 충족시키는 한 공간으로서 그 역할이 다양화되고 있다. 화장실은 소외된 공간의 개념에서 벗어나 거실의 중요한 한 공간이다. 최근에는 침실이나 주방에서 먼 곳에 위치하지 않고 가까이 두는 경향도 있다.

화장실계획

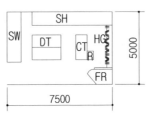

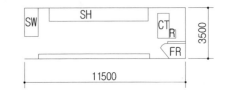

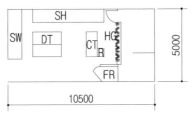

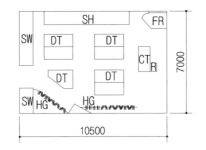

약자	명칭
SH	선반집기
WD	윈도 디스플레이
GC	유리케이스
CT	카운터
ST	창고
R	포장, 계단대
DST	디스플레이 스테이지
SW	쇼윈도
HG	행거
SC	쇼케이스

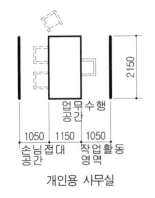

개인용 사무실

업무용 평면공간

일렬 배치 업무용

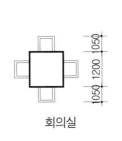

회의실

사무실계획

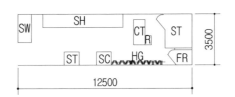

✅ **상업시설**

상업시설은 동선계획, 조닝, 각종 가구 및 집기 설비 등을 고려하여 실내디자인을 한다. 재료의 마감, 집기류, 설비 등을 고려하여 결정되는 토털코디네이션이다.

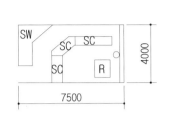

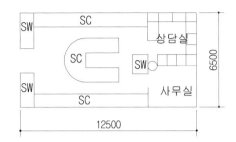

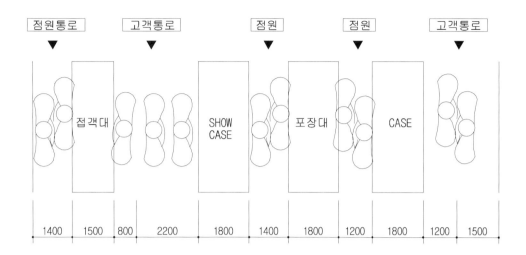

귀금속 및 보석점

보석의 종류에 따라 천장 조명을 고려하여 실내공간 및 쇼케이스를 결정한다. 상품의 눈높이에 따라 가구 디스플레이를 고려한다. 고객의 동선을 고려하여 공간의 활용성은 계획단계에서 반영되어야 한다.

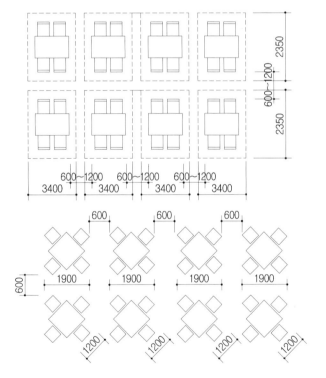

레스토랑

양식을 기준으로 한 공간계획이다.

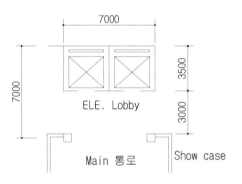

백화점

백화점은 매장의 공간활용계획과 주차공간활용계획을 동시에 고려하여야 한다.

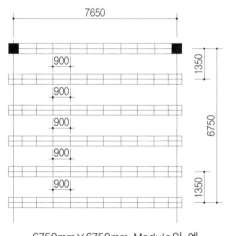

6750mm×6750mm Module의 예

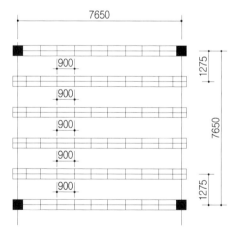

7650mm×7650mm Module의 예

도서관

도서관 서고의 모듈 계획안

과제 연습

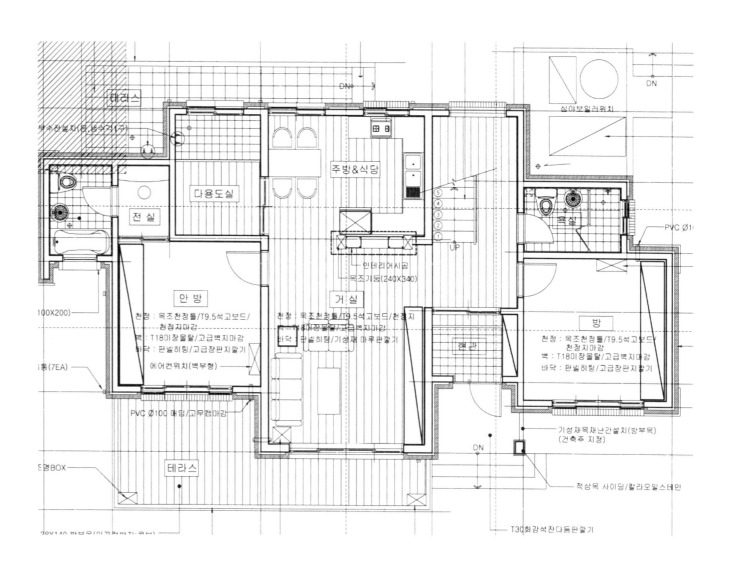

|출처|
작가 손제석 건축사

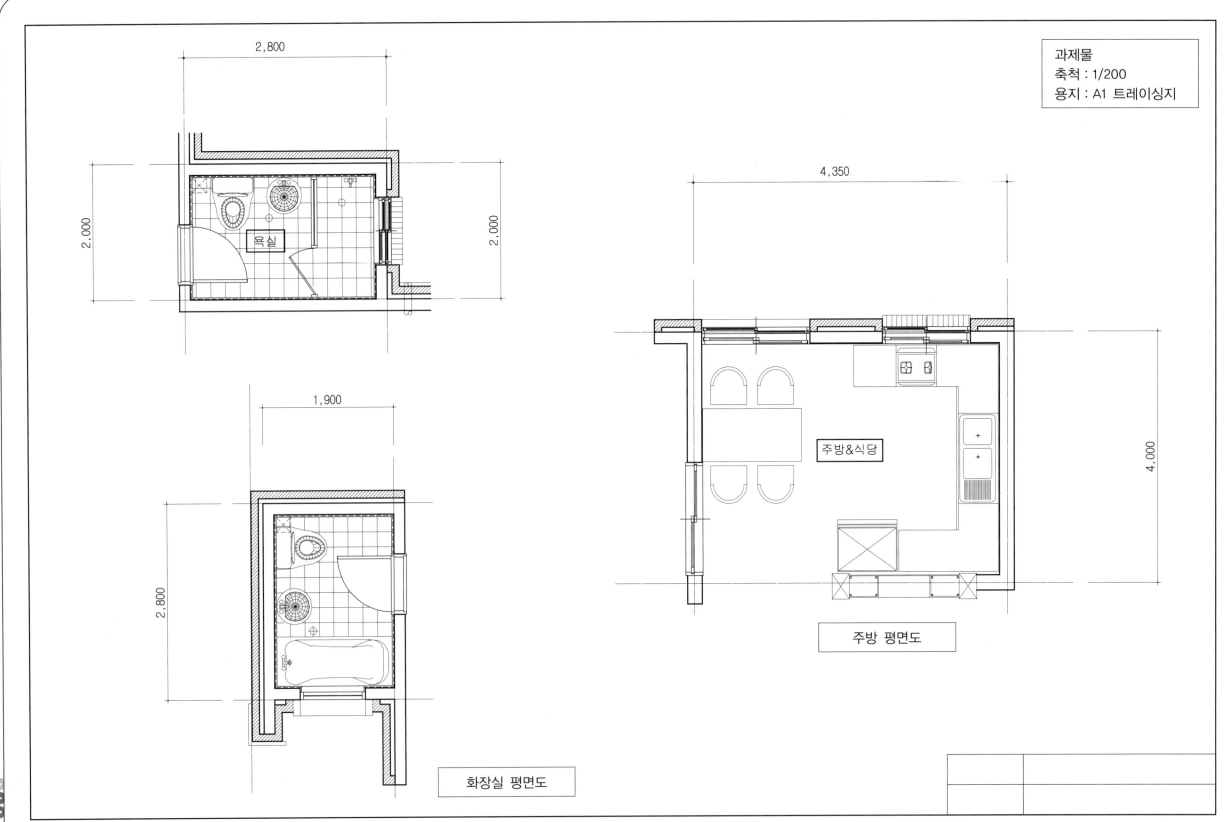

과제물
축척 : 1/200
용지 : A1 트레이싱지

2,800

2,000

2,000

욕실

1,900

2,800

화장실 평면도

4,350

4,000

주방&식당

주방 평면도

03 |

건축구조의 이해

|출처|
안토니오 가우디
도서출판 집문사
저자 Francois René Roland
역자 이인환

코로니아 · 구에르 교회 외관의 드로잉
가우디가 에스테레오스타티카로 명명한 모형의
사진 위에 색을 칠하여 작성한 것이다.
바로셀로나의 에드문느 · 바다르씨 소장

PART 01 | 건축구조 이해하기

(1) 기초 이해하기

기초는 건축물의 상부하중을 지반이나 지정에 전달하는 구조부를 말한다. 상부의 하중을 받은 기초는 굳은 지층까지 그 힘을 전달하여야 하는데 지층의 구조가 불안정하거나 요구되는 지내력이 나오지 않으면 굳은 지층까지 흙을 파서 기초의 힘이 충분히 전달되는 지점에 기초를 위치시킨다. 이러한 기초는 지지 지반의 깊이에 따라 얕은 기초와 깊은 기초로 구분하여 얕은 기초는 기초판을 직접 지반에 전달하게 하고, 깊은 기초는 말뚝이나 잠함(Cassion) 등을 통하여 간접적으로 하중을 지반에 전달한다.

기초는 지중의 온도에 영향을 받아 지중 온도가 영하 이하이면 지반의 간극수가 결빙하여 지반의 체적이 증가하는데 이는 기초를 밀어올리는 역할을 하기 때문에 기초는 결빙선(Frost line, 동결선) 이하에 위치시키는 것이 좋다. 동결선은 지역에 따라 다르나 일반적으로 1m 이하에 위치시킨다.

기초 철근 배근-1　　기초 철근 배근-2

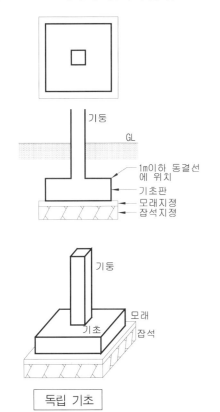

독립 기초

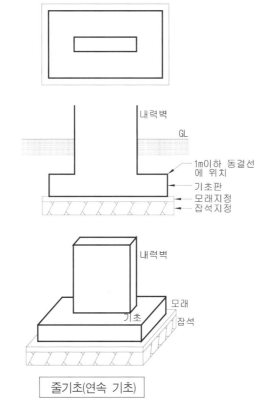

줄기초(연속 기초)

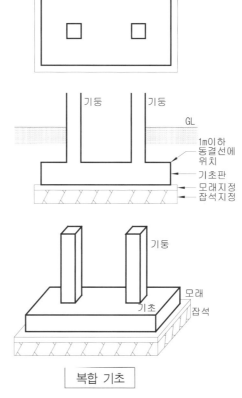

복합 기초

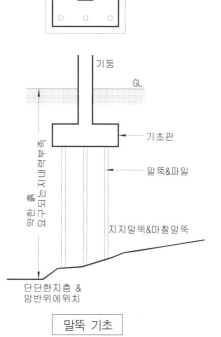

말뚝 기초

지내력이 비교적 큰 지반에 사용되는 기초로서 한 개의 기초판으로 한개의 기둥을 지지하는 구조이다. 부동침하를 방지하기 위하여 지중보(Tie beam)로 기둥에 서로 연결하여 건물의 강성을 높인다.

기둥이 일렬로 나열된 기초로서 건물의 하중이 크거나 지내력이 비교적 작을 때 사용된다. 하부구조인 기초가 연속해서 서로 연결되어 상부의 하중을 받치는 구조이다.

2개 이상의 기둥 하중을 한개의 기초판에 하중을 전달하는 구조이다.

연약한 지반 때문에 기초를 단단한 지층까지 파내려 단단한 지반에 위치하기 어려울 때 말뚝 & 파일을 이용하여 단단한 지층까지 대신 내려 기초를 떠받치는 구조이다.

(2) 기둥 이해하기

기둥은 건물의 각 층 바닥하중을 기초에 전달하기 위해 보와 일체된 라멘구조인 수직 압축 부재이다. 기둥은 길이에 따라 장주(long column)와 단주(short column)로 구별된다. 기둥의 단면은 일반적으로 정사각형(직사각형)과 원형(팔각형)이 대부분이며 일부 벽면에 붙는 T자형, L자형 및 부정형도 있다. 기둥의 크기는 기둥 간격, 층높이 등에 따라 다르며, 단면의 최소치수는 200mm 이상, 최소단면적은 60,000mm^2 이상으로 한다. 기둥 철근은 주근 이외 좌굴(buckling)과 수평력에 대한 전단력을 부담하는 띠철근(hoop, tie hoop)으로 이루어져 있다.

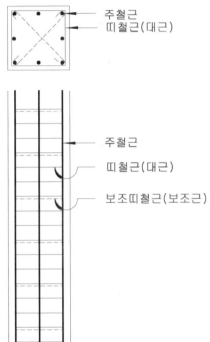

기둥 철근 배근-1

기둥 철근 배근-2

기둥 철근 배근-3

기둥 철근 배근-4

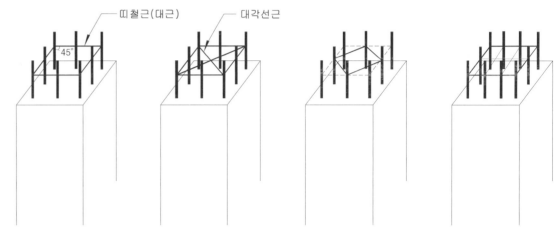

✅ **띠철근 배근**

1. 띠철근의 간격은 주근 지름의 16배 이하
2. 기둥의 최소나비 이하
3. 띠철근 직경의 48배
4. 30cm 이하 중 가장 작은 값으로 한다.

(3) 보 이해하기

보는 기둥과 기둥사이에 놓이며 기둥간의 간격이 크면 큰보(girder)를 설치하고 큰보 사이에 작은보(beam)를 걸쳐 놓는다. 보는 상부 슬래브(바닥판)와 일체화되어 상부의 힘을 모아 기둥에 전달하는 역할을 한다. 보는 단면의 형태에 따라 장방형과 T형보가 있다. 이 밖에 보의 위치 및 상태에 따라 단순보(Simple beam), 연속보(Continuous beam), 내민보(Overhanging beam), 캔틸레버보(Cantilever beam)로 구분된다.

✅ **정사각형 기둥**

기둥의 주근은 일반적으로 철근 지름 13mm 이상으로 하고 사각형 기둥일 때에는 철근을 4개 이상, 원형은 6개 이상 배근한다. 주근은 일반적으로 16~25mm 범위안에서 사용한다. 굵은 철근은 가공에 힘이 들고, 철근과 콘크리트의 부착력을 고려하여 보면 동일 단면적일 경우 철근 지름이 작을수록 유리하다.

✅ **띠철근**

띠철근은 상부의 하중을 견디는 기둥이 큰 압축력을 받아 주근이 기둥 밖으로 튀어나오는 좌굴(buckling) 현상을 방지함과 동시에 기둥이 전단력에 저항하는 철근이다. 또한 시공에 있어 주근을 고정시키는 역할을 하기도 한다. 띠철근의 지름은 6mm 이상이지만 D10 이상 사용한다.

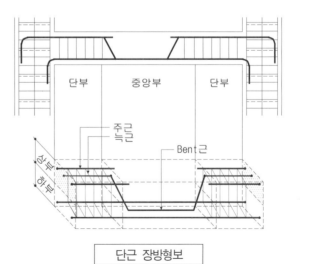

단근 장방형보

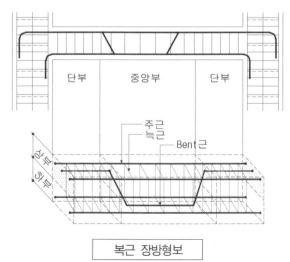

복근 장방형보

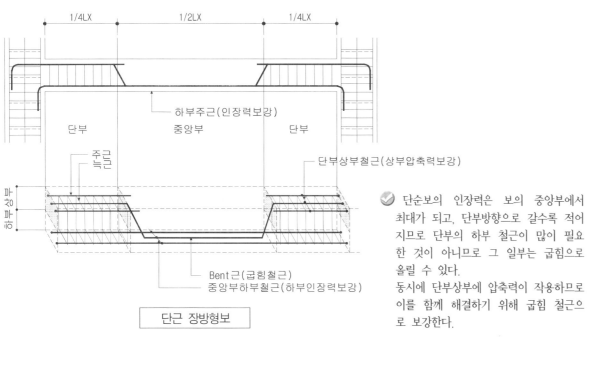

단부   중앙부   단부

단근 장방형보

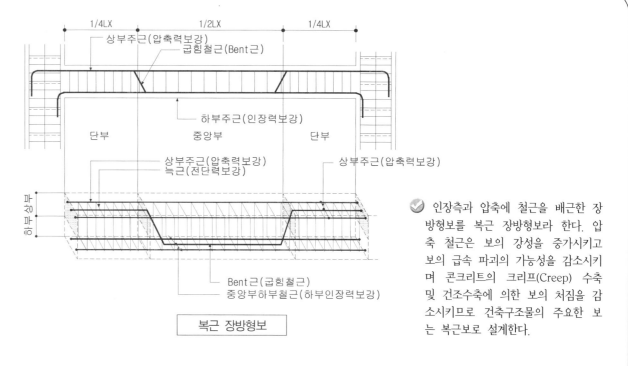

단부   중앙부   단부

복근 장방형보

✅ 단순보의 인장력은 보의 중앙부에서 최대가 되고, 단부방향으로 갈수록 적어지므로 단부의 하부 철근이 많이 필요한 것이 아니므로 그 일부는 굽힘으로 올릴 수 있다.
동시에 단부상부에 압축력이 작용하므로 이를 함께 해결하기 위해 굽힘 철근으로 보강한다.

✅ 인장측과 압축에 철근을 배근한 장방형보를 복근 장방형보라 한다. 압축 철근은 보의 강성을 증가시키고 보의 급속 파괴의 가능성을 감소시키며 콘크리트의 크리프(Creep) 수축 및 건조수축에 의한 보의 처짐을 감소시키므로 건축구조물의 주요한 보는 복근보로 설계한다.

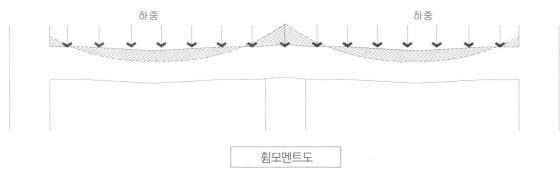

하중   하중

휨모멘트도

하중   하중

상부에 인장력발생(인장주근배근)

내민보의 휨모멘트도

✅ 내민보는 연속보의 한 끝이나 지점에 고정된 보의 한끝이 지지점에서 내밀어 달려 있는 보이다.

✅ 연속보는 2 이상의 스판으로 연결된 보를 말한다. 단부상태는 단순지지로 될 때도 있고, 고정으로 될 때도 있다. 보는 상부의 하중을 받으면 단부지점 상부는 위로 휘어오르고 중앙부 하부는 아래로 휘어내린다. 보의 주근의 중앙부 하부는 인장력에 대응한다.

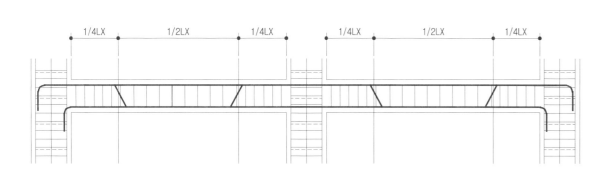

보철근 배근-1   **보철근 배근-2**   **보철근 배근-3**

(4) 슬래브 이해하기

바닥 슬래브(Floor slab)는 바닥판이라고 하며 슬래브 상부의 하중을 잘 분배하여 기둥과 일체화된 보에 전달하는 라멘구조이다. 슬래브는 일반적으로 보로 지지하지만 규모가 작은 경우에는 기둥에 직접 힘을 전달하기도 한다.

슬래브는 지지조건에 그 주변의 지지조건과 형태에 따라 1방향 슬래브(one way slab), 2방향 슬래브(two way slab), 장선 슬래브(joist slab), 플래트 슬래브(flat slab), 격자 슬래브(waffle slab)로 구분한다.

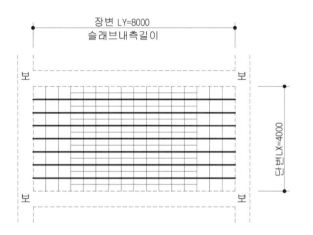

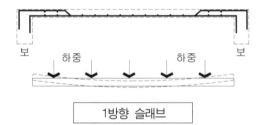

1방향 슬래브

✅ 1방향 슬래브는 단위폭 1m인 장방향보로 취급하여 설계한다. 따라서 슬래브에 작용하는 전하중은 단변방향으로 전달되는 것으로 보아 장변방향으로 작용하지 않는 것으로 생각한다. 그러나 실제 설계에 있어서는 장변방향에 대해서도 수축이나 온도 응력으로 인한 영향과 단부는 보에 구속되어 있다는 사실에 대하여 고려하지 않으면 안 된다.

✅ 장방형 슬래브에서 장변과 단변의 비 $L_Y/L_X=2$ 이상이면 이를 1방향 슬래브라 한다.

$$L_Y/L_X=8000/4000=2$$

슬래브 철근 배근-1

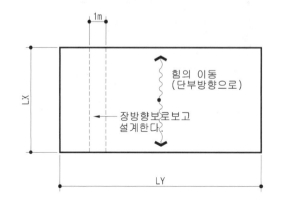

✅ 슬래브 중앙부 하부방향으로 처짐이 생기므로 중앙부 하부에 인장력에 대응하기 위한 주철근을 배근한다.

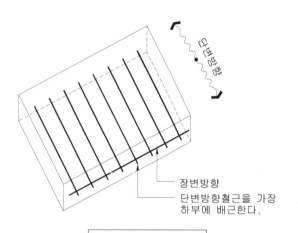

장변방향
단변방향철근을 가장 하부에 배근한다.

2방향 슬래브

✅ 2방향 슬래브는 장변과 단변의 비는 $L_Y/L_X<2$이다. 2방향 슬래브에서 주철근은 단변방향의 철근을 장변방향 철근보다 바닥에 가깝게 배근한다. 이는 단변방향의 하중 부담률이 크기 때문이다.

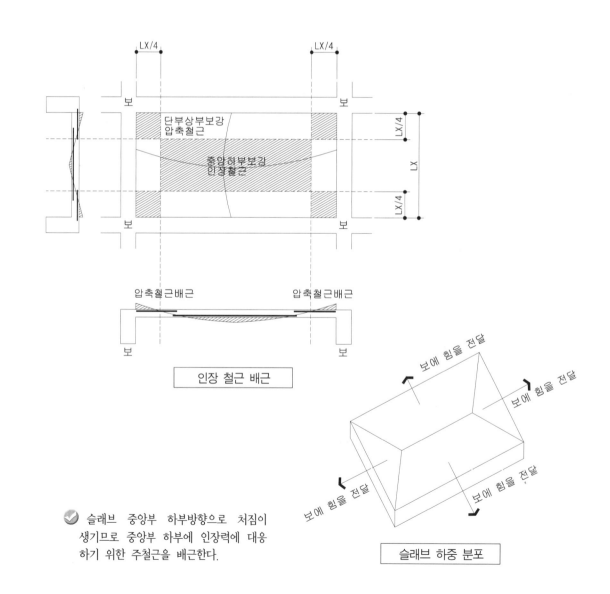

인장 철근 배근

슬래브 하중 분포

04

건축설계의 기본

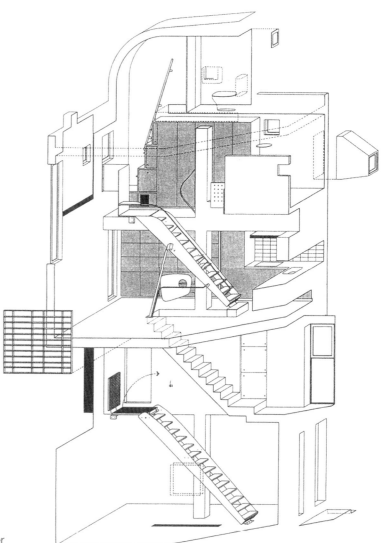

|출처|
Drawings: Suzuki House, Tokyo, Japan
8.7"×11"(22×28cm), Scale: 1 : 30(Japanese scale)
Medium: Ink on trace
Courtesy of Architekturbüro Bolles−Wilson+Partner

PART 01 | 건축설계의 기본 이해하기

(1) 투영도(Orthographic Views) 이해하기

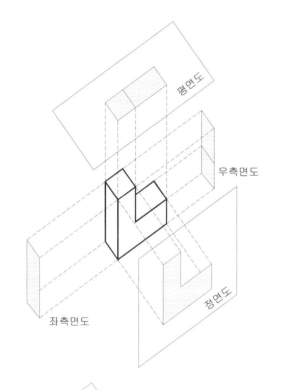

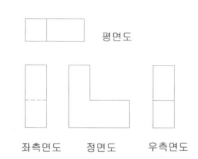

평면도

좌측면도   정면도   우측면도

☑ 투영도는 평면, 입면, 단면 등을 표현하는 것. 투영도는 입체감이나 공간의 느낌을 알 수는 없지만 입체 및 공간의 개념을 이해하는데는 어느 정도 도움이 되리라 판단된다. 투영도는 사물이 보이는 면과 점의 연결을 있는 그대로 나타내어 표현한다. 2차원적인 개념 이해이지만 사물을 이해하는데는 도움이 될 것이다.

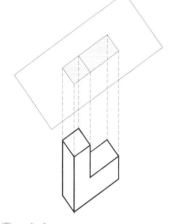

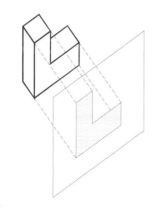

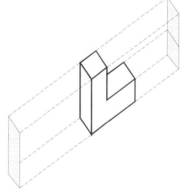

☑ **평면도**
평면도는 수평면과 항상 평행하다.

☑ **정면도**
항상 수직이거나 지표면과 90°이다.

☑ **측(우, 좌)면도**
다른 두 면과 항상 90°이다.

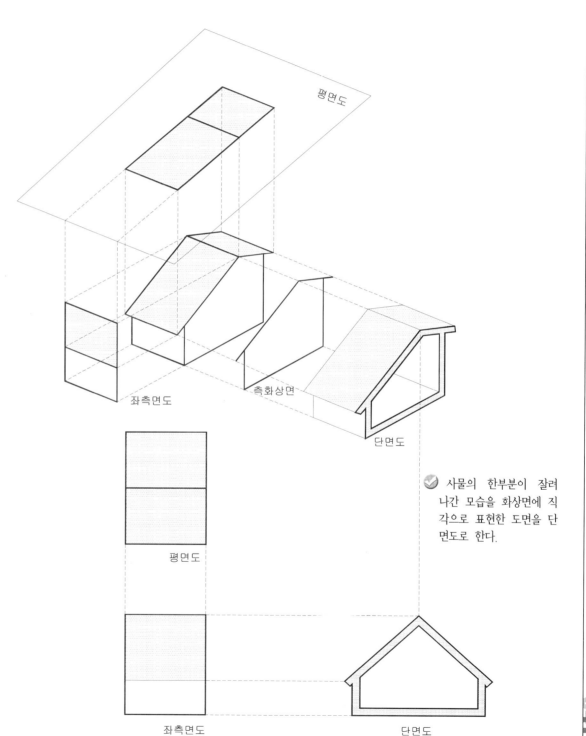

☑ 사물의 한부분이 잘려 나간 모습을 화상면에 직각으로 표현한 도면을 단면도로 한다.

투영도(Orthographic Views) 연습하기

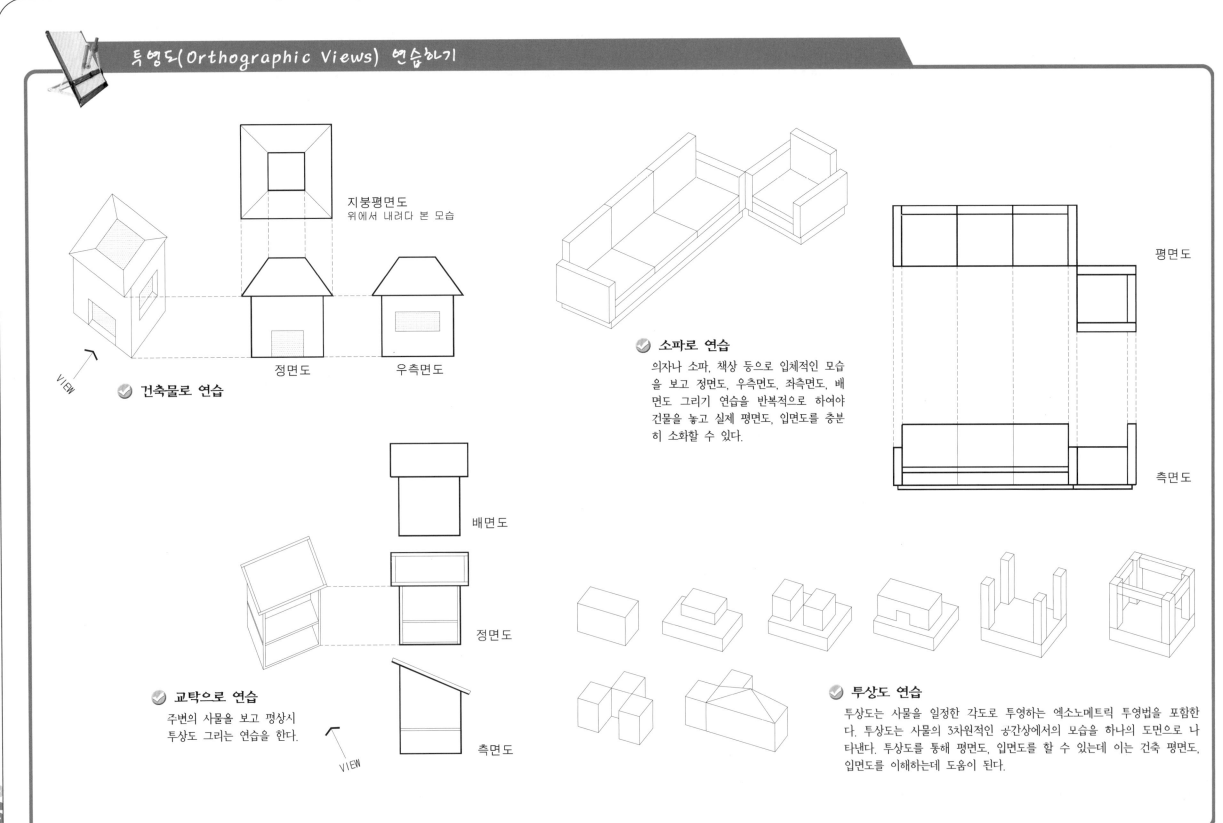

지붕평면도
위에서 내려다 본 모습

정면도　　　우측면도

VIEW

✅ 건축물로 연습

배면도

정면도

측면도

✅ 교탁으로 연습
주변의 사물을 보고 평상시
투상도 그리는 연습을 한다.

VIEW

✅ 소파로 연습
의자나 소파, 책상 등으로 입체적인 모습
을 보고 정면도, 우측면도, 좌측면도, 배
면도 그리기 연습을 반복적으로 하여야
건물을 놓고 실제 평면도, 입면도를 충분
히 소화할 수 있다.

평면도

측면도

✅ 투상도 연습
투상도는 사물을 일정한 각도로 투영하는 엑소노메트릭 투영법을 포함한
다. 투상도는 사물의 3차원적인 공간상에서의 모습을 하나의 도면으로 나
타낸다. 투상도를 통해 평면도, 입면도를 할 수 있는데 이는 건축 평면도,
입면도를 이해하는데 도움이 된다.

(2) 건축설계 기본 이해하기

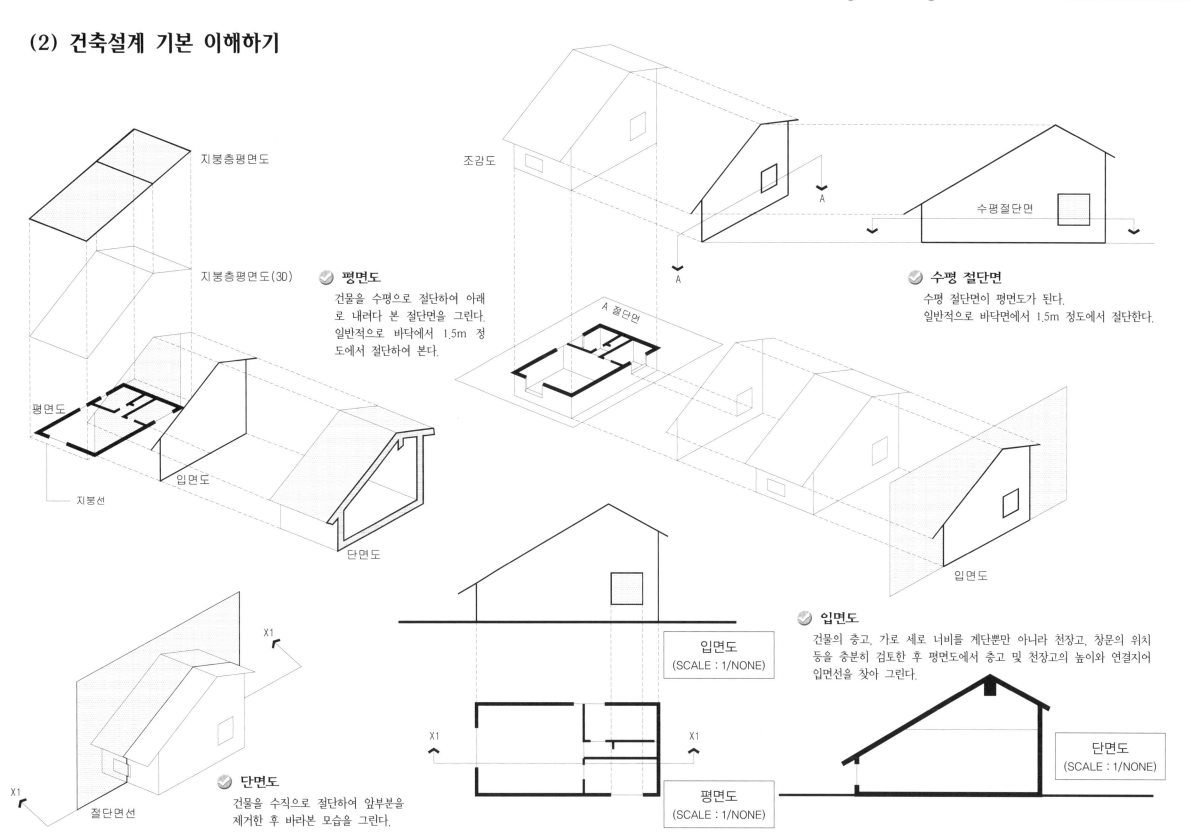

지붕층평면도

지붕층평면도(3D)

평면도

지붕선

입면도

단면도

X1

절단면선

X1

조감도

A

A 절단면

수평절단면

입면도

입면도
(SCALE : 1/NONE)

X1

X1

평면도
(SCALE : 1/NONE)

단면도
(SCALE : 1/NONE)

✅ 평면도

건물을 수평으로 절단하여 아래로 내려다 본 절단면을 그린다. 일반적으로 바닥에서 1.5m 정도에서 절단하여 본다.

✅ 단면도

건물을 수직으로 절단하여 앞부분을 제거한 후 바라본 모습을 그린다.

✅ 수평 절단면

수평 절단면이 평면도가 된다. 일반적으로 바닥면에서 1.5m 정도에서 절단한다.

✅ 입면도

건물의 충고, 가로 세로 너비를 계단뿐만 아니라 천장고, 창문의 위치 등을 충분히 검토한 후 평면도에서 충고 및 천장고의 높이와 연결지어 입면선을 찾아 그린다.

(3) 건축평면도 이해하기

평면도는 건물을 1m 정도의 높이에서 수평으로 절단하여 상부부분을 제거한 후 아래로 내려다 본 모습을 도면으로 표현한 것이다. 이때 도면의 표현은 절단면의 선들을 선의 굵기로 조정하여 표현하는데 철근콘크리트가 절단된 면을 가장 굵은선으로 나타내고, 그 다음으로 벽의 단면을 굵은선으로, 중심은 가는선으로 표현하는 등 선의 굵기로 도면에서 혼돈되지 않게 나타낸다.

보이지 않는 이층선이나 아래층의 선은 파선(점선)으로 나타내며 절단되지 않은 각종 기구류는 가는실선으로 표현한다. 평면도의 작도순서는 먼저 중심선을 그리고 벽체의 종류와 두께를 결정한 후 벽체두께를 그린다. 벽체두께가 완성되면 창문 및 문의 위치를 결정하고 벽체에서 절단한 후 창문과 문을 넣는다. 각종 기구류(욕실, 부엌, 사무실 집기류 등)를 표현하고 재료 마감을 표시한다.

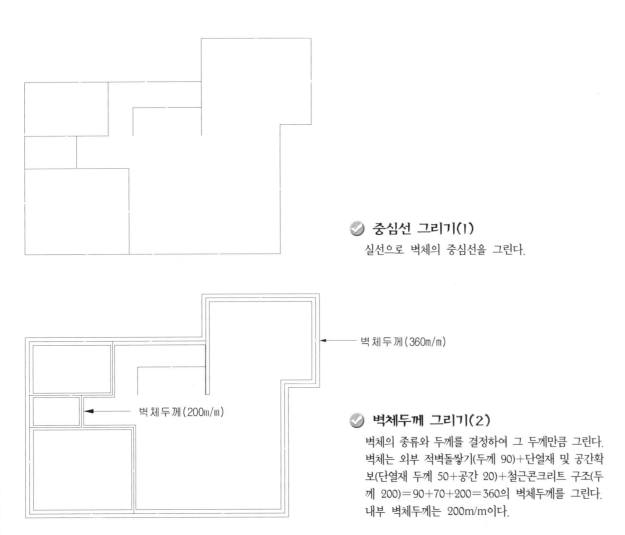

✅ 중심선 그리기(1)
실선으로 벽체의 중심선을 그린다.

벽체두께(360m/m)

벽체두께(200m/m)

✅ 벽체두께 그리기(2)
벽체의 종류와 두께를 결정하여 그 두께만큼 그린다. 벽체는 외부 적벽돌쌓기(두께 90)+단열재 및 공간확보(단열재 두께 50+공간 20)+철근콘크리트 구조(두께 200)=90+70+200=360의 벽체두께를 그린다. 내부 벽체두께는 200m/m이다.

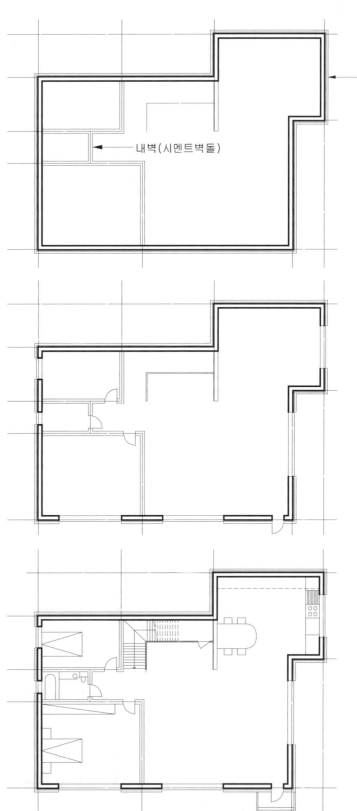

벽체선(외벽선+단열재선+철근콘크리트선)

내벽(시멘트벽돌)

✅ 벽체를 상세히 그리기(3)
외부 적벽돌, 단열재, 철근콘크리트선을 선의 굵기를 먼저 결정하는데 철근콘크리트선을 가장 굵은선으로 다음 외벽선과 단열재선의 굵기로 그린다. 내부 벽체선은 외부 벽체선의 굵기 정도로 그린다.

✅ 문 및 창문 그리기(4)
외부 적벽돌, 단열재, 철근콘크리트선을 선의 굵기를 먼저 결정하는데 철근콘크리트선을 가장 굵은선으로 다음 외벽선과 단열재선의 굵기로 그린다. 내부 벽체선은 외부 벽체선의 굵기 정도로 그린다.

✅ 각종 기구류 및 계단 그리기(5)
외부 적벽돌, 단열재, 철근콘크리트선을 선의 굵기를 먼저 결정하는데 철근콘크리트선을 가장 굵은선으로 다음 외벽선과 단열재선의 굵기로 그린다. 내부 벽체선은 외부 벽체선의 굵기 정도로 그린다.

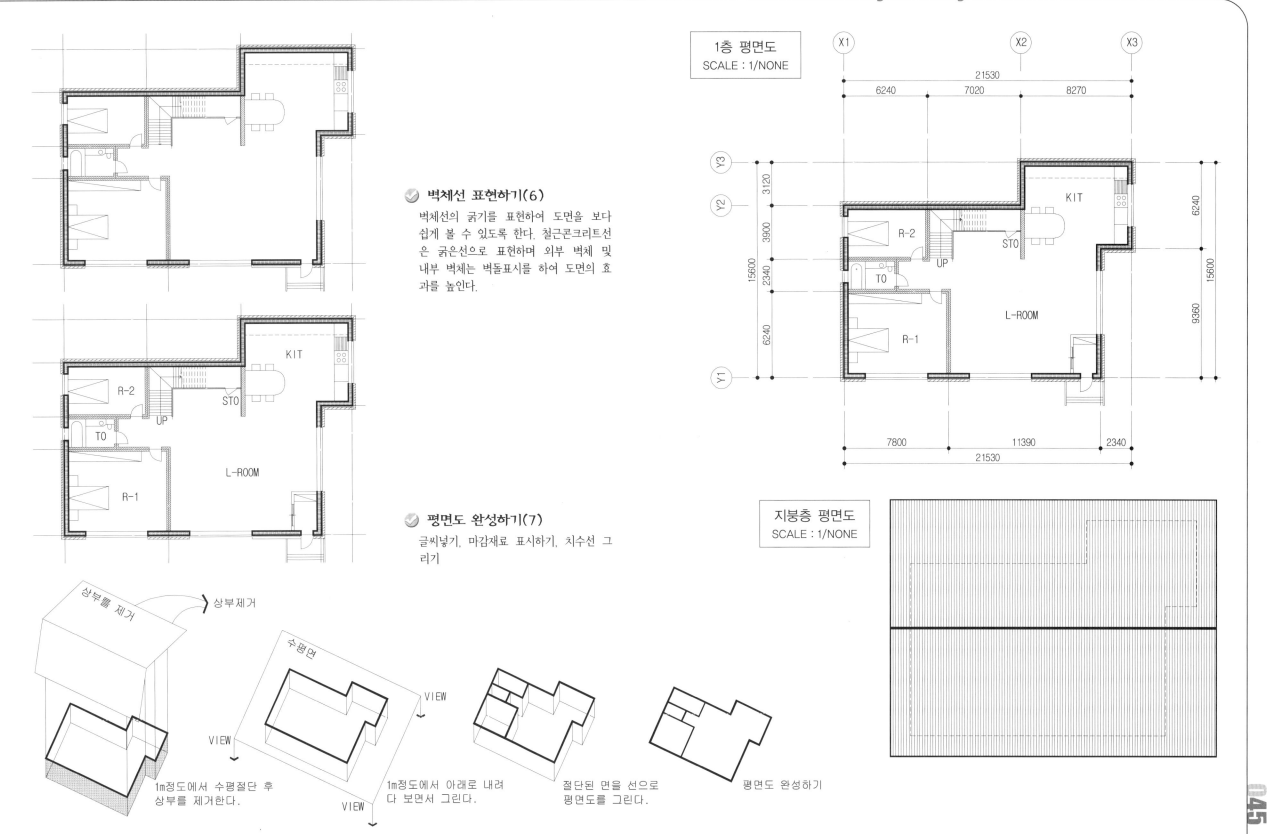

1층 평면도
SCALE : 1/NONE

✅ 벽체선 표현하기(6)

벽체선의 굵기를 표현하여 도면을 보다 쉽게 볼 수 있도록 한다. 철근콘크리트선 은 굵은선으로 표현하며 외부 벽체 및 내부 벽체는 벽돌표시를 하여 도면의 효 과를 높인다.

✅ 평면도 완성하기(7)

글씨넣기, 마감재료 표시하기, 치수선 그 리기

지붕층 평면도
SCALE : 1/NONE

1m정도에서 수평절단 후 상부를 제거한다.

1m정도에서 아래로 내려 다 보면서 그린다.

절단된 면을 선으로 평면도를 그린다.

평면도 완성하기

상부를 제거

상부제거

수평면

VIEW

(4) 입면도 이해하기

건물의 외부형태를 눈에 보이는 그대로 벽돌의 크기 및 모양, 창문, 출입문 등의 크기를 보이
는데로 그린다. 입면도는 정면도, 우측면도, 좌측면도, 배면도의 네면을 그린다.

입면도 그리기-1   입면도 그리기-2   입면도 그리기-3   입면도 그리기-4

입면도 그리기-5   입면도 그리기-6   입면도 그리기-7

(5) 단면도 이해하기

건물 전체를 수직으로 절단하여 아랫부분을 제거한다. 그 후 절단된 위측면을 보이는 그대로
단면으로 표현한다.

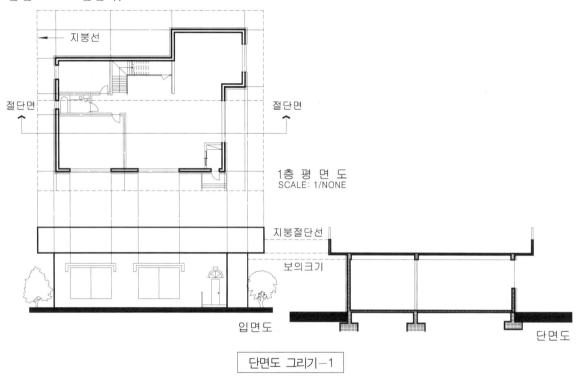

단면도 그리기-1

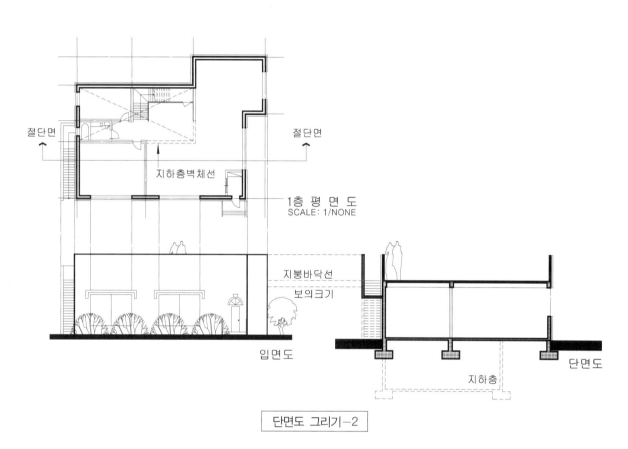

단면도 그리기-2

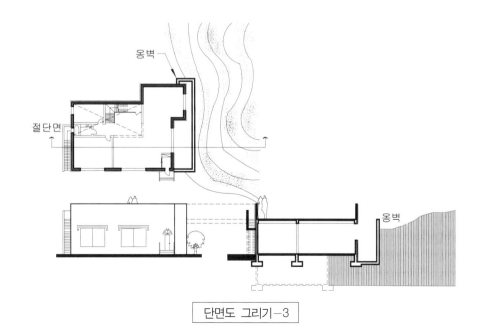

단면도 그리기-3

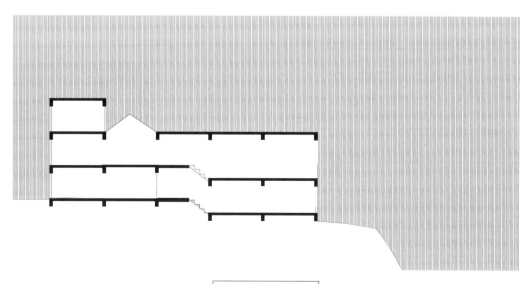

단면도 그리기-4

PART 02 | 상세도 이해하기

(1) 바닥(Slab)

철근콘크리트 슬래브는 슬래브 사체의 고정하중과 슬래브 위에 놓이는 적재하중을 가진 구조체이면서 동시에 슬래브의 하중을 하부의 기둥과 보에 전달하는 휨재이다.

슬래브는 하중을 지지하거나 분산하는 기능 이외 차음성과 내화성이 우수한 구조이다. 또한 슬래브는 체적에 비하여 면적이 상당히 넓어 온도수축의 영향이 크기 때문에 슬래브의 균열방지를 위해서라도 일정량의 철근이 배근되어야 한다. 따라서 슬래브의 두께를 일반적으로 10~15cm를 시공한다. 바닥 마감재료는 실의 용도와 특성에 따라 노출 콘크리트마감, 화강석(대리석)깔기, 타일깔기, 벽돌깔기, 아스팔트마감 등 그 종류가 다양하다.

1) 노출 콘크리트마감

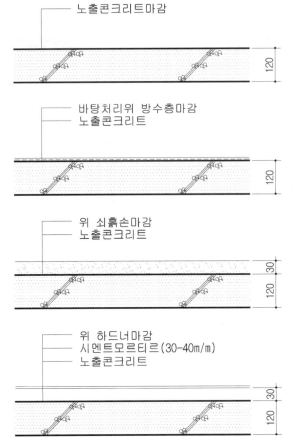

방수층 시공마감

하드너 시공마감

✔️ 에폭시 시공이 어려운 곳에 사용되며 일반적으로 공장바닥, 창고바닥, 아파트 주차장바닥 등에 많이 사용된다.

2) 타일마감

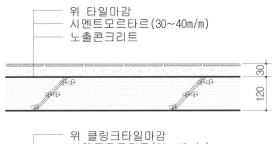

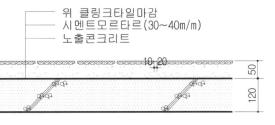

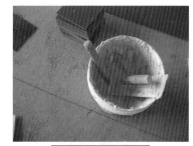

타일접착제

✔️ 미끄럼방지를 위해 사용되는 타일로서 일반적으로 외부용으로 사용된다.

✔️ 건식공법으로서 노출 콘크리트 위에 청소 후 타일본드를 바른 다음 타일을 붙이는 방법이다. 타일접착제(본드)는 회사마다 그 종류가 다양하다.

타일 시공마감-1

타일 시공마감-2

타일 시공

3) 테라조마감

위 테라조마감
시멘트모르타르(매우된반죽)
노출콘크리트
테라조(19~32m/m)
50~70
120

💿 테라조타일의 압축강도는 60kg/m², 휨강도 6.0 이상, 흡수율 2.5% 이상인 테라조판은 두께가 19~32m/m로 바름두께를 30~40m/m 위에 시공한다. 바름두께의 모르타르는 시멘트 : 모래 비율을 1 : 3(1 : 4)의 건조상태에서 시공한다. 테라조의 줄눈간격은 2~3m/m로 하며 줄눈사이에 물+시멘트+타일과 동일한 색상염료를 섞어 줄눈사이에 충진시키고 마지막 손질은 중성세제(pH 7)를 사용하여 청소한다.

테라조 시공-1

테라조 시공-2

테라조 시공마감

대리석마감
접착제(본드)
콘크리트
에폭시접착제(본드)
1~3m/m
530
120

접착제(본드) 시공

실내용대리석마감
무근콘크리트
질석콘크리트(온도유지용)
단열재(압축스치로폼)50m/m
방수층
콘크리트
단열재(압축스치로폼)50m/m
3030
50 VER 12
120

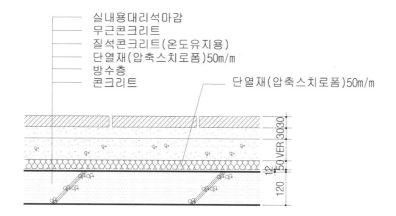
거실바닥 대리석 시공(거실바닥)

대리석마감

화강석마감

💿 1. 화강석은 외부용으로 주로 사용
2. 현관, 외부계단, 경사로 등

4) 대리석(화강석)마감

대리석마감
붙이는상부모르타르
하부시멘트모르타르
콘크리트
다양한두께(계획)
설계자의 의도에 따라
3~6m/m
120

습식 시공

줄눈모르타르
붙이는상부모르타르
3~6m/m
5~15m/m
하부시멘트모르타르

상세 시공 도면

💿 시공 전에 먼지와 찌거기, 기름 등을 제거한 후 하부 모르타르를 시멘트 : 모래(1 : 2)를 적절한 비로 깔고 레벨을 조정 후 붙이는 모르타르를 시공한다. 모르타르 위에 석재를 올리고 고무망치로 두드리면서 수평을 잡는다. 줄눈간격은 3~6m/m 정도로 시공후 석재 시공이 완료되면 양생 후 시멘트풀로 줄눈을 메우고 청소한다.

화강석마감
모르타르
콘크리트
시멘트+모래
170
120

화강석 시공(현관/외부)

5) 벽돌마감

- 위 벽돌마감
- 모르타르(된반죽)
- 콘크리트

8~12m/m

57
30
120

6) 거실&방 마감

- 위 비닐계바닥재(장판지 & 나무목재)
- 시멘트모르타르
- 메탈라스(0.45kg/m)
- 콩자갈(질석콘크리트내 동관 Ø 16동관)
- 기포콘크리트
- 폴리에틸렌필름(THK0.08)
- 단열재(압축스치로폼50m/m)
- 방수층
- 콘크리트

동관 Ø 16동관

20
80
50 60
120

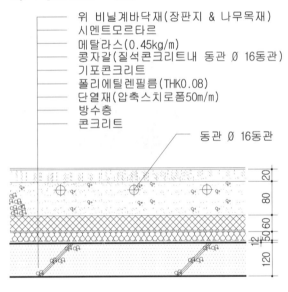

거실바닥 마감

7) 목구조 마루마감(체육관 마룻바닥 시공)

- 융커스 압축건조 너도밤나무 22X129X3700
- 증기건조 미송 장선목(방부처리) 35X70 @336.4

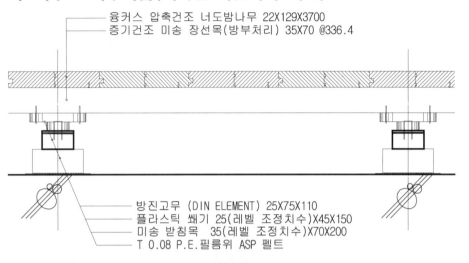

- 방진고무 (DIN ELEMENT) 25X75X110
- 플라스틱 쐐기 25(레벨 조정치수)X45X150
- 미송 받침목 35(레벨 조정치수)X70X200
- T 0.08 P.E.필름위 ASP 펠트

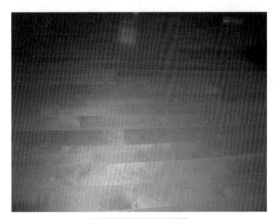

목재마루 마감

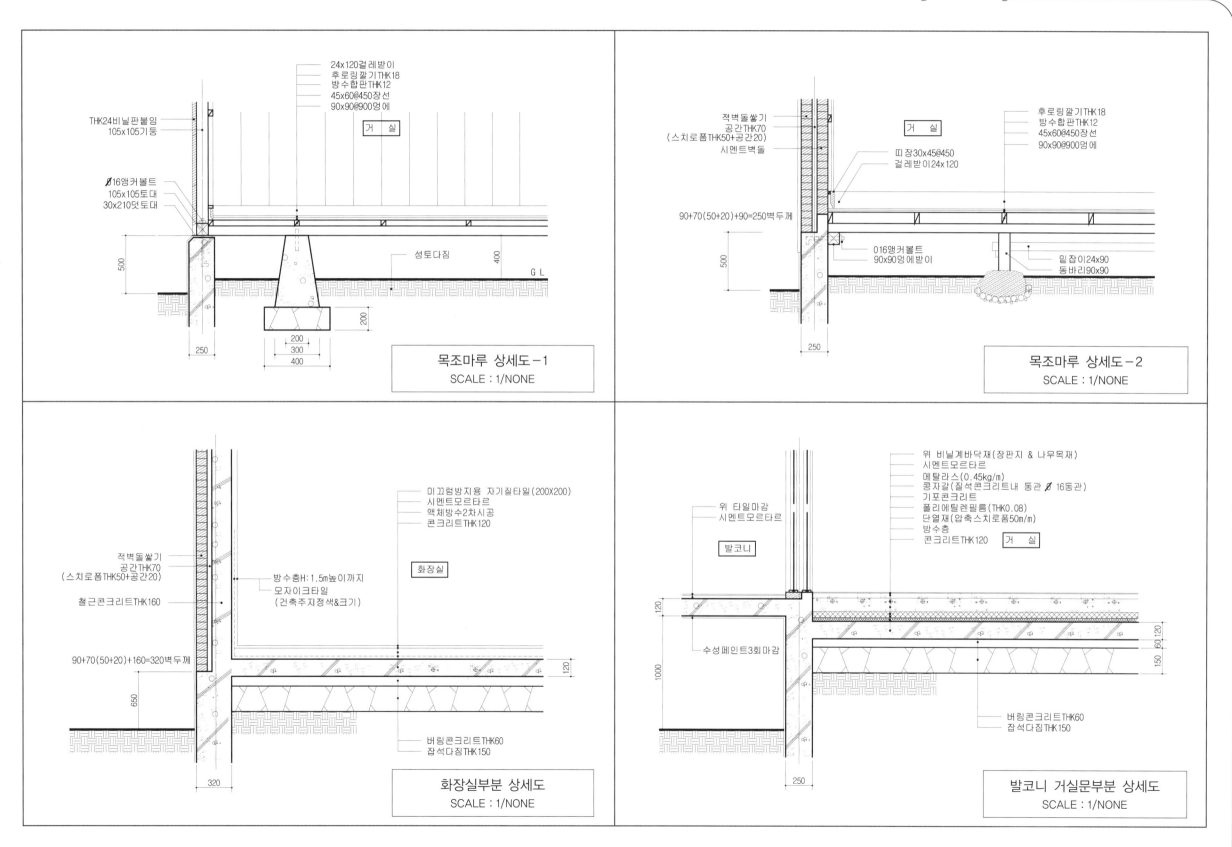

24x120걸레받이
후로링깔기THK18
방수합판THK12
45x60@450장선
90x90@900멍에

거 실

THK24비닐판붙임
105x105기둥

∅16앵커볼트
105x105토대
30x210덧토대

성토다짐

G L

500

400

200

200
300
400

250

목조마루 상세도-1
SCALE : 1/NONE

적벽돌쌓기
공간THK70
(스치로폼THK50+공간20)
시멘트벽돌

거 실

띠장30x45@450
걸레받이24x120

후로링깔기THK18
방수합판THK12
45x60@450장선
90x90@900멍에

90+70(50+20)+90=250벽두께

016앵커볼트
90x90멍에받이

밑잡이24x90
동바리90x90

500

250

목조마루 상세도-2
SCALE : 1/NONE

미끄럼방지용 자기질타일(200X200)
시멘트모르타르
액체방수2차시공
콘크리트THK120

화장실

적벽돌쌓기
공간THK70
(스치로폼THK50+공간20)

방수층H : 1.5m높이까지
모자이크타일
(건축주지정색&크기)

철근콘크리트THK160

90+70(50+20)+160=320벽두께

120

650

버림콘크리트THK60
잡석다짐THK150

320

화장실부분 상세도
SCALE : 1/NONE

위 비닐계바닥재(장판지 & 나무목재)
시멘트모르타르
메탈라스(0.45kg/m)
콩자갈(질석콘크리트내 동관 ∅ 16동관)
기포콘크리트
폴리에틸렌필름(THK0.08)
단열재(압축스치로폼50m/m)
방수층
콘크리트THK120

거 실

위 타일마감
시멘트모르타르

발코니

수성페인트3회마감

120

1000

60 120

150

버림콘크리트THK60
잡석다짐THK150

250

발코니 거실문부분 상세도
SCALE : 1/NONE

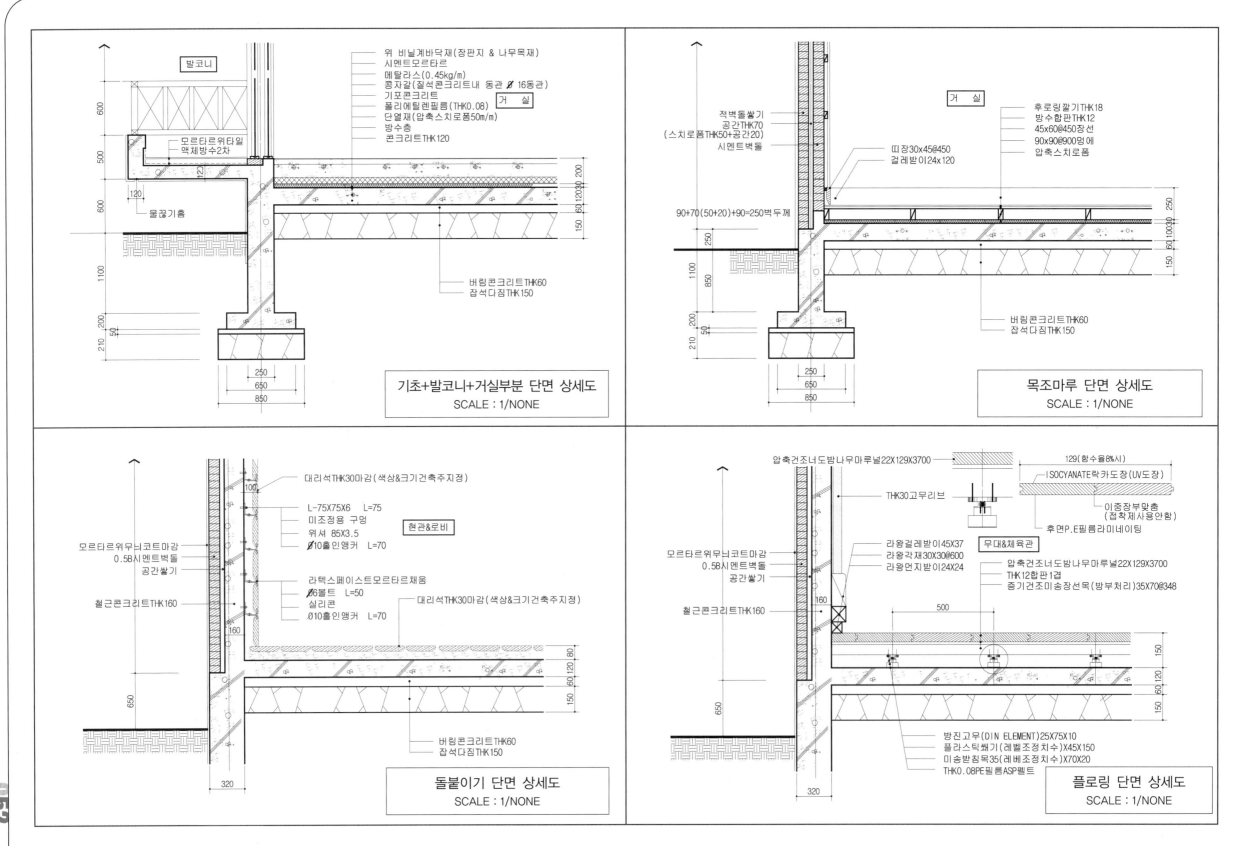

발코니

위 비닐계바닥재(장판지 & 나무목재)
시멘트모르타르
메탈라스(0.45kg/m)
콩자갈(질석콘크리트내 동관 ∅16동관)
기포콘크리트
폴리에틸렌필름(THK0.08)
단열재(압축스치로폼50m/m)
방수층
콘크리트THK120

거 실

모르타르위타일
액체방수2차

물끊기홈

버림콘크리트THK60
잡석다짐THK150

600
500
600
1100
200
50
210

120
120

250
650
850

200 30 120 60
150

기초+발코니+거실부분 단면 상세도
SCALE : 1/NONE

적벽돌쌓기
공간THK70
(스치로폼THK50+공간20)
시멘트벽돌

90+70(50+20)+90=250벽 두께

거 실

후로링깔기THK18
방수합판THK12
45x60@450장선
90x90@900엉에
압축스치로폼

띠장30x45@450
걸레받이24x120

버림콘크리트THK60
잡석다짐THK150

250
1100
850
200
50
210

250
100 30 60
150

목조마루 단면 상세도
SCALE : 1/NONE

모르타르위무늬코트마감
0.5B시멘트벽돌
공간쌓기

철근콘크리트THK160

현관&로비

대리석THK30마감(색상&크기건축주지정)

L-75X75X6 L=75
미조정용 구멍
위셔 85X3.5
∅10홀인앵커 L=70

라텍스페이스트모르타르채움
∅6볼트 L=50
실리콘
∅10홀인앵커 L=70

대리석THK30마감(색상&크기건축주지정)

버림콘크리트THK60
잡석다짐THK150

100
160
650

80
120 60
150

320

돌붙이기 단면 상세도
SCALE : 1/NONE

압축건조너도밤나무마루널22X129X3700

THK30고무리브

모르타르위무늬코트마감
0.5B시멘트벽돌
공간쌓기

철근콘크리트THK160

라왕걸레받이45X37
라왕각재30X30@600
라왕먼지받이24X24

무대&체육관

129(함수율8%시)
ISOCYANATE락카도장(UV도장)
이중장부맞춤
(접착제사용안함)
후면P.E필름라미네이팅

압축건조너도밤나무마루널22X129X3700
THK12합판1겹
증기건조미송장선목(방부처리)35X70@348

방진고무(DIN ELEMENT)25X75X10
플라스틱쐐기(레벨조정치수)X45X150
미송받침목35(레베조정치수)X70X20
THK0.08PE필름ASP펠트

160
500
650

150
120 60
150

320

플로링 단면 상세도
SCALE : 1/NONE

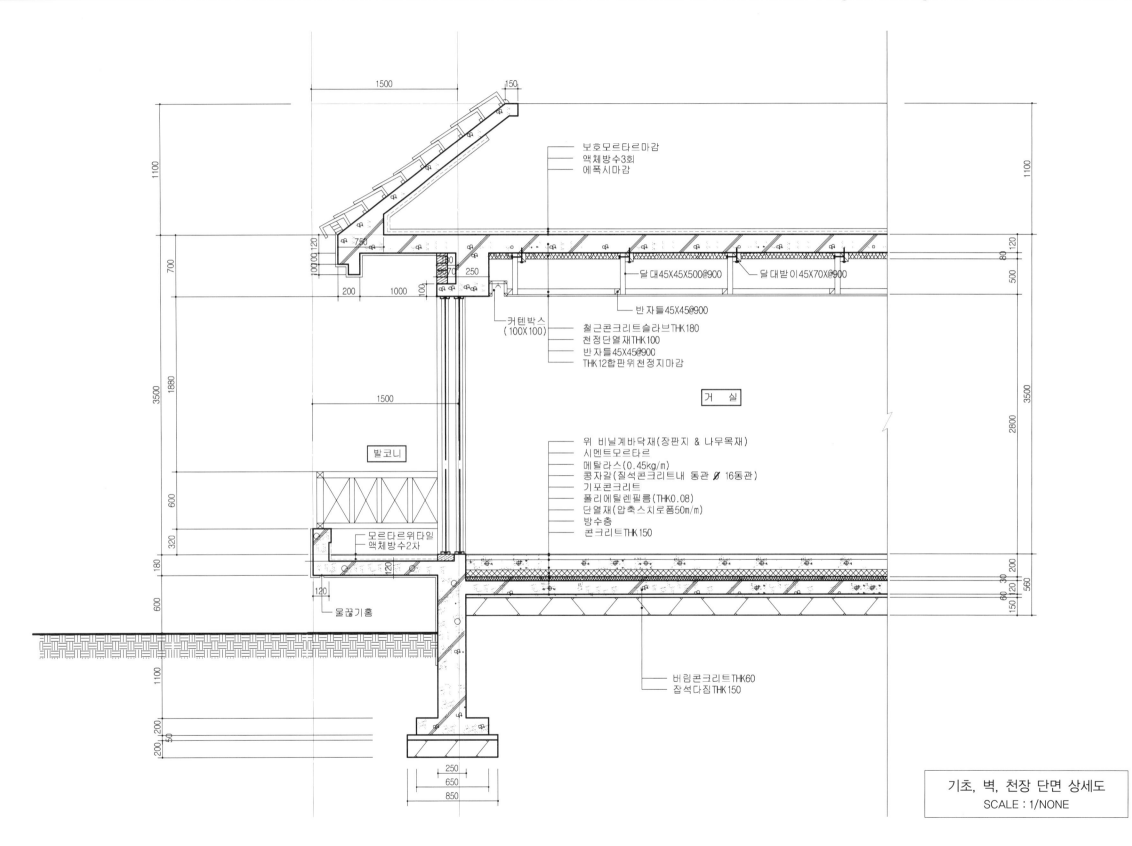

보호모르타르마감
액체방수3회
에폭시마감

1500
150
1100

750
100 120
700
200 1000 100
250
달 대45X45X500@900
달 대받 이45X70X@900
반 자틀45X45@900
커텐박스
(100X100)
철근콘크리트슬라브THK180
천정단열재THK100
반 자틀45X45@900
THK12합판위천정지마감

거 실

1500
3500
1880
2800
3500

발코니

위 비닐계바닥재(장판지 & 나무목재)
시멘트모르타르
메탈라스(0.45kg/m)
콩자갈(질석콘크리트내 동관 Ø 16동관)
기포콘크리트
폴리에틸렌필름(THK0.08)
단열재(압축스치로폼50m/m)
방수층
콘크리트THK150

320
600
180

모르타르위타일
액체방수2차

120
120
120

600
물끊기홈

버림콘크리트THK60
잡석다짐THK150

1100

200 200
50

250
650
850

기초, 벽, 천장 단면 상세도
SCALE : 1/NONE

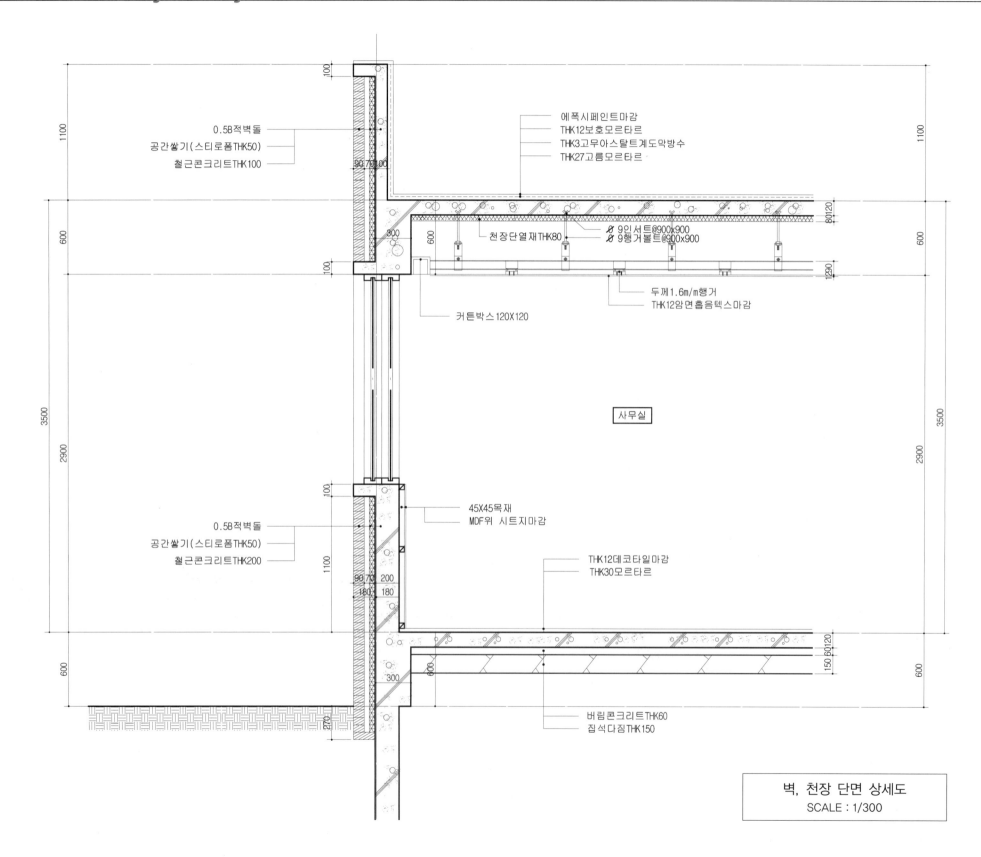

0.5B적벽돌
공간쌓기(스티로폼THK50)
철근콘크리트THK100

에폭시페인트마감
THK12보호모르타르
THK3고무아스탈트계도막방수
THK27고름모르타르

천장단열재THK80
Ø9인서트@900x900
Ø9행거볼트@900x900

두께1.6m/m행거
THK12암면흡음텍스마감

커튼박스120X120

사무실

45X45목재
MDF위 시트지마감

0.5B적벽돌
공간쌓기(스티로폼THK50)
철근콘크리트THK200

THK12데코타일마감
THK30모르타르

버림콘크리트THK60
잡석다짐THK150

벽, 천장 단면 상세도
SCALE : 1/300

(2) 벽(Wall)

철근콘크리트 건물의 벽체는 자중과 더불어 수직방향의 하중을 받아 전달하는 구조 기능을 가진 내력벽과 바람, 지진 등에 의한 수평하중도 견디기 위해 철근으로 보강된 전단벽의 콘크리트벽이 있다. 또한 구조 기능을 가지지 않고 실과 실을 구분하는 칸막이벽도 있다. 벽의 두께는 일반적으로 10cm 이상이지만 외벽은 균열이나 단열 때문에 보통 12cm 이상으로 설계한다. 지하층의 외벽은 수압이나 토압의 영향 때문에 지하 1층은 20cm 이상, 지하 2층은 30cm 이상으로 설계하기도 한다.

외벽의 마감은 돌마감, 벽돌마감, 블록마감, 드라이비트 등 설계 의도에 따라 다양한 외부 벽면을 설계할 수 있다.

1) 외벽마감

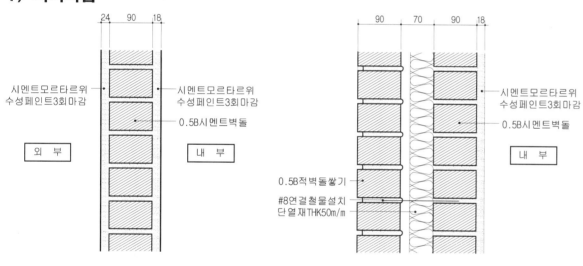

시멘트모르타르위
수성페인트3회마감

시멘트모르타르위
수성페인트3회마감
0.5B시멘트벽돌

외부   내부

조적조벽체 단면도(0.5B쌓기)
SCALE : 1/NONE

0.5B적벽돌쌓기
#8연결철물설치
단열재THK50m/m

시멘트모르타르위
수성페인트3회마감
0.5B시멘트벽돌

내부

조적조벽체 단면도(1.0B쌓기)
SCALE : 1/NONE

적벽돌쌓기

시멘트벽돌쌓기

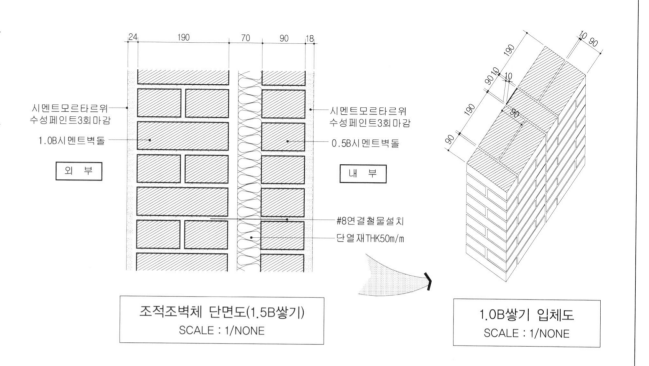

시멘트모르타르위
수성페인트3회마감

1.0B시멘트벽돌

시멘트모르타르위
수성페인트3회마감
0.5B시멘트벽돌

외부   내부

#8연결철물설치
단열재THK50m/m

조적조벽체 단면도(1.5B쌓기)
SCALE : 1/NONE

1.0B쌓기 입체도
SCALE : 1/NONE

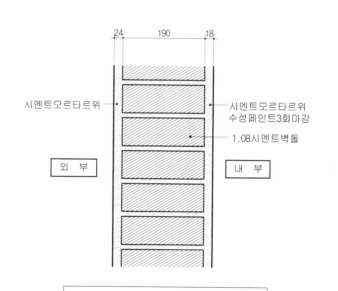

시멘트모르타르위

시멘트모르타르위
수성페인트3회마감
1.0B시멘트벽돌

외부   내부

조적조벽체 단면도(1.0B쌓기)
SCALE : 1/NONE

✅ **적벽돌**
적벽돌은 외장용으로 주로 사용

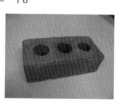

✅ **시멘트벽돌**
시멘트벽돌은 내부용으로 사용

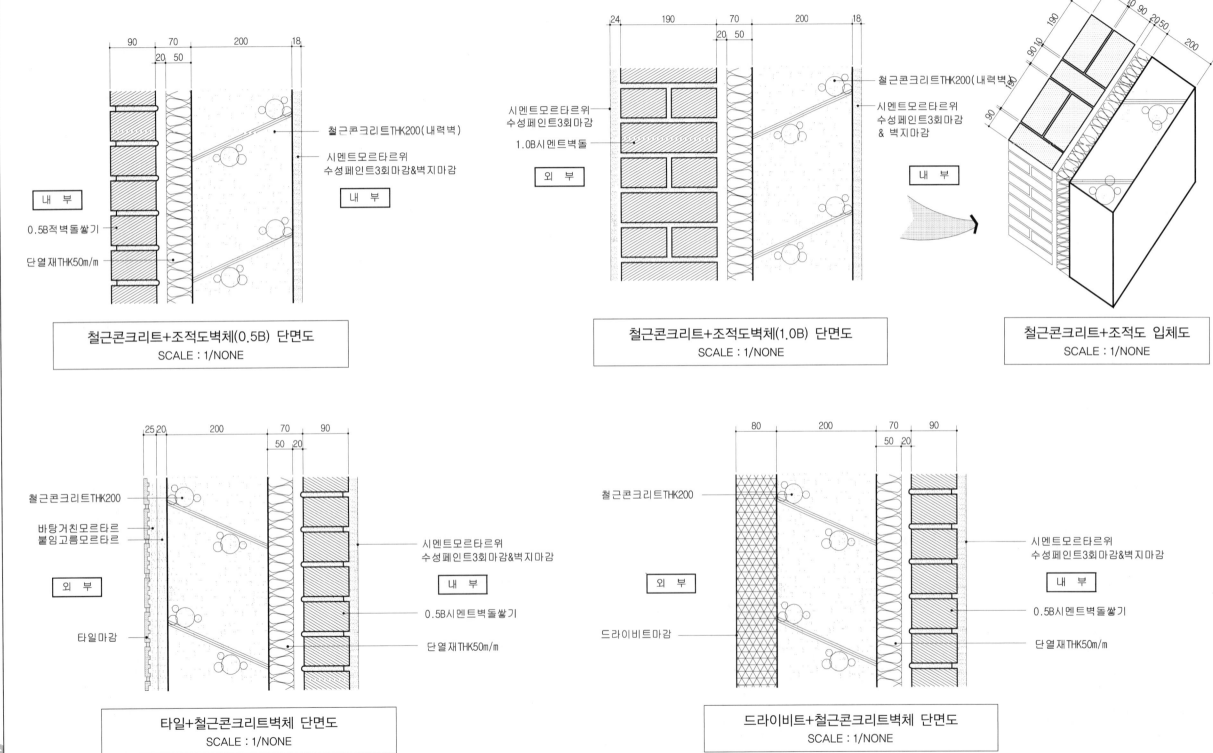

90　70　20　50　200　18

철근콘크리트THK200(내력벽)

시멘트모르타르위
수성페인트3회마감&벽지마감

내 부

내 부

0.5B적벽돌쌓기

단열재THK50m/m

철근콘크리트+조적도벽체(0.5B) 단면도
SCALE : 1/NONE

24　190　20　50　70　200　18

시멘트모르타르위
수성페인트3회마감

1.0B시멘트벽돌

외 부

철근콘크리트THK200(내력벽)

시멘트모르타르위
수성페인트3회마감
& 벽지마감

내 부

철근콘크리트+조적도벽체(1.0B) 단면도
SCALE : 1/NONE

90　10　90　20　50　200

190

90　10

90

철근콘크리트+조적도 입체도
SCALE : 1/NONE

25　20　200　50　20　70　90

철근콘크리트THK200

바탕거친모르타르
붙임고름모르타르

외 부

타일마감

시멘트모르타르위
수성페인트3회마감&벽지마감

내 부

0.5B시멘트벽돌쌓기

단열재THK50m/m

타일+철근콘크리트벽체 단면도
SCALE : 1/NONE

80　200　50　20　70　90

철근콘크리트THK200

외 부

드라이비트마감

시멘트모르타르위
수성페인트3회마감&벽지마감

내 부

0.5B시멘트벽돌쌓기

단열재THK50m/m

드라이비트+철근콘크리트벽체 단면도
SCALE : 1/NONE

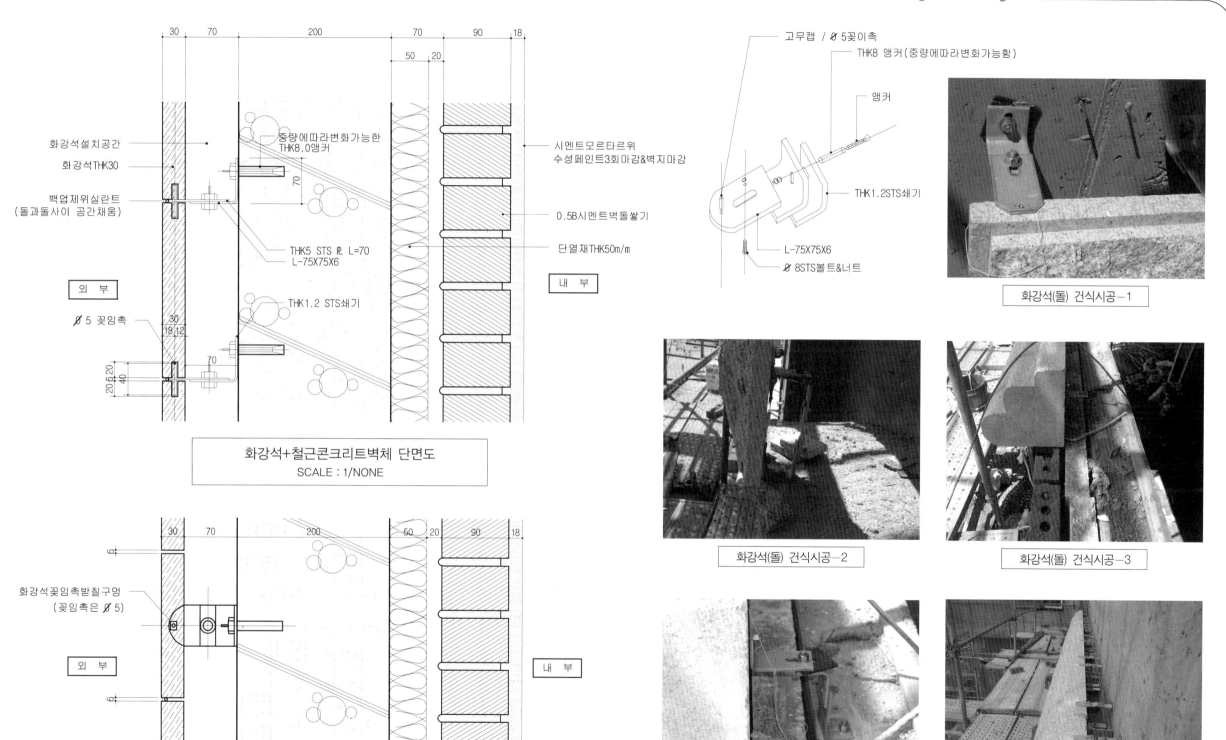

화강석설치공간

화강석THK30

백업제위실란트
(돌과돌사이 공간채움)

외 부

∅ 5 꽂임촉

중량에따라변화가능한
THK8.0앵커

THK5 STS 凡 L=70
L-75X75X6

THK1.2 STS쇄기

시멘트모르타르위
수성페인트3회마감&벽지마감

0.5B시멘트벽돌쌓기

단열재THK50m/m

내 부

화강석+철근콘크리트벽체 단면도
SCALE : 1/NONE

화강석꽂임촉받칠구멍
(꽂임촉은 ∅ 5)

외 부

내 부

화강석+철근콘크리트벽체 단면도
SCALE : 1/NONE

고무캡 / ∅ 5꽂이촉

THK8 앵커(중량에따라변화가능함)

앵커

THK1.2STS쇄기

L-75X75X6

∅ 8STS볼트&너트

화강석(돌) 건식시공-1

화강석(돌) 건식시공-2

화강석(돌) 건식시공-3

화강석(돌) 건식시공-4

화강석(돌) 건식시공-5

(3) 천장(Ceiling)

철근콘크리트 구조물이 완성된 후 천장부분의 마감은 노출 천장을 마감과 동시에 설비배관 등을 노출하는 천장구조를 시공하여 노출의 미를 살리는 내부공간 시공을 하기도 한다. 이러한 바름천장은 시공하기는 쉬우나 각종 건축설비의 노출이 보기 싫지 않게 내부 인테리어와 더불어 깨끗한 마무리가 요구된다. 따라서 일반 건축물은 천장을 매단 천장으로 시공을 많이 한다. 매단 천장은 상부 슬래브와 천장사이에 각종 설비배관을 천장속에 넣어 실내에서 천장을 바라봤을 때 천장의 마무리가 텍스에 의해 배관 등이 가려지게 하는 시공이다. 이러한 매단 천장구조는 상부 슬래브 타설 전에 천장 텍스를 매달기 위해 미리 상부 슬래브 거푸집속에 앵커볼트를 끼울 쇠붙이를 고정한 후 상부 슬래브의 콘크리트를 타설한다. 그 후 매단 천장구조물 및 텍스를 인서트 앵커볼트에 의해 삽입하고 매단 천장구조물을 완성한다.

1) 천장바름마감

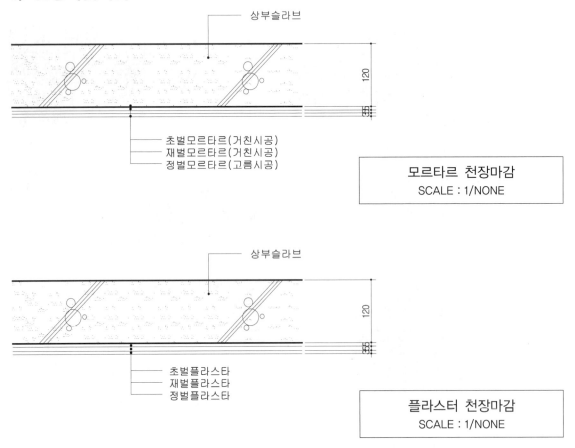

모르타르 천장마감
SCALE : 1/NONE

플라스터 천장마감
SCALE : 1/NONE

2) 매단 천장마감

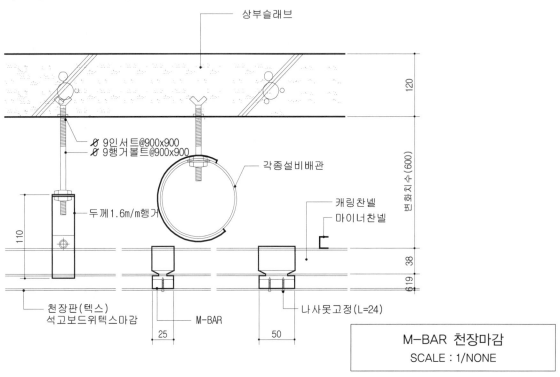

M-BAR 천장마감
SCALE : 1/NONE

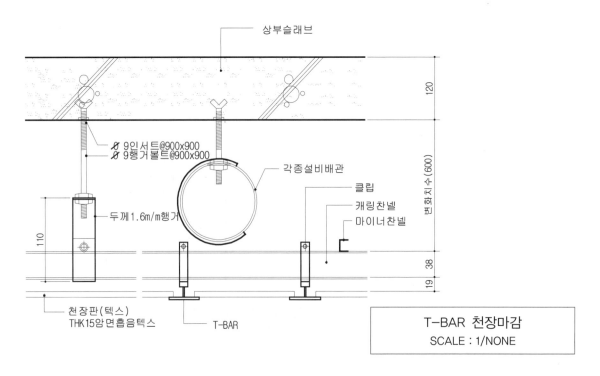

T-BAR 천장마감
SCALE : 1/NONE

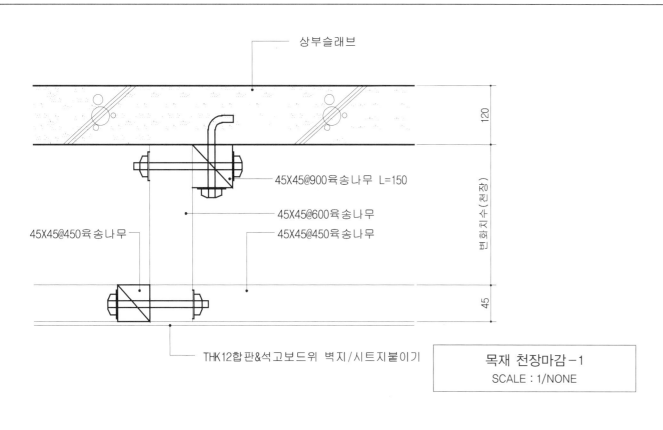

상부슬래브

45X45@900육송나무 L=150
45X45@600육송나무
45X45@450육송나무
45X45@450육송나무

변화치수(천장)

120

45

THK12합판&석고보드위 벽지/시트지붙이기

목재 천장마감-1
SCALE : 1/NONE

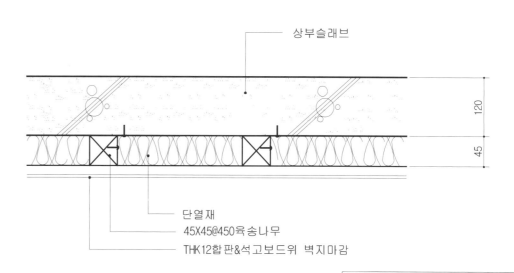

상부슬래브

단열재
45X45@450육송나무
THK12합판&석고보드위 벽지마감

120

45

목재 천장마감-2
SCALE : 1/NONE

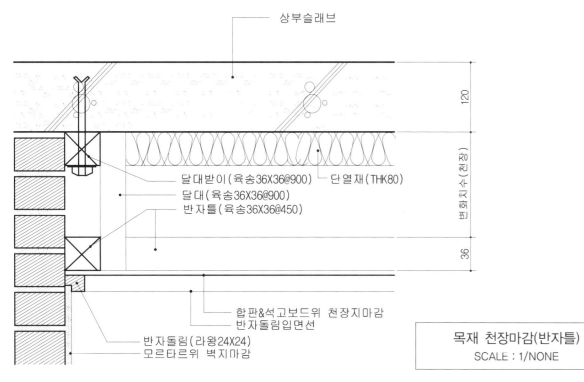

상부슬래브

달대받이(육송36X36@900) 단열재(THK80)
달대(육송36X36@900)
반자틀(육송36X36@450)

변화치수(천장)

120

36

합판&석고보드위 천장지마감
반자돌림입면선
반자돌림(라왕24X24)
모르타르위 벽지마감

목재 천장마감(반자틀)
SCALE : 1/NONE

천장마감-1

천장마감-2

(4) 기초(Footing)

철근콘크리트 건물의 하중은 슬래브의 하중을 보가, 보의 하중을 기둥이 전달받아 기둥에 그 힘을 전달하는데 이 기둥의 하중은 또다시 기초에 전달되어 지반으로 보내어진다. 이때 지반이 연약하면 상부의 하중을 가진 기초는 침하하는데 이러한 침하를 방지하기 위하여 충분한 지내력을 가진 지반에 기초를 설치한다. 그러나 요구되는 지내력이 지하 깊이에 있을 경우에는 말뚝(pile)을 단단한 지층까지 박은 후 그 위에 기초를 설치하기도 한다.

1) 기초판의 이해

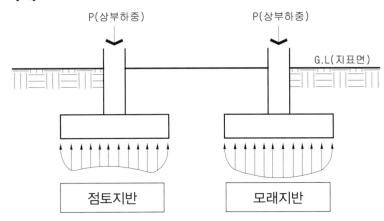

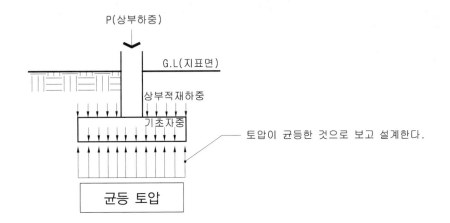

✓ 철근콘크리트 상부구조물의 하중에 대응하여 지반은 위로 토압을 일으킨다. 이 토압의 분포는 위 그림처럼 지반이 점토질이면 지반은 강력한 점착력을 가지기 때문에 지반이 쉽게 이동하지 않고 기초 주변에서 전단저항이 형성되어 지반의 토압은 기초 중심부가 작고 그 주변이 큰 형태로 기초에 영향을 미친다. 반면 모래지반은 입자가 큰 지반과 같이 상부하중이 작용하면 지반은 기초 주위 흙들이 기초 바깥으로 약간씩 이동하여 위 그림처럼 기초 중심에 토압이 증가하고 그 주변에는 감소한다. 그러나 설계에 있어서는 이러한 토질의 영향을 알고 있지만 기초에 미치는 힘모멘트나 전단력이 약하기 때문에 토압이 균등하게 기초에 영향을 미치는 것으로 보고 일반적으로 설계한다.

2) 기초의 종류

기초는 구조물의 층수 및 상부의 하중에 따라 기초의 크기가 결정된다. 또한 건물의 용도에 따라 기초의 종류도 다양하게 선택되어 진다.

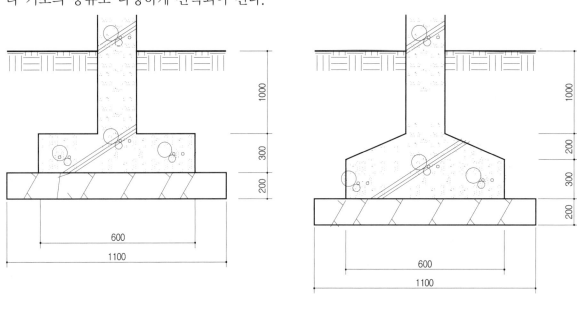

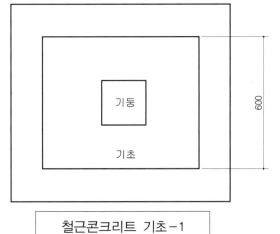

철근콘크리트 기초-1

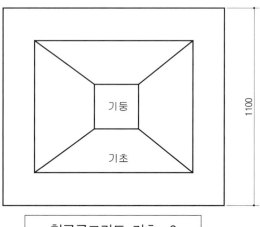

철근콘크리트 기초-2

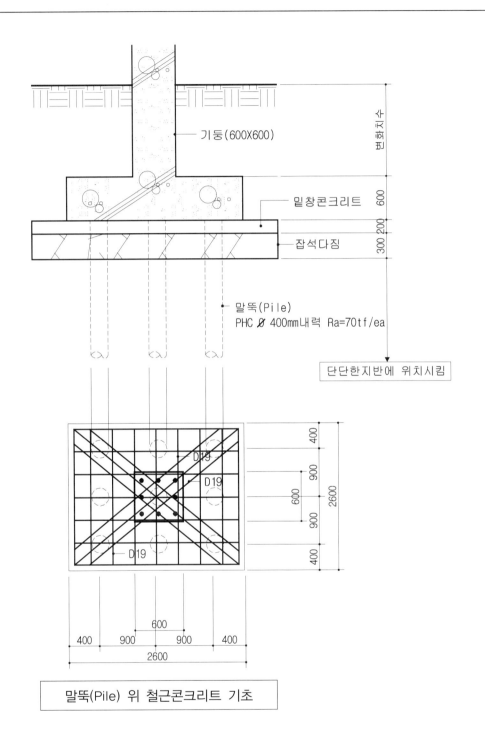

기둥(600X600)

변위지수

밑창콘크리트 600

잡석다짐 200 300

말뚝(Pile)
PHC Ø 400mm내력 Ra=70tf/ea

단단한지반에 위치시킴

D19

D19

D19

400
900
600
900
400
2600

400 900 600 900 400
2600

말뚝(Pile) 위 철근콘크리트 기초

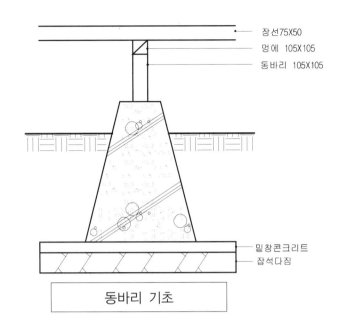

장선75X50
멍에 105X105
동바리 105X105

밑창콘크리트
잡석다짐

동바리 기초

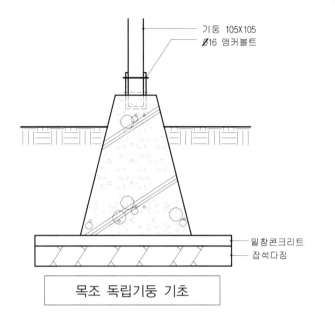

기둥 105X105
Ø16 앵커볼트

밑창콘크리트
잡석다짐

목조 독립기둥 기초

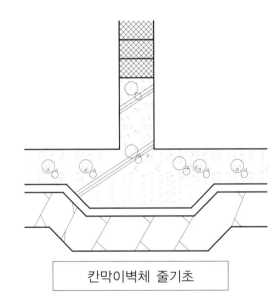

칸막이벽체 줄기초

(5) 창문 & 문(Window & Door)

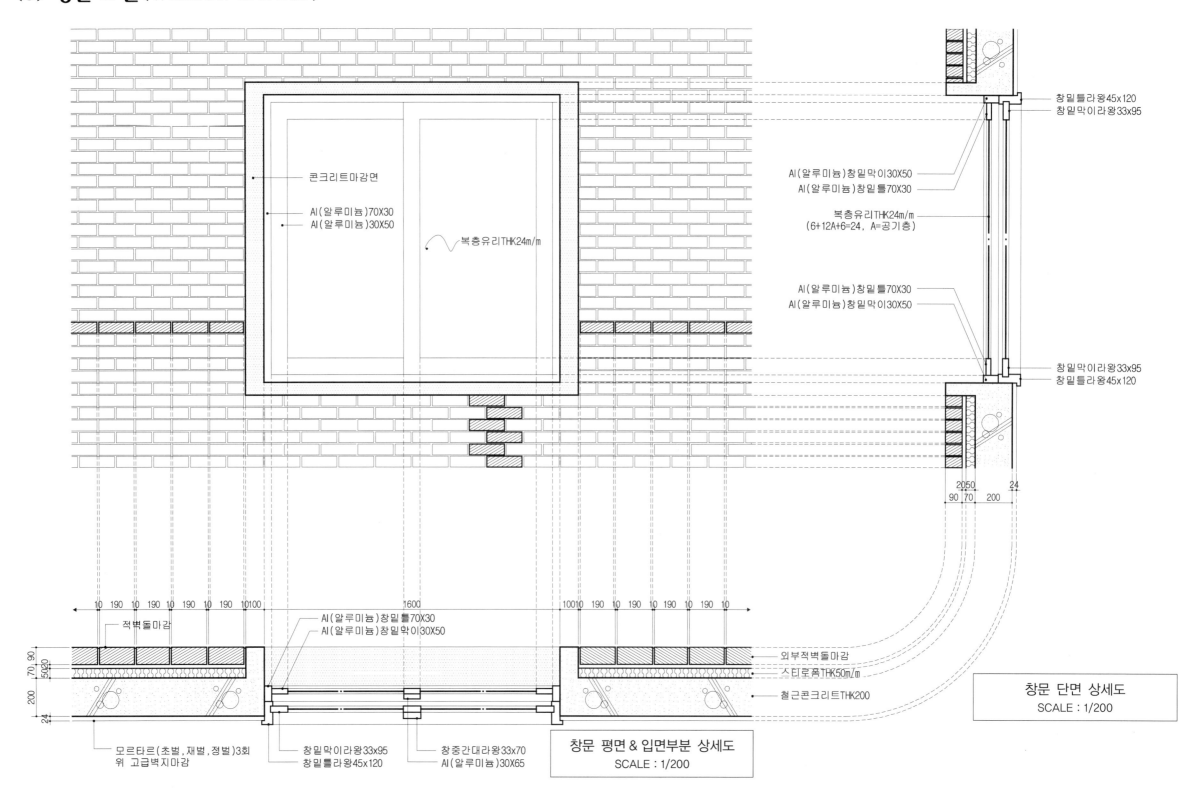

콘크리트마감면

Al(알루미늄)70X30
Al(알루미늄)30X50

복층유리THK24m/m

창밑틀라왕45x120
창밑막이라왕33x95

Al(알루미늄)창밑막이30X50
Al(알루미늄)창밑틀70X30

복층유리THK24m/m
(6+12A+6=24, A=공기층)

Al(알루미늄)창밑틀70X30
Al(알루미늄)창밑막이30X50

창밑막이라왕33x95
창밑틀라왕45x120

2050   24
90 70   200

창문 단면 상세도
SCALE : 1/200

10 190 10 190 10 190 10 190 10100   1600   10010 190 10 190 10 190 10 190 10

적벽돌마감

Al(알루미늄)창밑틀70X30
Al(알루미늄)창밑막이30X50

외부적벽돌마감

스티로폼THK50m/m

철근콘크리트THK200

90 70
50 20
200
24

모르타르(초벌,재벌,정벌)3회
위 고급벽지마감

창밑막이라왕33x95
창밑틀라왕45x120

창중간대라왕33x70
Al(알루미늄)30X65

창문 평면 & 입면부분 상세도
SCALE : 1/200

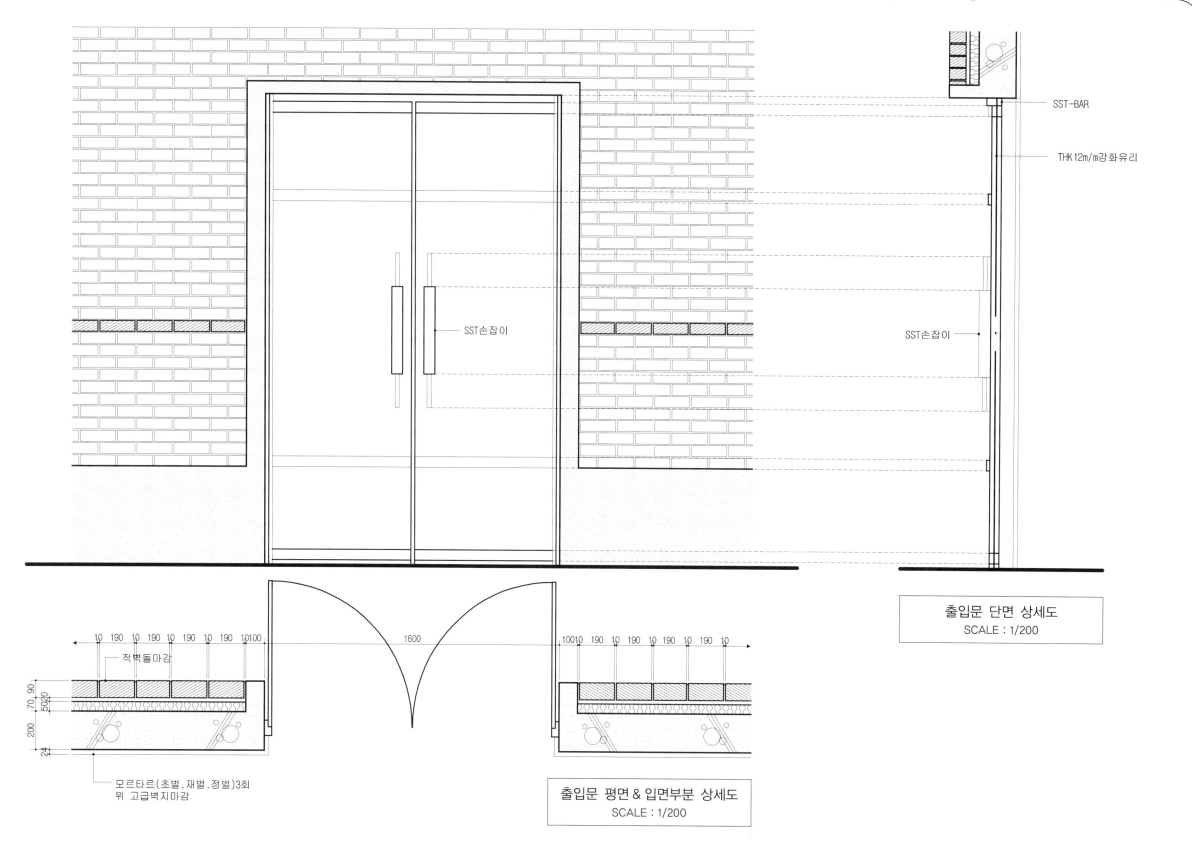

SST-BAR

THK 12m/m강화유리

SST손잡이

SST손잡이

출입문 단면 상세도
SCALE : 1/200

10 190 10 190 10 190 10 190 10100

1600

10010 190 10 190 10 190 10 190 10

적벽돌마감

모르타르(초벌,재벌,정벌)3회
위 고급벽지마감

출입문 평면 & 입면부분 상세도
SCALE : 1/200

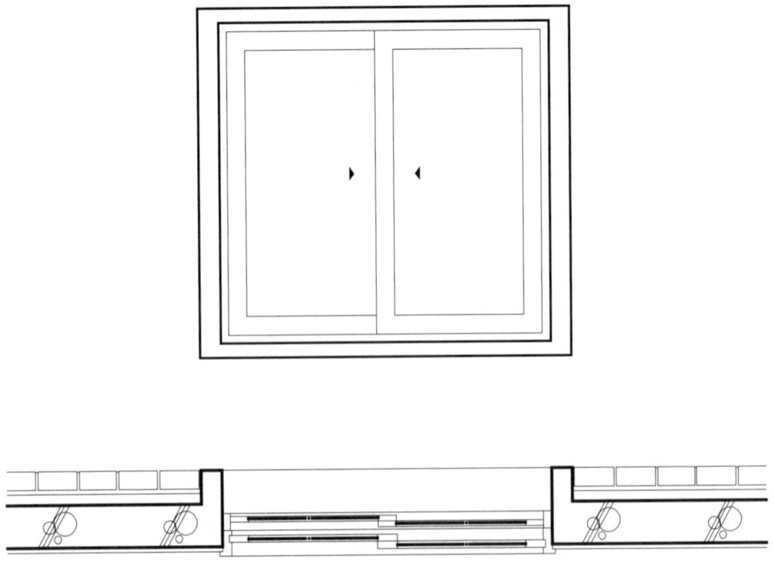

2짝미서기창
SCALE : 1/200

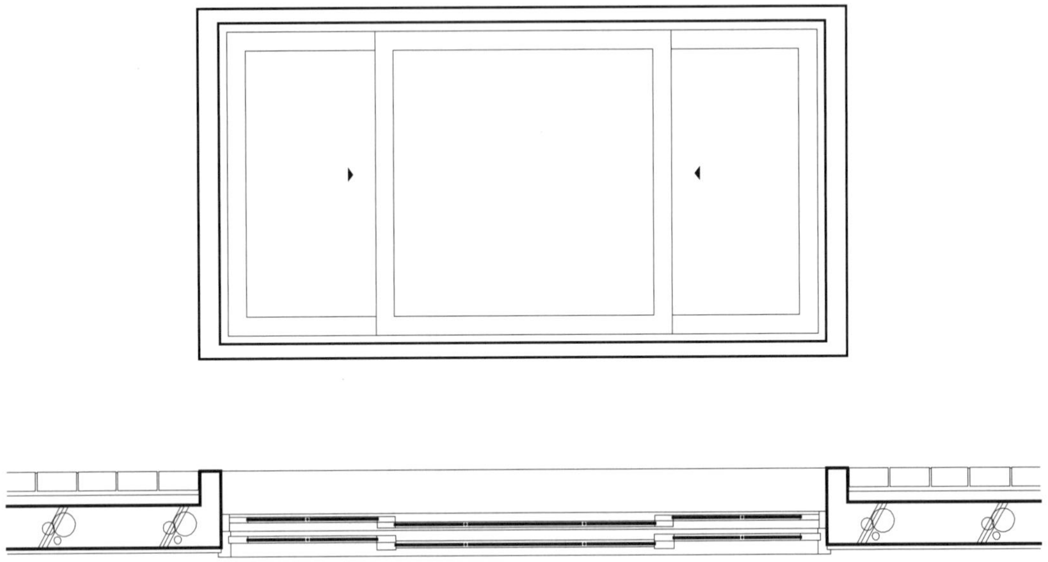

4짝미서기창
SCALE : 1/200

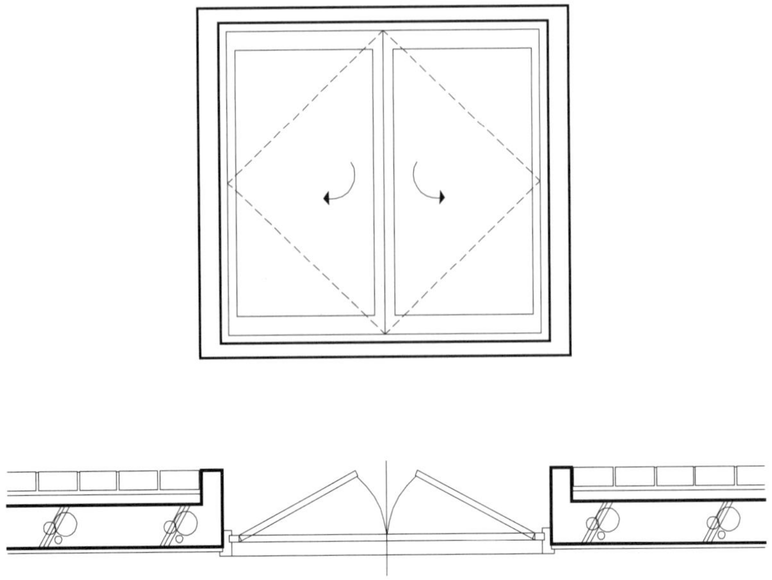

쌍여닫이창
SCALE : 1/200

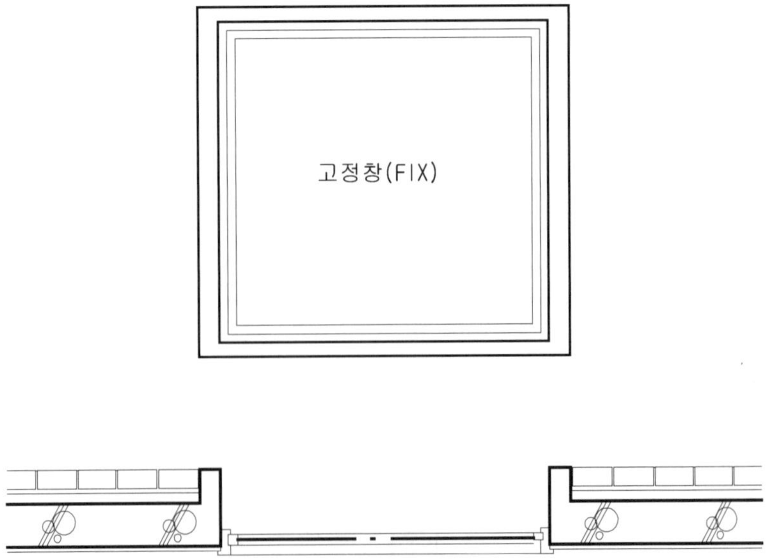

고정창(FIX)

고정(FIX)창
SCALE : 1/200

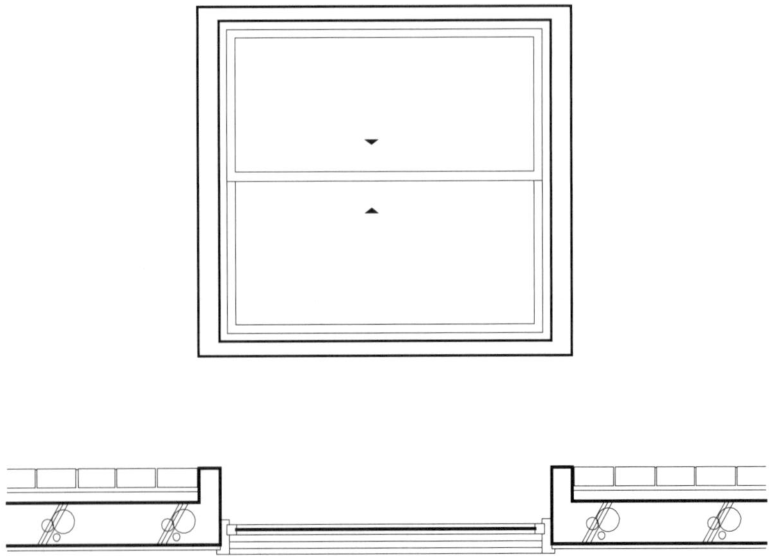

오르내림창
SCALE : 1/200

과제 연습

|출처|
Evolving Architecture
Selected Architectural Competition; past to present
1986~1990
Published by MEISEI PUBLICATIONS

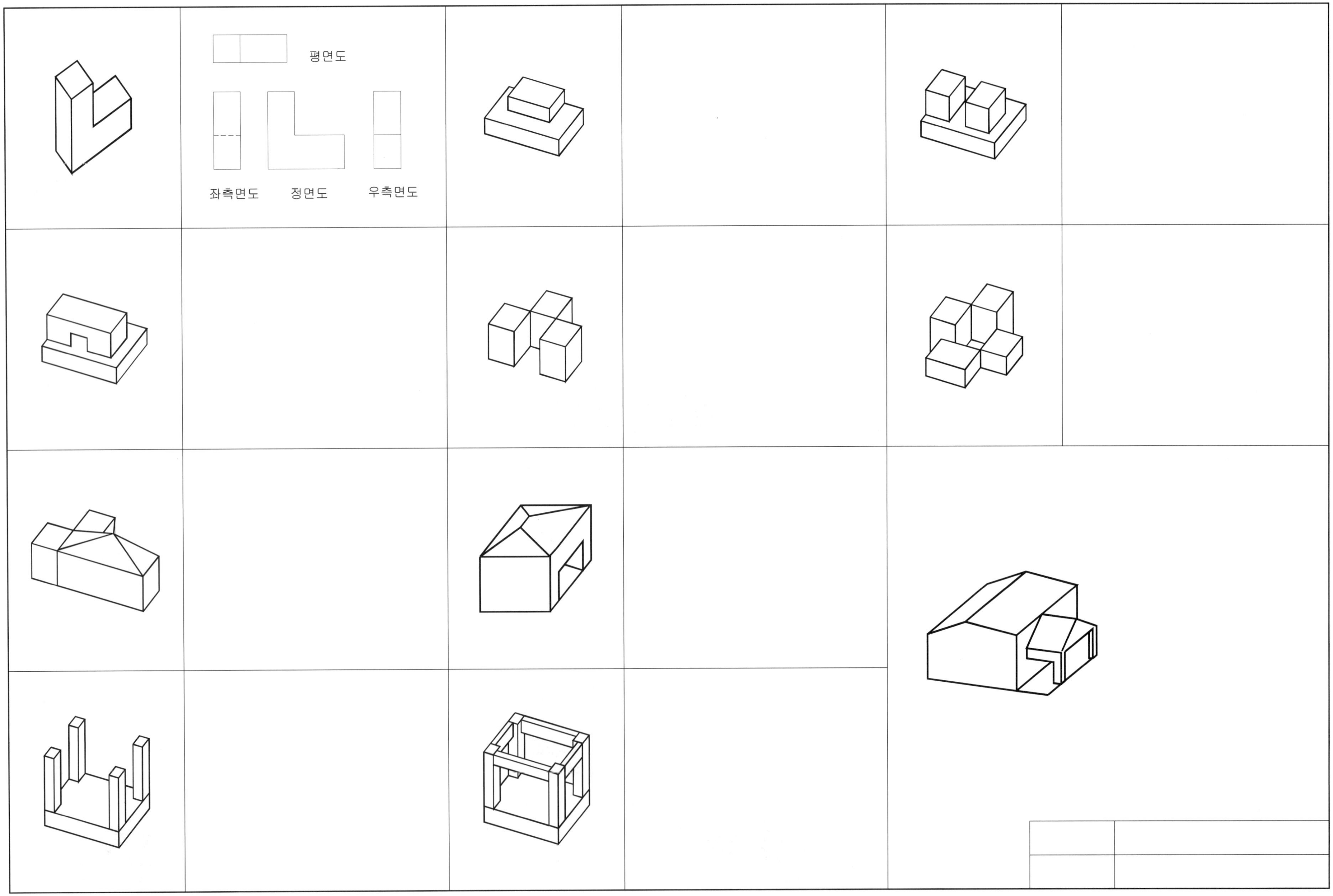

평면도

좌측면도   정면도   우측면도

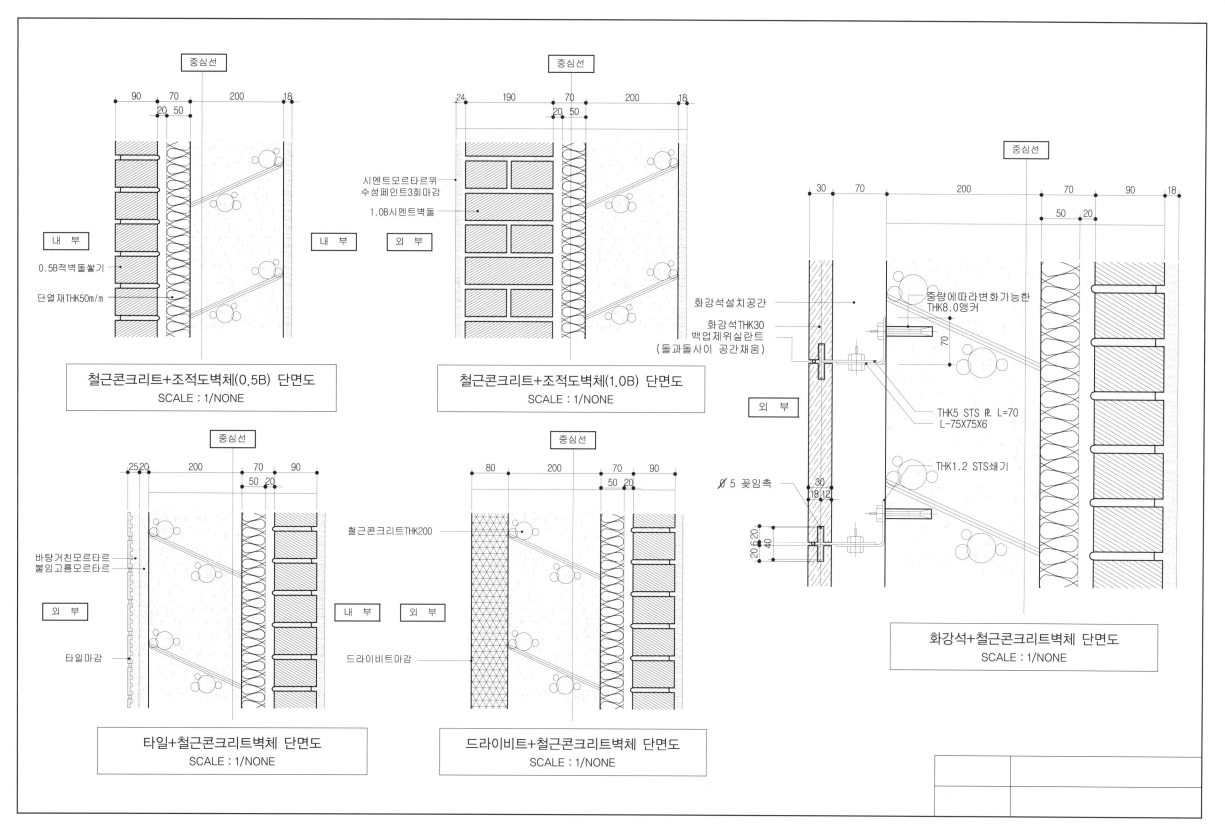

중심선

90 70 200 18
20 50

내 부

0.5B적벽돌쌓기

단열재THK50m/m

내 부

철근콘크리트+조적도벽체(0.5B) 단면도
SCALE : 1/NONE

중심선

24 190 70 200 18
20 50

시멘트모르타르위
수성페인트3회마감

1.0B시멘트벽돌

외 부

철근콘크리트+조적도벽체(1.0B) 단면도
SCALE : 1/NONE

중심선

30 70 200 70 90 18
50 20

화강석설치공간

화강석THK30
백업제위실란트
(돌과돌사이 공간채움)

∅5 꽂임촉

20 6 20
40

30
18 12

외 부

중량에따라변화가능한
THK8.0앵커

70

THK5 STS PL L=70
L-75X75X6

THK1.2 STS쇄기

화강석+철근콘크리트벽체 단면도
SCALE : 1/NONE

중심선

25 20 200 70 90
50 20

바탕거친모르타르
붙임고름모르타르

외 부

타일마감

타일+철근콘크리트벽체 단면도
SCALE : 1/NONE

중심선

80 200 70 90
50 20

철근콘크리트THK200

내 부   외 부

드라이비트마감

드라이비트+철근콘크리트벽체 단면도
SCALE : 1/NONE

초급 단계

NOTE
축척 1/80에서 문 크기 900mm과 관련된 원형 자가 없는 경우에는 그림과 같이 부득이하게 표현하였습니다.

벽체의 조건
1. 철근콘크리트 THK 180mm
2. 단열재(스티로폼) 150mm
3. 공간 확보 80mm
4. 적벽돌 THK 90mm

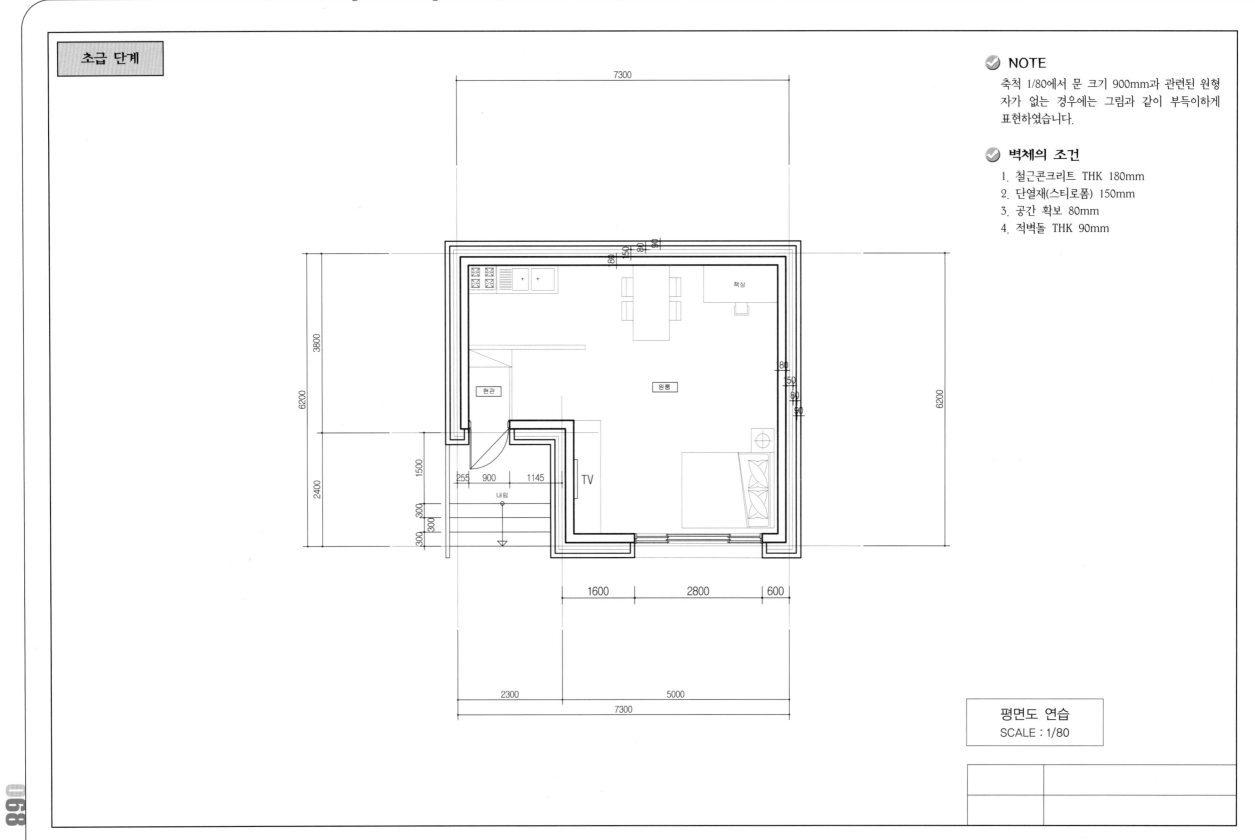

평면도 연습
SCALE : 1/80

중급 단계

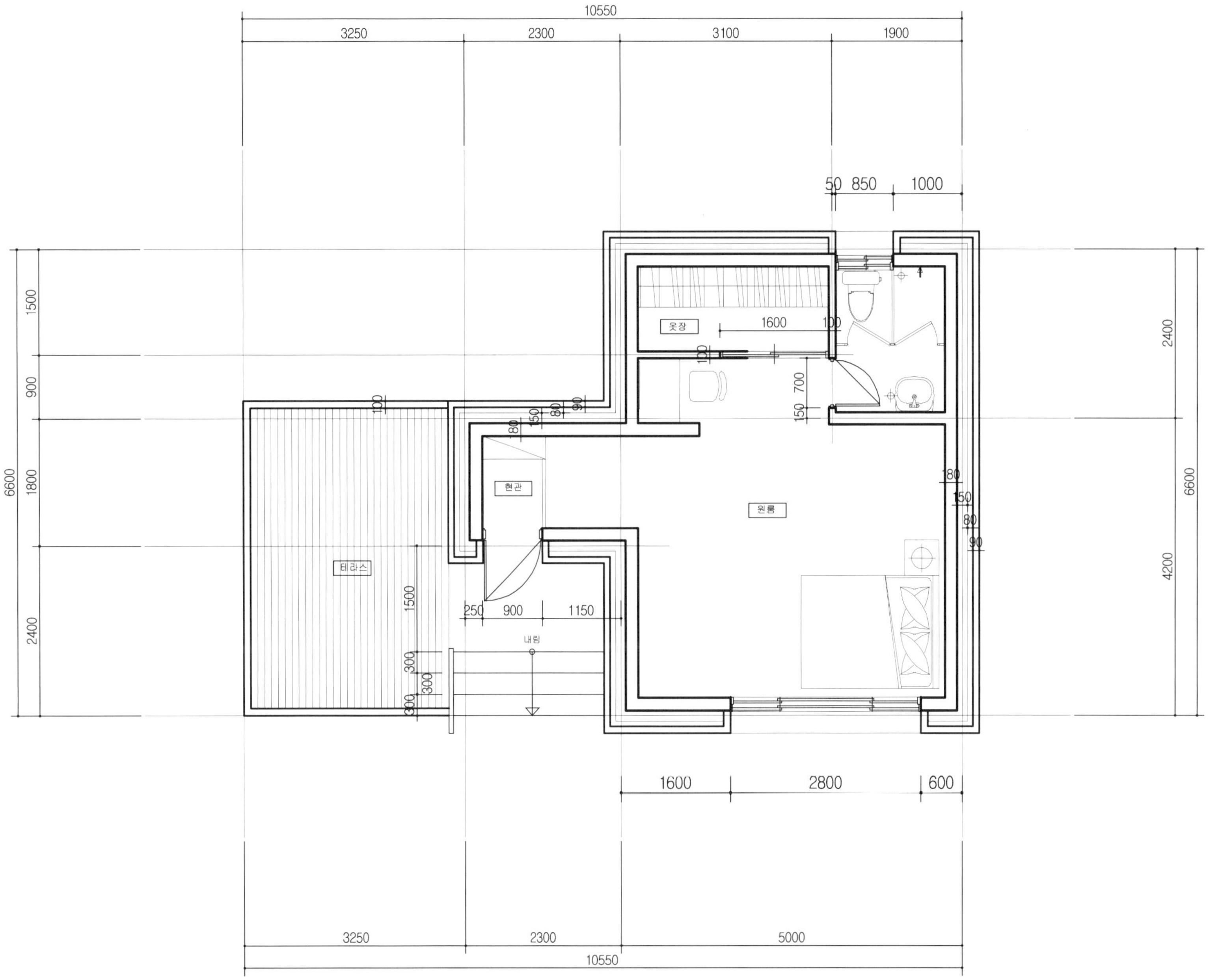

NOTE

축척 1/80에서 문 크기 900mm과 관련된 원형 자가 없는 경우에는 그림과 같이 부득이하게 표현하였습니다.

벽체의 조건

1. 철근콘크리트 THK 180mm
2. 단열재(스티로폼) 150mm
3. 공간 확보 80mm
4. 적벽돌 THK 90mm

평면도 연습
SCALE : 1/80

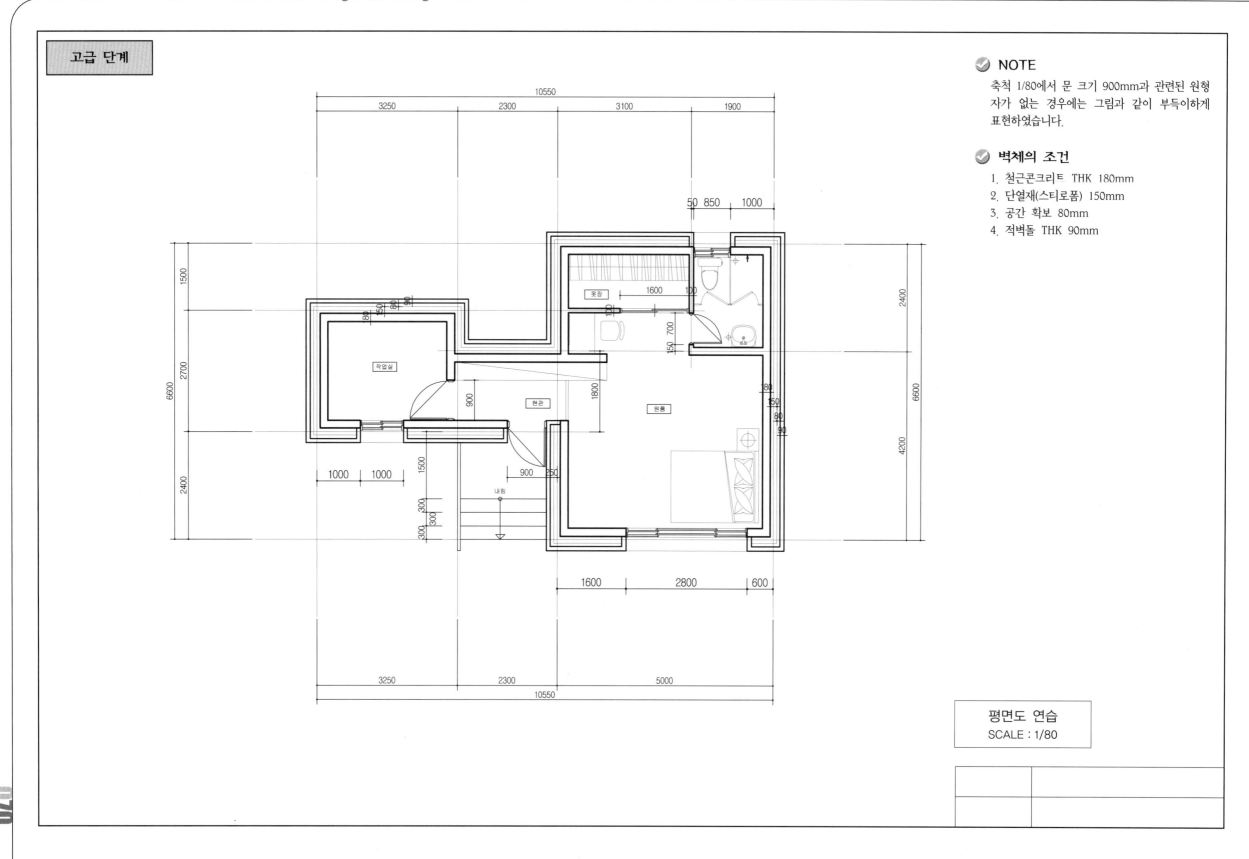

고급 단계

NOTE

축척 1/80에서 문 크기 900mm과 관련된 원형
자가 없는 경우에는 그림과 같이 부득이하게
표현하였습니다.

벽체의 조건

1. 철근콘크리트 THK 180mm
2. 단열재(스티로폼) 150mm
3. 공간 확보 80mm
4. 적벽돌 THK 90mm

평면도 연습
SCALE : 1/80

TYPE-A

수준-A

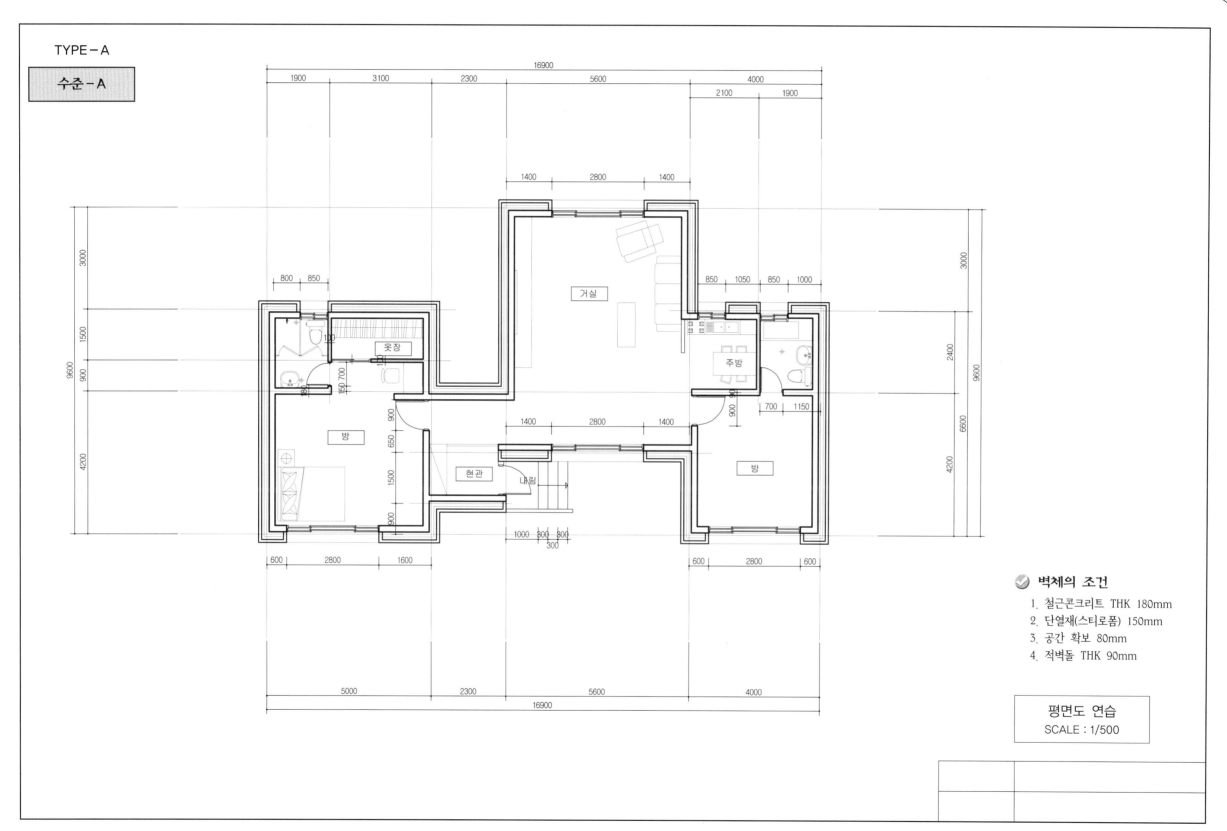

거실

옷장

주방

방

현관

내림

방

벽체의 조건

1. 철근콘크리트 THK 180mm
2. 단열재(스티로폼) 150mm
3. 공간 확보 80mm
4. 적벽돌 THK 90mm

평면도 연습
SCALE : 1/500

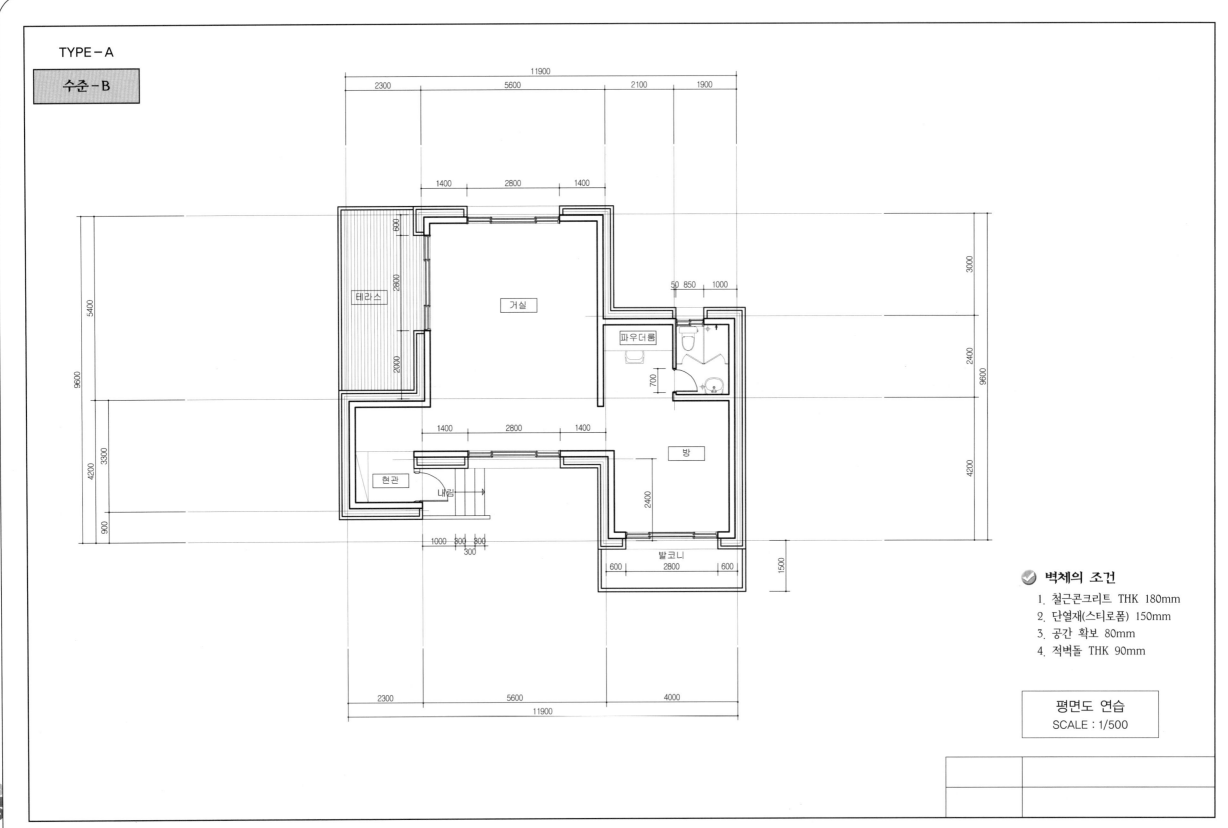

TYPE - A

수준 - B

테라스

거실

파우더룸

방

현관

내림

발코니

✅ 벽체의 조건

1. 철근콘크리트 THK 180mm
2. 단열재(스티로폼) 150mm
3. 공간 확보 80mm
4. 적벽돌 THK 90mm

평면도 연습
SCALE : 1/500

TYPE - A

수준 - C

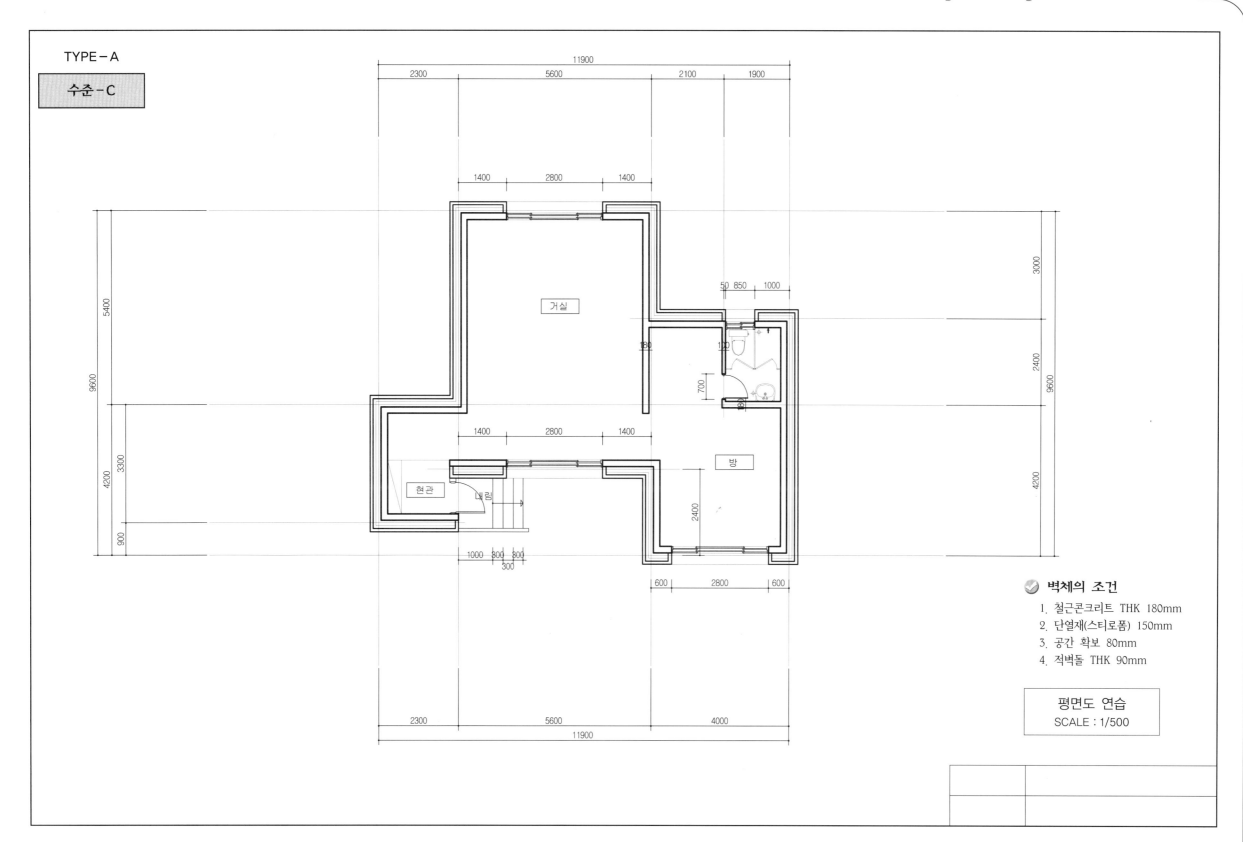

거실

방

현관

내림

벽체의 조건

1. 철근콘크리트 THK 180mm
2. 단열재(스티로폼) 150mm
3. 공간 확보 80mm
4. 적벽돌 THK 90mm

평면도 연습
SCALE : 1/500

TYPE-B

수준-A

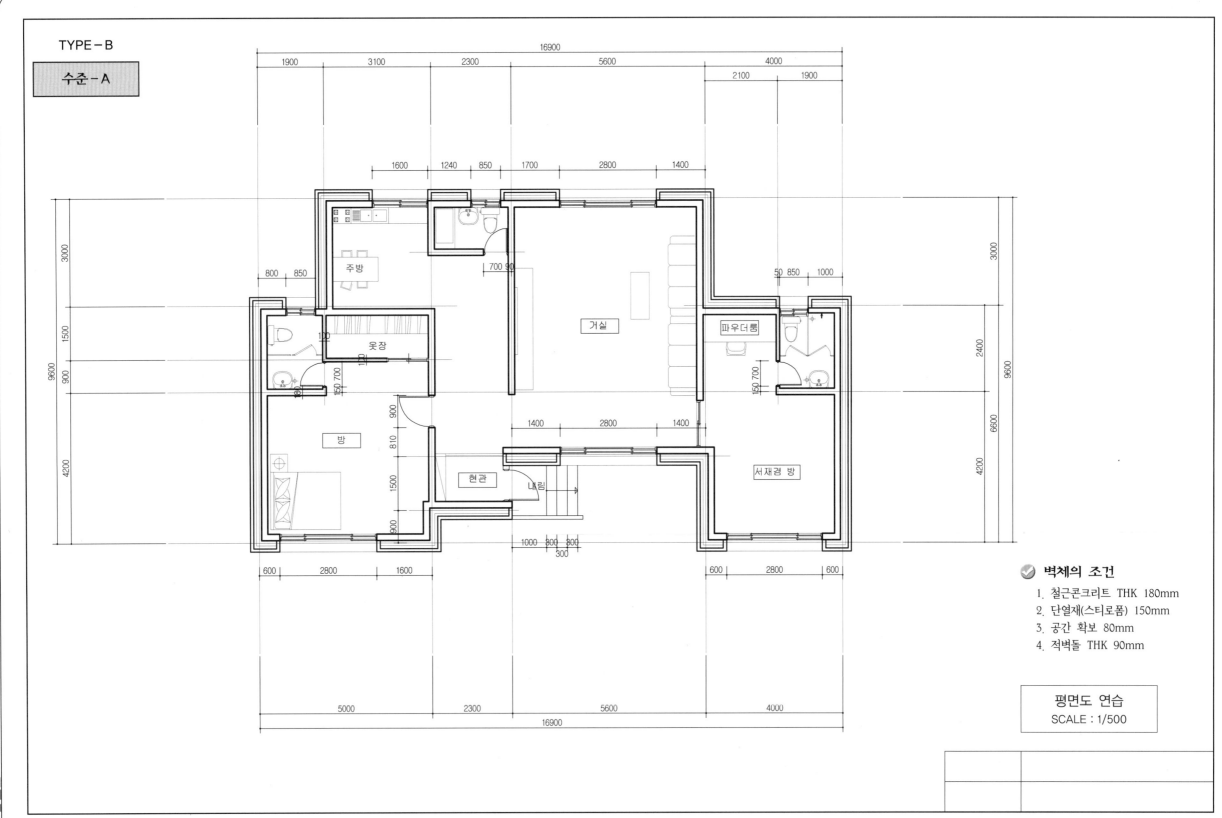

벽체의 조건

1. 철근콘크리트 THK 180mm
2. 단열재(스티로폼) 150mm
3. 공간 확보 80mm
4. 적벽돌 THK 90mm

평면도 연습
SCALE : 1/500

주방

옷장

방

현관

거실

파우더룸

서재겸 방

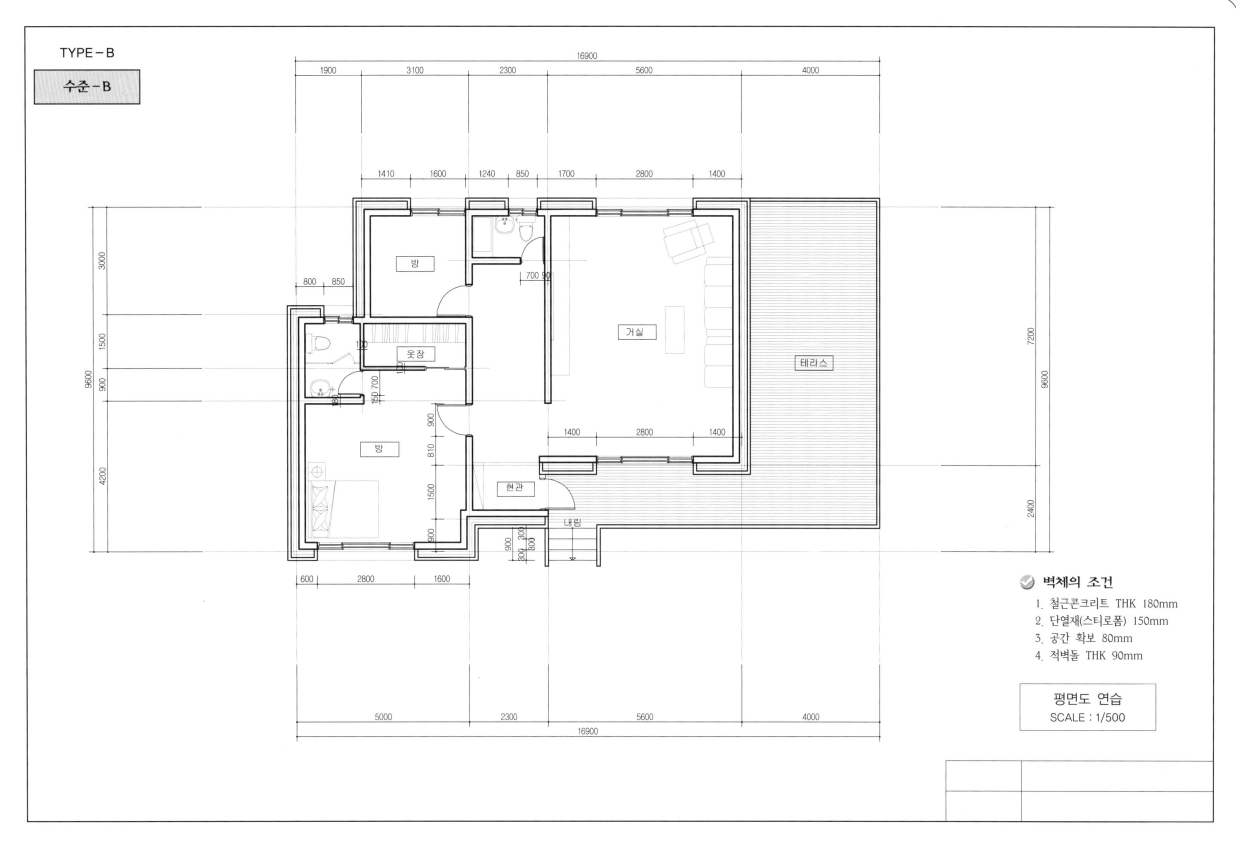

TYPE-B

수준-B

벽체의 조건

1. 철근콘크리트 THK 180mm
2. 단열재(스티로폼) 150mm
3. 공간 확보 80mm
4. 적벽돌 THK 90mm

평면도 연습
SCALE : 1/500

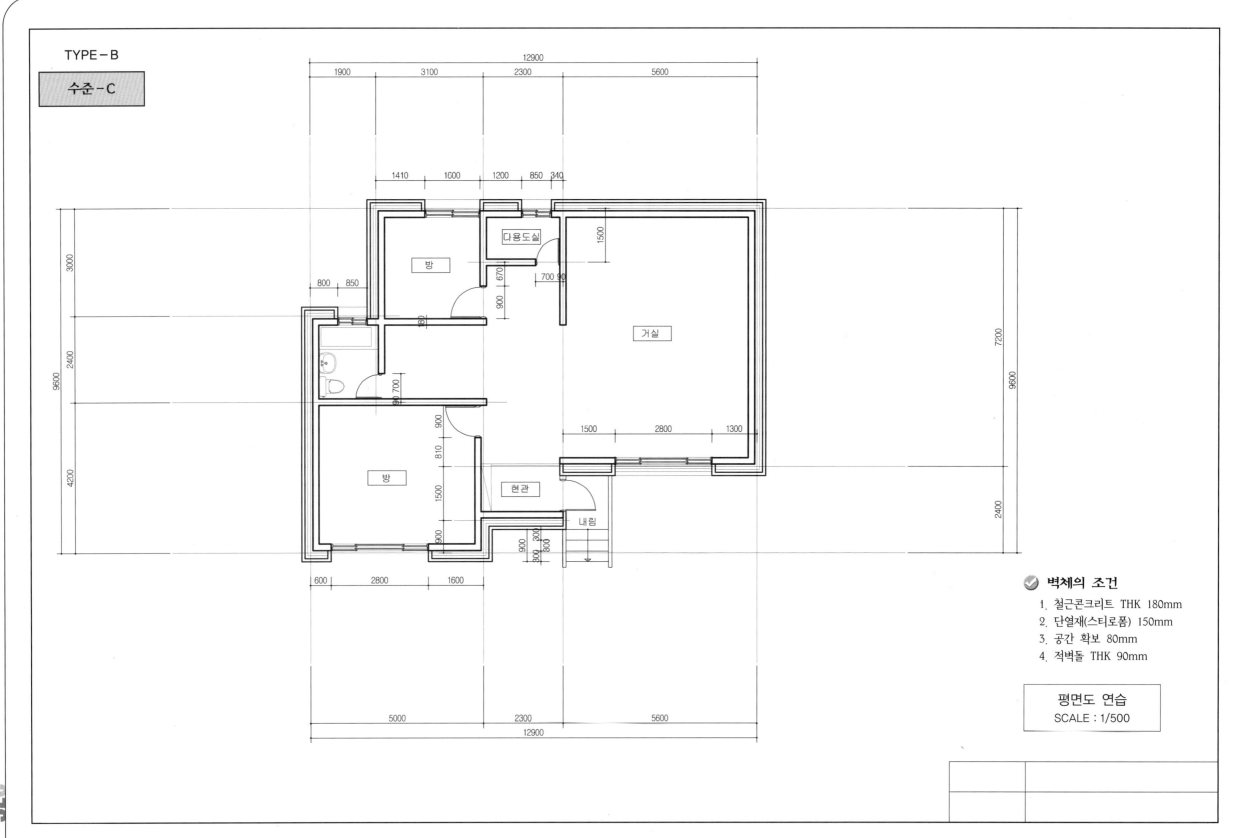

TYPE-B

수준-C

다용도실

방

거실

방

현관

내림

벽체의 조건

1. 철근콘크리트 THK 180mm
2. 단열재(스티로폼) 150mm
3. 공간 확보 80mm
4. 적벽돌 THK 90mm

평면도 연습
SCALE : 1/500

TYPE – C

수준 – A

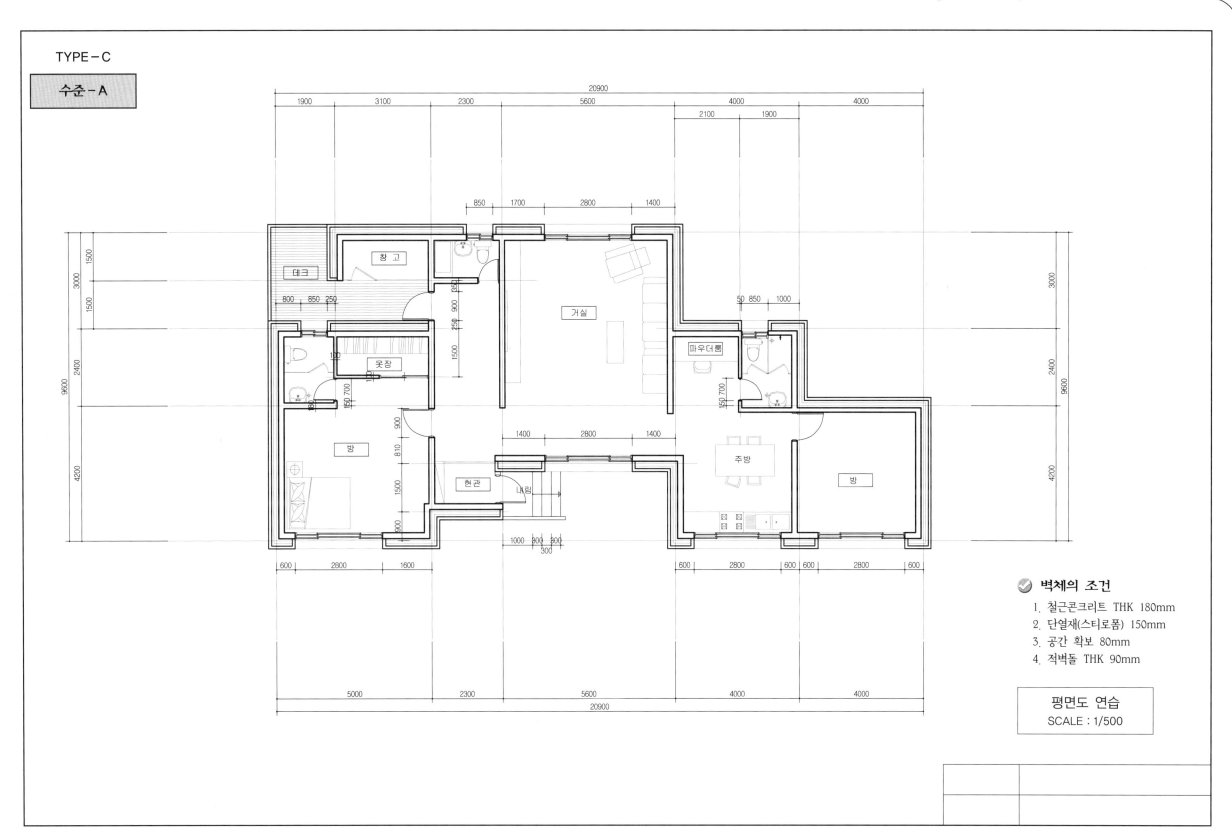

데크
창고
거실
파우더룸
옷장
방
현관
내림
주방
방

벽체의 조건

1. 철근콘크리트 THK 180mm
2. 단열재(스티로폼) 150mm
3. 공간 확보 80mm
4. 적벽돌 THK 90mm

평면도 연습
SCALE : 1/500

TYPE－C

수준－B

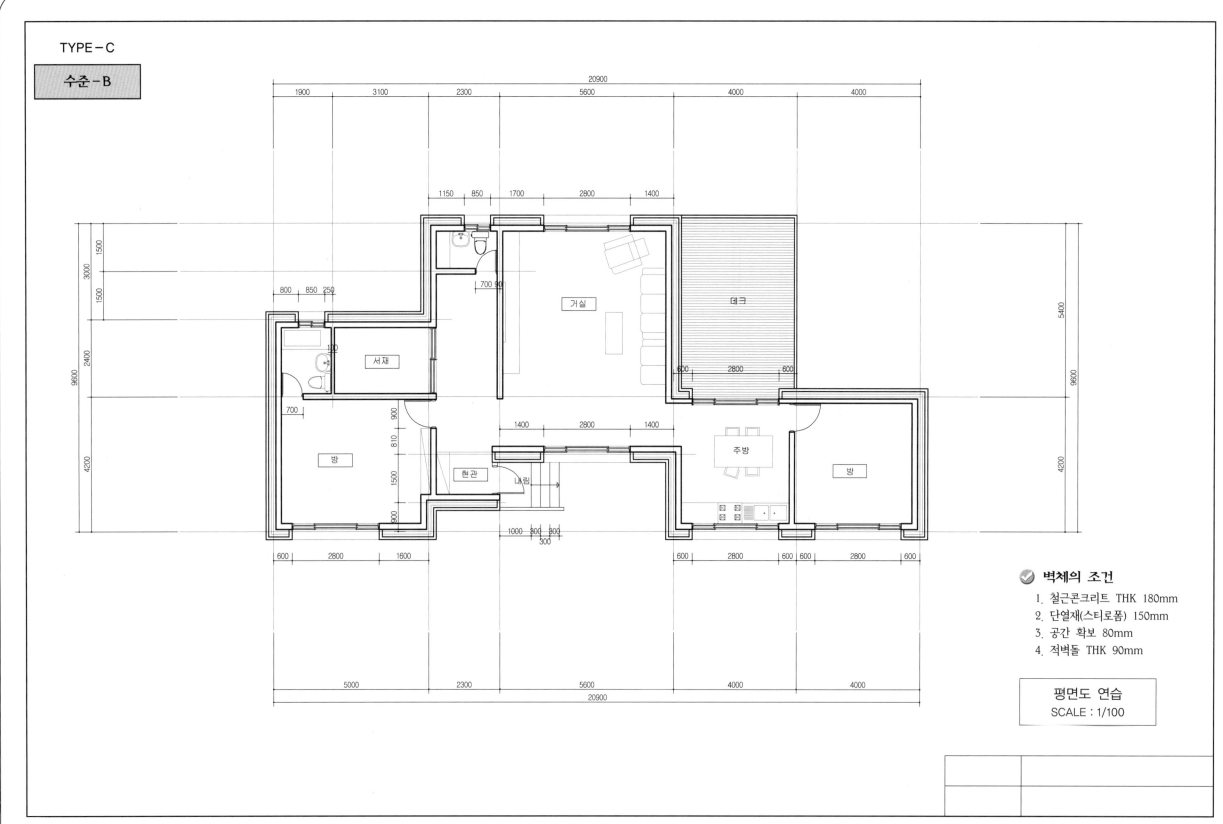

거실

데크

서재

방

주방

방

현관

내림

✅ **벽체의 조건**

1. 철근콘크리트 THK 180mm
2. 단열재(스티로폼) 150mm
3. 공간 확보 80mm
4. 적벽돌 THK 90mm

평면도 연습
SCALE : 1/100

TYPE-C

수준-C

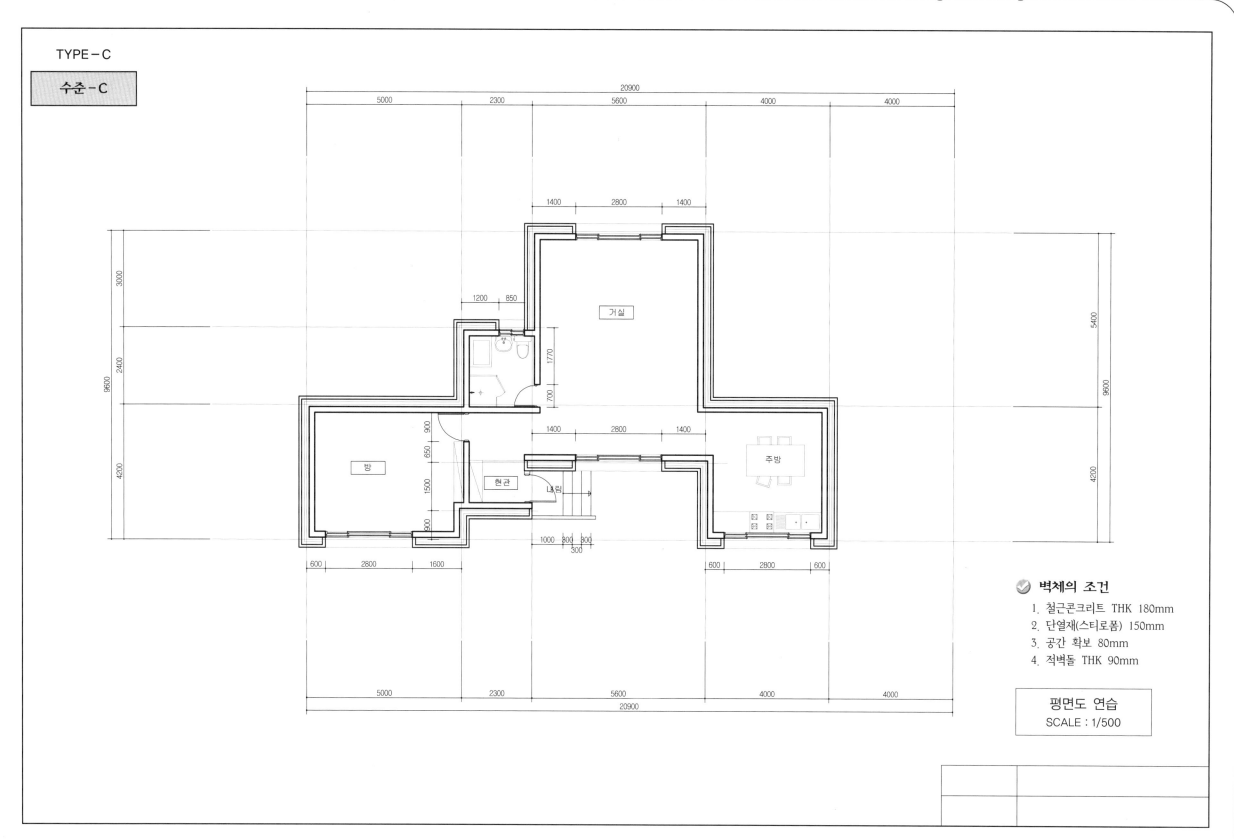

거실

방

현관

내림

주방

벽체의 조건

1. 철근콘크리트 THK 180mm
2. 단열재(스티로폼) 150mm
3. 공간 확보 80mm
4. 적벽돌 THK 90mm

평면도 연습
SCALE : 1/500

05

구조도의 이해

|출처|
Evolving Architecture
Selected Architectural Competition;past to present
1986~1990
Published by MEISEI PUBLICATIONS
Architect: Makoto Watanabe and Hisanori Furuya / Makoto Watanabe's Architects Office

PART 01 | 벽체의 종류와 구조도

벽체의 두께를 먼저 결정한다. 왜냐하면 벽체두께의 반이 중심선이 되기 때문이다.
평면도에서 가장 중요한 중심선의 결정은 기둥의 중심이 아니라 외부 벽체두께의 반이 중심선이 된다. 따라서 외부 벽체의 구조를 어떤 재료로 할 것인지 결정해야 한다.

1. 0.5B쌓기＋공간쌓기＋철근 con´c(THK 200)	2. 화강석(THK 24)＋철근 con´c(THK 200)＋공간쌓기＋0.5B 벽돌쌓기	3. 드라이비트＋철근 con´c(THK 200)

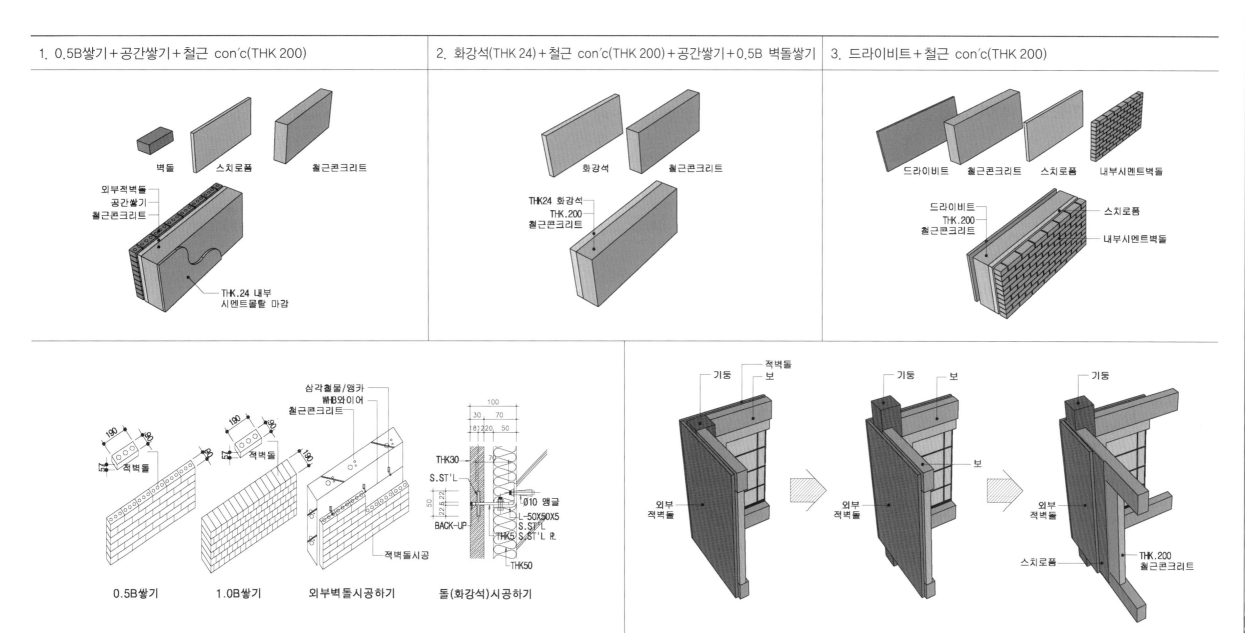

0.5B쌓기   1.0B쌓기   외부벽돌시공하기   돌(화강석)시공하기

PART 02 | 중심선 이해하기

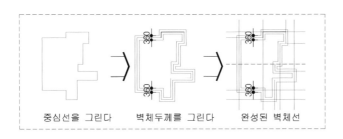

벽체를 상세히 그린다

90+70(공간 20+스티로폼 50)+200
=360(벽체총두께)

중심선 ─

공간쌓기선

0.5B벽돌선

벽체총두께

1) 외부의 벽체를 기준으로 하여 먼저 중심선을 그린다.

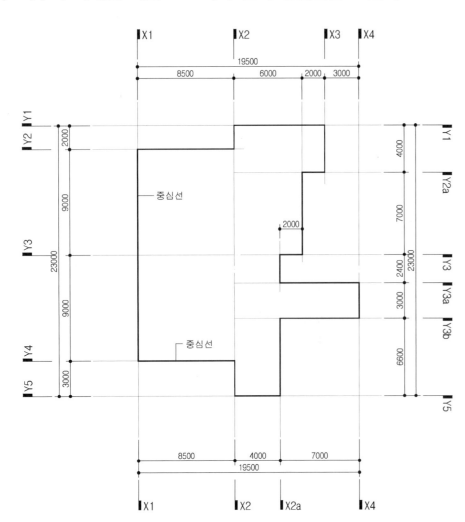

2) 외부 벽체두께를 결정하고 벽체두께선을 그린다.

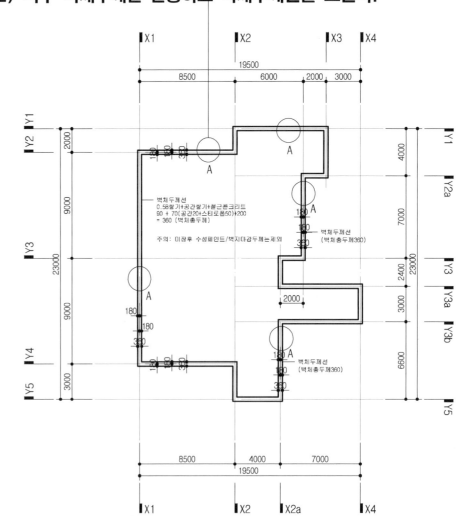

벽체두께선
0.5B쌓기+공간쌓기+철근콘크리트
90 + 70(공간20+스티로폼50)+200
= 360 (벽체총두께)

주의: 미장후 수성페인트/벽지마감두께는제외

벽체두께선
(벽체총두께360)

벽체두께선
(벽체총두께360)

3) 외부 벽체두께를 자세히 그린다.

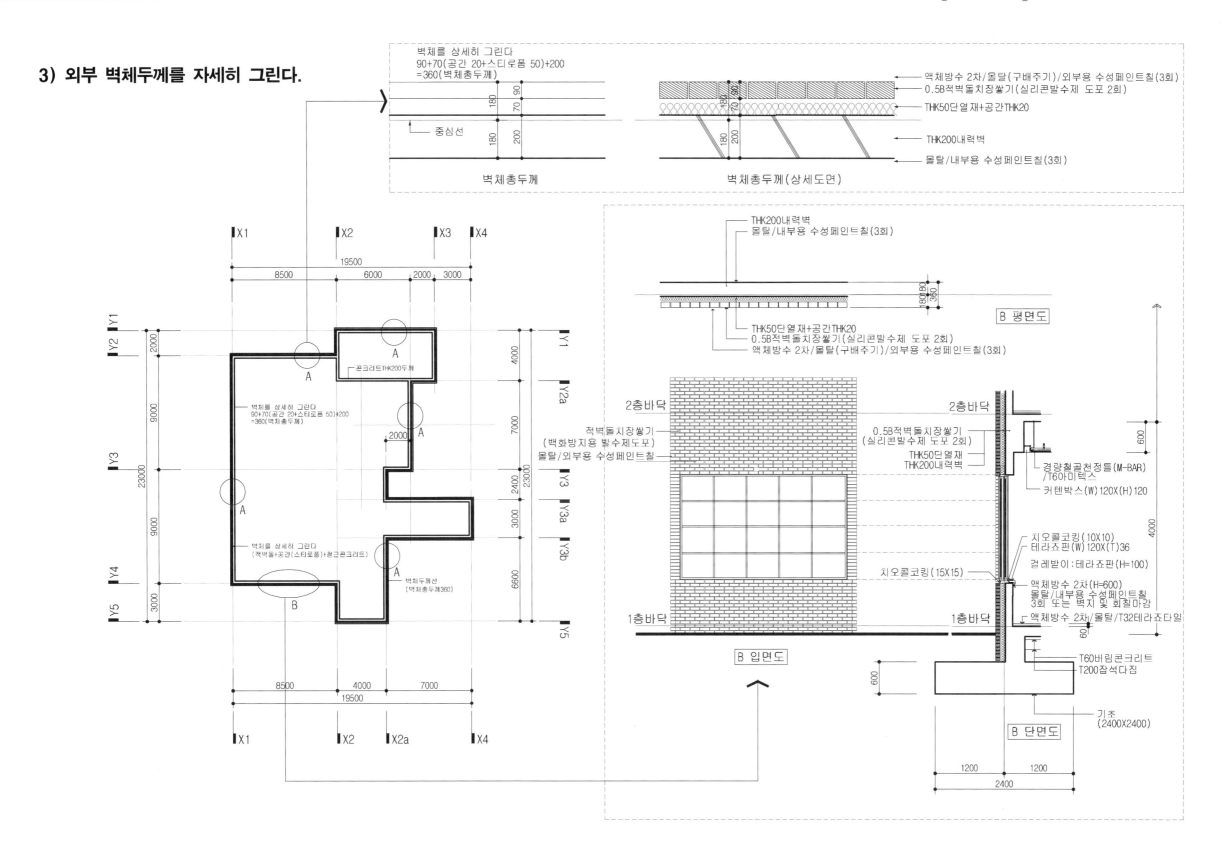

벽체를 상세히 그린다
90+70(공간 20+스티로폼 50)+200
=360(벽체총두께)

180 90 70

중심선

180 200

벽체총두께

액체방수 2차/몰탈(구배주기)/외부용 수성페인트칠(3회)
0.5B적벽돌치장쌓기(실리콘발수제 도포 2회)
THK50단열재+공간THK20
THK200내력벽
몰탈/내부용 수성페인트칠(3회)

벽체총두께(상세도면)

THK200내력벽
몰탈/내부용 수성페인트칠(3회)

180 180 360

B 평면도

THK50단열재+공간THK20
0.5B적벽돌치장쌓기(실리콘발수제 도포 2회)
액체방수 2차/몰탈(구배주기)/외부용 수성페인트칠(3회)

X1 X2 X3 X4

19500
8500 6000 2000 3000

Y1 Y1
Y2
2000

A

콘크리트THK200두께

벽체를 상세히 그린다
90+70(공간 20+스티로폼 50)+200
=360(벽체총두께)

2000 A

A

Y1

Y2a
4000

Y3 Y3
7000

적벽돌치장쌓기
(백화방지용 발수제도포)
몰탈/외부용 수성페인트칠

9000

23000

9000

A

2400 Y3 Y3a

3000 Y3b

벽체를 상세히 그린다
(적벽돌+공간(스티로폼)+철근콘크리트)

A

벽체두께선
(벽체총두께360)

6600

Y4

B

Y5

3000

Y5

8500 4000 7000
19500

X1 X2 X2a X4

2층바닥

0.5B적벽돌치장쌓기
(실리콘발수제 도포 2회)
THK50단열재
THK200내력벽

2층바닥

600

경량철골천정틀(M-BAR)
/T6아미텍스
커텐박스(W)120X(H)120

치오콜코킹(10X10)
테라쵸판(W)120X(T)36
걸레받이:테라쵸판(H=100)

4000

치오콜코킹(15X15)

액체방수 2차(H=600)
몰탈/내부용 수성페인트칠
3회 또는 벽지 및 회칠마감

1층바닥

1층바닥

액체방수 2차/몰탈/T32테라쵸타일

60

B 입면도

600

T60버림콘크리트
T200잡석다짐

기초
(2400X2400)

B 단면도

1200 1200
2400

PART 03 | 기둥 이해하기

- **기둥의 크기** : C1~C6(600×600m/m 크기)
- **내력벽 두께** : 철근콘크리트 THK 200m/m

본 교재에서 기둥 크기(600×600m/m), 내력벽 두께(THK 200)는 이하 동일하며, 단위는 m/m이다. 그리고 기초는 높이 600×2400×2400(m/m)이며, 내부벽 쌓기두께는 100m/m, 200m/m이다.

(1) C1, C3, C6 기둥 그리기

① 외부 벽체의 귀퉁이에 위치하는 기둥을 먼저 결정한다. 그리고 내부의 나머지 기둥을 위치시킨다.
② 모서리에 위치한 기둥은 외부 벽체의 한면(모서리면 및 내력벽면)과 일치시킨다.

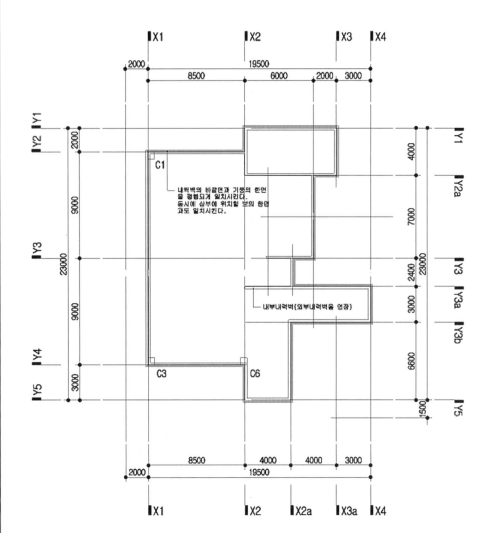

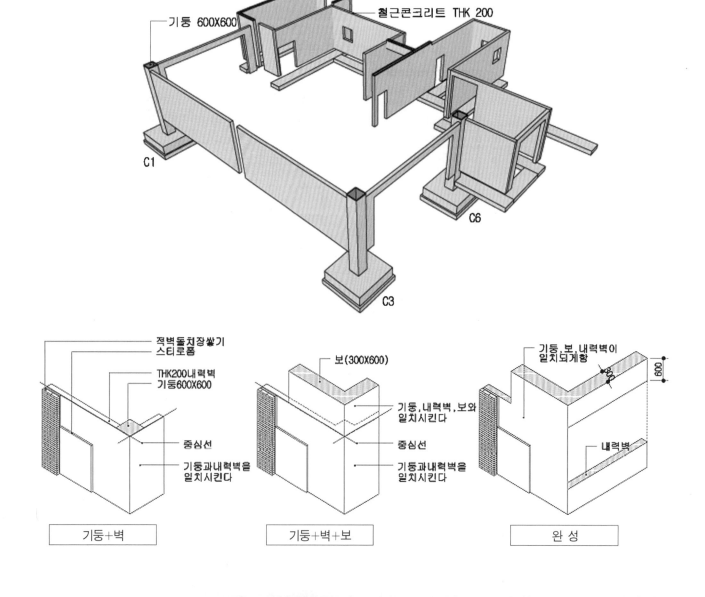

| 기둥+벽 | 기둥+벽+보 | 완 성 |

(2) C2, C4, C5 기둥 그리기

① 모서리 기둥을 제외한 나머지 기둥을 위치시킨다.
② 동시에 보의 위치를 고려하면서 기둥을 그린다.

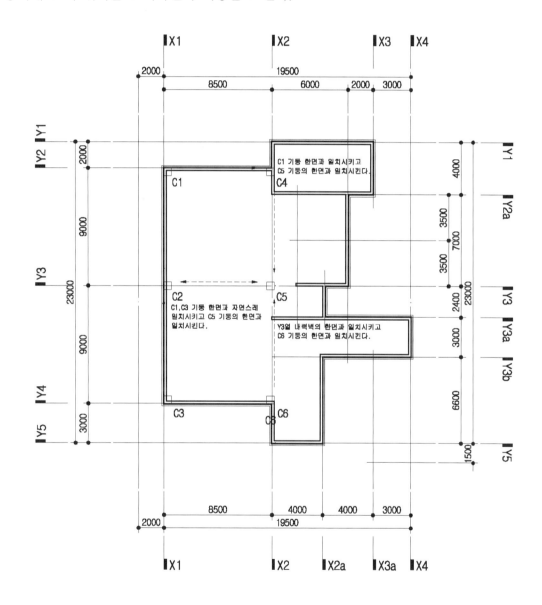

C1 기둥 한면과 일치시키고
C5 기둥의 한면과 일치시킨다.

C1,C3 기둥 한면과 자연스레
일치시키고 C5 기둥의 한면과
일치시킨다.

Y3열 내력벽의 한면과 일치시키고
C6 기둥의 한면과 일치시킨다.

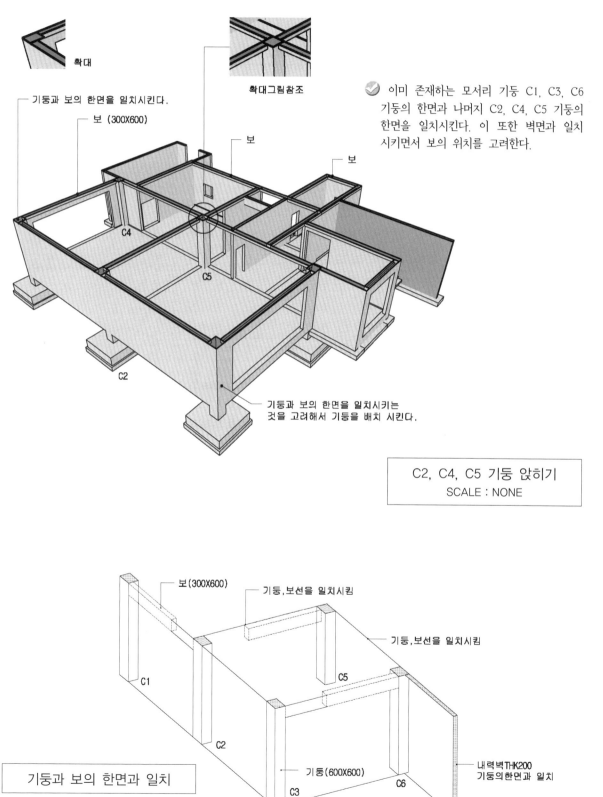

확대

확대그림참조

기둥과 보의 한면을 일치시킨다.

보 (300X600)

보

보

☑ 이미 존재하는 모서리 기둥 C1, C3, C6
기둥의 한면과 나머지 C2, C4, C5 기둥의
한면을 일치시킨다. 이 또한 벽면과 일치
시키면서 보의 위치를 고려한다.

기둥과 보의 한면을 일치시키는
것을 고려해서 기둥을 배치시킨다.

C2, C4, C5 기둥 앉히기
SCALE : NONE

보 (300X600)

기둥, 보선을 일치시킴

기둥, 보선을 일치시킴

내력벽THK200
기둥의한면과 일치

기둥 (600X600)

기둥과 보의 한면과 일치

PART 04 | 보 이해하기

보의 크기 : 300×600m/m

1) 보의 한면은 외부 벽체, 기둥에 일치시킨다.

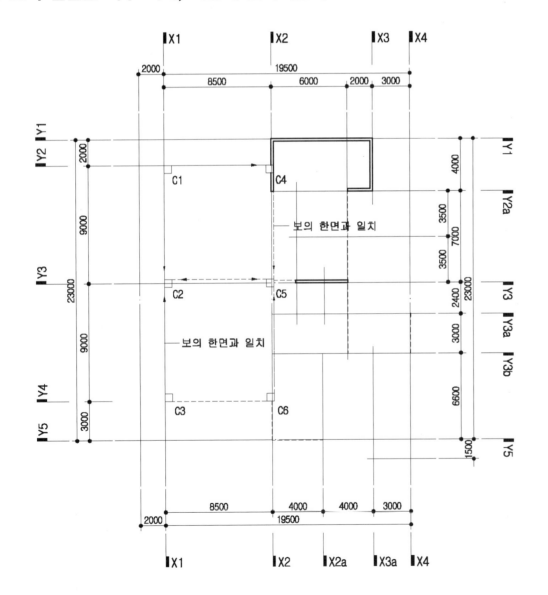

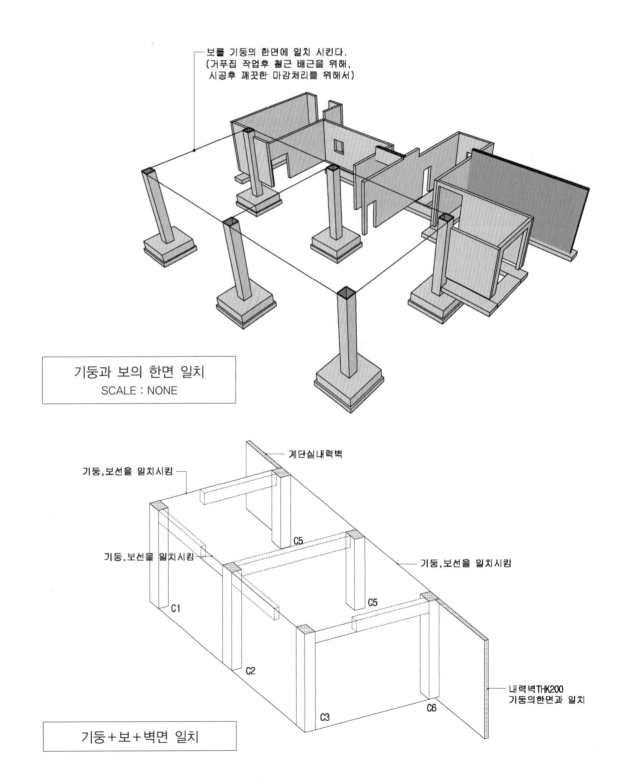

보를 기둥의 한면에 일치 시킨다.
(거푸집 작업후 철근 배근을 위해,
시공후 깨끗한 마감처리를 위해서)

기둥과 보의 한면 일치
SCALE : NONE

계단실내력벽

기둥,보선을 일치시킴

기둥,보선을 일치시킴

기둥,보선을 일치시킴

내력벽THK200
기둥의한면과 일치

기둥+보+벽면 일치

2) 내부 기둥과 보를 연결시킨다.

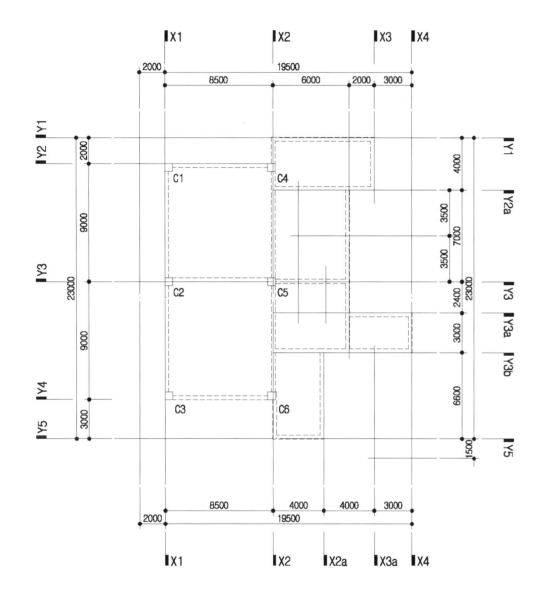

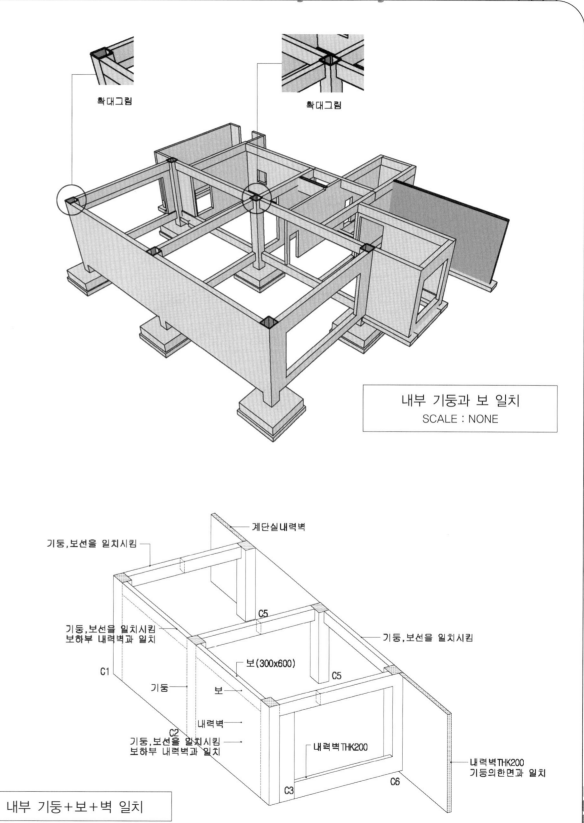

확대그림   확대그림

내부 기둥과 보 일치
SCALE : NONE

계단실내력벽

기둥,보선을 일치시킴

기둥,보선을 일치시킴
보하부 내력벽과 일치

C5

기둥,보선을 일치시킴

보(300x600)

C1   C5

기둥   보

내력벽

C2

기둥,보선을 일치시킴
보하부 내력벽과 일치

내력벽THK200

내력벽THK200
기둥의한면과 일치

C3   C6

내부 기둥+보+벽 일치

PART 05 | 슬래브, 기초 이해하기

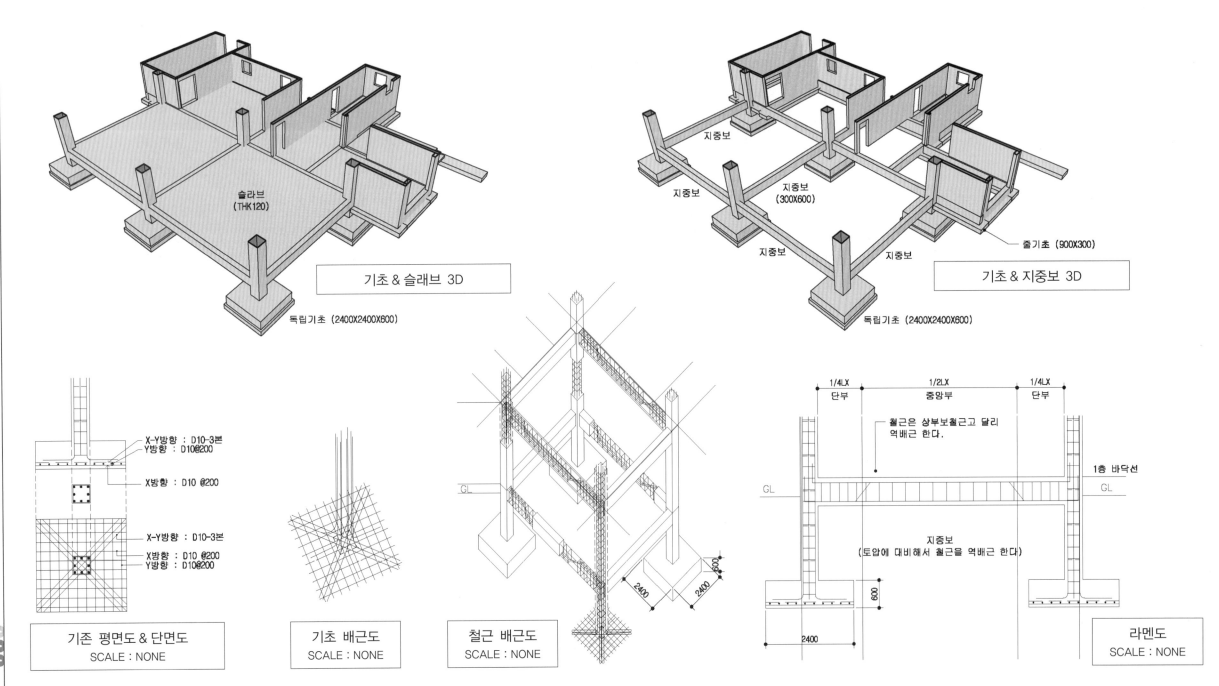

기초 & 슬래브 3D

슬래브
(THK120)

독립기초 (2400X2400X600)

기초 & 지중보 3D

지중보

지중보

지중보
(300X600)

지중보

지중보

줄기초 (900X300)

독립기초 (2400X2400X600)

X-Y방향 : D10-3본
Y방향 : D10@200

X방향 : D10 @200

X-Y방향 : D10-3본

X방향 : D10 @200
Y방향 : D10@200

기존 평면도 & 단면도
SCALE : NONE

기초 배근도
SCALE : NONE

철근 배근도
SCALE : NONE

GL

2400

2400

600

1/4LX
단부

1/2LX
중앙부

1/4LX
단부

철근은 상부보철근고 달리
역배근 한다.

1층 바닥선

GL

GL

지중보
(토압에 대비해서 철근을 역배근 한다)

600

2400

라멘도
SCALE : NONE

평면도 그리기

|출처|
House Project Ⅲ
World houses 03
TAEG MSHIMOTO
KIM–RYDER House
Byebrook, Connecticut, U.S.A

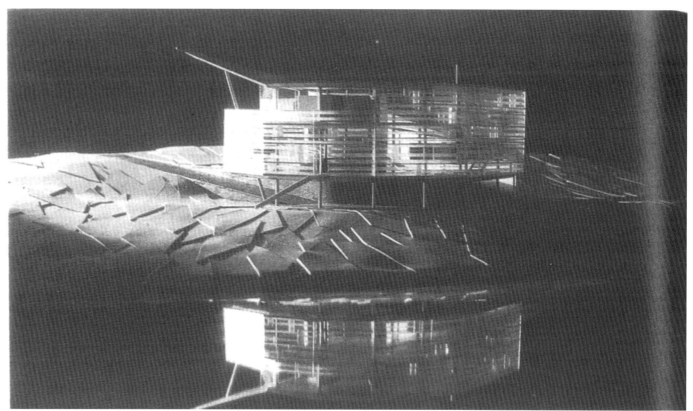

PART 01 | 1층 평면도 그리기

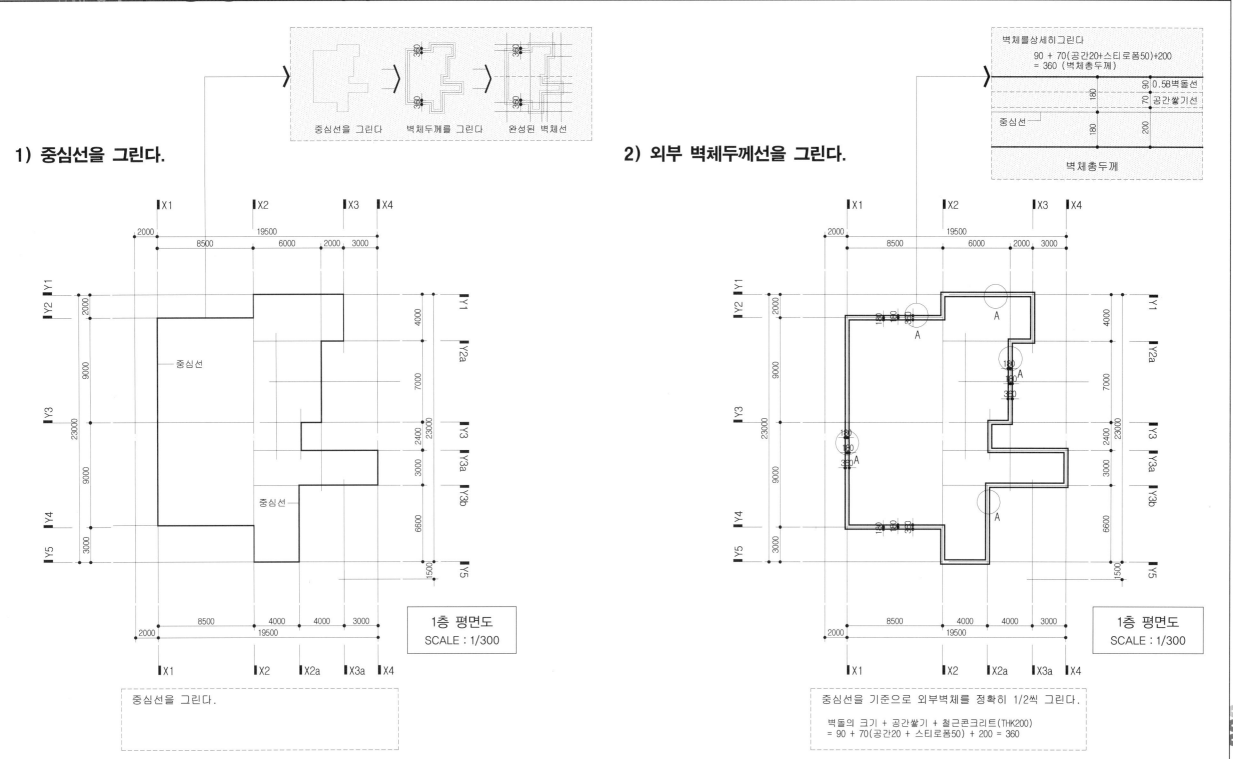

1) 중심선을 그린다.

중심선을 그린다

2) 외부 벽체두께선을 그린다.

벽체를 상세히 그린다

90 + 70(공간20+스티로폼50)+200
= 360 (벽체총두께)

0.5B벽돌선
공간쌓기선
중심선
벽체총두께

중심선을 그린다.

중심선을 기준으로 외부벽체를 정확히 1/2씩 그린다.

벽돌의 크기 + 공간쌓기 + 철근콘크리트(THK200)
= 90 + 70(공간20 + 스티로폼50) + 200 = 360

1층 평면도
SCALE : 1/300

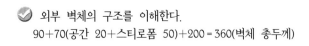

✅ 외부 벽체의 구조를 이해한다.
90+70(공간 20+스티로폼 50)+200 = 360(벽체 총두께)

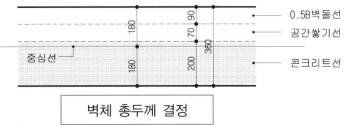

0.5B벽돌선
공간쌓기선
콘크리트선

벽체 총두께 결정

✅ 중심선의 기준을 외부 벽체를 정확히 1/2씩 그린다.
360/2 = 180을 중심선으로부터 외부 벽체를 그린다.

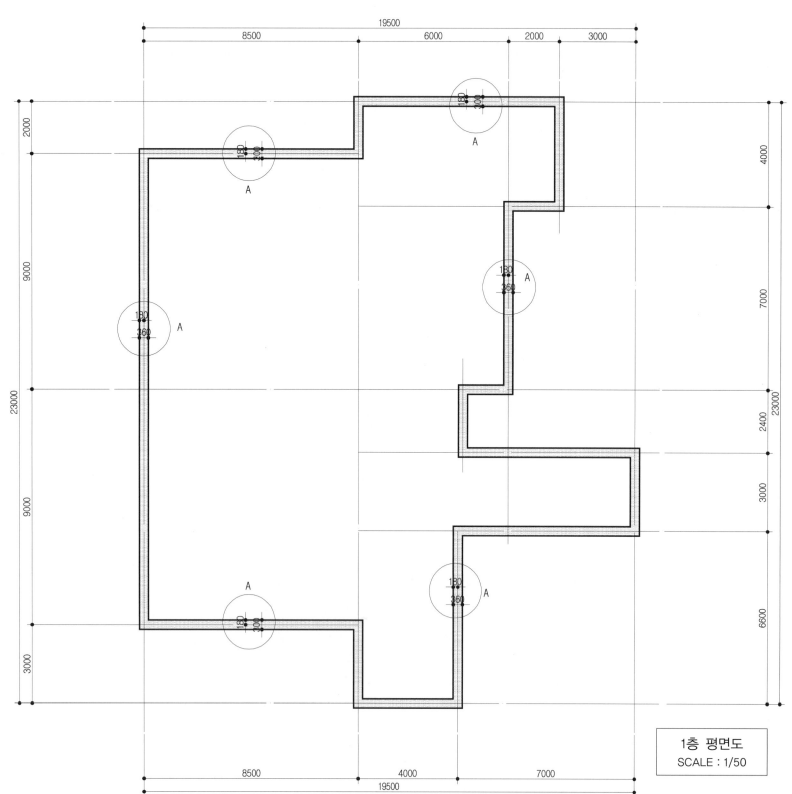

1층 평면도
SCALE : 1/50

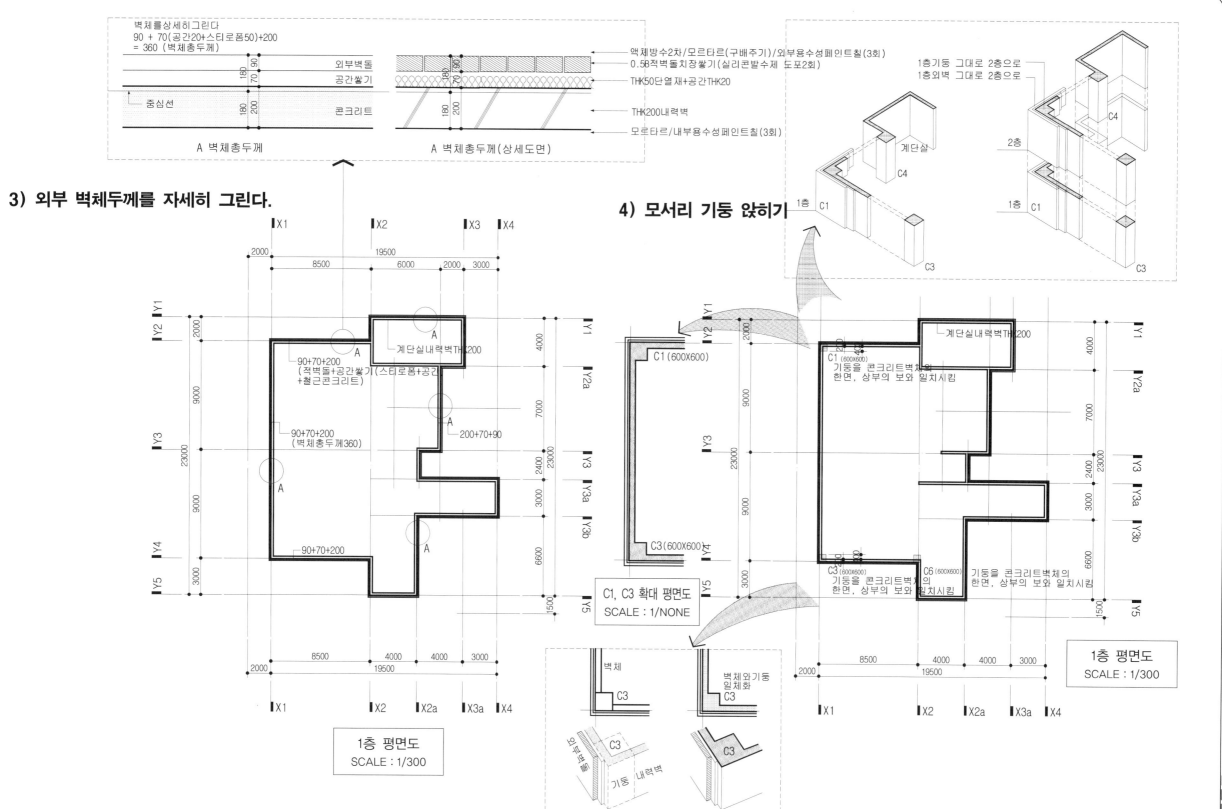

벽체를 상세히 그린다
90 + 70(공간20+스티로폼50)+200
= 360 (벽체총두께)

중심선

90 · 외부벽돌
70 · 공간쌓기
180 200 · 콘크리트

A 벽체총두께

액체방수2차/모르타르(구배주기)/외부용수성페인트칠(3회)
0.5B적벽돌치장쌓기(실리콘발수제 도포2회)
THK50단열재+공간THK20
THK200내력벽
모르타르/내부용수성페인트칠(3회)

A 벽체총두께(상세도면)

1층기둥 그대로 2층으로
1층외벽 그대로 2층으로

계단실

C4

C4

2층

1층 C1

1층 C1

C3

C3

3) 외부 벽체두께를 자세히 그린다.

4) 모서리 기둥 앉히기

90+70+200
(적벽돌+공간쌓기(스티로폼+공간)
+철근콘크리트)

계단실내력벽THK200

90+70+200
(벽체총두께360)

200+70+90

90+70+200

1층 평면도
SCALE : 1/300

C1 (600X600)

C3 (600X600)

C1, C3 확대 평면도
SCALE : 1/NONE

벽체
C3

벽체와기둥
일체화
C3

외부벽돌
기둥 내력벽
C3

계단실내력벽THK200

C1 (600X600)
기둥을 콘크리트벽체와
한면, 상부의 보와 일치시킴

C3 (600X600)
기둥을 콘크리트벽체의
한면, 상부의 보와 일치시킴

C6 (600X600)
기둥을 콘크리트벽체의
한면, 상부의 보와 일치시킴

1층 평면도
SCALE : 1/300

☑ 벽체를 상세히 그린다.

90+70(공간 20+스티로폼 50)+200＝360(벽체 총두께)

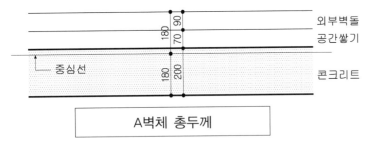

외부벽돌
공간쌓기
중심선
콘크리트

A벽체 총두께

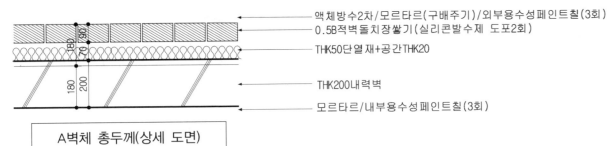

액체방수2차/모르타르(구배주기)/외부용수성페인트칠(3회)
0.5B적벽돌치장쌓기(실리콘발수제 도포2회)
THK50단열재+공간THK20
THK200내력벽
모르타르/내부용수성페인트칠(3회)

A벽체 총두께(상세 도면)

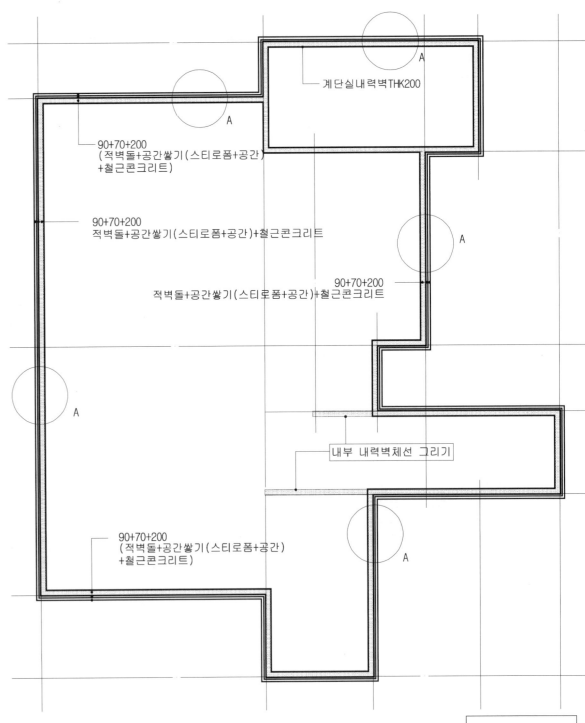

계단실내력벽THK200

90+70+200
(적벽돌+공간쌓기(스티로폼+공간)
+철근콘크리트)

A

90+70+200
적벽돌+공간쌓기(스티로폼+공간)+철근콘크리트

A

적벽돌+공간쌓기(스티로폼+공간)+철근콘크리트

90+70+200

A

A

내부 내력벽체선 그리기

90+70+200
(적벽돌+공간쌓기(스티로폼+공간)
+철근콘크리트)

A

1층 평면도
SCALE : 1/150

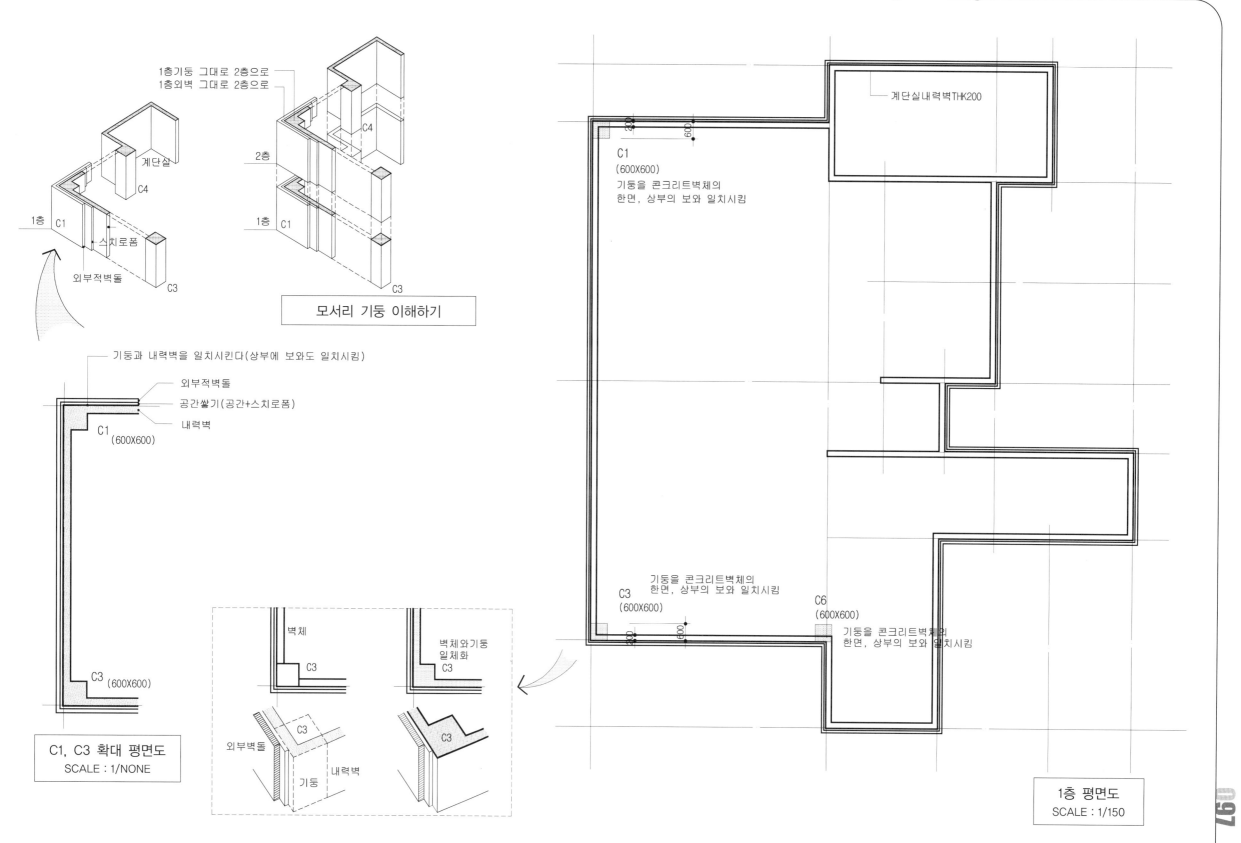

1층기둥 그대로 2층으로
1층외벽 그대로 2층으로

계단살

C4

C4

2층

1층 C1

C1

1층

스치로폼

외부적벽돌 C3

C3

모서리 기둥 이해하기

계단실내력벽THK200

C1
(600X600)
기둥을 콘크리트벽체의
한면, 상부의 보와 일치시킴

기둥과 내력벽을 일치시킨다(상부에 보와도 일치시킴)

외부적벽돌
공간쌓기(공간+스치로폼)
내력벽

C1
(600X600)

C3
(600X600)

C1, C3 확대 평면도
SCALE : 1/NONE

벽체

C3

벽체와기둥
일체화
C3

C3

C3

외부벽돌 기둥 내력벽

기둥을 콘크리트벽체의
한면, 상부의 보와 일치시킴
C3
(600X600)

C6
(600X600)

기둥을 콘크리트벽체의
한면, 상부의 보와 일치시킴

1층 평면도
SCALE : 1/150

모서리 기둥과 보를 이해하고 그리기

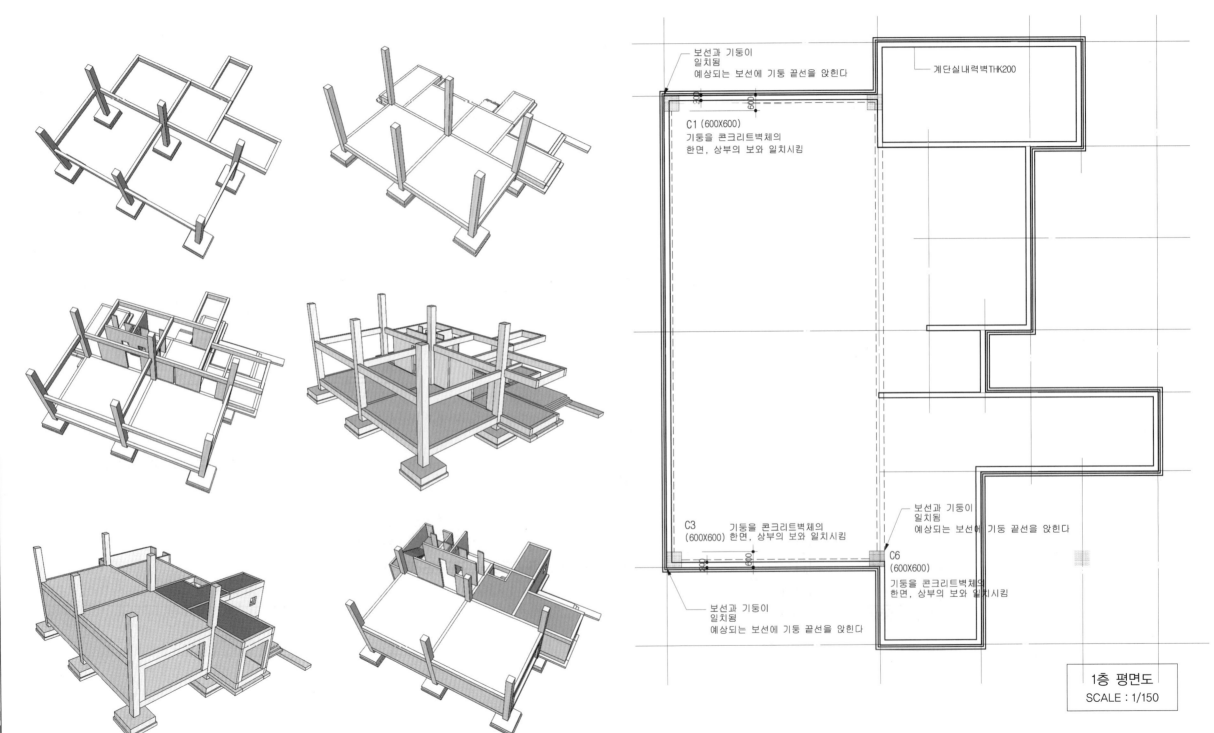

보선과 기둥이
일치됨
예상되는 보선에 기둥 끝선을 앉힌다

계단실내력벽THK200

C1 (600X600)
기둥을 콘크리트벽체의
한면, 상부의 보와 일치시킴

C3   기둥을 콘크리트벽체의
(600X600) 한면, 상부의 보와 일치시킴

C6
(600X600)
기둥을 콘크리트벽체의
한면, 상부의 보와 일치시킴

보선과 기둥이
일치됨
예상되는 보선에 기둥 끝선을 앉힌다

보선과 기둥이
일치됨
예상되는 보선에 기둥 끝선을 앉힌다

1층 평면도
SCALE : 1/150

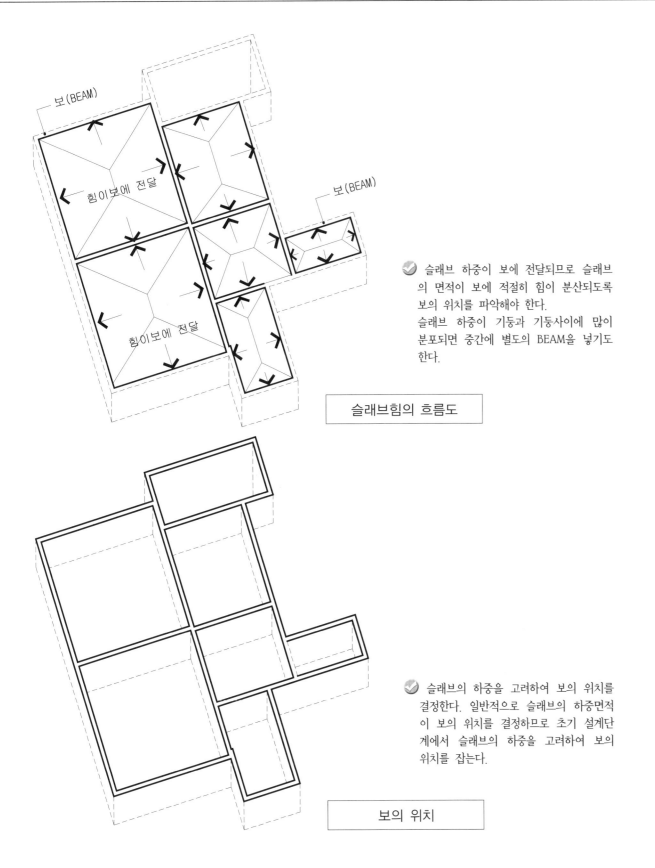

보(BEAM)

힘이보에 전달

보(BEAM)

힘이보에 전달

보(BEAM)

슬래브힘의 흐름도

✅ 슬래브 하중이 보에 전달되므로 슬래브
의 면적이 보에 적절히 힘이 분산되도록
보의 위치를 파악해야 한다.
슬래브 하중이 기둥과 기둥사이에 많이
분포되면 중간에 별도의 BEAM을 넣기도
한다.

✅ 슬래브의 하중을 고려하여 보의 위치를
결정한다. 일반적으로 슬래브의 하중면적
이 보의 위치를 결정하므로 초기 설계단
계에서 슬래브의 하중을 고려하여 보의
위치를 잡는다.

보의 위치

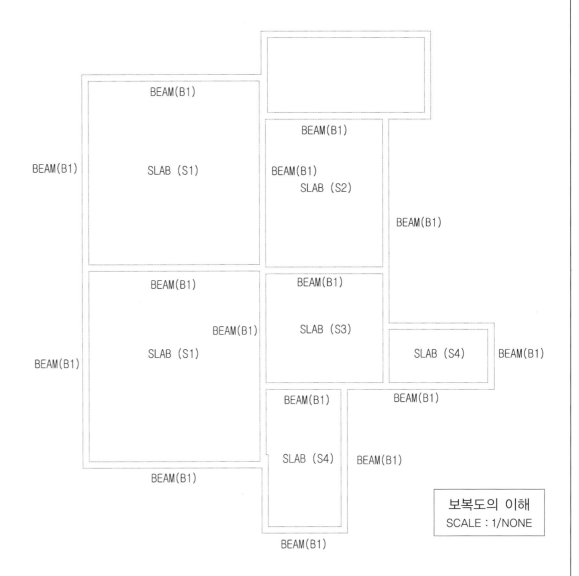

BEAM(B1)

BEAM(B1)

BEAM(B1)

SLAB (S1)

BEAM(B1)
SLAB (S2)

BEAM(B1)

BEAM(B1)

BEAM(B1)

SLAB (S1)

BEAM(B1)

SLAB (S3)

SLAB (S4)
BEAM(B1)

BEAM(B1)

BEAM(B1)

SLAB (S4)
BEAM(B1)

BEAM(B1)

BEAM(B1)

보복도의 이해
SCALE : 1/NONE

✅ SLAB의 철근 배근의 S1, S2, S3, S4에 따라 배근량이 다르게 설계된다.
BEAM(B1)의 철근의 300×600의 크기에 단부 중앙부 모두 다 같은 배근으로 설계되었다.

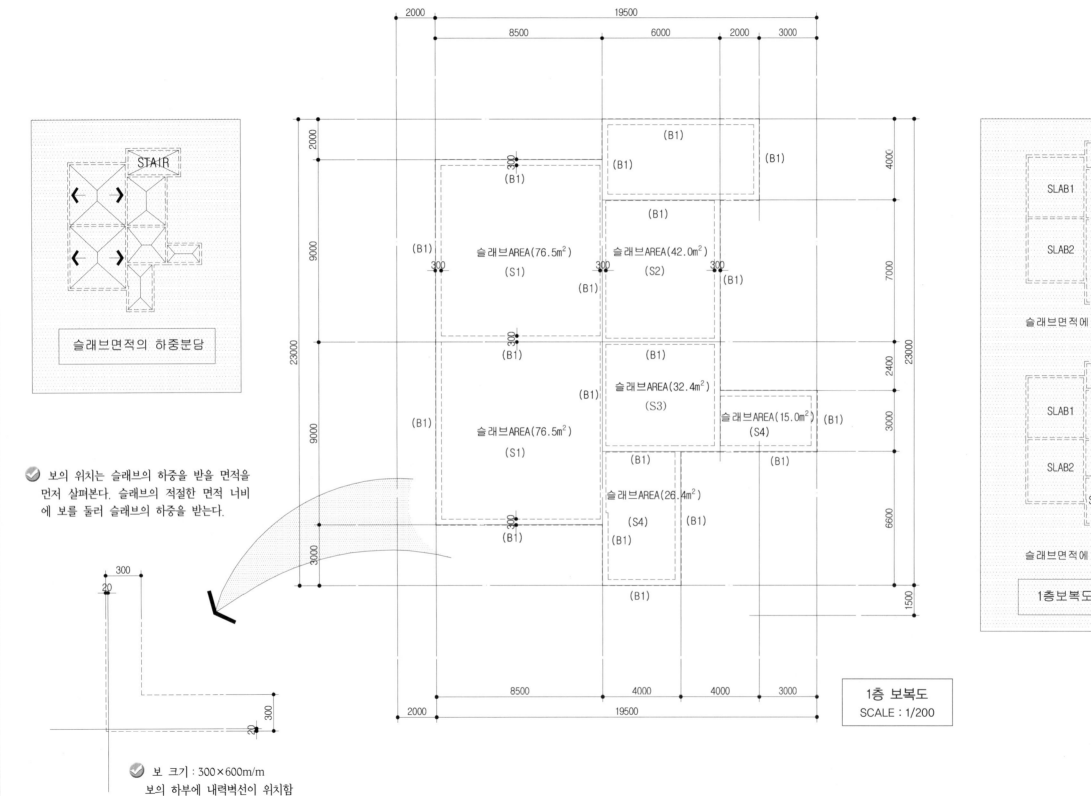

슬래브면적의 하중분담

STAIR

❶ 보의 위치는 슬래브의 하중을 받을 면적을
먼저 살펴본다. 슬래브의 적절한 면적 너비
에 보를 둘러 슬래브의 하중을 받는다.

❷ 보 크기 : 300×600m/m
보의 하부에 내력벽선이 위치함

슬래브AREA(76.5m²) (S1)
슬래브AREA(42.0m²) (S2)
슬래브AREA(32.4m²) (S3)
슬래브AREA(15.0m²) (S4)
슬래브AREA(76.5m²) (S1)
슬래브AREA(26.4m²) (S4)

1층 보복도
SCALE : 1/200

SLAB1 SLAB3
SLAB2 SLAB4

슬래브면적에 대응한 보의 위치1

SLAB1 SLAB3
SLAB2 SLAB4
SLAB5

슬래브면적에 대응한 보의 위치2

1층보복도(설계가능)

내부 기둥 앉히기

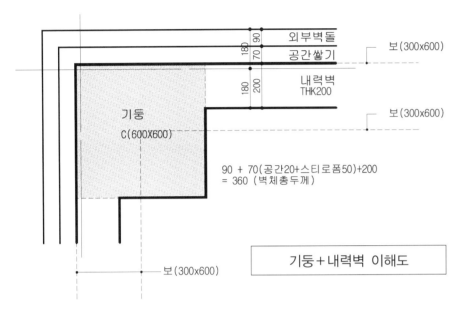

외부벽돌
공간쌓기
보(300x600)
내력벽
THK200
보(300x600)

기둥
C(600X600)

보(300x600)

90 + 70(공간20+스티로폼50)+200
= 360 (벽체총두께)

기둥+내력벽 이해도

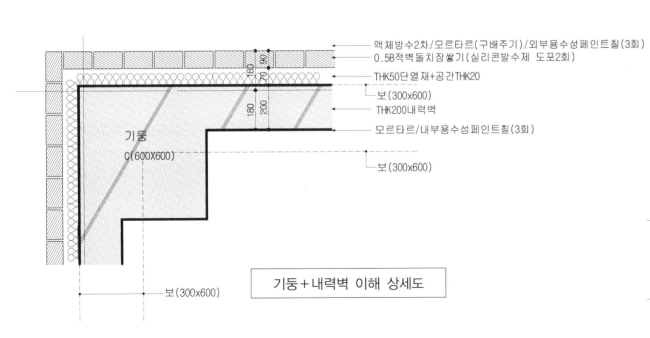

액체방수2차/모르타르(구배주기)/외부용수성페인트칠(3회)
0.5B적벽돌치장쌓기(실리콘발수제 도포2회)
THK50단열재+공간THK20
보(300x600)
THK200내력벽
모르타르/내부용수성페인트칠(3회)

기둥
C(600X600)

보(300x600)

보(300x600)

기둥+내력벽 이해 상세도

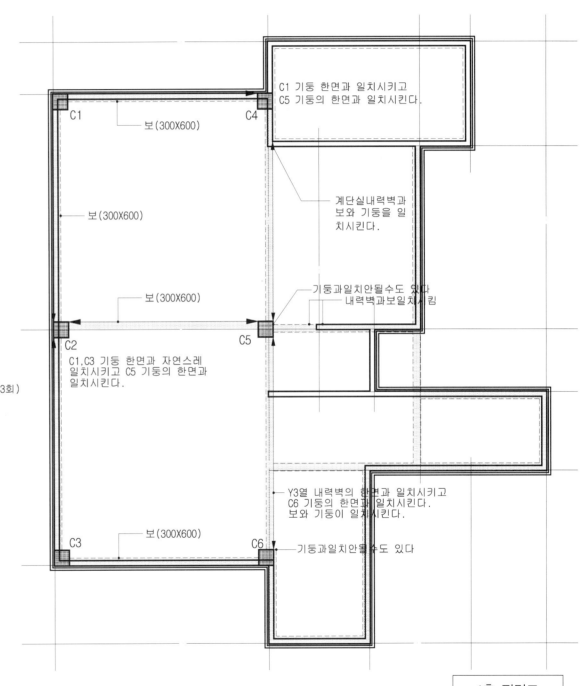

C1 기둥 한면과 일치시키고
C5 기둥의 한면과 일치시킨다.

C1   보(300X600)   C4

보(300X600)

계단실내력벽과
보와 기둥을 일
치시킨다.

보(300X600)

기둥과일치안될수도 있다
내력벽과보일치시킴

C2   보(300X600)   C5

C1,C3 기둥 한면과 자연스레
일치시키고 C5 기둥의 한면과
일치시킨다.

Y3열 내력벽의 한면과 일치시키고
C6 기둥의 한면과 일치시킨다.
보와 기둥이 일치시킨다.

C3   보(300X600)   C6

기둥과일치안될수도 있다

1층 평면도
SCALE : 1/150

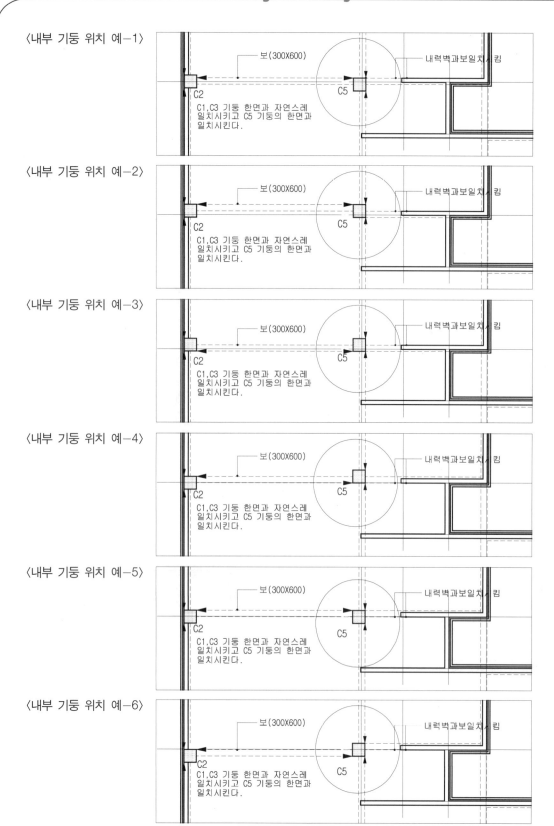

〈내부 기둥 위치 예-1〉

보(300X600)
내력벽과보일치시킴
C2
C5
C1,C3 기둥 한면과 자연스레
일치시키고 C5 기둥의 한면과
일치시킨다.

〈내부 기둥 위치 예-2〉

보(300X600)
내력벽과보일치시킴
C2
C5
C1,C3 기둥 한면과 자연스레
일치시키고 C5 기둥의 한면과
일치시킨다.

〈내부 기둥 위치 예-3〉

보(300X600)
내력벽과보일치시킴
C2
C5
C1,C3 기둥 한면과 자연스레
일치시키고 C5 기둥의 한면과
일치시킨다.

〈내부 기둥 위치 예-4〉

보(300X600)
내력벽과보일치시킴
C2
C5
C1,C3 기둥 한면과 자연스레
일치시키고 C5 기둥의 한면과
일치시킨다.

〈내부 기둥 위치 예-5〉

보(300X600)
내력벽과보일치시킴
C2
C5
C1,C3 기둥 한면과 자연스레
일치시키고 C5 기둥의 한면과
일치시킨다.

〈내부 기둥 위치 예-6〉

보(300X600)
내력벽과보일치시킴
C2
C5
C1,C3 기둥 한면과 자연스레
일치시키고 C5 기둥의 한면과
일치시킨다.

내부 기둥 위치 결정

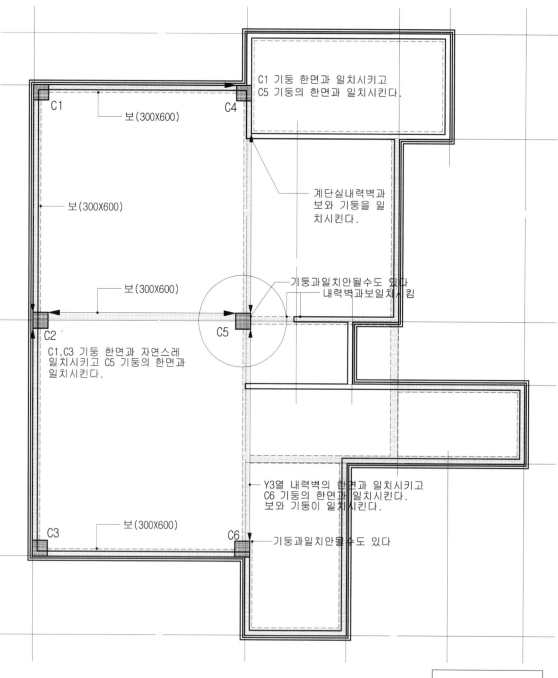

C1 기둥 한면과 일치시키고
C5 기둥의 한면과 일치시킨다.

C1
보(300X600)
C4

계단실내력벽과
보와 기둥을 일
치시킨다.

보(300X600)

기둥과일치안될수도 있다
내력벽과보일치시킴

보(300X600)

C2
C1,C3 기둥 한면과 자연스레
일치시키고 C5 기둥의 한면과
일치시킨다.
C5

Y3열 내력벽의 한면과 일치시키고
C6 기둥의 한면과 일치시킨다.
보와 기둥이 일치시킨다.

C3
보(300X600)
C6
기둥과일치안될수도 있다

1층 평면도
SCALE : 1/150

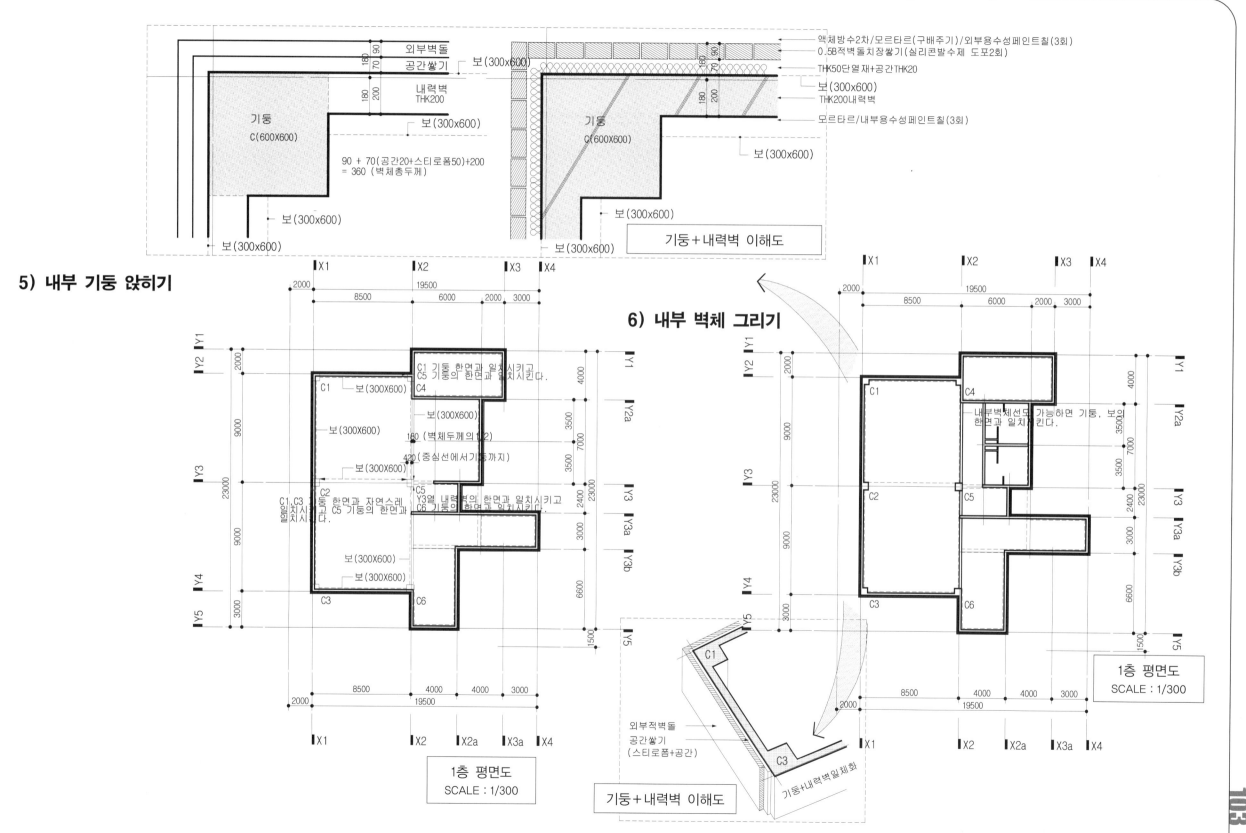

외부벽돌
공간쌓기
보(300x600)

외부벽돌
공간쌓기

내력벽
THK200

기둥
C(600X600)

보(300x600)

90 + 70(공간20+스티로폼50)+200
= 360 (벽체총두께)

보(300x600)

보(300x600)

보(300x600)

액체방수2차/모르타르(구배주기)/외부용수성페인트칠(3회)
0.5B적벽돌치장쌓기(실리콘발수제 도포2회)
THK50단열재+공간THK20
보(300x600)
THK200내력벽
모르타르/내부용수성페인트칠(3회)

기둥
C(600X600)

보(300x600)

기둥+내력벽 이해도

5) 내부 기둥 앉히기

6) 내부 벽체 그리기

C1 기둥의 한면과 일치시키고
C5 기둥의 한면과 일치시킨다.

보(300X600)

보(300X600)

180 (벽체두께의1/2)

420 (중심선에서기둥까지)

보(300X600)

C1,C3 기둥의 한면과 자연스레
일치시키고 C5 기둥의 한면과
일치시킨다.

Y3열 내력벽의 한면과 일치시키고
C6 기둥의 한면과 일치시킨다.

보(300X600)

보(300X600)

내부벽체선도 가능하면 기둥, 보
한면과 일치시킨다.

1층 평면도
SCALE : 1/300

1층 평면도
SCALE : 1/300

외부적벽돌
공간쌓기
(스티로폼+공간)

기둥+내력벽일체화

기둥+내력벽 이해도

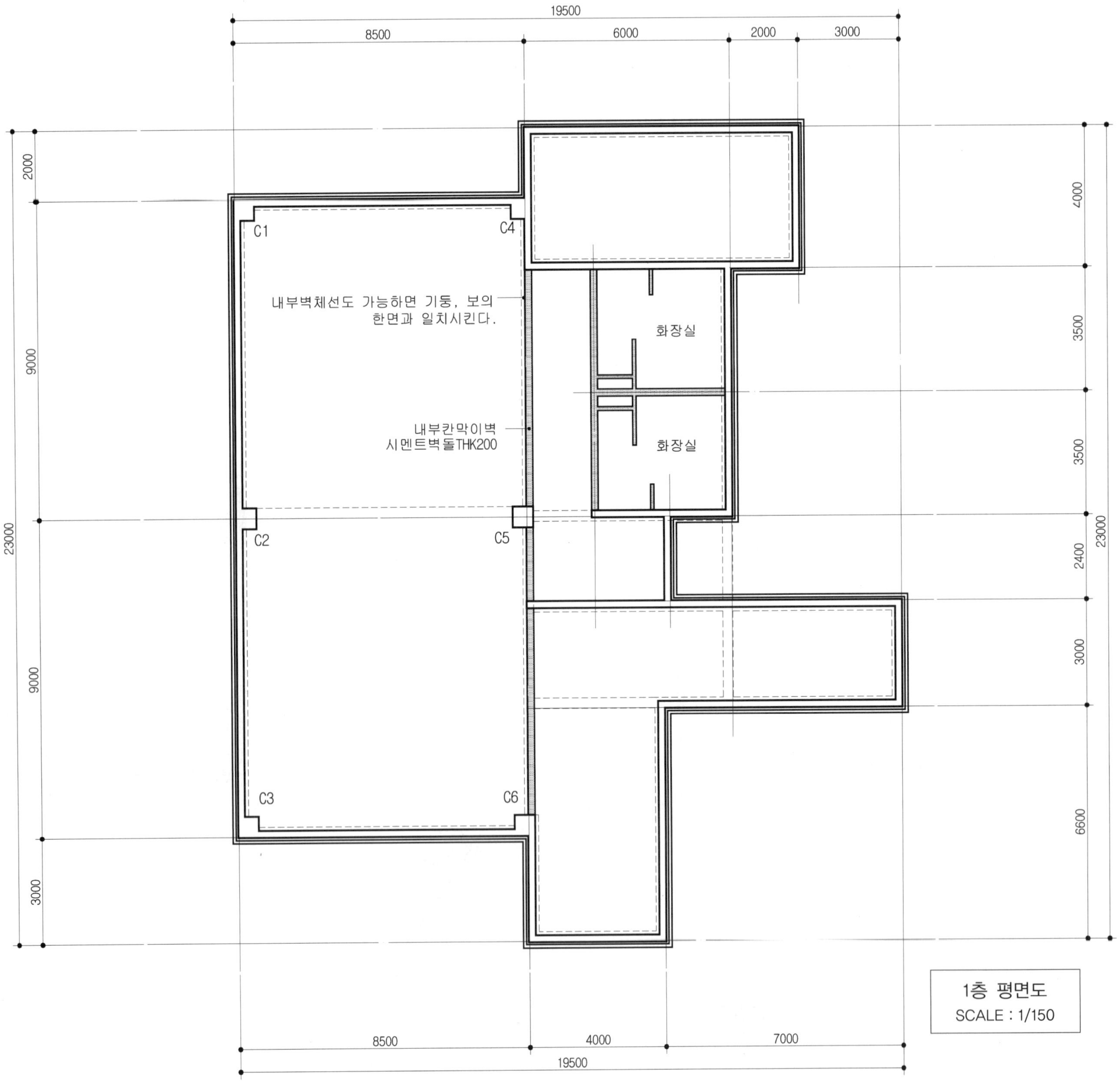

19500

8500   6000   2000   3000

2000

C1   C4

9000

내부벽체선도 가능하면 기둥, 보의
한면과 일치시킨다.

화장실

23000

내부칸막이벽
시멘트벽돌THK200

화장실

C2   C5

9000

2400

3000

C3   C6

6600

3000

4000

3500

3500

23000

4000

8500   4000   7000

19500

1층 평면도
SCALE : 1/150

기둥(600X600)
내력벽(THK200)
보(BEAM) 300X600

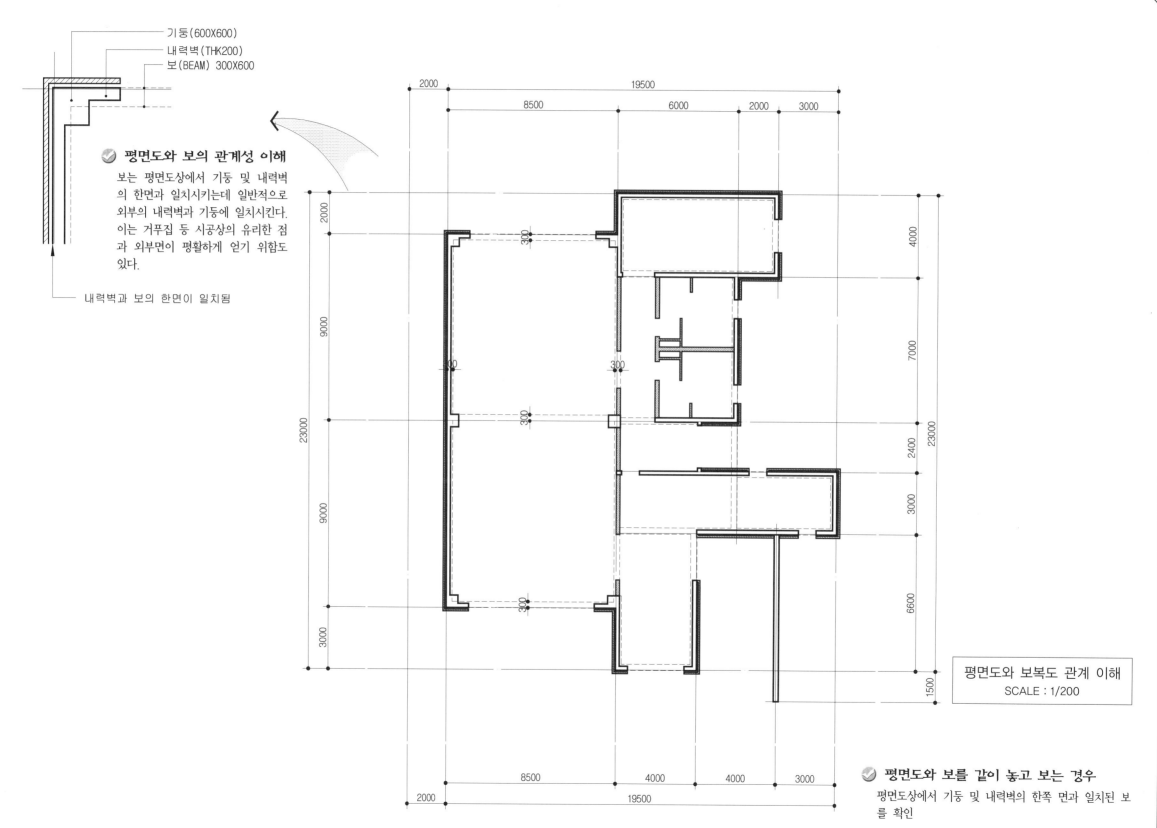

평면도와 보의 관계성 이해

보는 평면도상에서 기둥 및 내력벽
의 한면과 일치시키는데 일반적으로
외부의 내력벽과 기둥에 일치시킨다.
이는 거푸집 등 시공상의 유리한 점
과 외부면이 평활하게 얻기 위함도
있다.

내력벽과 보의 한면이 일치됨

평면도와 보복도 관계 이해
SCALE : 1/200

평면도와 보를 같이 놓고 보는 경우

평면도상에서 기둥 및 내력벽의 한쪽 면과 일치된 보
를 확인

7) 외부 문, 창문 넣기

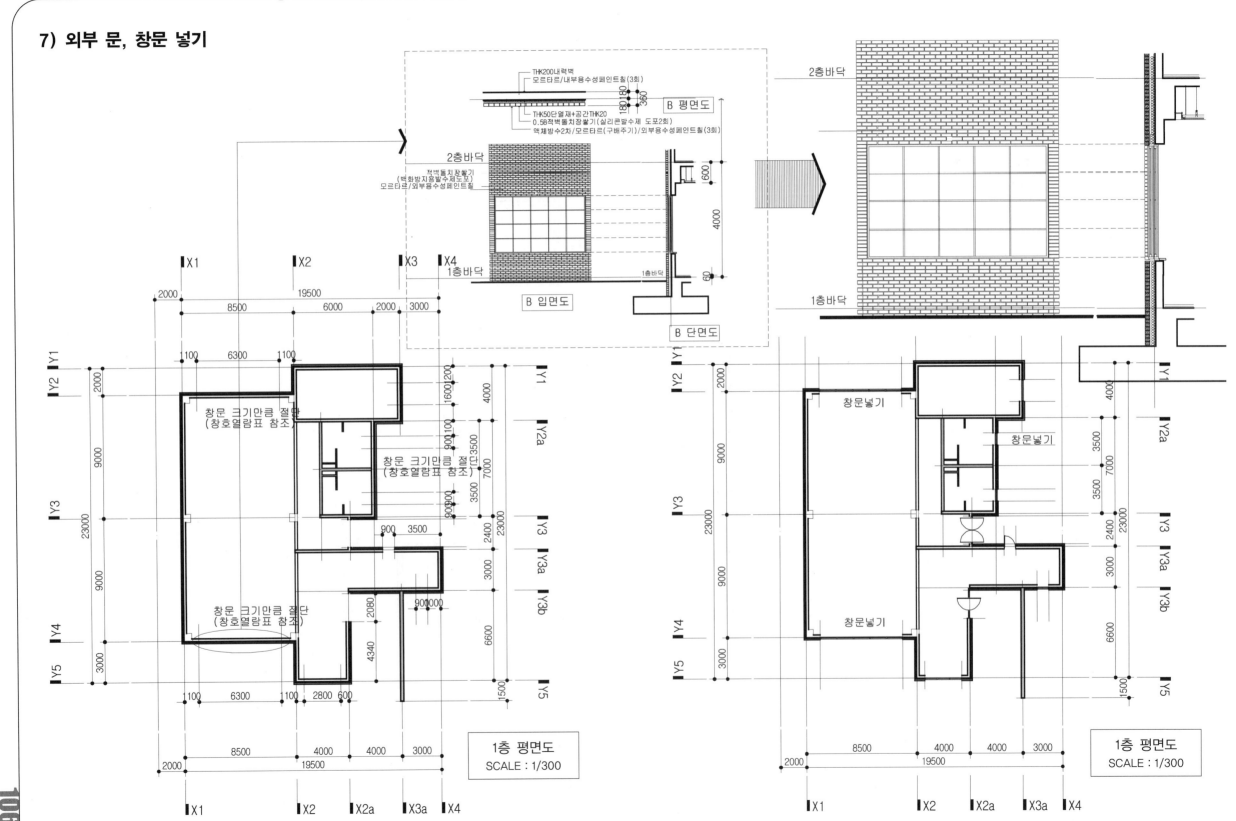

THK200내력벽
모르타르/내부용수성페인트칠(3회)
B 평면도
THK50단열재+공간THK20
0.5B적벽돌치장쌓기(실리콘발수제 도포2회)
액체방수2차/모르타르(구배주기)/외부용수성페인트칠(3회)

2층바닥
적벽돌치장쌓기
(벽화방지용발수제도포)
모르타르/외부용수성페인트칠

X1   X2   X3   X4

1층바닥

B 입면도

B 단면도

2층바닥

1층바닥

창문 크기만큼 절단
(창호열람표 참조)

창문 크기만큼 절단
(창호열람표 참조)

창문 크기만큼 절단
(창호열람표 참조)

1층 평면도
SCALE : 1/300

창문넣기

창문넣기

창문넣기

1층 평면도
SCALE : 1/300

8) 내부 벽체 문 그리기

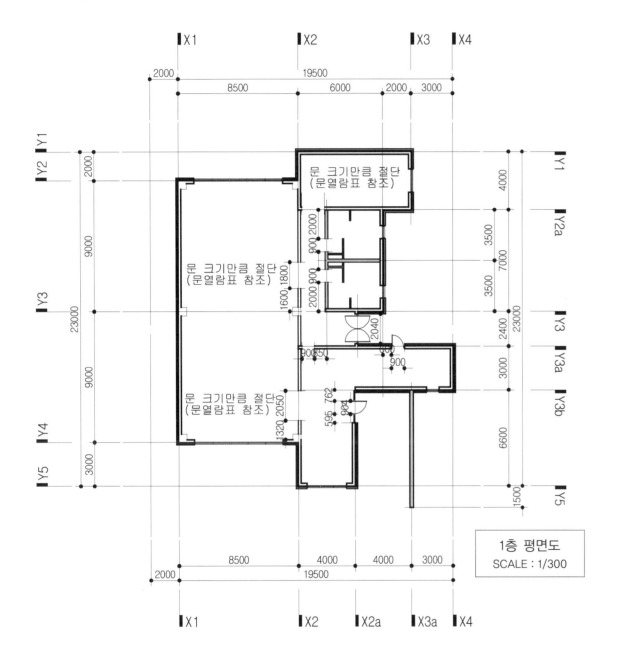

1층 평면도
SCALE : 1/300

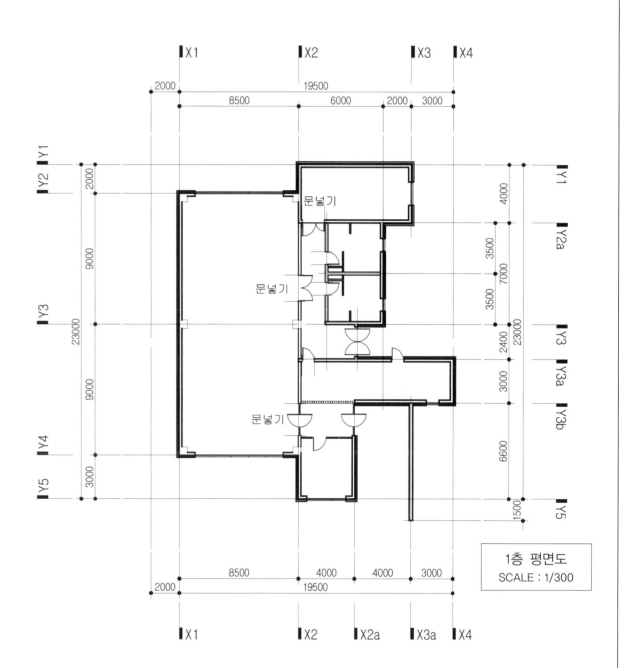

1층 평면도
SCALE : 1/300

9) 치수선 및 기호 표시하기

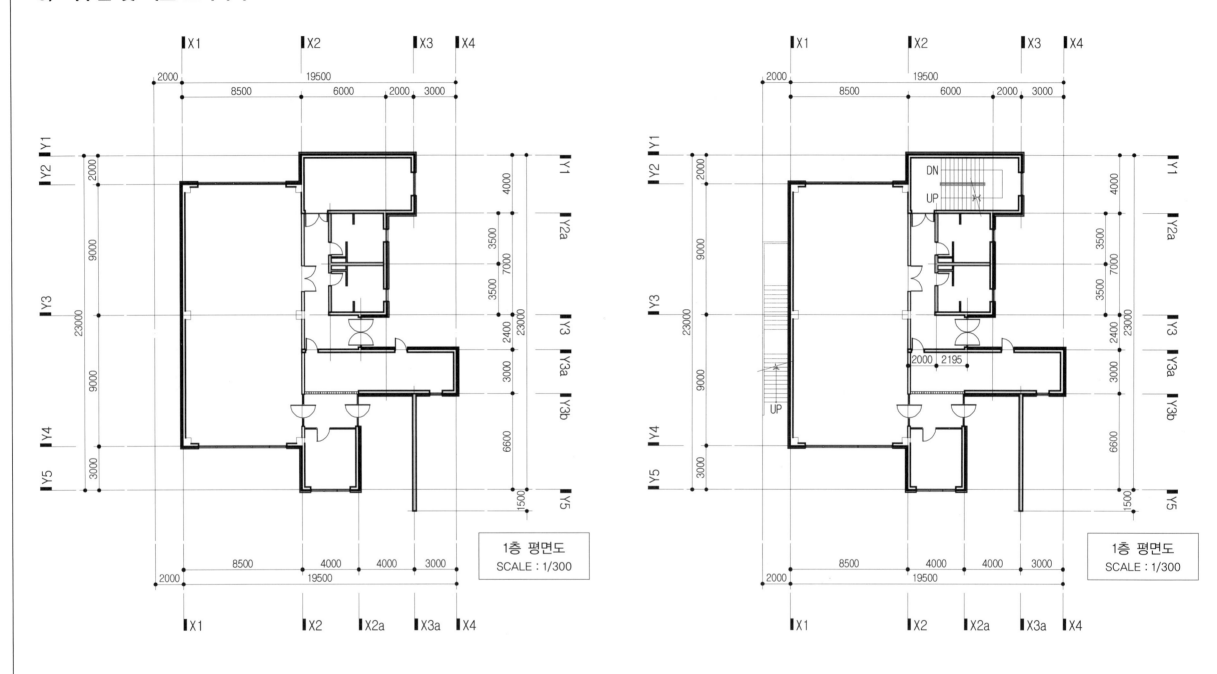

1층 평면도
SCALE : 1/300

1층 평면도
SCALE : 1/300

10) 완성된 1층 평면도

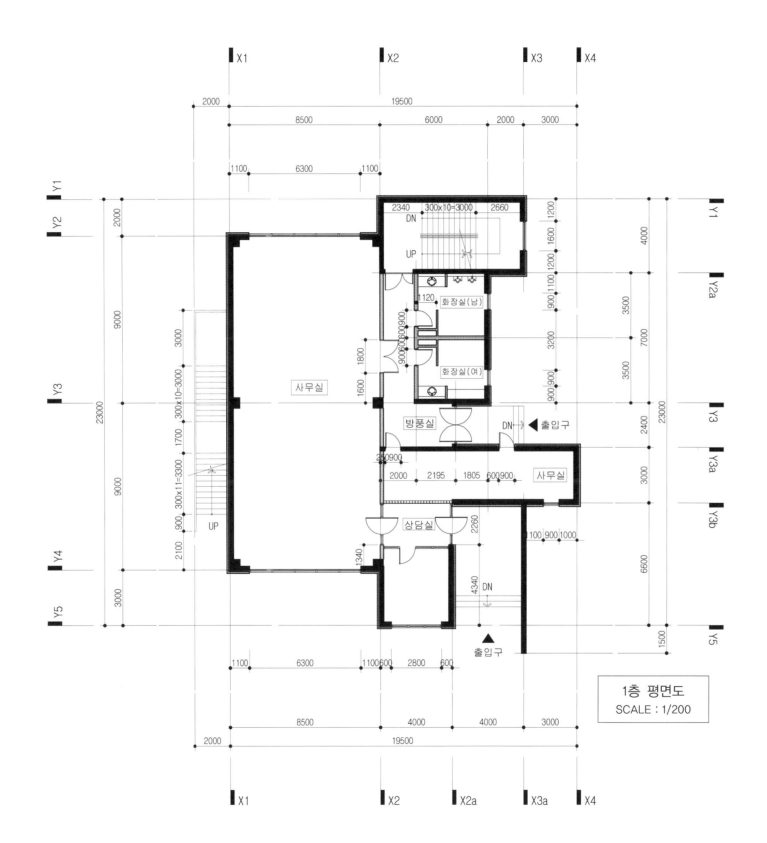

1층 평면도
SCALE : 1/200

1. 외부 벽체 완성

외부벽체 (적벽돌+공간쌓기+THK.200 철근콘크리트)를
먼저 완성한다. 벽체두께는 90+70+200이다.

적벽돌+공간쌓기+THK.200 철근콘크리트
= 90+70(20+50)+200 = 360

90+70+200

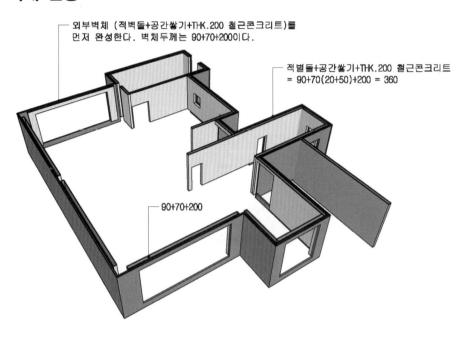

2. 모서리 기둥 앉히기

모서리 기둥 (C1, C3, C6)을 먼저 앉힌다. 이때 THK200 철근콘크리트의
벽면과 기둥의 한면을 일치시킨다. 기둥과 벽면이 가능한 일치 되어야
거푸집 시공 & 철근배근, 시공완료 후 마감하기가 좋다.

C1

C6

C3

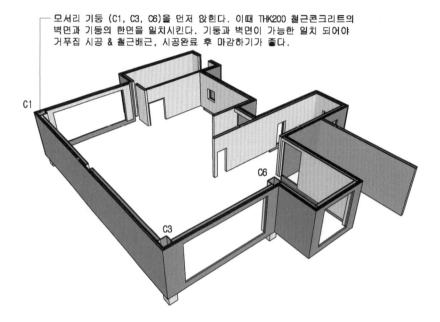

3. 내부 기둥 앉히기

내부 기둥 및 나머지 기둥을 앉힌다. 이때 모서리 기둥과
한면을 일치시키면서 보의 위치도 고민한다.

C1

C4

C2

C5

C3

C6

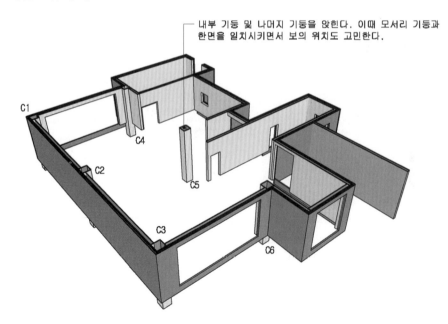

4. 기둥과 보 완성하기

기둥과 보의 한면이 일치되면서 기둥이 앉혀져 있다.
기둥과 보는 가능하면 한면을 일치 시키는 것이 유리하다.

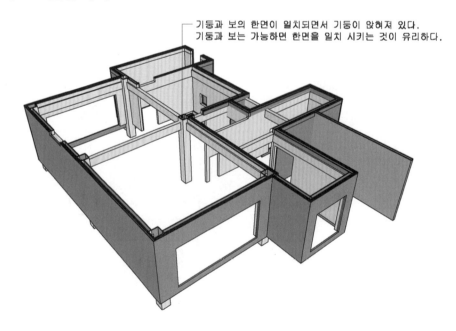

5. 창문 넣기

창문은 보의 위치를 고려하여 창문을 계획한다.
가능하면 보의 하단부에 창문의 상단부가 위치 하는 것이
유리하다. 그러나 창문이 입면의 효과 때문에 보의
앞부분에 위치하기도 한다.

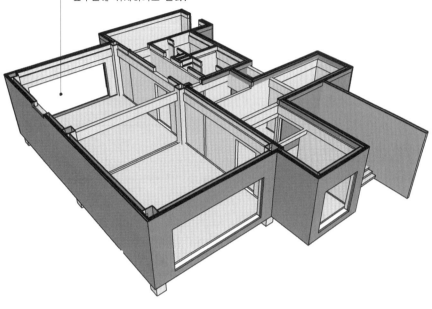

6. 창문 완성 모습

완성된 창문의 모습

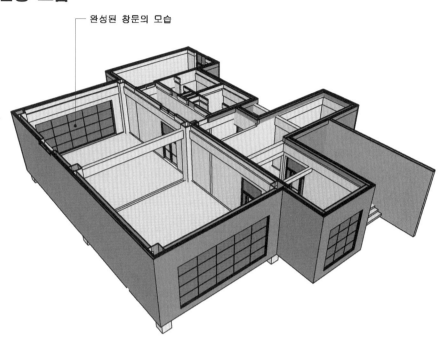

7. 외부 계단 완성

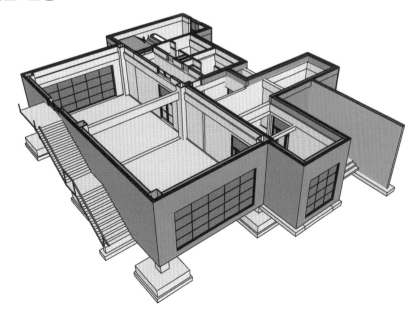

8. 평면도 완성

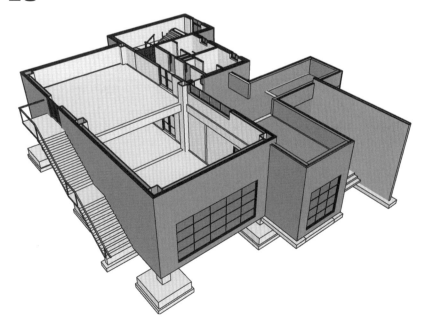

PART 02 | 2층 평면도 그리기

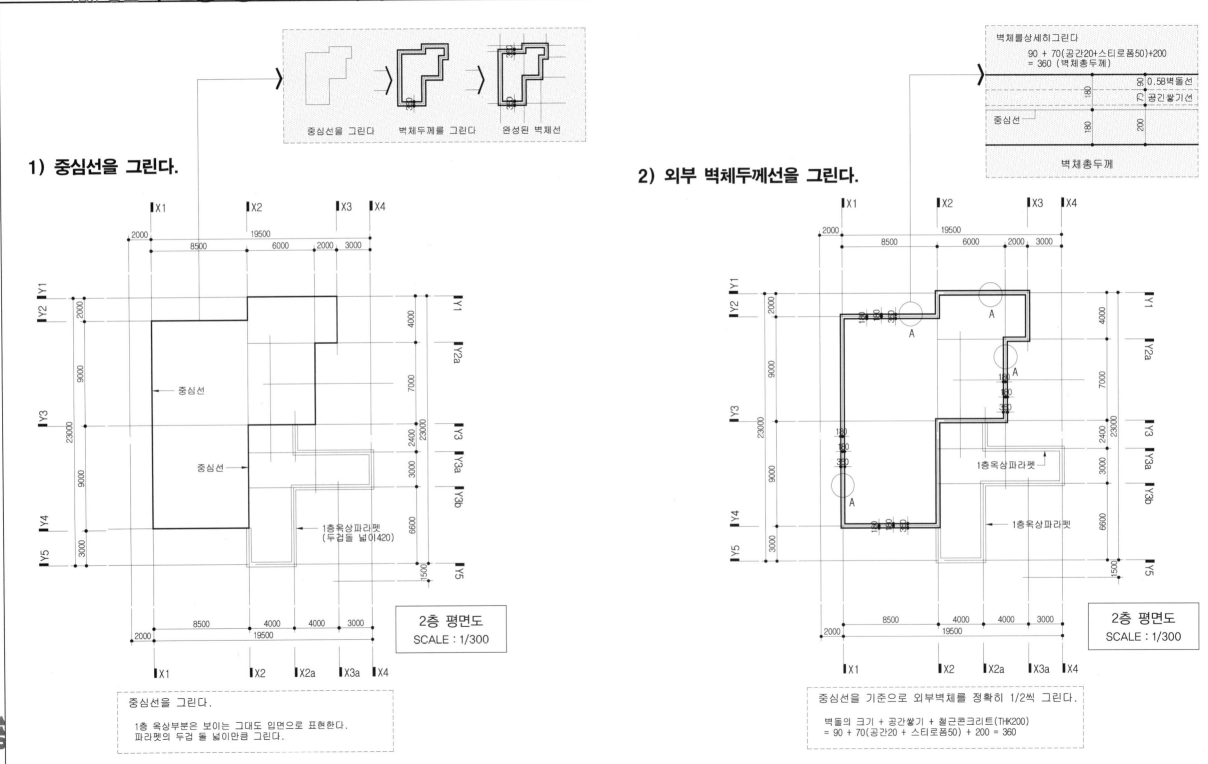

1) 중심선을 그린다.

2) 외부 벽체두께선을 그린다.

중심선을 그린다

벽체를 상세히 그린다

90 + 70(공간20+스티로폼50)+200
= 360 (벽체총두께)

벽체두께를 그린다

완성된 벽체선

0.5B벽돌선

공간쌓기선

중심선

벽체총두께

중심선

중심선

1층옥상파라펫
(두겁돌 넓이420)

1층옥상파라펫

1층옥상파라펫

2층 평면도
SCALE : 1/300

2층 평면도
SCALE : 1/300

중심선을 그린다.

1층 옥상부분은 보이는 그대로 입면으로 표현한다.
파라펫의 두겁 돌 넓이만큼 그린다.

중심선을 기준으로 외부벽체를 정확히 1/2씩 그린다.

벽돌의 크기 + 공간쌓기 + 철근콘크리트(THK200)
= 90 + 70(공간20 + 스티로폼50) + 200 = 360

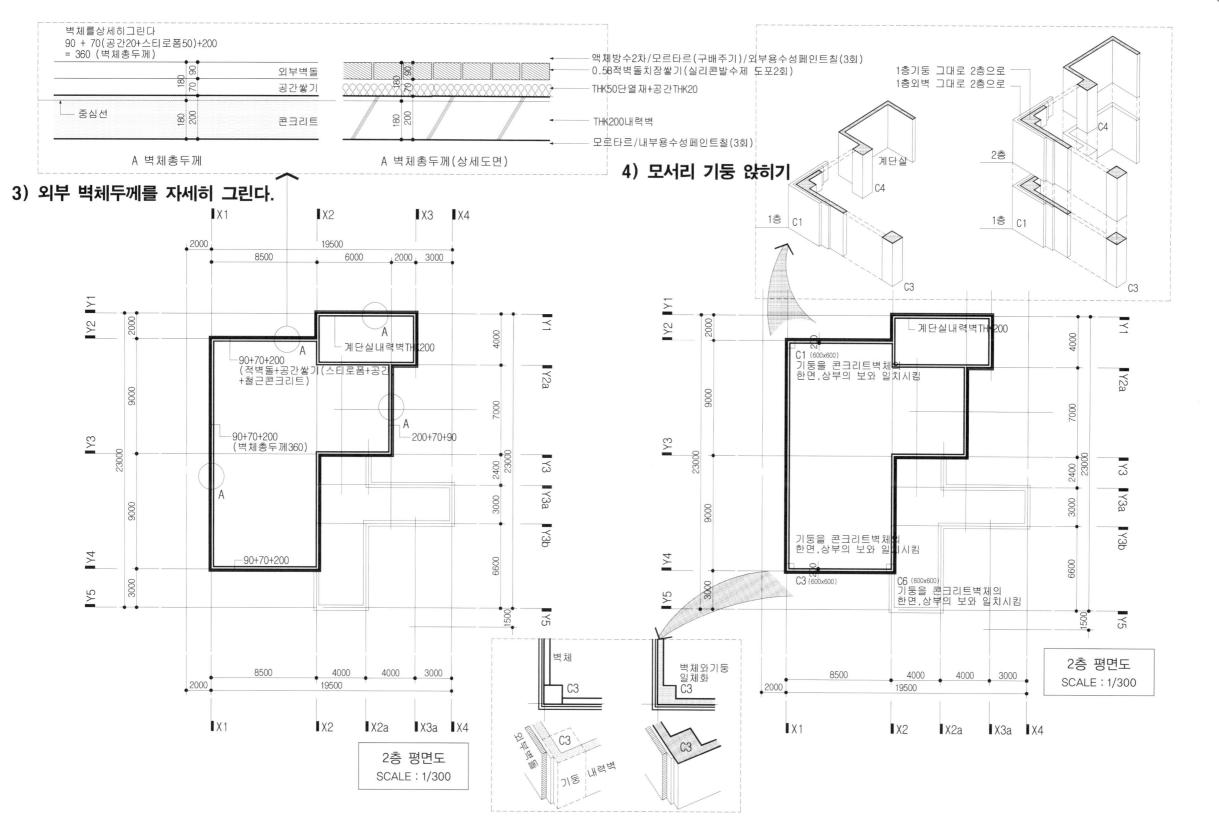

벽체를상세히그린다
90 + 70(공간20+스티로폼50)+200
= 360 (벽체총두께)

외부벽돌
공간쌓기
중심선
콘크리트

A 벽체총두께

액체방수2차/모르타르(구배주기)/외부용수성페인트칠(3회)
0.5B적벽돌치장쌓기(실리콘발수제 도포2회)
THK50단열재+공간THK20
THK200내력벽
모르타르/내부용수성페인트칠(3회)

A 벽체총두께(상세도면)

3) 외부 벽체두께를 자세히 그린다.

90+70+200
(적벽돌+공간쌓기(스티로폼+공간
+철근콘크리트)

계단실내력벽THK200

90+70+200
(벽체총두께360)

200+70+90

90+70+200

2층 평면도
SCALE : 1/300

벽체
C3

벽체와기둥
일체화
C3

외부벽돌
기둥 내력벽
C3

4) 모서리 기둥 앉히기

1층기둥 그대로 2층으로
1층외벽 그대로 2층으로

계단실
C4

C4
1층 C1
2층
1층 C1

C3
C3

계단실내력벽THK200

C1 (600x600)
기둥을 콘크리트벽체의
한면,상부의 보와 일치시킴

기둥을 콘크리트벽체의
한면,상부의 보와 일치시킴

C3 (600x600)
C6 (600x600)
기둥을 콘크리트벽체의
한면,상부의 보와 일치시킴

2층 평면도
SCALE : 1/300

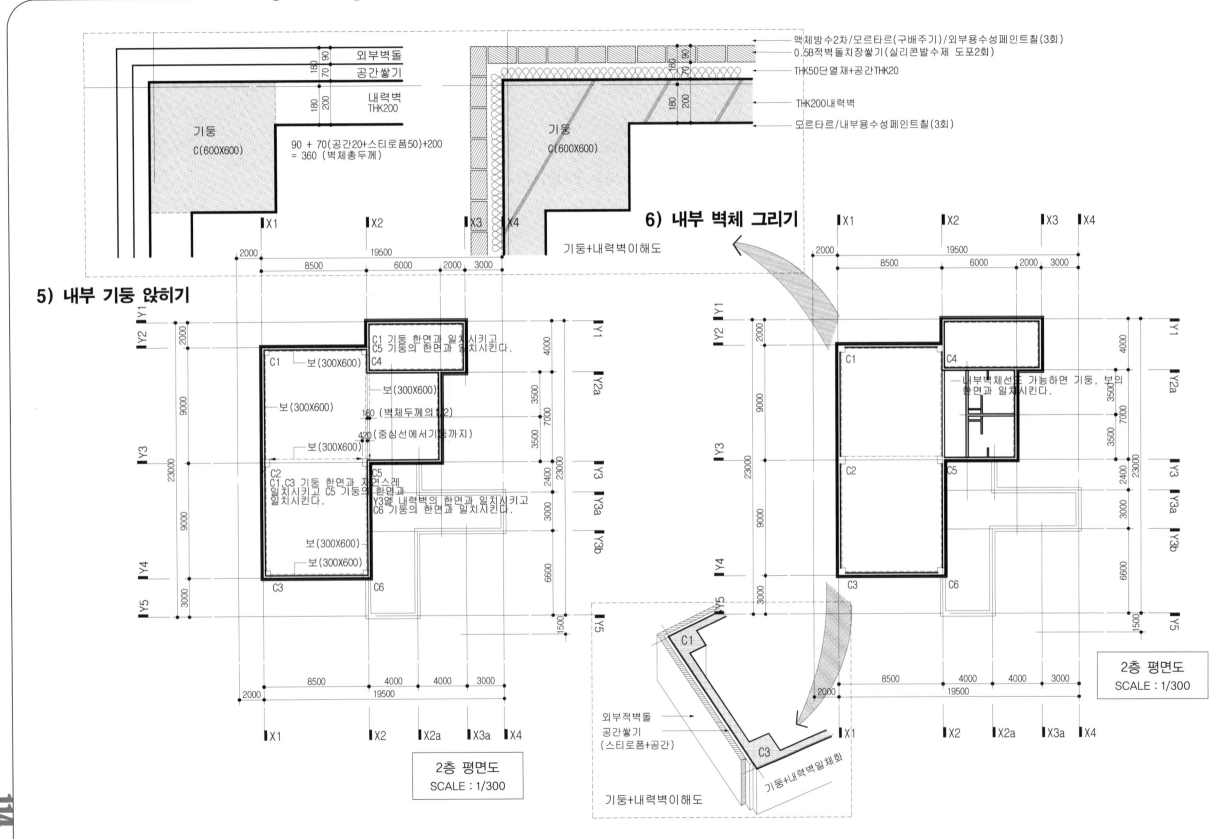

액체방수2차/모르타르(구배주기)/외부용수성페인트칠(3회)

0.5B적벽돌치장쌓기(실리콘발수제 도포2회)

THK50단열재+공간THK20

THK200내력벽

모르타르/내부용수성페인트칠(3회)

외부벽돌

공간쌓기

내력벽
THK200

기둥
C(600X600)

90 + 70(공간20+스티로폼50)+200
= 360 (벽체총두께)

6) 내부 벽체 그리기

기둥+내력벽이해도

5) 내부 기둥 앉히기

C1 기둥 한면과 일치시키고
C5 기둥의 한면과 일치시킨다.

보(300X600)

보(300X600)

180 (벽체두께의 1/2)

420 (중심선에서기둥까지)

보(300X600)

C1,C3 기둥 한면과 자연스레
일치시키고 C5 기둥의 한면과
일치시킨다.

Y3열 내력벽의 한면과 일치시키고
C6 기둥의 한면과 일치시킨다.

보(300X600)

2층 평면도
SCALE : 1/300

내부벽체선은 가능하면 기둥,보의
한면과 일치시킨다.

2층 평면도
SCALE : 1/300

외부적벽돌
공간쌓기
(스티로폼+공간)

기둥+내력벽일체화

기둥+내력벽이해도

7) 외부 문, 창문 넣기

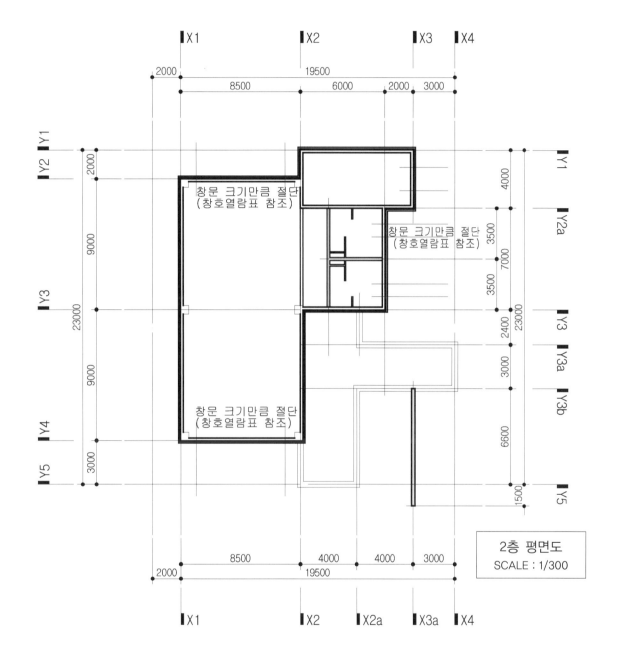

창문 크기만큼 절단
(창호열람표 참조)

창문 크기만큼 절단
(창호열람표 참조)

창문 크기만큼 절단
(창호열람표 참조)

2층 평면도
SCALE : 1/300

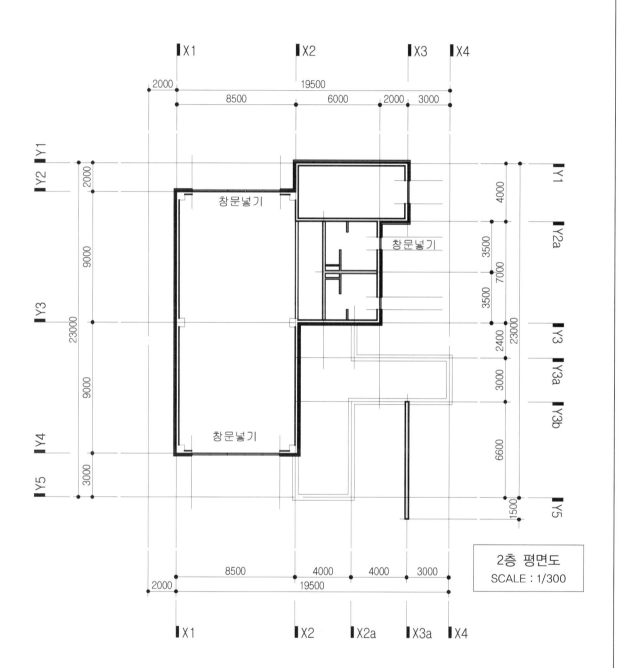

창문넣기

창문넣기

창문넣기

2층 평면도
SCALE : 1/300

8) 내부 벽체 문 그리기

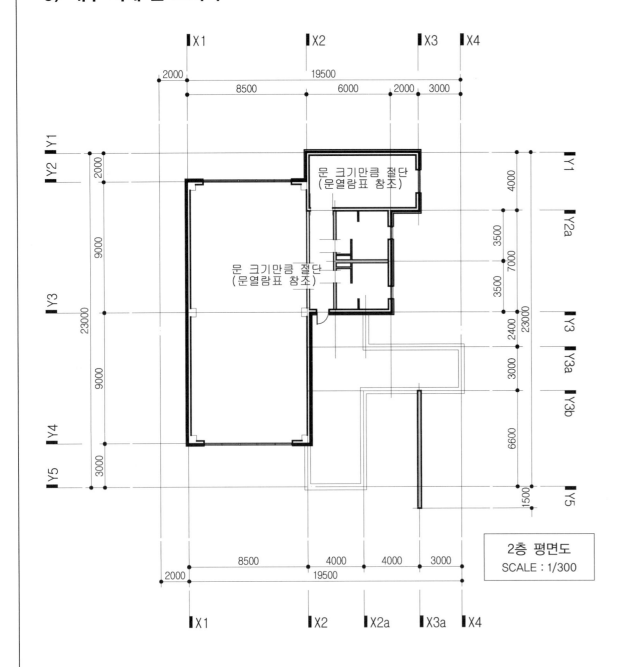

문 크기만큼 절단
(문열람표 참조)

문 크기만큼 절단
(문열람표 참조)

2층 평면도
SCALE : 1/300

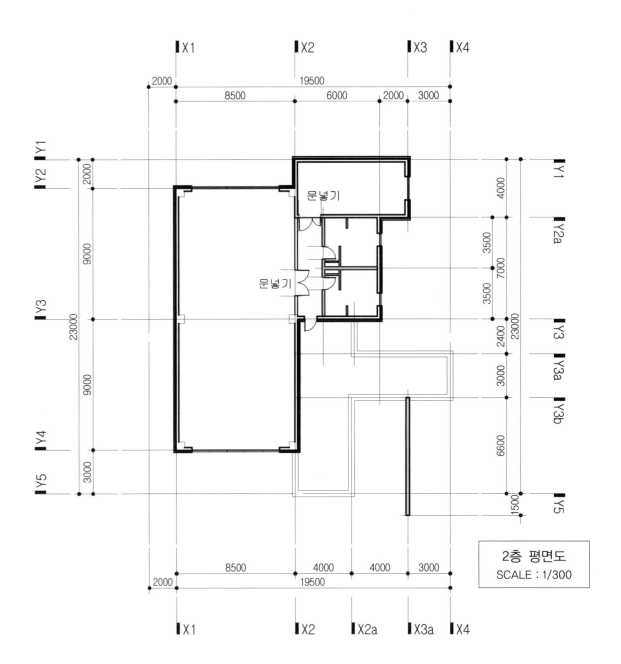

문넣기

문넣기

2층 평면도
SCALE : 1/300

9) 치수선 및 기호 표시하기

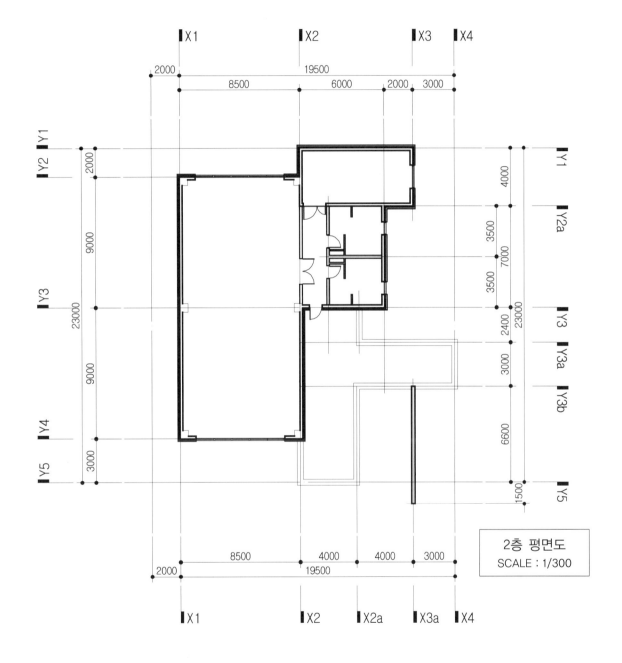

2층 평면도
SCALE : 1/300

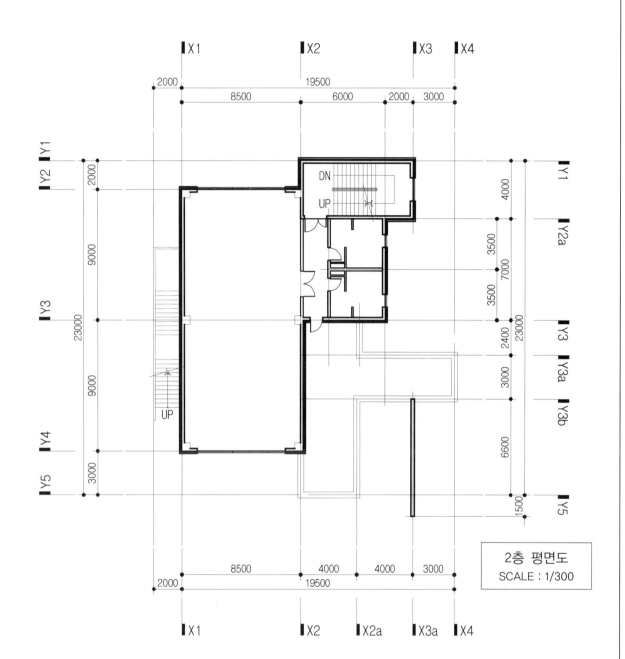

2층 평면도
SCALE : 1/300

10) 완성된 2층 평면도

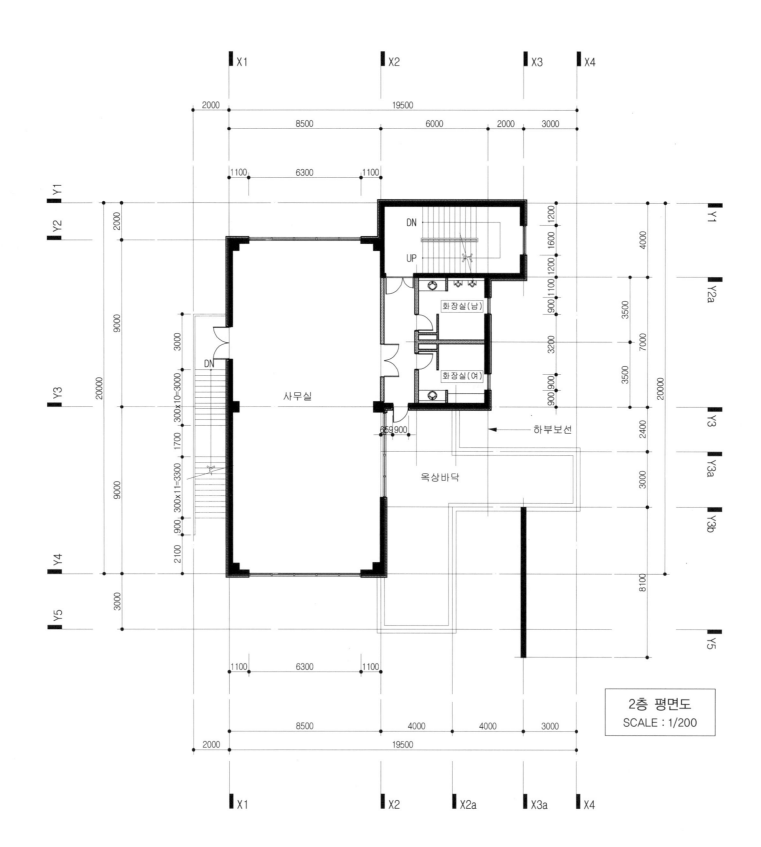

2층 평면도
SCALE : 1/200

1. 외부 벽체 완성

2층외부벽체를 1층과 동일하게 계속시공한다.
벽체의 두께를 적벽돌+공간쌓기+철근콘크리트로
90+70(20+50)+200=360

1층 옥상파라펫

2층바닥

옥상

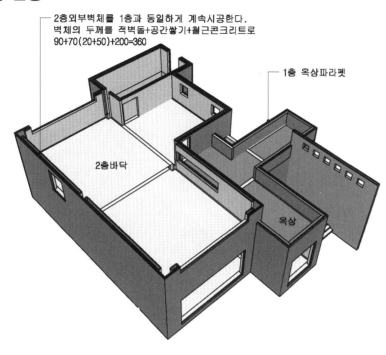

2. 모서리 기둥 앉히기

모서리 기둥 앉히기 (C1, C3, C6), 1층과 동일한 기둥의 위치

C1

보선

보선

C6

C3

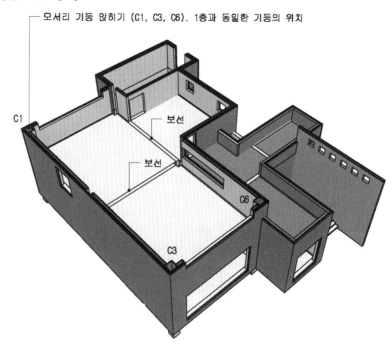

3. 내부 기둥 앉히기

내부 기둥을 모서리 기둥과 한면을 일치시킨다.

C4

C2   C5

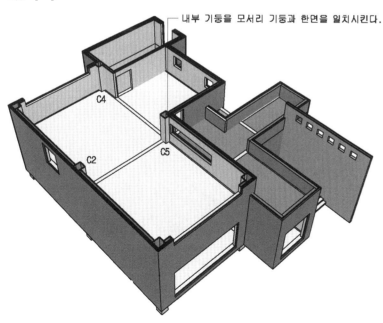

4. 기둥과 보 완성하기

기둥과 보의 한면을 일치 시킨다.

보

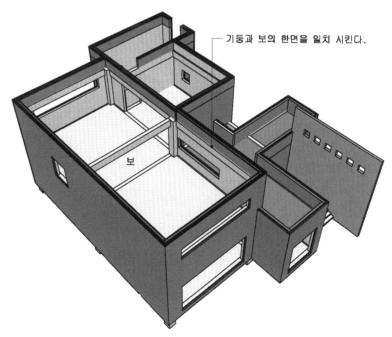

5. 창문 넣기

창문을 넣는다. (창문은 항상 건물 전체의 입면을
고려하면서 위치시킨다.)

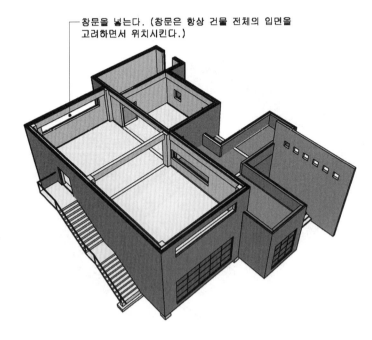

6. 창문 완성 모습

완성된 창문의 모습

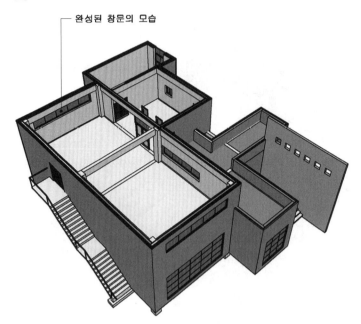

7. 외부 계단 완성

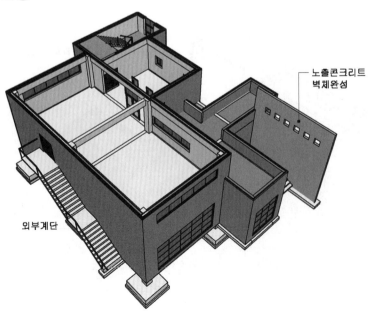

외부계단

노출콘크리트
벽체완성

8. 평면도 완성

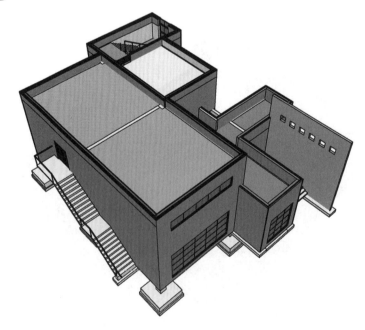

PART 03 | 옥탑층 평면도 그리기

1) 중심선을 그린다.

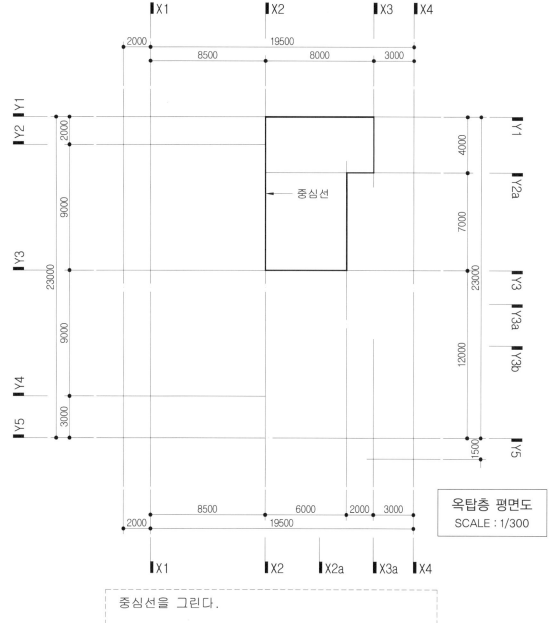

옥탑층 평면도
SCALE : 1/300

중심선을 그린다.

1,2층 옥상부분은 보이는 그대도 입면으로 표현한다.
파라펫의 두겁 돌 넓이만큼 그린다.

2) 외부 벽체두께선을 그린다.

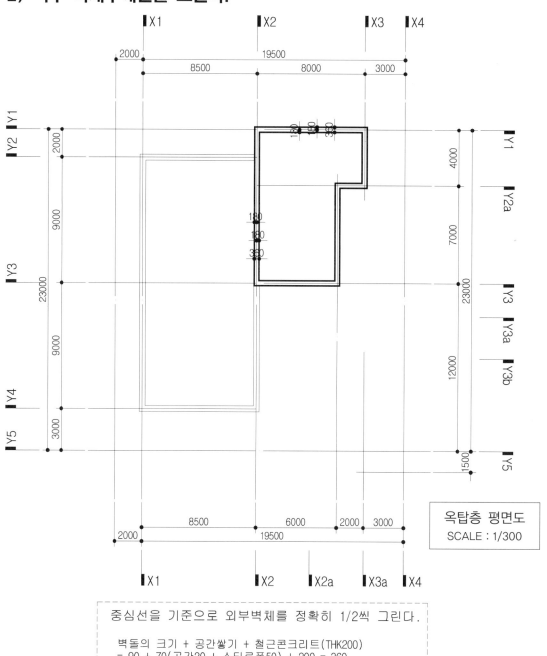

옥탑층 평면도
SCALE : 1/300

중심선을 기준으로 외부벽체를 정확히 1/2씩 그린다.

벽돌의 크기 + 공간쌓기 + 철근콘크리트(THK200)
= 90 + 70(공간20 + 스티로폼50) + 200 = 360

3) 외부 벽체두께를 자세히 그린다.

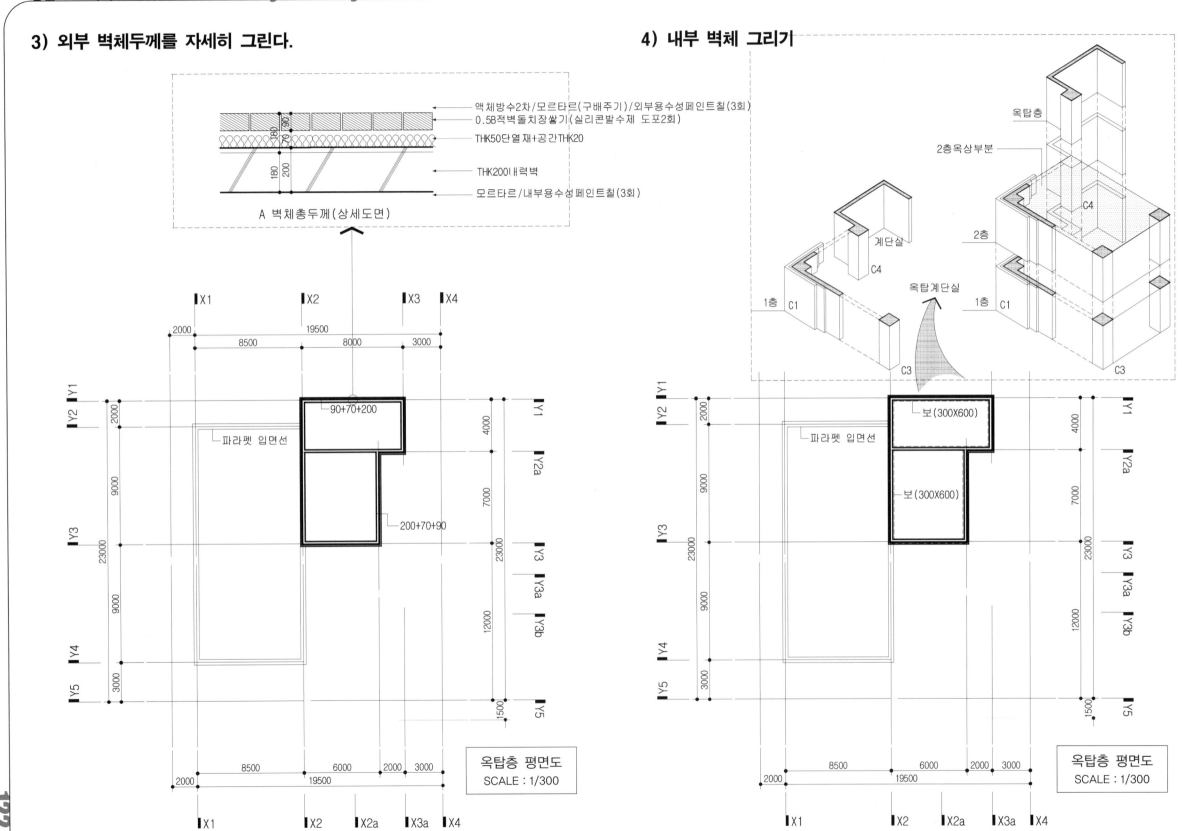

액체방수2차/모르타르(구배주기)/외부용수성페인트칠(3회)
0.5B적벽돌치장쌓기(실리콘발수제 도포2회)
THK50단열재+공간THK20

THK200내력벽
모르타르/내부용수성페인트칠(3회)

A 벽체총두께(상세도면)

옥탑층 평면도
SCALE : 1/300

4) 내부 벽체 그리기

옥탑층

2층옥상부분

계단살

옥탑계단실

보(300X600)

보(300X600)

옥탑층 평면도
SCALE : 1/300

5) 외부/내부 문, 창문 넣기

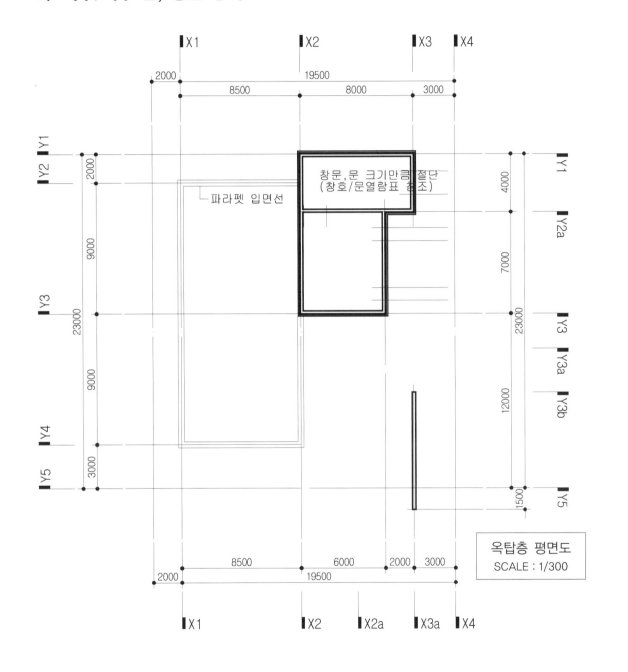

옥탑층 평면도
SCALE : 1/300

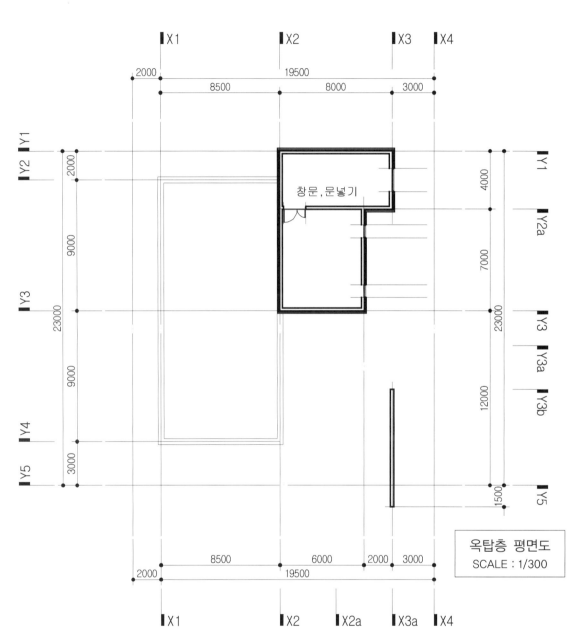

옥탑층 평면도
SCALE : 1/300

6) 치수선 및 기호 표시하기

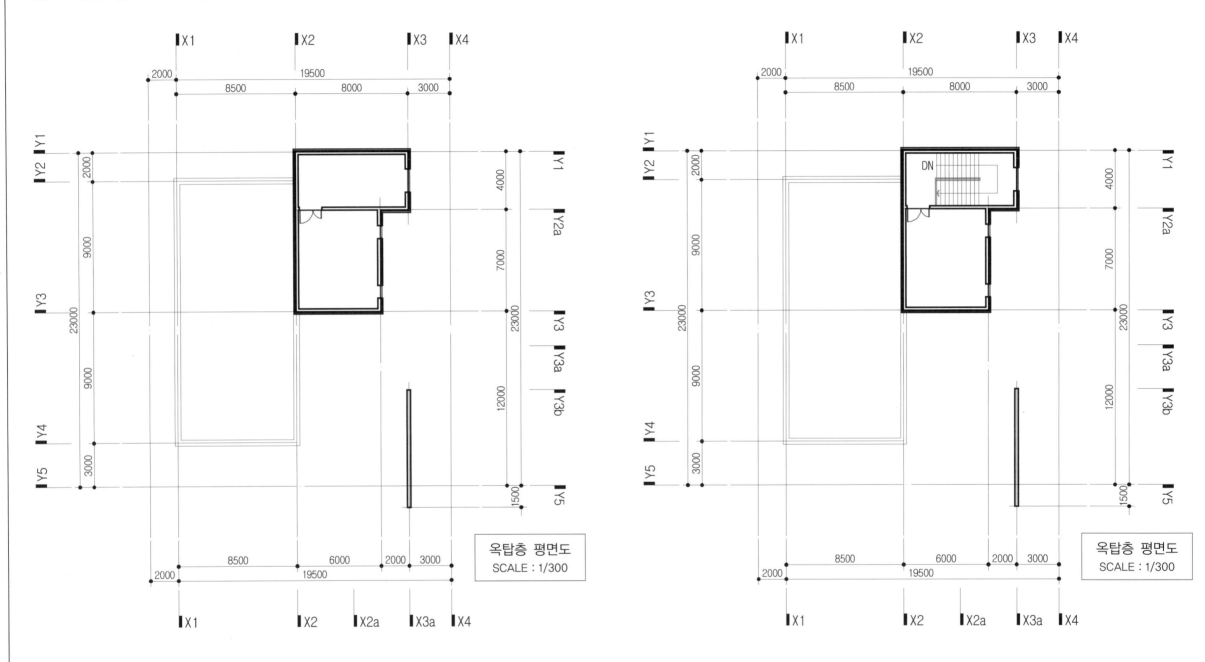

옥탑층 평면도
SCALE : 1/300

옥탑층 평면도
SCALE : 1/300

7) 완성된 옥탑층 평면도

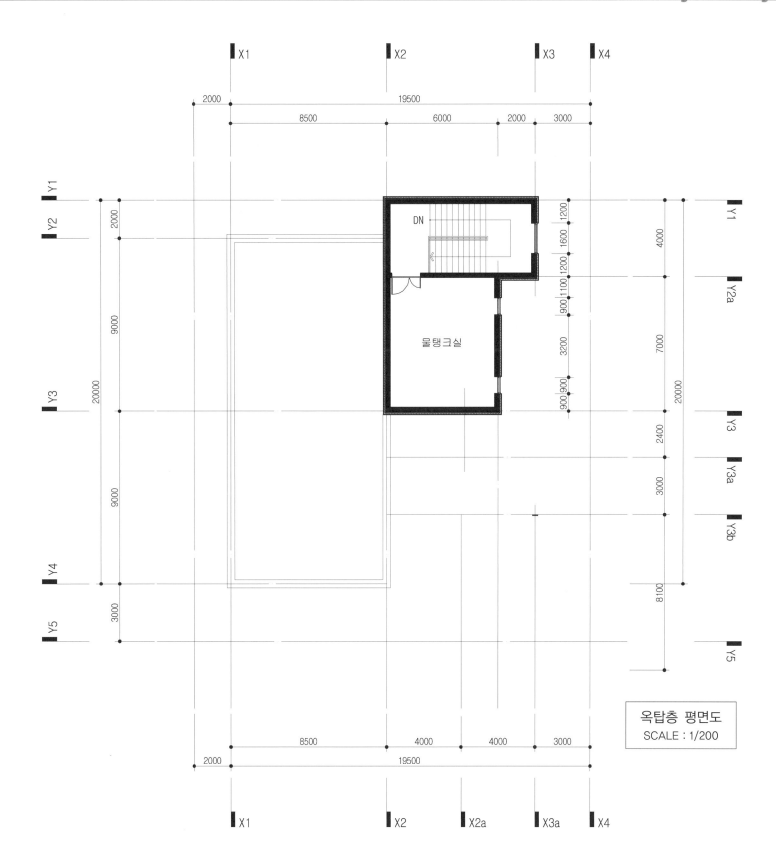

DN

물탱크실

옥탑층 평면도
SCALE : 1/200

1. 옥탑 외벽 완성

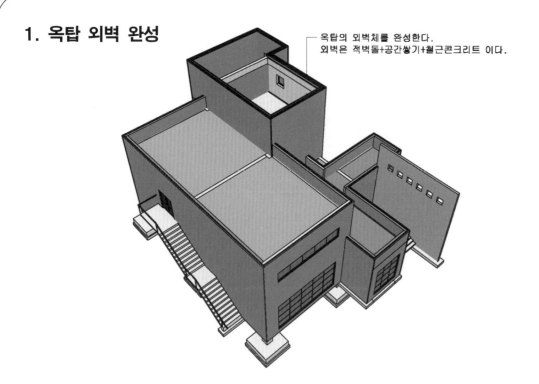

옥탑의 외벽체를 완성한다.
외벽은 적벽돌+공간쌓기+철근콘크리트 이다.

2. 옥탑 보 완성

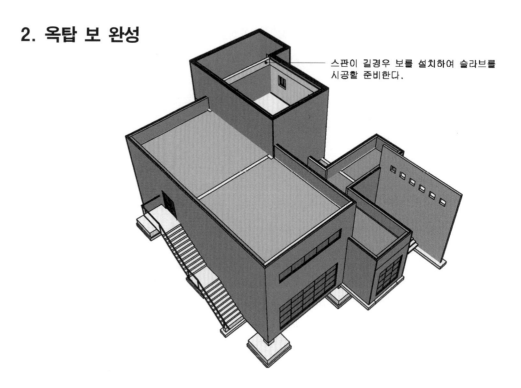

스판이 길경우 보를 설치하여 슬라브를
시공할 준비한다.

3. 옥탑 슬래브 완성

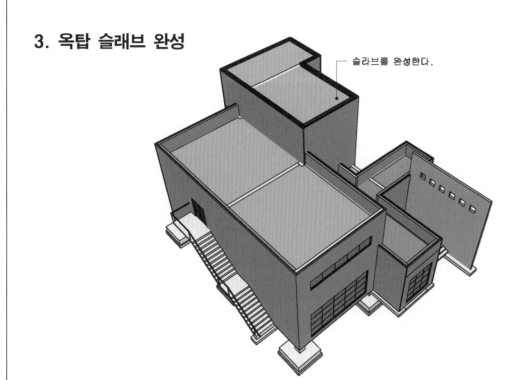

슬라브를 완성한다.

4. 옥탑 평면도 완성

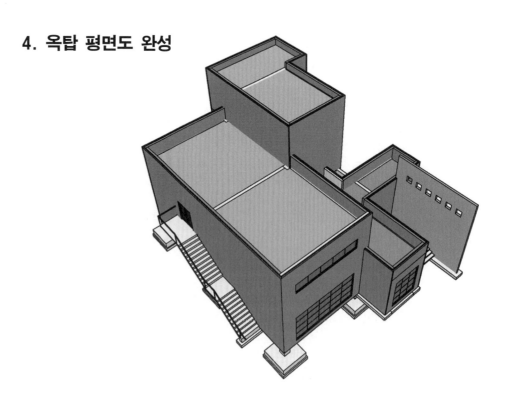

5. 창문 넣기

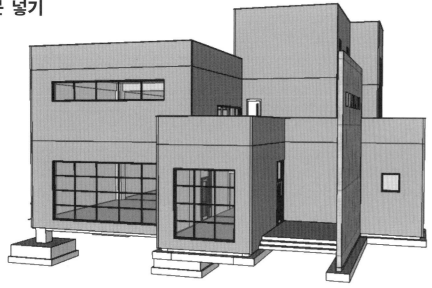

6. 창문 완성 모습

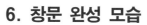
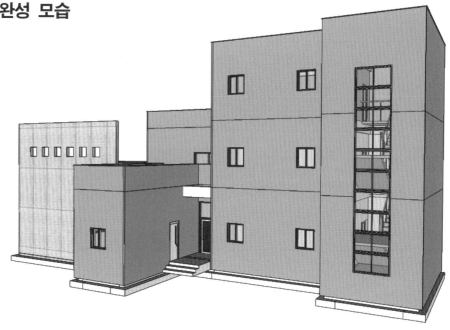

7. 외부 계단 완성

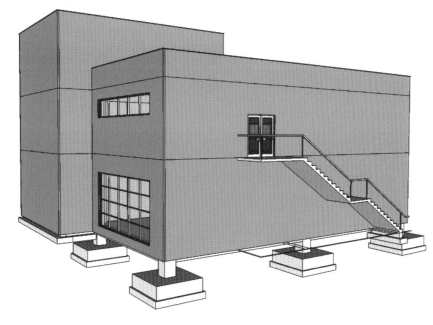

8. 평면도 완성

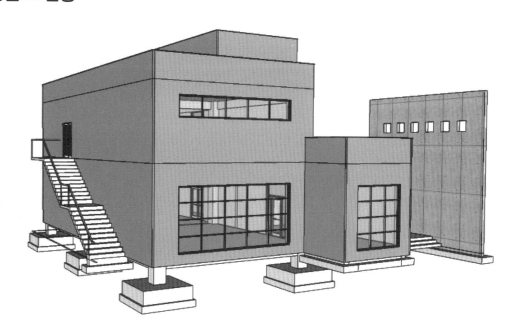

과제 연습

|출처|
Rizzoli International Publications, Inc.
712 Fifth Avenue/New York 10019
Design by
Arnell/Bickford Associates, New York City

Northwest facade study
Crooks House Fort Wayne, Indiana

과제 내용

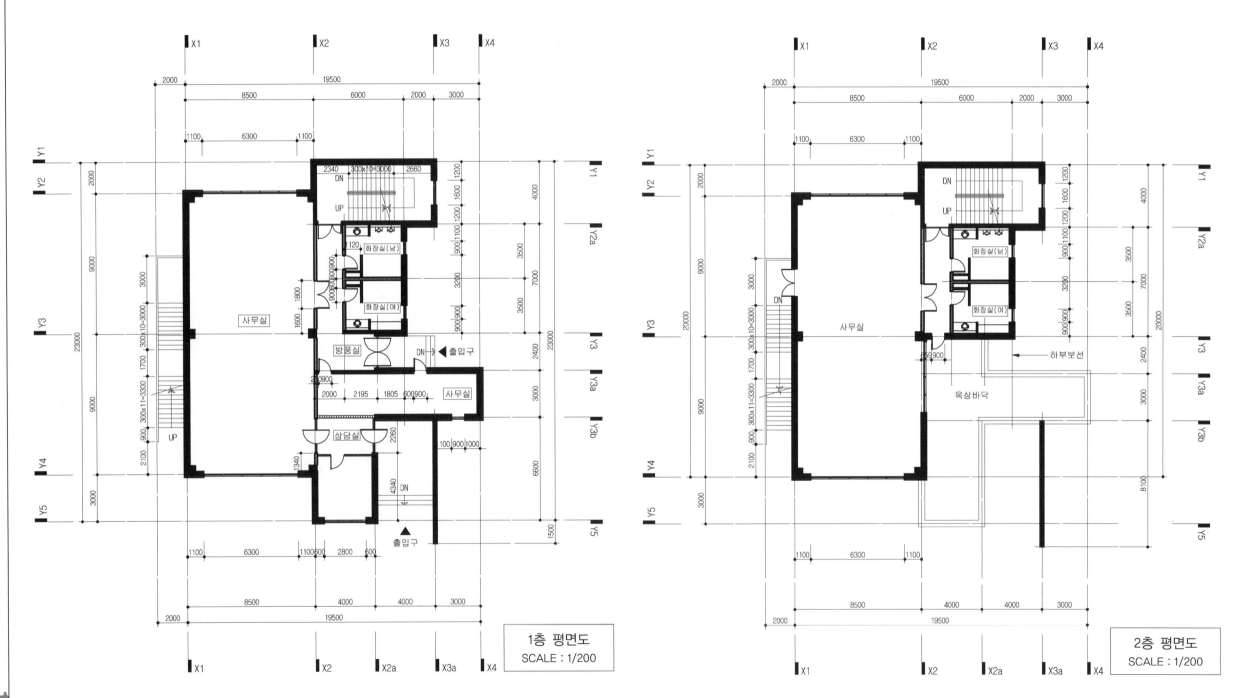

1층 평면도
SCALE : 1/200

2층 평면도
SCALE : 1/200

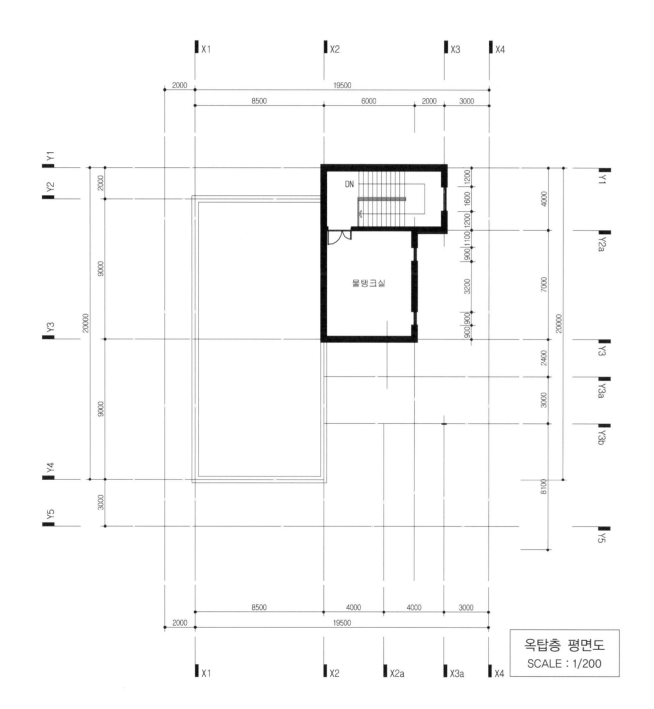

옥탑층 평면도
SCALE : 1/200

과제물

1. 1층, 2층, 옥탑층의 평면도를 보고 기둥과 보가 나타나도록 보복도를 그려보자.
2. 1층 기둥과 보의 관계성을 이해하고 그리기 위해 3D로 그려보자.
3. 층별 평면도를 그려보자.

과제물

1. 보의 크기 : 300×600m/m

2. 기둥의 크기 : 600×600m/m

3. 내력벽 두께 : 철근콘크리트 200m/m

4. 벽체의 조건

　=외벽(0.5B 적벽돌)+공간쌓기 70m/m(스티로폼 50m/m)

　철근콘크리트 THK 200m/m

중심선에서 보의 위치를 정확히 잡고 보복도를 그리시오.

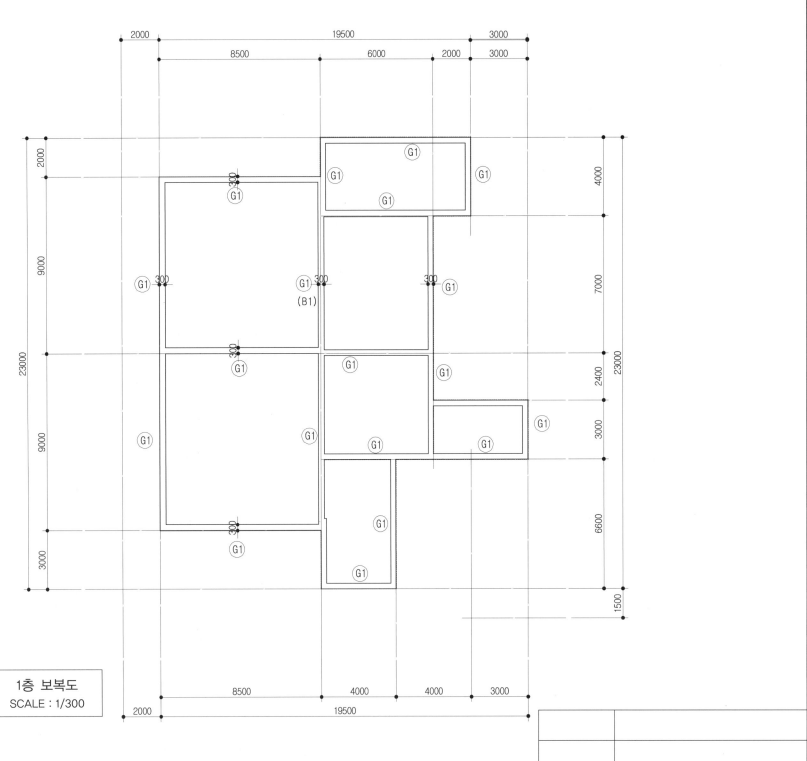

1층 보복도
SCALE : 1/300

과제물

1. 보의 크기 : 300×600m/m

2. 기둥의 크기 : 600×600m/m

3. 내력벽 두께 : 철근콘크리트 200m/m

4. 벽체의 조건

   ＝외벽(0.5B 적벽돌)＋공간쌓기 70m/m(스티로폼 50m/m)

   철근콘크리트 THK 200m/m

기둥, 내력벽을 표시하고, 그 위에 보복도를 정확히 그리시오.

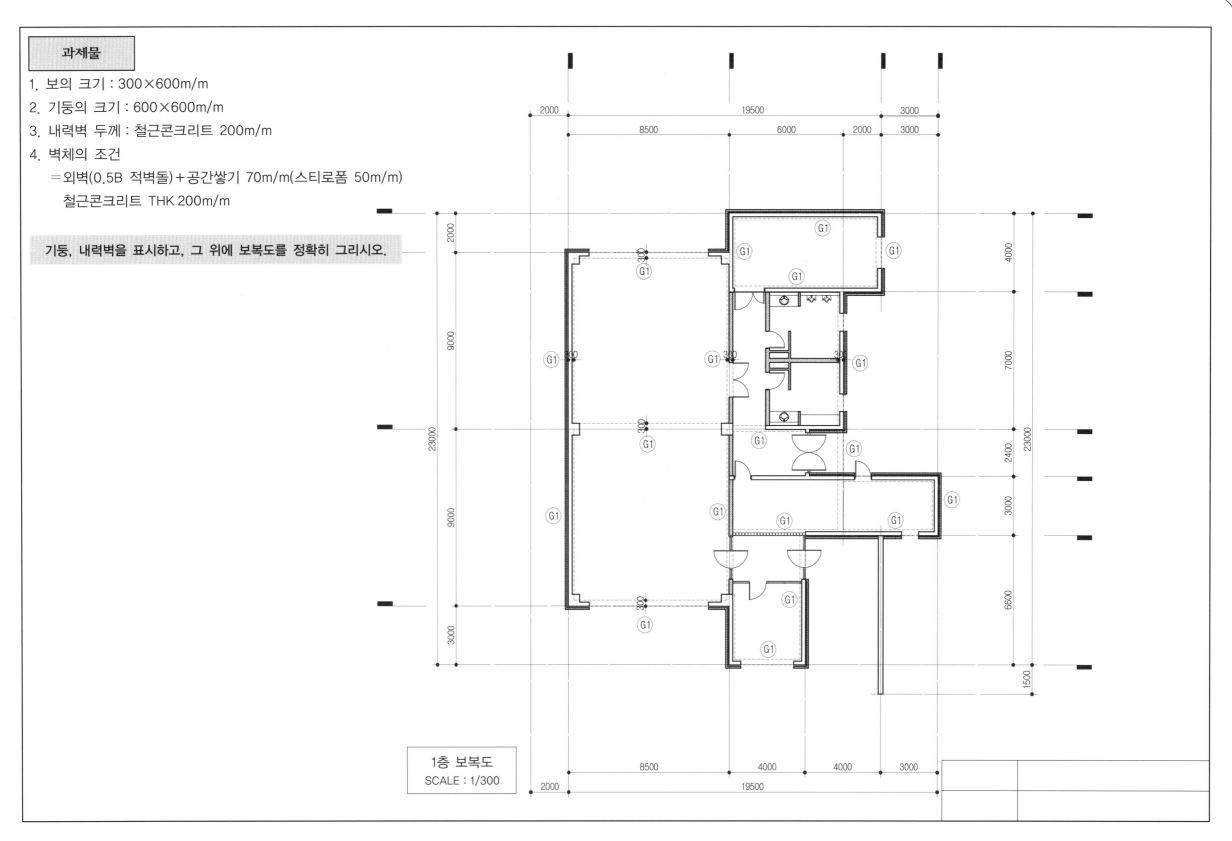

1층 보복도
SCALE : 1/300

과제물

1. 보의 크기 : 300×600m/m

2. 기둥의 크기 : 600×600m/m

3. 내력벽 두께 : 철근콘크리트 200m/m

4. 벽체의 조건

＝외벽(0.5B 적벽돌)＋공간쌓기 70m/m(스티로폼 50m/m)

철근콘크리트 THK 200m/m

기둥, 내력벽을 표시하고, 그 위에 보복도를 정확히 3D로 그리시오.

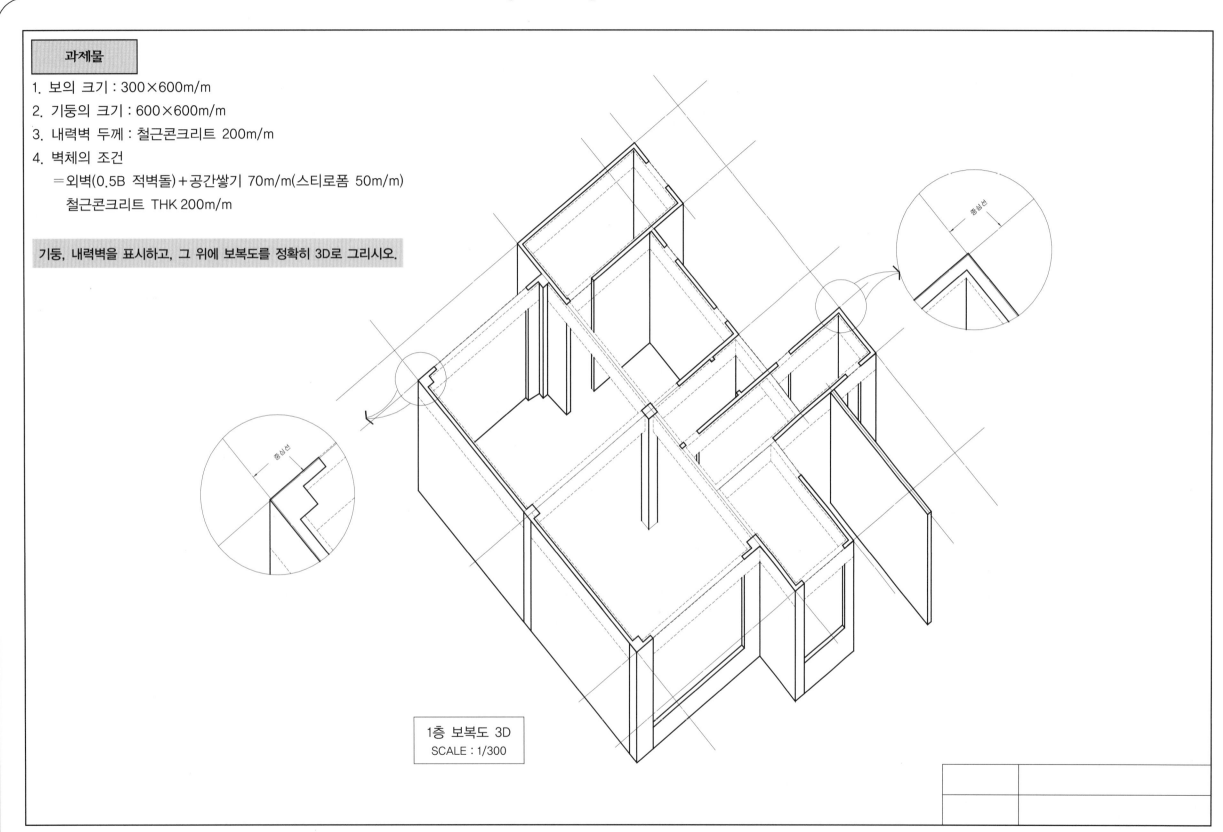

중심선

중심선

1층 보복도 3D
SCALE : 1/300

07

입면도 그리기

|출처|
Drawing: House, Santorini, Greece
8"×10"(20,3×25,4cm)
Medium: Pen and ink on paper
Courtesy of Steven House, Architect, San Francisco

PART 01 | 1층 입면도 그리기

(1) 층별 바닥선 및 보선 그리기

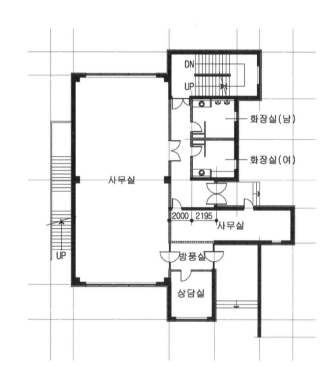

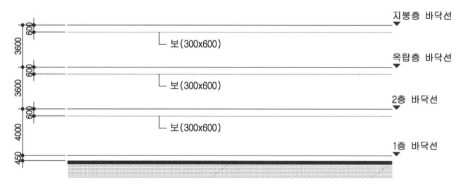

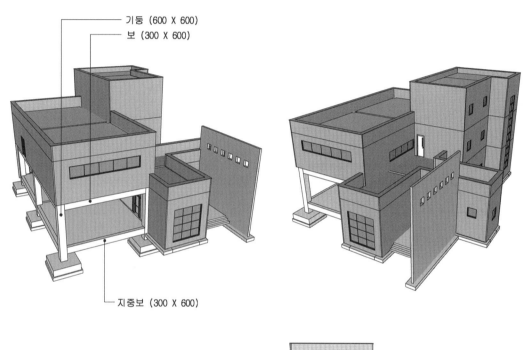

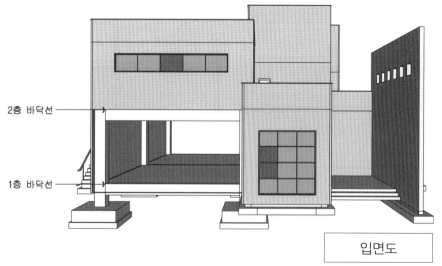

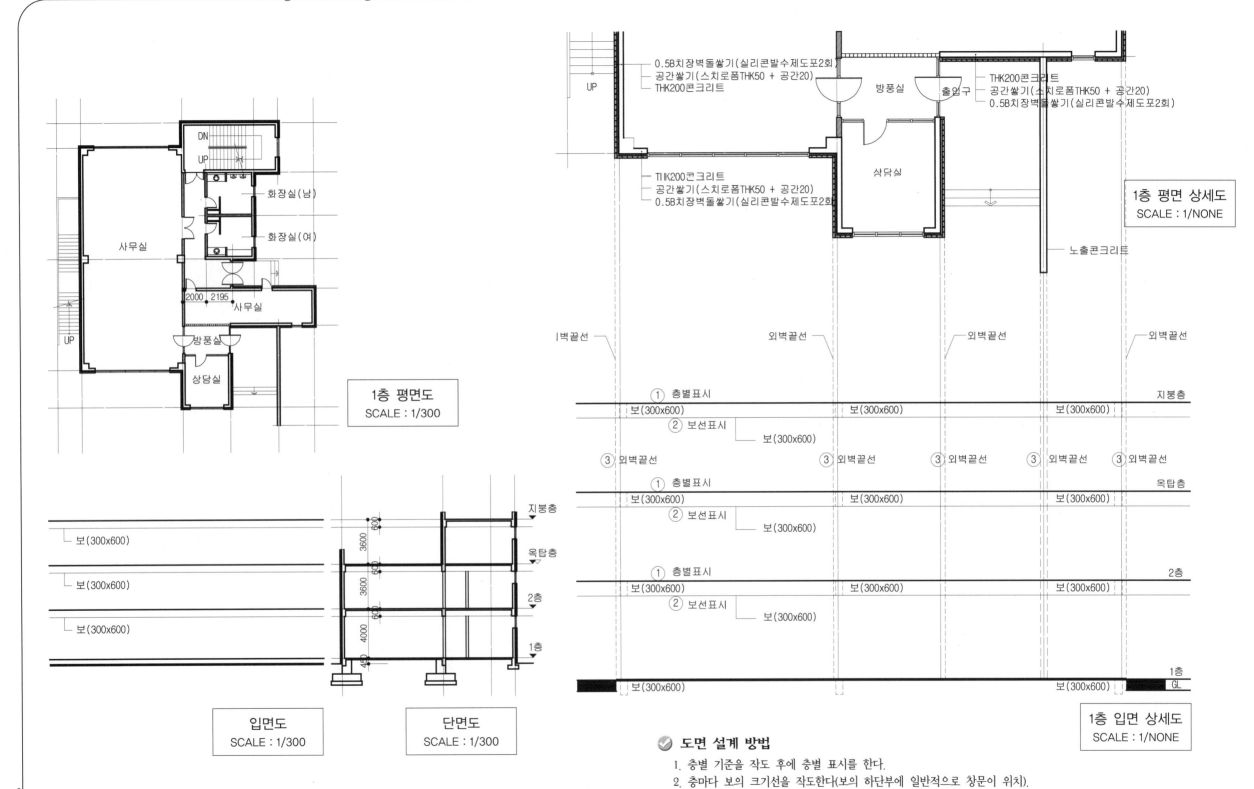

0.5B치장벽돌쌓기(실리콘발수제도포2회)
공간쌓기(스치로폼THK50 + 공간20)
THK200콘크리트

THK200콘크리트
공간쌓기(스치로폼THK50 + 공간20)
0.5B치장벽돌쌓기(실리콘발수제도포2회)

방풍실

출입구

상담실

THK200콘크리트
공간쌓기(스치로폼THK50 + 공간20)
0.5B치장벽돌쌓기(실리콘발수제도포2회)

UP

1층 평면 상세도
SCALE : 1/NONE

노출콘크리트

DN
UP

화장실(남)

화장실(여)

사무실

2000 2195

사무실

UP

방풍실

상담실

1층 평면도
SCALE : 1/300

벽끝선

외벽끝선

외벽끝선

외벽끝선

① 층별표시   지붕층
보(300x600)   보(300x600)   보(300x600)
② 보선표시
보(300x600)

③ 외벽끝선   ③ 외벽끝선   ③ 외벽끝선   ③   ③ 외벽끝선

① 층별표시   옥탑층
보(300x600)   보(300x600)   보(300x600)
② 보선표시
보(300x600)

① 층별표시   2층
보(300x600)   보(300x600)   보(300x600)
② 보선표시
보(300x600)

1층
보(300x600)   보(300x600)   GL

보(300x600)

보(300x600)

보(300x600)

입면도
SCALE : 1/300

3600
3600
4000

지붕층
옥탑층
2층
1층

600
600
600

단면도
SCALE : 1/300

1층 입면 상세도
SCALE : 1/NONE

◆ **도면 설계 방법**
1. 층별 기준을 작도 후에 층별 표시를 한다.
2. 층마다 보의 크기선을 작도한다(보의 하단부에 일반적으로 창문이 위치).
3. 입면에서 보이는 외벽면을 찾기 시작한다.

(2) 중심선 그리기

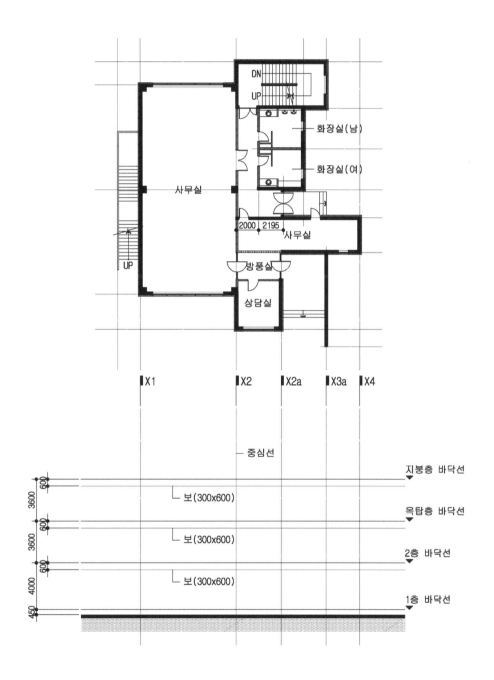

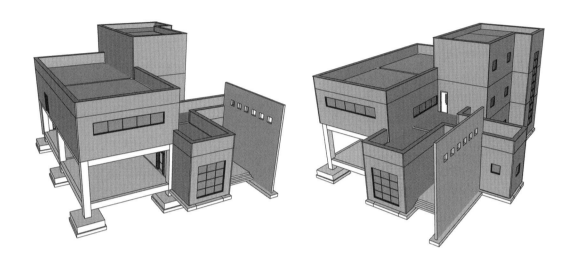

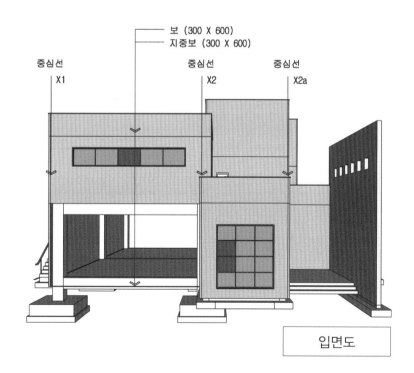

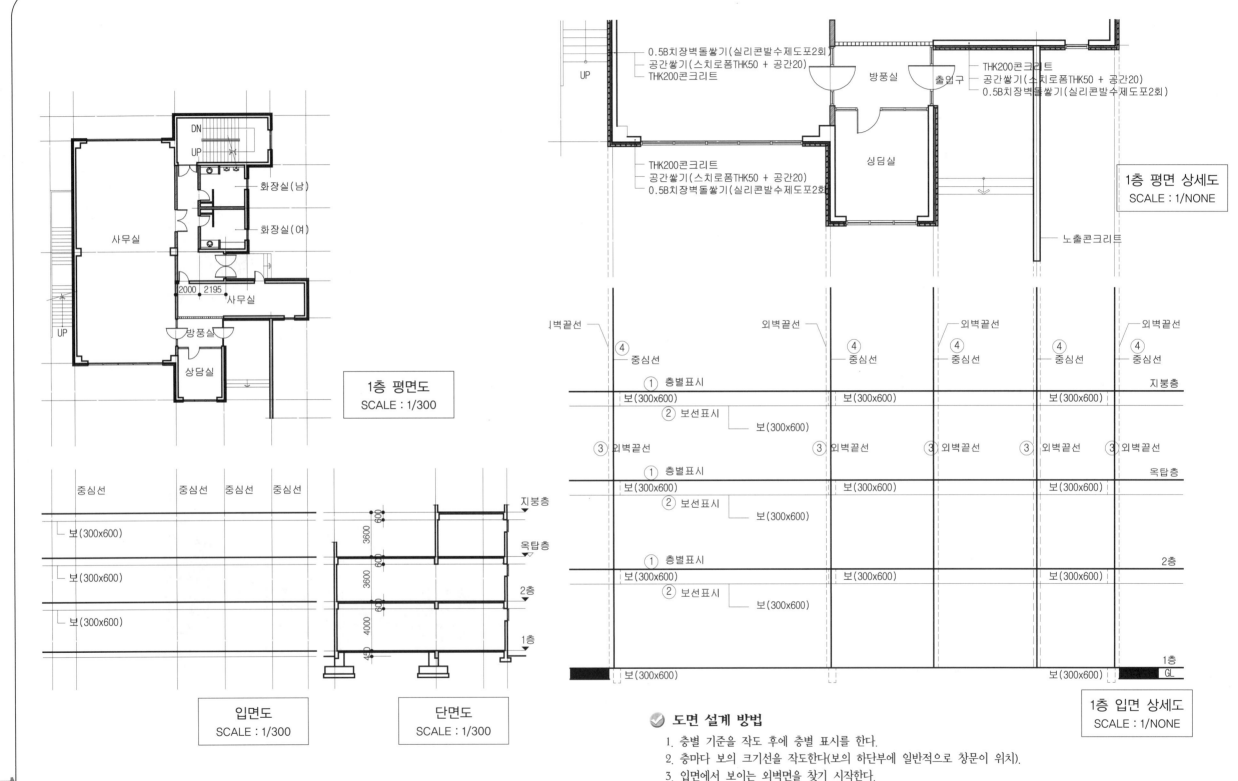

1층 평면도
SCALE : 1/300

0.5B치장벽돌쌓기(실리콘발수제도포2회)
공간쌓기(스치로폼THK50 + 공간20)
THK200콘크리트

방풍실
출입구

THK200콘크리트
공간쌓기(스치로폼THK50 + 공간20)
0.5B치장벽돌쌓기(실리콘발수제도포2회)

상담실

THK200콘크리트
공간쌓기(스치로폼THK50 + 공간20)
0.5B치장벽돌쌓기(실리콘발수제도포2회)

1층 평면 상세도
SCALE : 1/NONE

노출콘크리트

화장실(남)
화장실(여)
사무실
2000 2195
사무실
방풍실
상담실
DN UP

입면도
SCALE : 1/300

단면도
SCALE : 1/300

1층 입면 상세도
SCALE : 1/NONE

중심선 중심선 중심선 중심선
보(300x600)
보(300x600)

3600 600 3600 600 4000 450
지붕층 옥탑층 2층 1층

벽끝선 외벽끝선 외벽끝선 외벽끝선
④ 중심선 ④ 중심선 ④ 중심선 ④ 중심선 ④ 중심선
① 층별표시 지붕층
보(300x600) 보(300x600) 보(300x600)
② 보선표시 보(300x600)
③ 외벽끝선 ③ 외벽끝선 ③ 외벽끝선 ③ 외벽끝선 ③ 외벽끝선
① 층별표시 옥탑층
보(300x600) 보(300x600) 보(300x600)
② 보선표시 보(300x600)
① 층별표시 2층
보(300x600) 보(300x600) 보(300x600)
② 보선표시 보(300x600)
보(300x600) 보(300x600) 1층 GL

✅ **도면 설계 방법**

1. 층별 기준을 작도 후에 층별 표시를 한다.
2. 층마다 보의 크기선을 작도한다(보의 하단부에 일반적으로 창문이 위치).
3. 입면에서 보이는 외벽면을 찾기 시작한다.
4. 중심선을 그린다.

(3) 1층 외부 벽체선 찾기

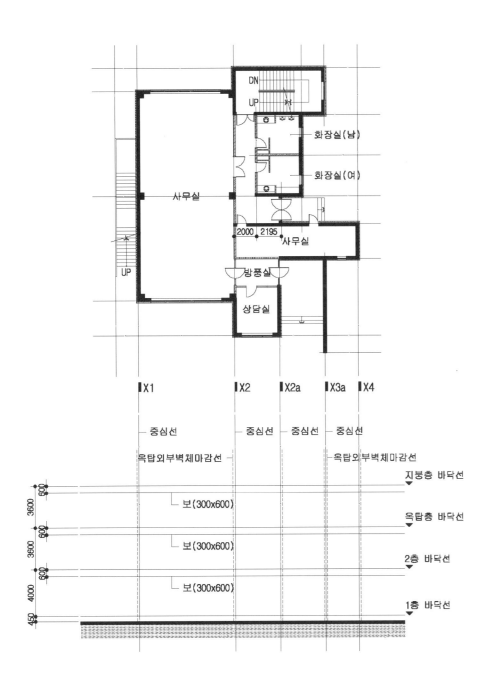

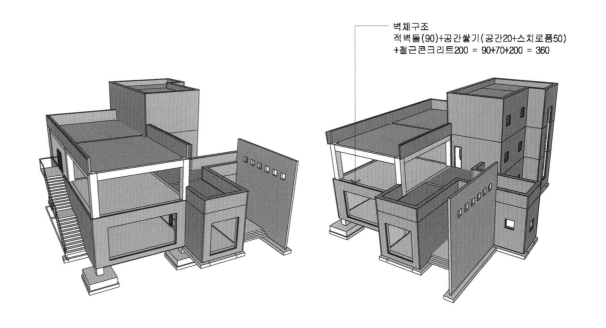

벽체구조
적벽돌(90)+공간쌓기(공간20+스치로폼50)
+철근콘크리트200 = 90+70+200 = 360

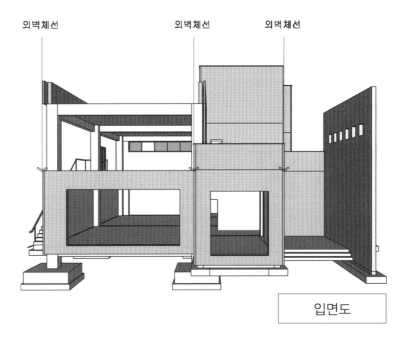

입면도

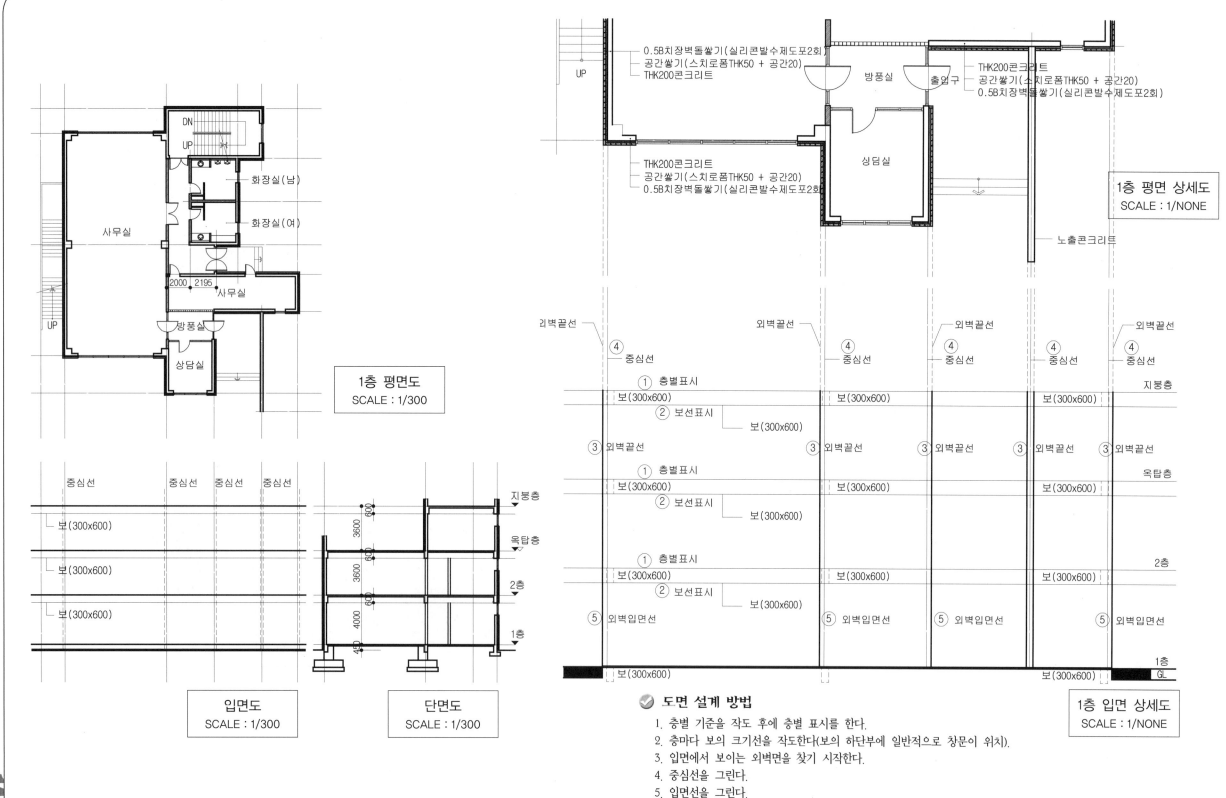

1층 평면도
SCALE : 1/300

입면도
SCALE : 1/300

단면도
SCALE : 1/300

1층 평면 상세도
SCALE : 1/NONE

0.5B치장벽돌쌓기(실리콘발수제도포2회)
공간쌓기(스치로폼THK50 + 공간20)
THK200콘크리트

THK200콘크리트
공간쌓기(스치로폼THK50 + 공간20)
0.5B치장벽돌쌓기(실리콘발수제도포2회)

THK200콘크리트
공간쌓기(스치로폼THK50 + 공간20)
0.5B치장벽돌쌓기(실리콘발수제도포2회)

노출콘크리트

1층 입면 상세도
SCALE : 1/NONE

✅ **도면 설계 방법**

1. 층별 기준을 작도 후에 층별 표시를 한다.
2. 층마다 보의 크기선을 작도한다(보의 하단부에 일반적으로 창문이 위치).
3. 입면에서 보이는 외벽면을 찾기 시작한다.
4. 중심선을 그린다.
5. 입면선을 그린다.

(4) 1층 외부 벽체 마감선 그리기/파라펫 마감선 찾기

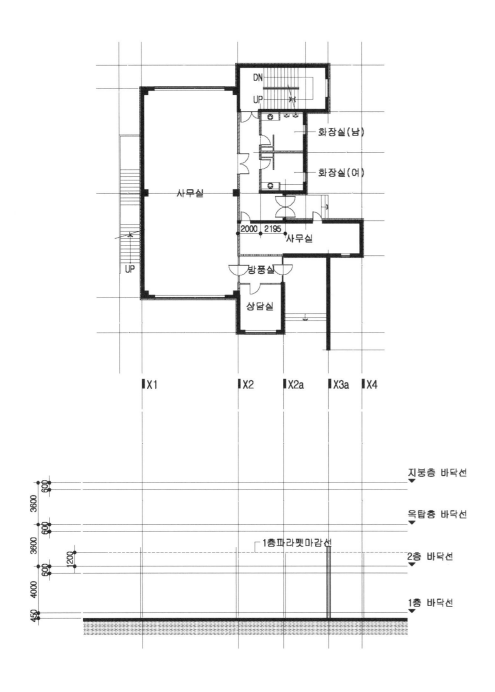

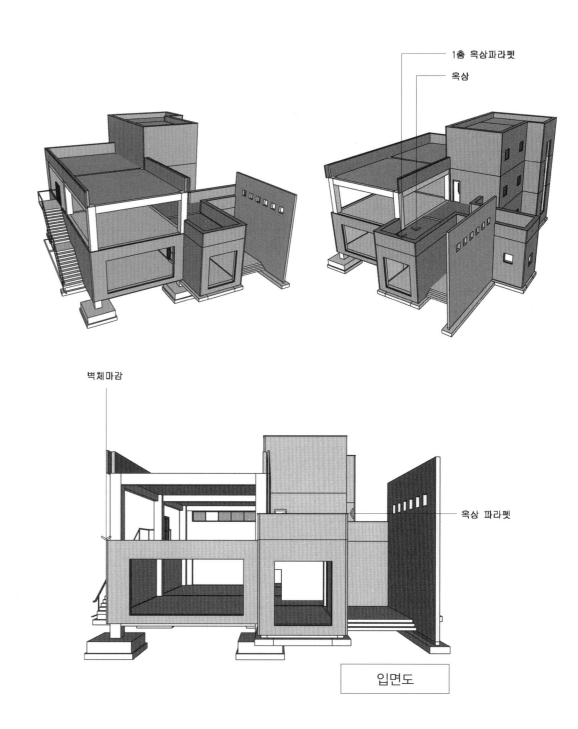

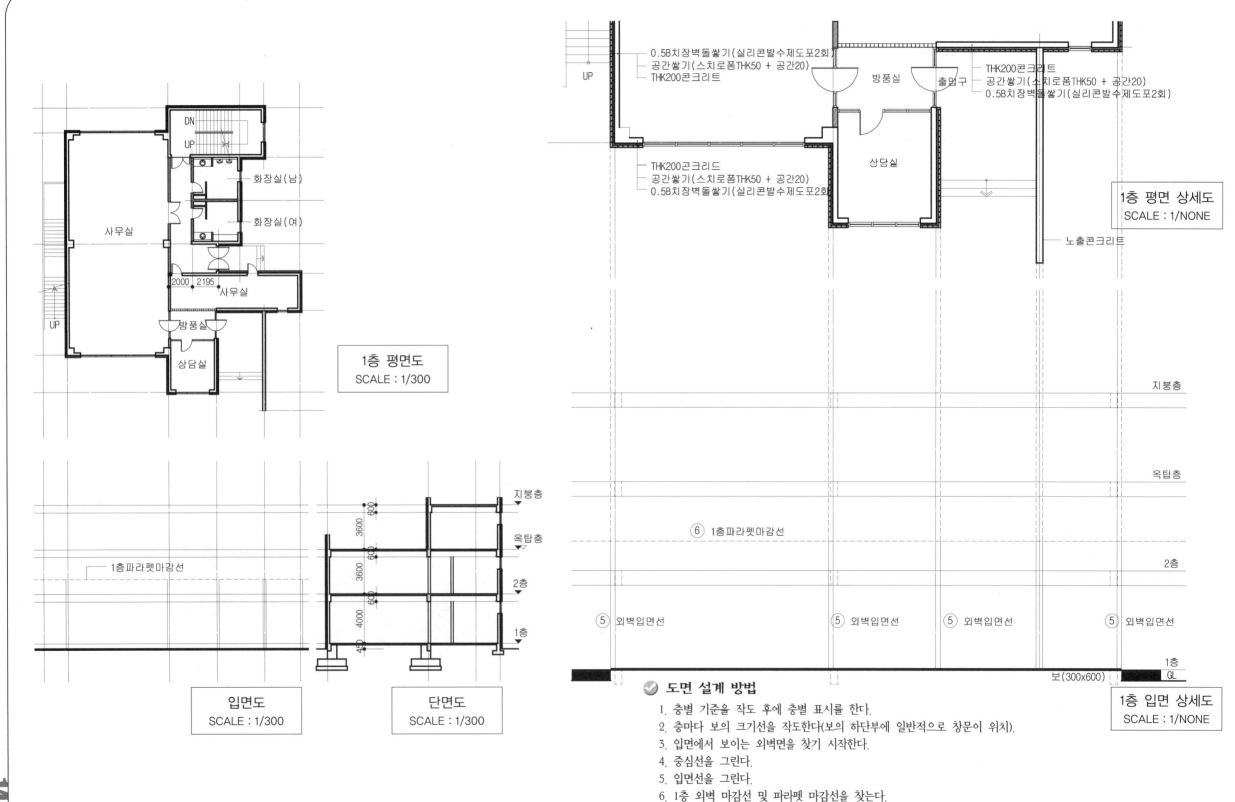

1층 평면도
SCALE : 1/300

DN
UP
사무실
화장실(남)
화장실(여)
2000 2195
사무실
UP
방풍실
상담실

입면도
SCALE : 1/300

1층파라펫마감선

단면도
SCALE : 1/300

600
3600
600
3600
600
4000
450

지붕층
옥탑층
2층
1층

1층 평면 상세도
SCALE : 1/NONE

UP
0.5B치장벽돌쌓기(실리콘발수제도포2회)
공간쌓기(스치로폼THK50 + 공간20)
THK200콘크리트

방풍실
출입구

THK200콘크리트
공간쌓기(스치로폼THK50 + 공간20)
0.5B치장벽돌쌓기(실리콘발수제도포2회)

THK200콘크리트
공간쌓기(스치로폼THK50 + 공간20)
0.5B치장벽돌쌓기(실리콘발수제도포2회)

상담실

노출콘크리트

1층 입면 상세도
SCALE : 1/NONE

지붕층
옥탑층
⑥ 1층파라펫마감선
2층

⑤ 외벽입면선   ⑤ 외벽입면선   ⑤ 외벽입면선   ⑤ 외벽입면선

1층
보(300x600)   GL

✅ 도면 설계 방법

1. 층별 기준을 작도 후에 층별 표시를 한다.
2. 층마다 보의 크기선을 작도한다(보의 하단부에 일반적으로 창문이 위치).
3. 입면에서 보이는 외벽면을 찾기 시작한다.
4. 중심선을 그린다.
5. 입면선을 그린다.
6. 1층 외벽 마감선 및 파라펫 마감선을 찾는다.

(5) 1층 파라펫 마감선 그리기/창호선 찾기

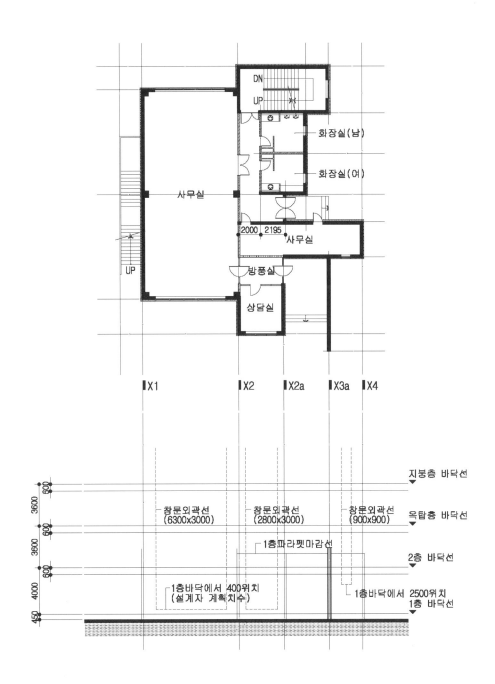

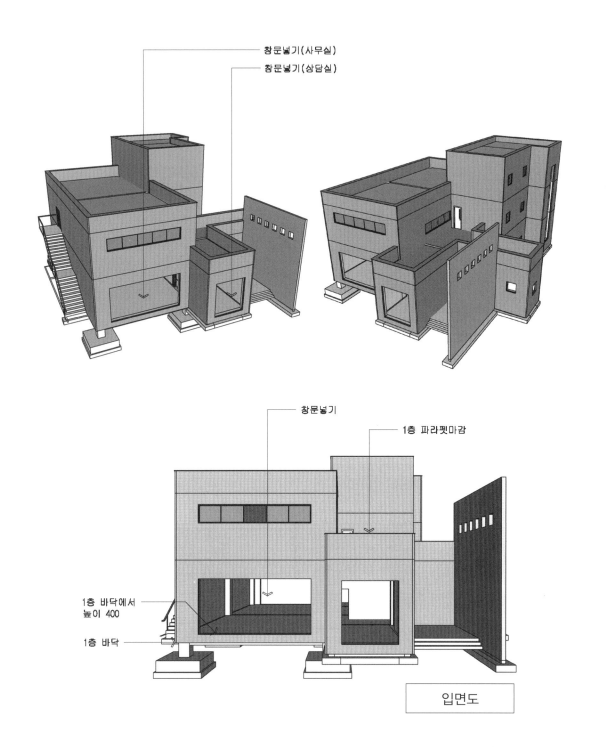

입면도

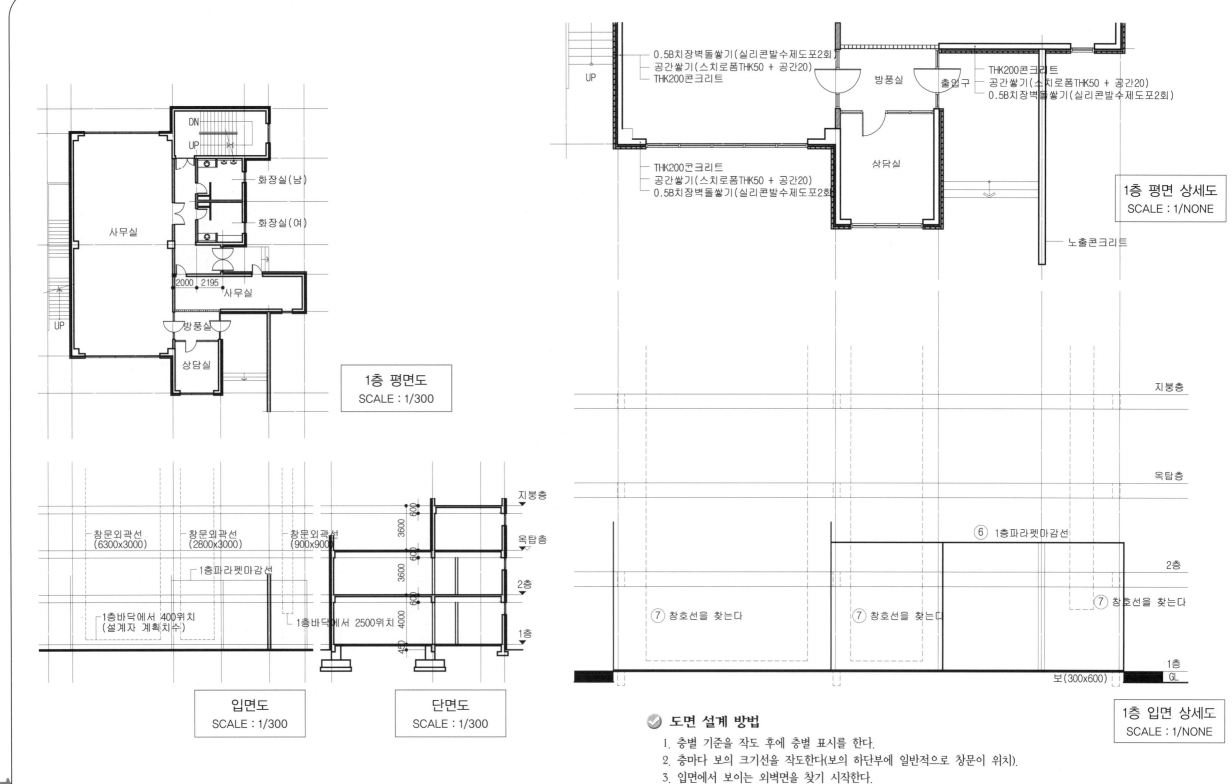

DN
UP
사무실
화장실(남)
화장실(여)
2000 2195
사무실
UP
방풍실
상담실

1층 평면도
SCALE : 1/300

0.5B치장벽돌쌓기(실리콘발수제도포2회)
공간쌓기(스치로폼THK50 + 공간20)
THK200콘크리트
UP
방풍실
출입구
상담실
THK200콘크리트
공간쌓기(스치로폼THK50 + 공간20)
0.5B치장벽돌쌓기(실리콘발수제도포2회)

THK200콘크리트
공간쌓기(스치로폼THK50 + 공간20)
0.5B치장벽돌쌓기(실리콘발수제도포2회)

1층 평면 상세도
SCALE : 1/NONE

노출콘크리트

창문외곽선
(6300x3000)
창문외곽선
(2800x3000)
창문외곽선
(900x900)
1층파라펫마감선
1층바닥에서 400위치
(설계자 계획치수)
1층바닥에서 2500위치

입면도
SCALE : 1/300

지붕층
옥탑층
2층
1층
3600
600
3600
600
4000
450

단면도
SCALE : 1/300

지붕층

옥탑층

⑥ 1층파라펫마감선

2층

⑦ 창호선을 찾는다
⑦ 창호선을 찾는다
⑦ 창호선을 찾는다

1층
보(300x600)
GL

1층 입면 상세도
SCALE : 1/NONE

✅ **도면 설계 방법**
1. 층별 기준을 작도 후에 층별 표시를 한다.
2. 층마다 보의 크기선을 작도한다(보의 하단부에 일반적으로 창문이 위치).
3. 입면에서 보이는 외벽면을 찾기 시작한다.
4. 중심선을 그린다.
5. 입면선을 그린다.
6. 1층 외벽 마감선 및 파라펫 마감선을 찾는다.
7. 1층 창호선을 찾는다.

(6) 1층 창호 그리기

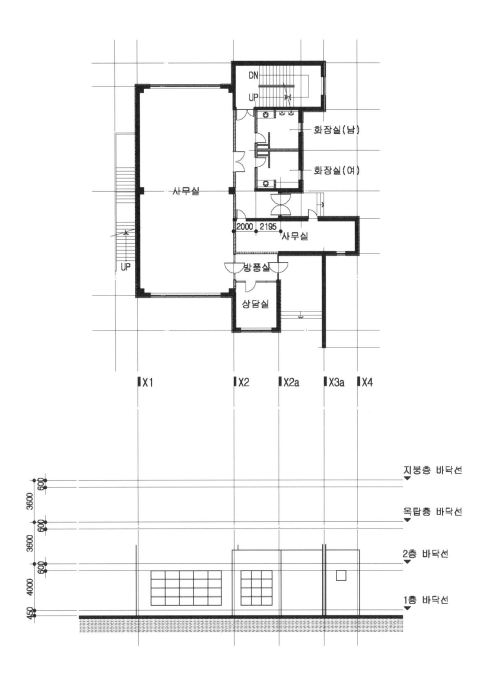

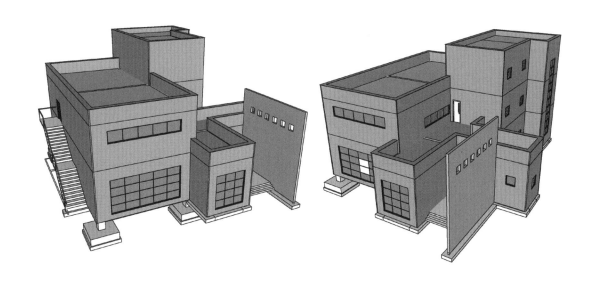

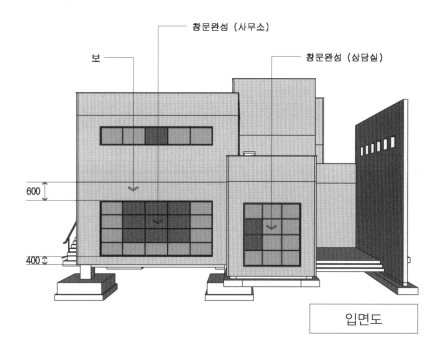

창문완성 (사무소)

창문완성 (상담실)

보

600

400

입면도

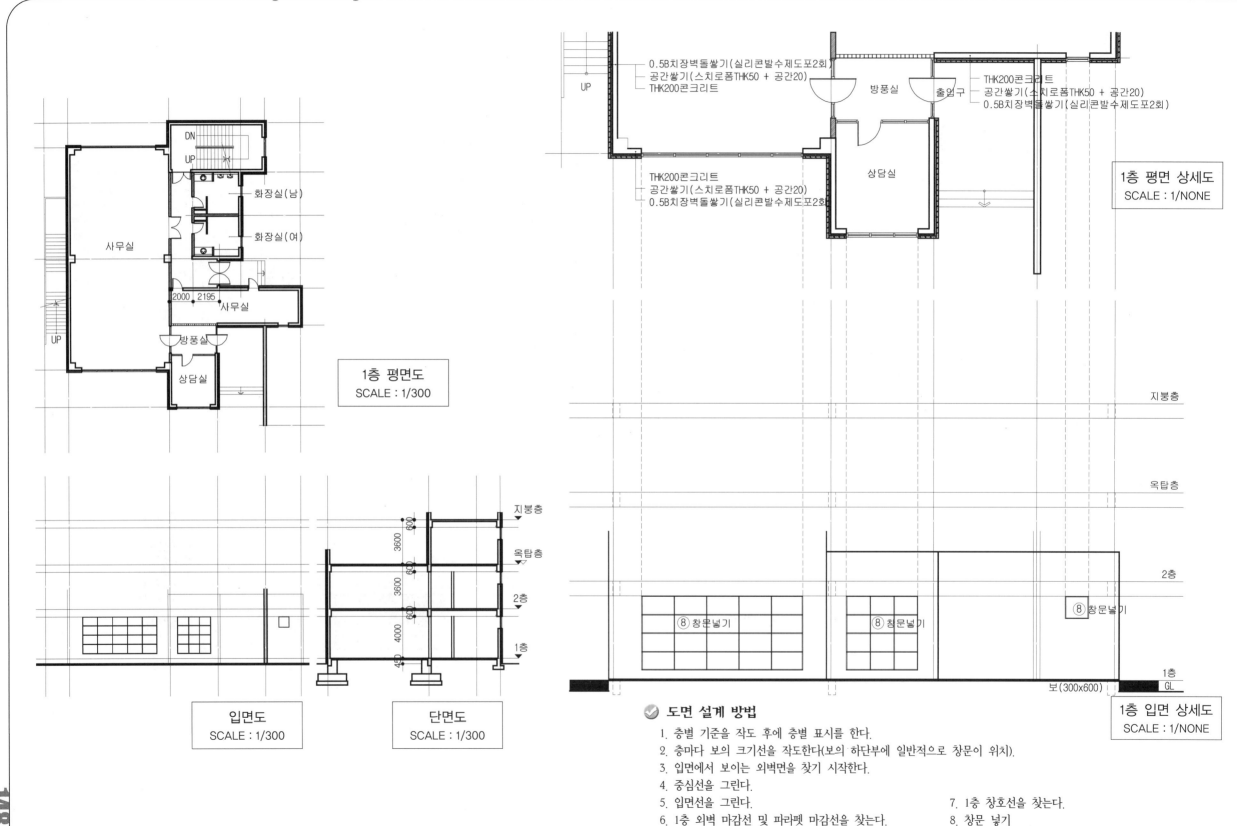

DN
UP

화장실(남)

화장실(여)

사무실

2000 2195 사무실

방풍실

UP

상담실

1층 평면도
SCALE : 1/300

입면도
SCALE : 1/300

단면도
SCALE : 1/300

지붕층
3600 600
옥탑층
3600 600
2층
4000 600
1층
450

UP

0.5B치장벽돌쌓기(실리콘발수제도포2회)
공간쌓기(스치로폼THK50 + 공간20)
THK200콘크리트

방풍실   출입구

THK200콘크리트
공간쌓기(스치로폼THK50 + 공간20)
0.5B치장벽돌쌓기(실리콘발수제도포2회)

상담실

1층 평면 상세도
SCALE : 1/NONE

THK200콘크리트
공간쌓기(스치로폼THK50 + 공간20)
0.5B치장벽돌쌓기(실리콘발수제도포2회)

지붕층

옥탑층

2층

⑧ 창문널기

⑧ 창문널기   ⑧ 창문널기

1층
보(300x600)   GL

1층 입면 상세도
SCALE : 1/NONE

✅ 도면 설계 방법

1. 층별 기준을 작도 후에 층별 표시를 한다.
2. 층마다 보의 크기선을 작도한다(보의 하단부에 일반적으로 창문이 위치).
3. 입면에서 보이는 외벽면을 찾기 시작한다.
4. 중심선을 그린다.
5. 입면선을 그린다.
6. 1층 외벽 마감선 및 파라펫 마감선을 찾는다.
7. 1층 창호선을 찾는다.
8. 창문 넣기

(7) 1층 입면도 완성

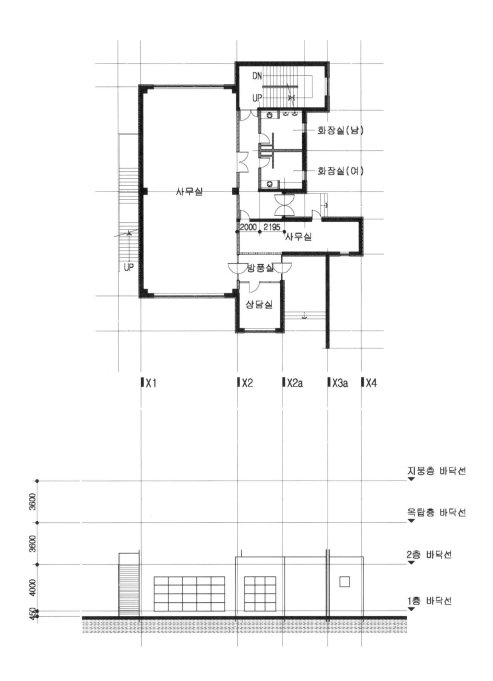

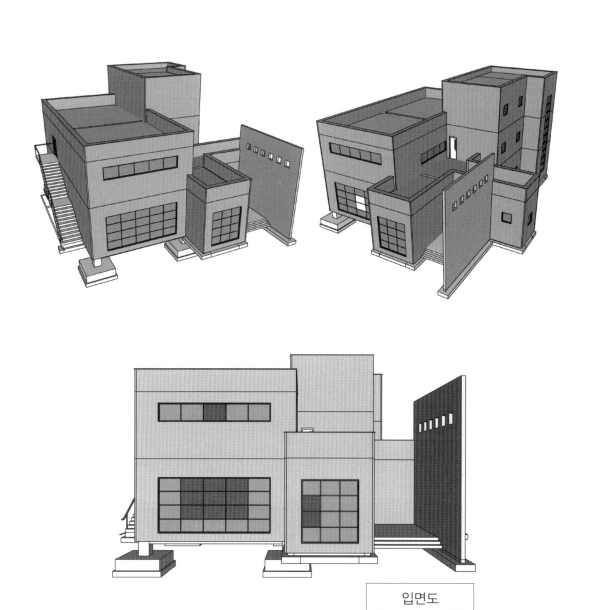

입면도

1층 평면도
SCALE : 1/300

0.5B치장벽돌쌓기(실리콘발수제도포2회)
공간쌓기(스치로폼THK50 + 공간20)
THK200콘크리트

방풍실

출입구

THK200콘크리트
공간쌓기(스치로폼THK50 + 공간20)
0.5B치장벽돌쌓기(실리콘발수제도포2회)

상담실

THK200콘크리트
공간쌓기(스치로폼THK50 + 공간20)
0.5B치장벽돌쌓기(실리콘발수제도포2회)

1층 평면 상세도
SCALE : 1/NONE

입면도
SCALE : 1/300

단면도
SCALE : 1/300

1층 입면 상세도
SCALE : 1/NONE

✅ 도면 설계 방법
1. 층별 기준을 작도 후에 층별 표시를 한다.
2. 층마다 보의 크기선을 작도한다(보의 하단부에 일반적으로 창문이 위치).
3. 입면에서 보이는 외벽면을 찾기 시작한다.
4. 중심선을 그린다.
5. 입면선을 그린다.
6. 1층 외벽 마감선 및 파라펫 마감선을 찾는다.
7. 1층 창호선을 찾는다.
8. 창문 넣기

PART 02 | 2층 입면도 그리기

(1) 2층 외부 벽체선 찾기

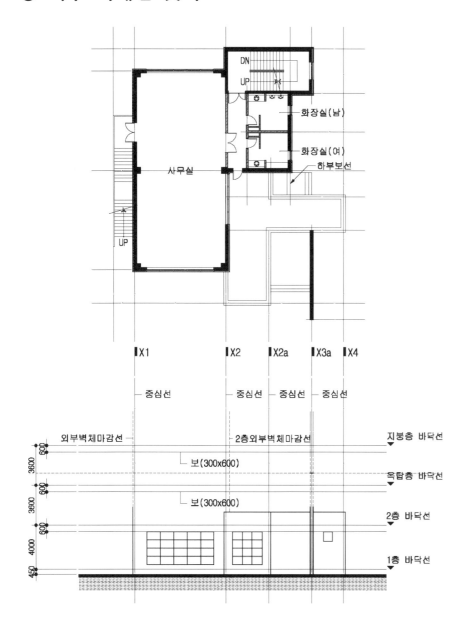

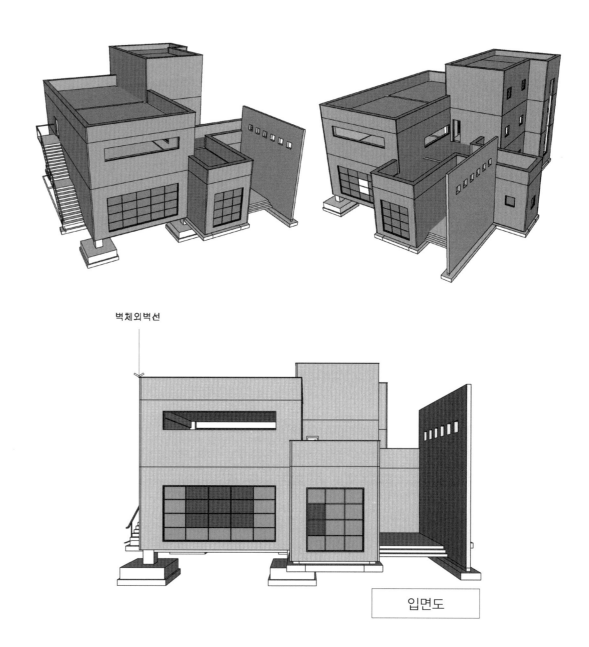

입면도

2층 평면도
SCALE : 1/150

입면도
SCALE : 1/150

노출콘크리트

하부보선

화장실 (남)

화장실 (여)

DN

UP

사무실

0.5B치장벽돌쌓기(실리콘발수제도포2회)
공간쌓기(스치로폼THK50 + 공간20)
THK200콘크리트

UP

● 도면 설계 방법
1. 외부 벽체선을 찾는다.

2층 외부 벽체마감선

2층 외부 벽체마감선

2층 외부 벽체마감선

2층 외부 벽체마감선

외부 벽체마감선

2층 파라펫선

지붕층

옥탑층

2층

1층

600

600

600

3600   3600   4000   45

(2) 2층 외부 벽체 마감선 그리기/파라펫 마감선 찾기

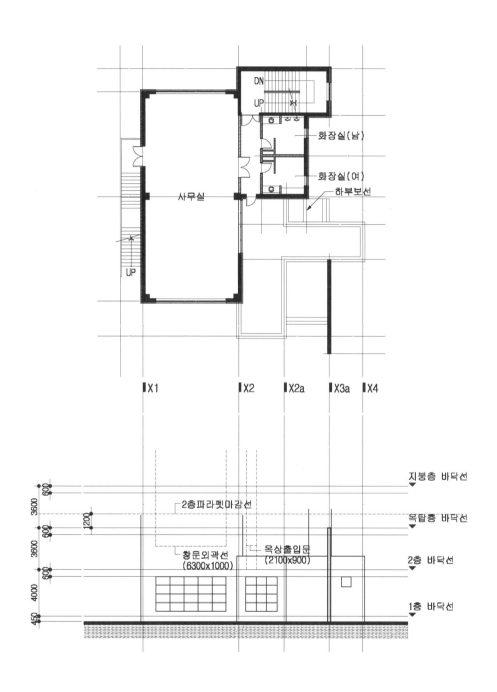

사무실

화장실(남)

화장실(여)

하부보선

X1   X2   X2a   X3a   X4

2층파라펫마감선

창문외곽선
(6300x1000)

옥상출입문
(2100x900)

지붕층 바닥선

옥탑층 바닥선

2층 바닥선

1층 바닥선

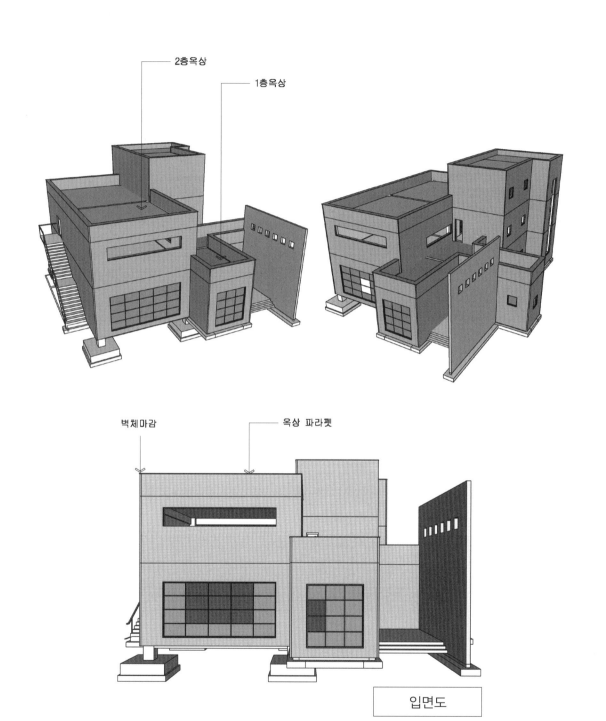

2층옥상

1층옥상

벽체마감

옥상 파라펫

입면도

2층 평면도
SCALE : 1/150

노출콘크리트

하부보선

화장실(남)

화장실(여)

DN UP

사무실

0.5B치장벽돌쌓기(실리콘발수제도포2회)
공간쌓기(스치로폼THK50 + 공간20)
THK200근콘크리트

UP

도면 설계 방법
1. 외부 벽체선을 찾는다.
2. 파라펫 마감선을 찾는다.

입면도
SCALE : 1/150

옥상층까지 연결됨

2층 외부벽체마감선

① 2층 외부벽체마감선

① 2층 외부벽체마감선

② 2층 파라펫마감선

① 외부벽체마감선

지붕층

옥탑층

2층

1층

600
3600
600
3600
600
4000
450

(3) 2층 파라펫 마감선 그리기/창호선 찾기

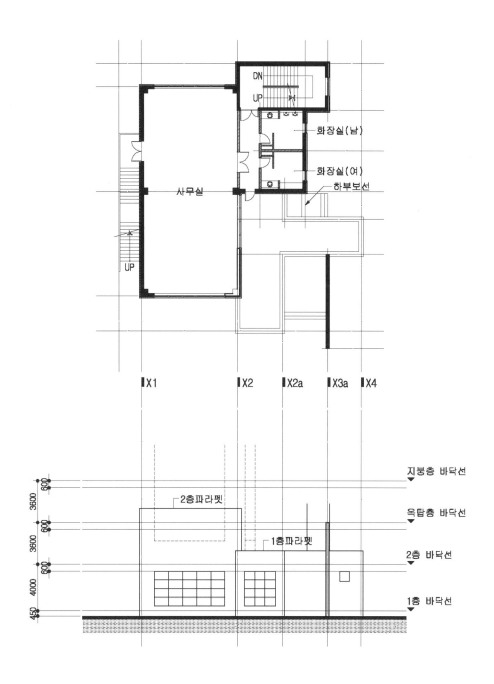

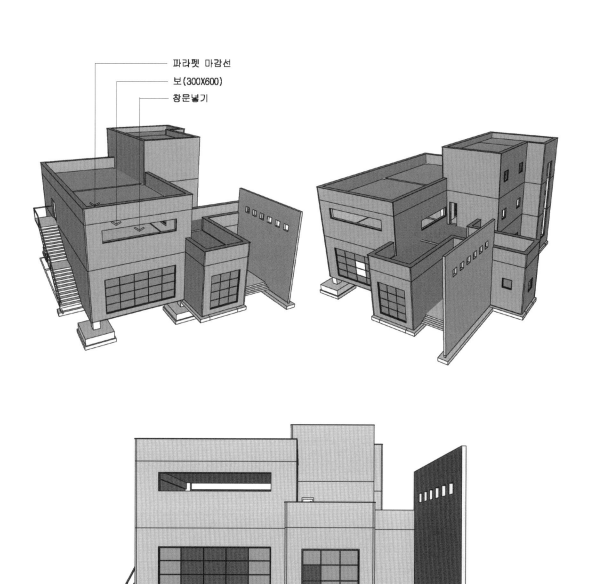

파라펫 마감선
보(300X600)
창문널기

입면도

2층 평면도
SCALE : 1/150

입면도
SCALE : 1/150

화장실(남)

화장실(여)

반부분선

노출콘크리트

DN

UP

사무실

0.58치 장벽돌쌓기(실리콘방수제도포2회)
공간쌓기(스치로폼THK50 + 공간T20)
THK200콘크리트

UP

도면 설계 방법

1. 외부 벽체선을 찾는다.
2. 파라펫 마감선을 찾는다.
3. 창호선 찾기

옥상층외 연결됨

옥상층까지 연결됨

1층파라펫마감선

옥상외부방화문

옥상층외벽선

옥상층까지 연결됨

② 2층파라펫마감선

③ 창호선찾기

① 2층외부벽체마감선

2층외부벽체마감선

지붕층

옥탑층

2층

1층

600
3600
600
3600
600
4000
45

(4) 2층 창호 그리기

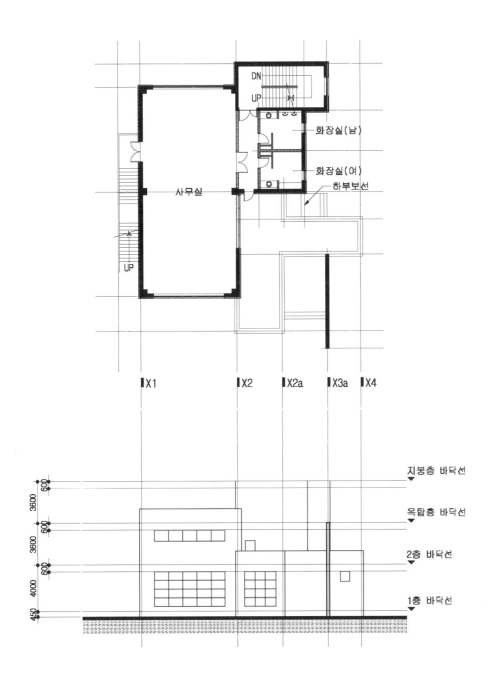

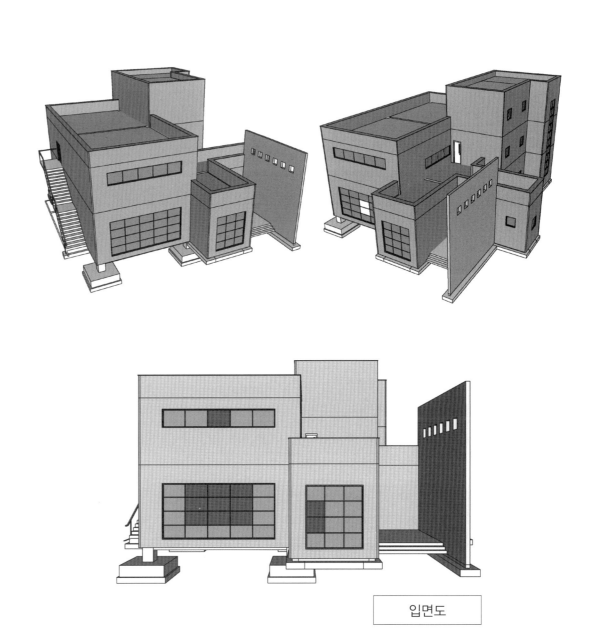

입면도

2층 평면도
SCALE : 1/150

입면도
SCALE : 1/150

노출콘크리트

화장실 (남)

화장실 (여)

하부보선

DN

UP

사무실

0.5B치장벽돌쌓기(실리콘발수제도포2회)
공간쌓기 (스치로폼THK50 + 공간20)
THK200콘크리트

UP

◉ 도면 설계 방법

1. 외부 벽체선을 찾는다.
2. 파라펫 마감선을 찾는다.
3. 창호선 찾기
4. 창문 넣기

옥상층까지 연결됨

노출콘크리트옥탑층까지

옥상외부방화문

옥상층까지 연결됨
옥탑층 외부벽선

창문넣기

④

지붕층

옥탑층

2층

1층

600

3600

600

3600

600

4000

450

(5) 2층 입면도 완성

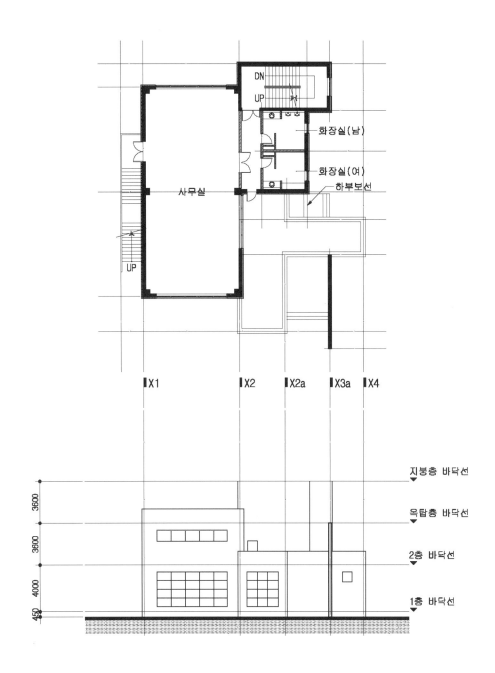

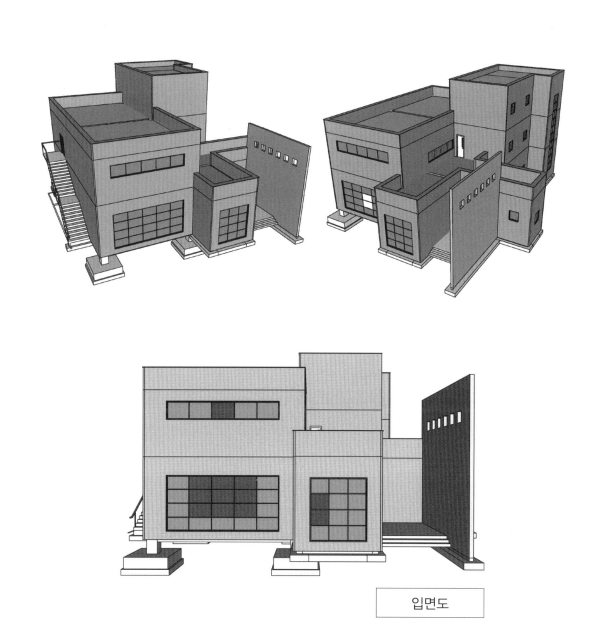

입면도

2층 평면도
SCALE : 1/150

입면도
SCALE : 1/150

노출콘크리트

화장실 (남)

화장실 (여)

하부보선

DN

UP

사무실

0.5B치장벽돌쌓기 (실리콘발수제도포2회)
공간쌓기 (스치로폼THK50 + 공간20)
THK200콘크리트

UP

옥상층까지 연결됨

노출콘크리트옥탑층까지

옥상층까지 연결됨

도면 설계 방법
1. 외부 벽체선을 찾는다.
2. 파라펫 마감선을 찾는다.
3. 창호선 찾기
4. 창문 넣기

지붕층

옥탑층

2층

1층

600
3600
600
3600
600
4000
45

PART 03 | 옥탑층 입면도 그리기

(1) 옥탑층 외부 벽체선 찾기

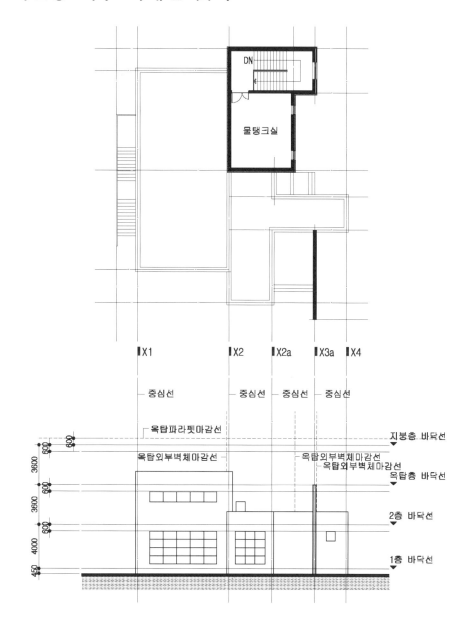

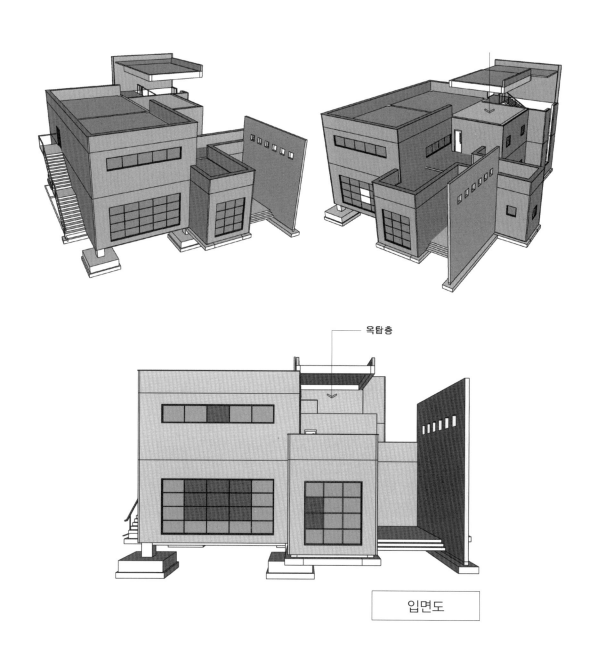

입면도

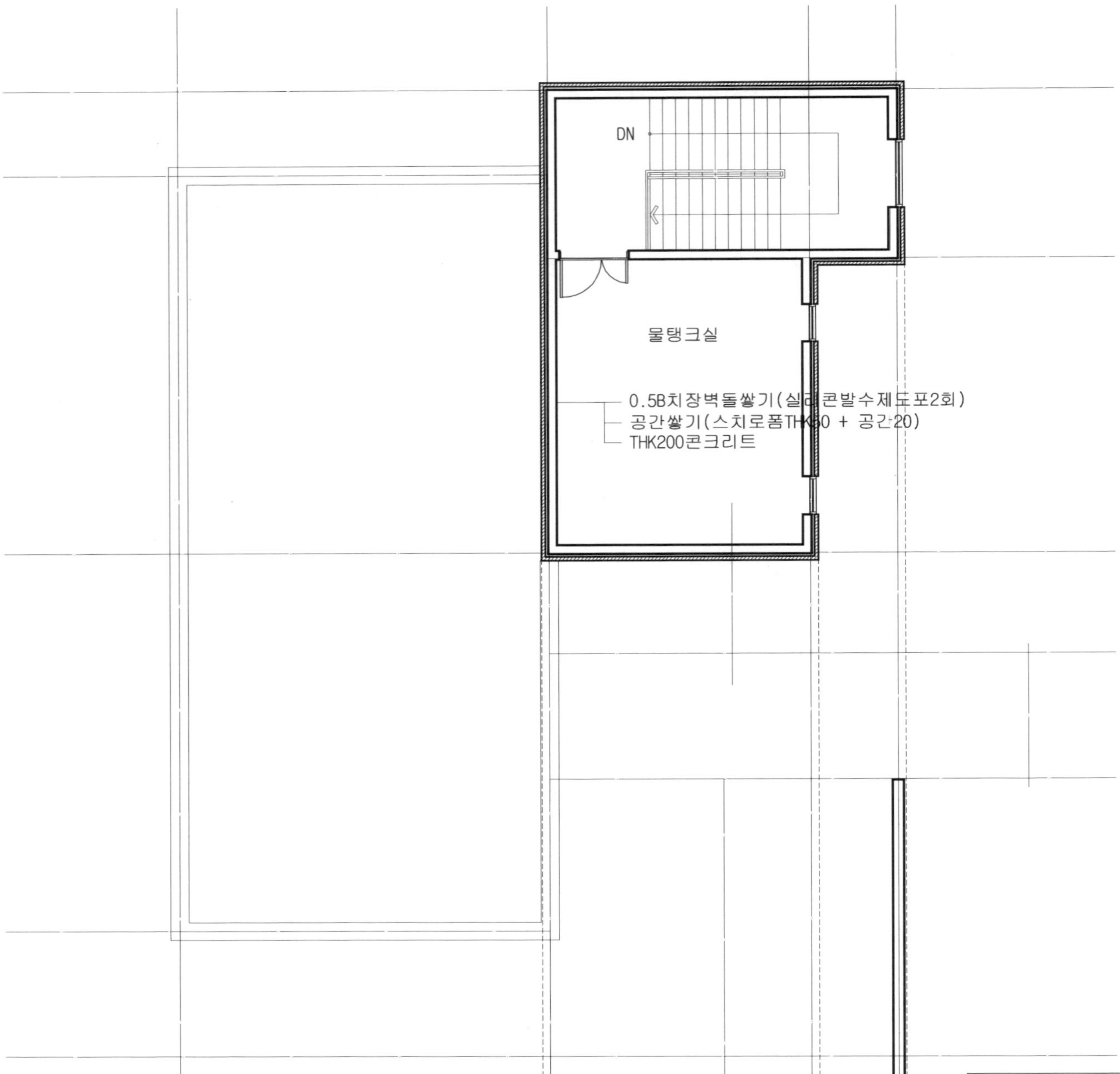

옥탑층 평면도
SCALE : 1/150

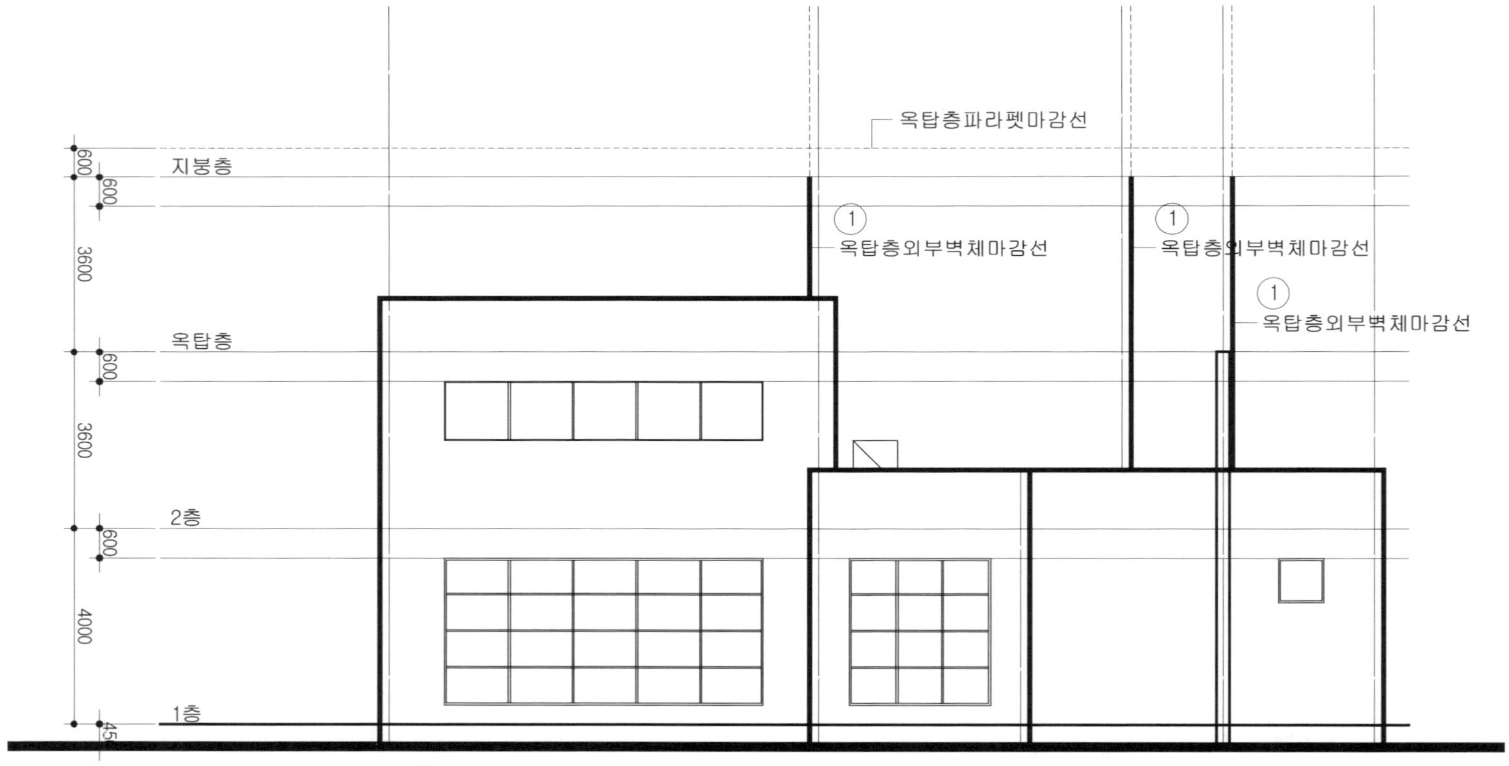

입면도
SCALE : 1/150

DN

물탱크실

0.5B치장벽돌쌓기(실리콘방수제도포2회)
공간쌓기(스치로폼THK40 + 공간:20)
THK200큰크리트

옥탑층 파라펫마감선

옥탑층 외부 벽체마감선

옥탑층 외부 벽체마감선

옥탑층 외부 벽체마감선

옥탑층 외부 벽체마감선

옥탑층 외부 벽체마감선

1

1

1

도면 설계 방법

1. 외부 벽체선을 찾는다.

지붕층

옥탑층

2층

1층

600

600

600

600

3600

3600

4000

45

(2) 옥탑층 외부 벽체 마감선 그리기/파라펫 마감선 찾기

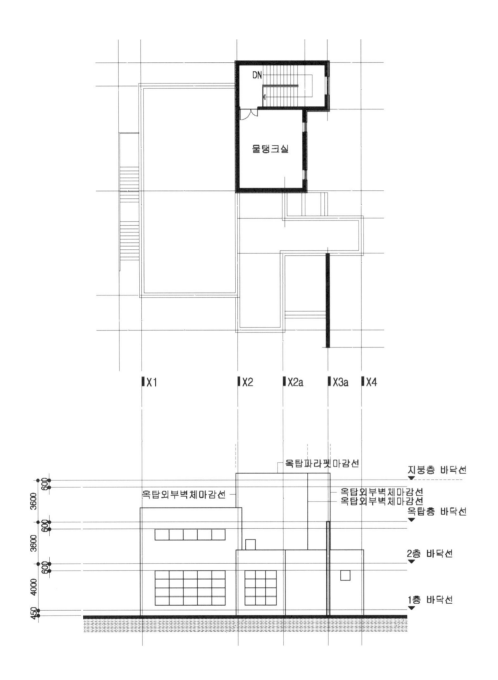

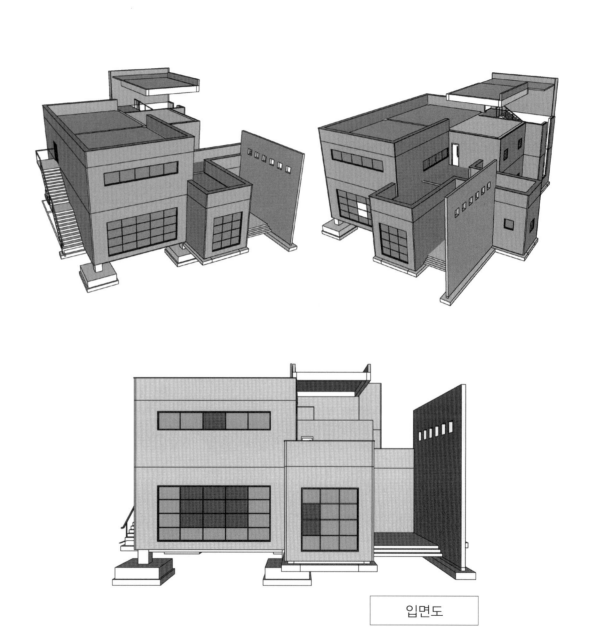

입면도

옥탑층 평면도
SCALE : 1/150

옥탑층 외부벽체마감선

① 옥탑층 외부벽체마감선

② 옥탑층 파라펫마감선

옥탑크실

0.5B치장벽돌쌓기(실리콘발수제도포2회)
공간쌓기(스치로폼THK60 + 공간20)
THK200콘크리트

DN

옥탑크실

● 도면 설계 방법
1. 외부 벽체선을 찾는다.
2. 옥탑층 마라펫 마감선을 그린다.

입면도
SCALE : 1/150

지붕층

옥탑층

2층

1층

600 3600 600 3600 600 4000 45

600

(3) 옥탑층 파라펫 마감선 그리기/창호선 찾기

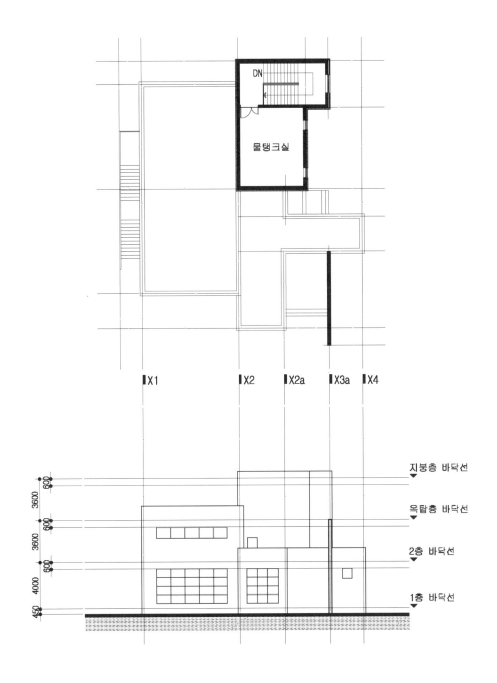

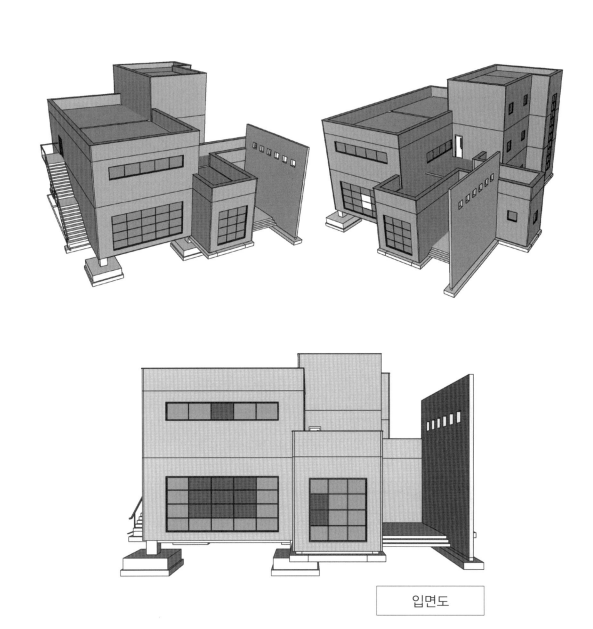

입면도

(4) 옥탑층 창호 그리기

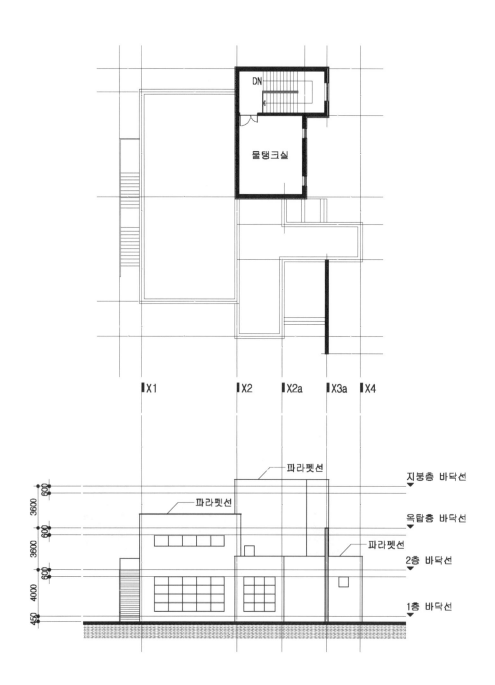

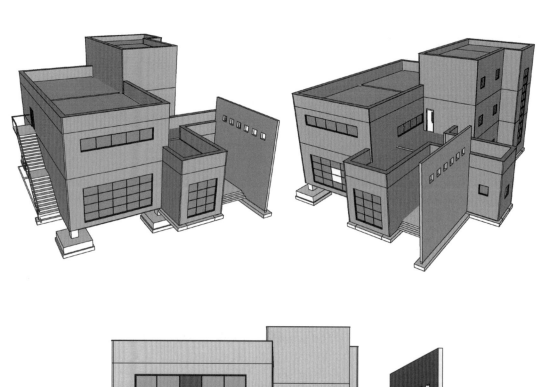

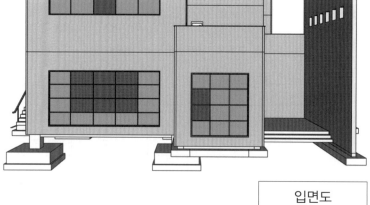

입면도

(5) 옥탑층 입면도 완성

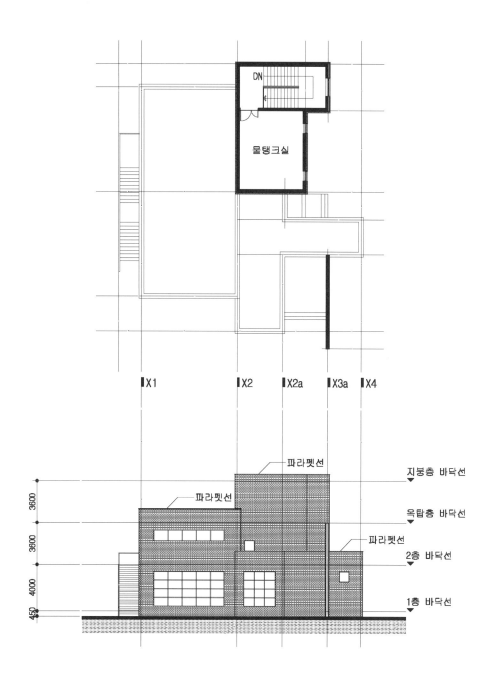

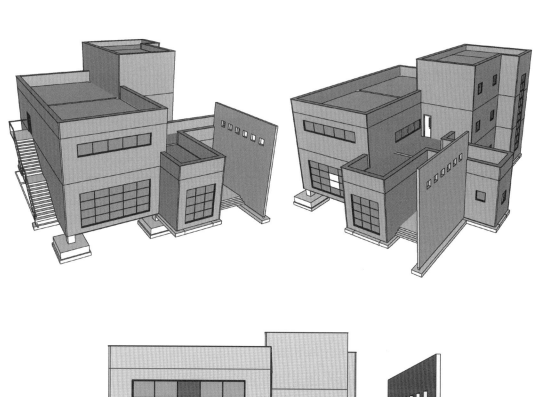

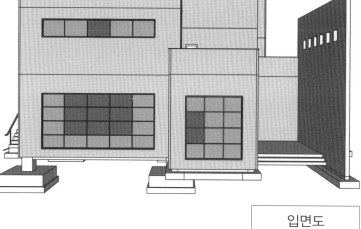

입면도

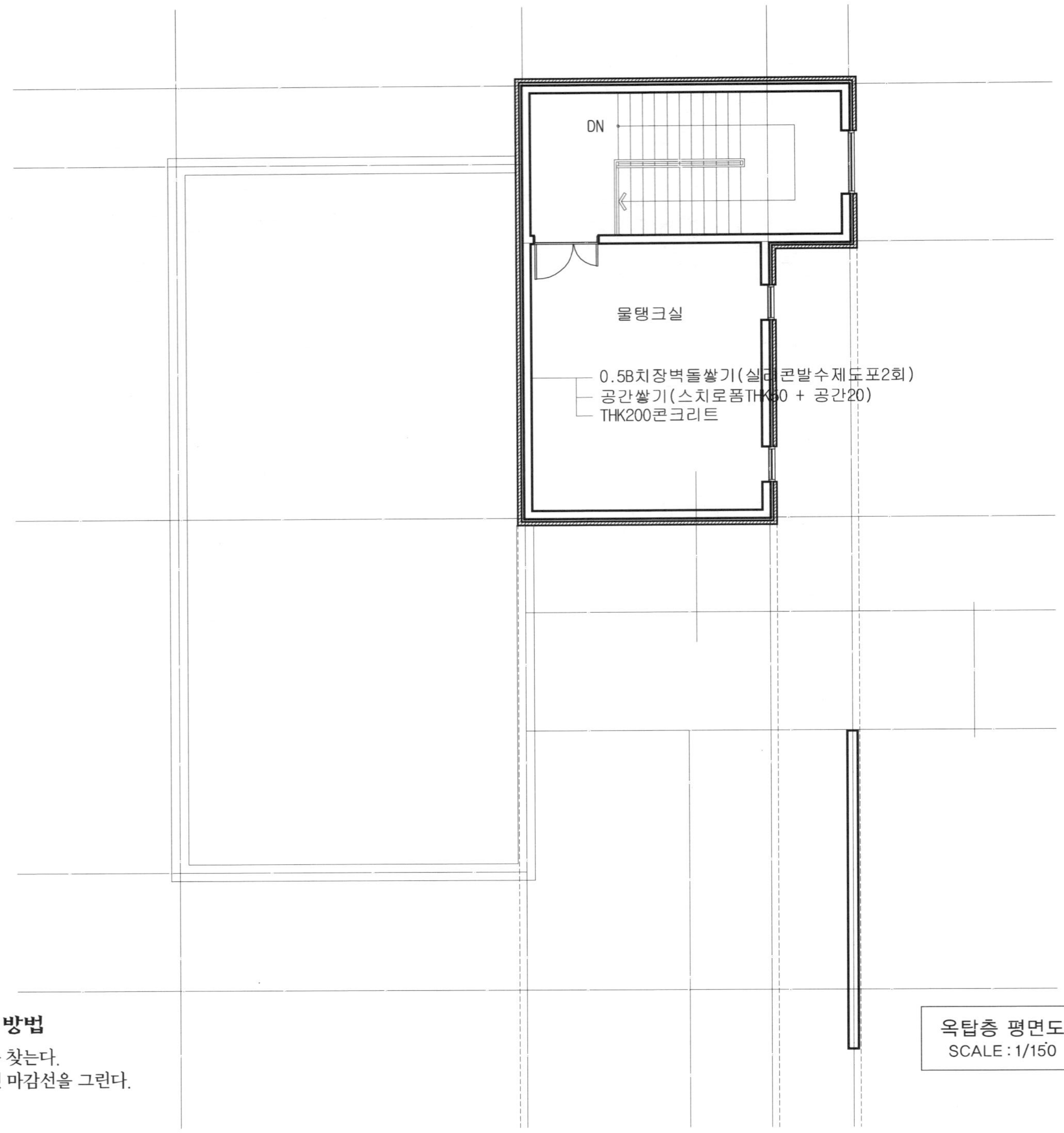

옥탑층 평면도
SCALE : 1/150

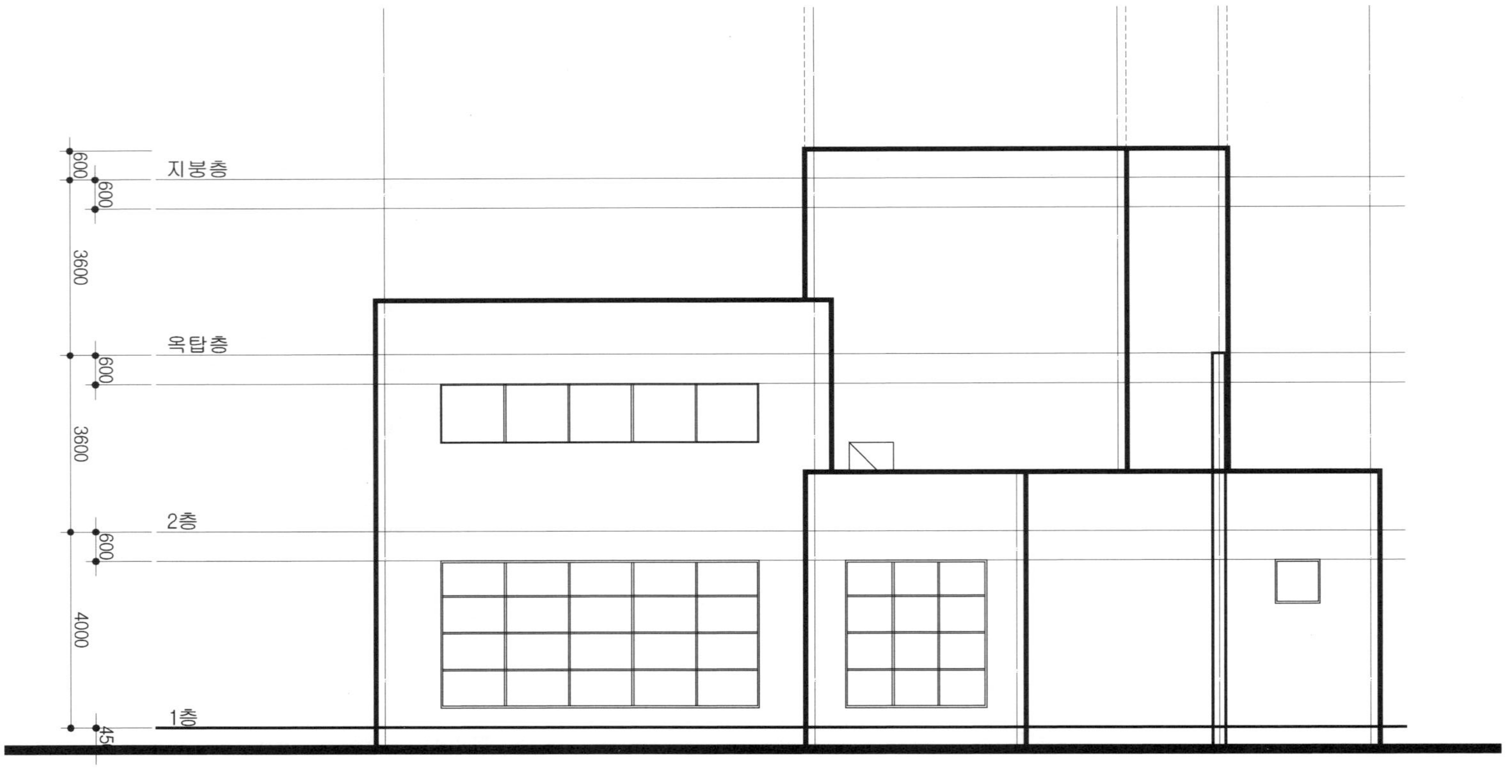

입면도
SCALE : 1/150

DN

물탱크실

0.5B치장벽돌쌓기 (실내 코너부 바닥수제도포2회)
공간쌓기 (스치로폼THK40 + 공간20)
THK200콘크리트

🔄 도면 설계 방법
1. 외부 벽체선을 찾는다.
2. 옥탑층 마감폐 마감선을 그린다.

지붕층

옥탑층

2층

1층

600
600 3600 600 3600 600 4000 45

08

단면도 그리기

|출처|
Architect: Jorn Urzon
Address: Sydney, Australia
Use: Theater
Structure: Precast Concrete
http://www.sydneyoperahouse.com/세계유산

PART 01 | 1층 단면도 그리기

(1) 층별 바닥선 및 보선 그리기

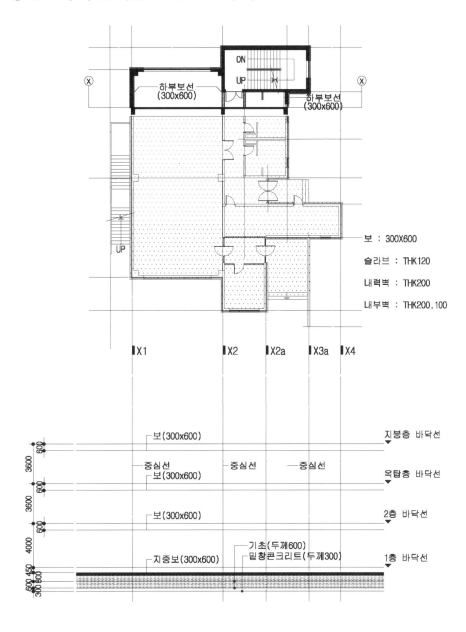

보 : 300X600

슬라브 : THK120

내력벽 : THK200

내부벽 : THK200, 100

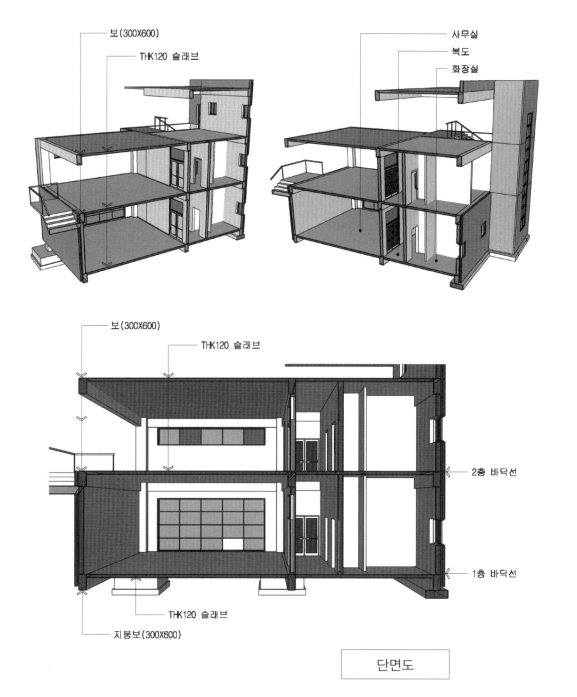

단면도

📋 도면 설계 방법

1. 중심선을 수직으로 작도 후 층별 바닥선을 그린다.
2. 층별 보선(300×600)을 그린다.

하부보선
(300x600)

하부보선
(300x600)

DN

UP

보 : 300X600
슬래브 : THK120
내력벽 : THK200
내부벽 : THK200,100
기 초 : 2400x2400x600
밑창콘크리트 : 2600x2600x300
줄기초 : 900x300

1층 평면도
SCALE : 1/300

■X1 ■X2 ■X2a ■X3a ■X4 ■X1 ■X2

지붕층

옥탑층

2층

3600

3600

4000

450

1층

X-X절단면

입면도
SCALE : 1/300

단면도
SCALE : 1/300

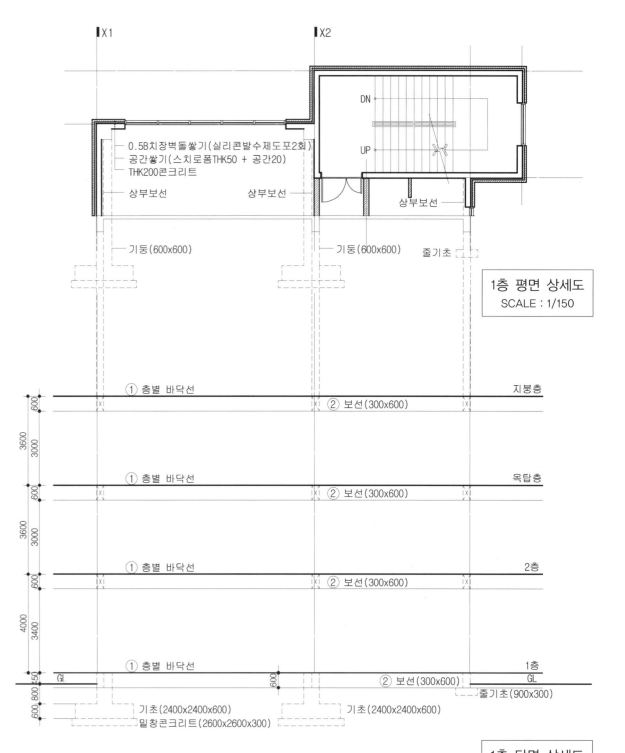

DN

UP

0.5B치장벽돌쌓기(실리콘발수제도포2회)
공간쌓기(스치로폼THK50 + 공간20)
THK200콘크리트

상부보선   상부보선   상부보선

기둥(600x600)   기둥(600x600)   줄기초

1층 평면 상세도
SCALE : 1/150

① 층별 바닥선   ② 보선(300x600)   지붕층

600

3600

3000

① 층별 바닥선   ② 보선(300x600)   옥탑층

600

3600

3000

① 층별 바닥선   ② 보선(300x600)   2층

600

4000

3400

① 층별 바닥선   1층
GL   ② 보선(300x600)   GL
줄기초(900x300)

600 800 450

600

기초(2400x2400x600)   기초(2400x2400x600)
밑창콘크리트(2600x2600x300)

1층 단면 상세도
SCALE : 1/150

(2) 1층 보 단면선/슬래브 두께선 찾기

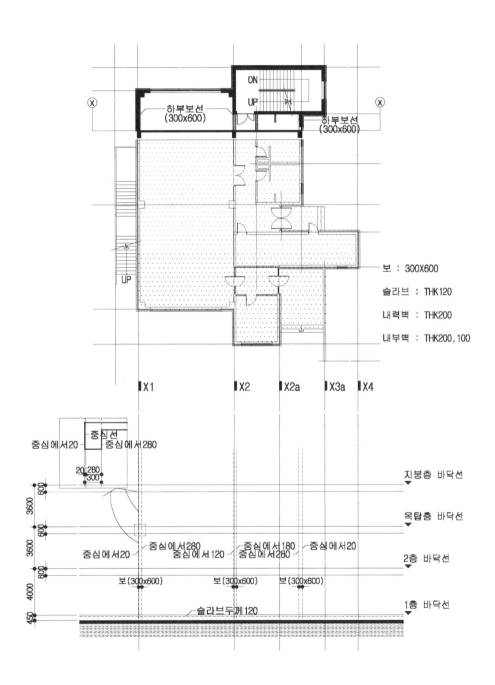

보 : 300X600

슬라브 : THK120

내력벽 : THK200

내부벽 : THK200, 100

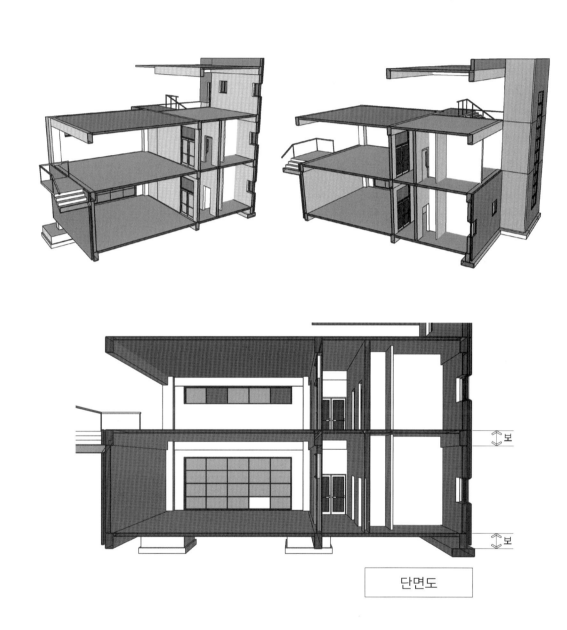

단면도

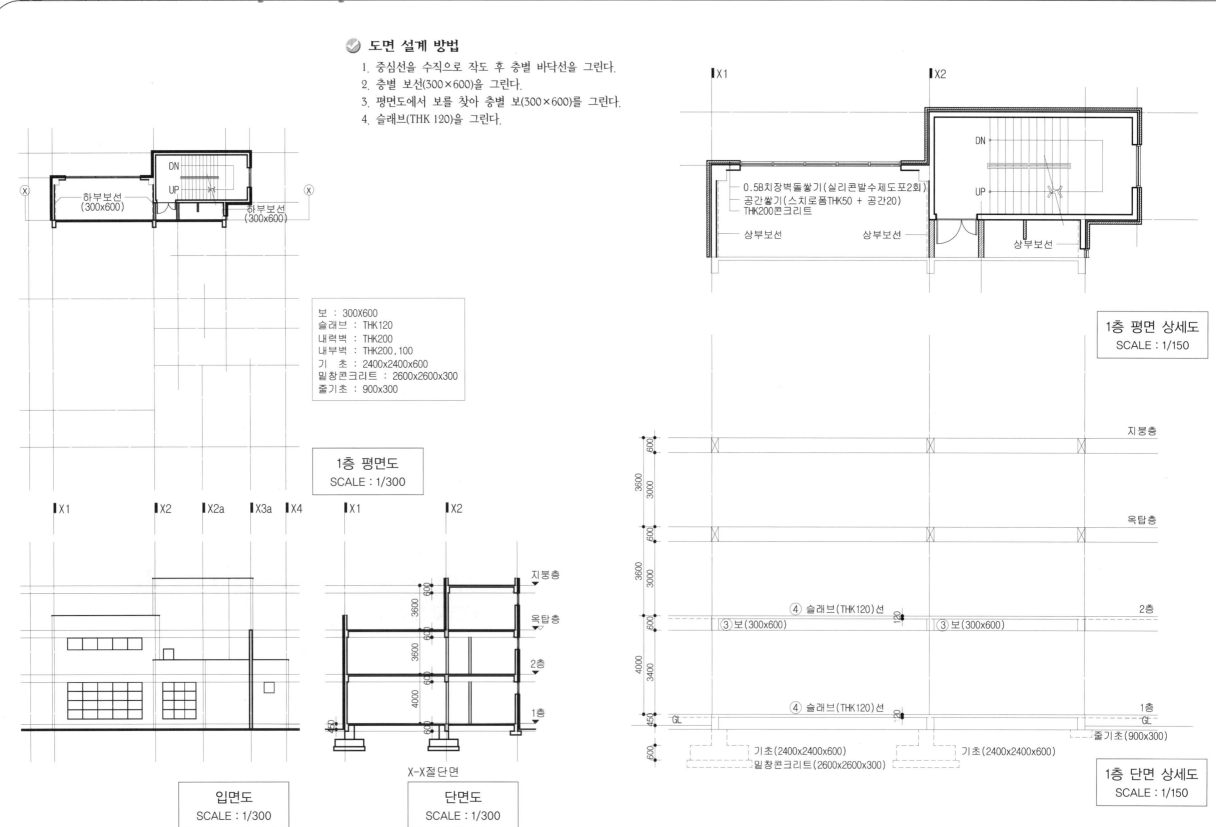

도면 설계 방법

1. 중심선을 수직으로 작도 후 층별 바닥선을 그린다.
2. 층별 보선(300×600)을 그린다.
3. 평면도에서 보를 찾아 층별 보(300×600)를 그린다.
4. 슬래브(THK 120)을 그린다.

하부보선
(300×600)

하부보선
(300×600)

보 : 300X600
슬래브 : THK120
내력벽 : THK200
내부벽 : THK200, 100
기 초 : 2400x2400x600
밑창콘크리트 : 2600x2600x300
줄기초 : 900x300

1층 평면도
SCALE : 1/300

입면도
SCALE : 1/300

X-X절단면

단면도
SCALE : 1/300

0.5B치장벽돌쌓기(실리콘발수제도포2회)
공간쌓기(스치로폼THK50 + 공간20)
THK200콘크리트

상부보선

상부보선

상부보선

1층 평면 상세도
SCALE : 1/150

지붕층

옥탑층

④ 슬래브(THK120)선

③ 보(300x600)

③ 보(300x600)

2층

④ 슬래브(THK120)선

1층

GL

줄기초(900x300)

기초(2400x2400x600)

기초(2400x2400x600)

밑창콘크리트(2600x2600x300)

1층 단면 상세도
SCALE : 1/150

(3) 1층 보, 슬래브 그리기/벽체선 찾기

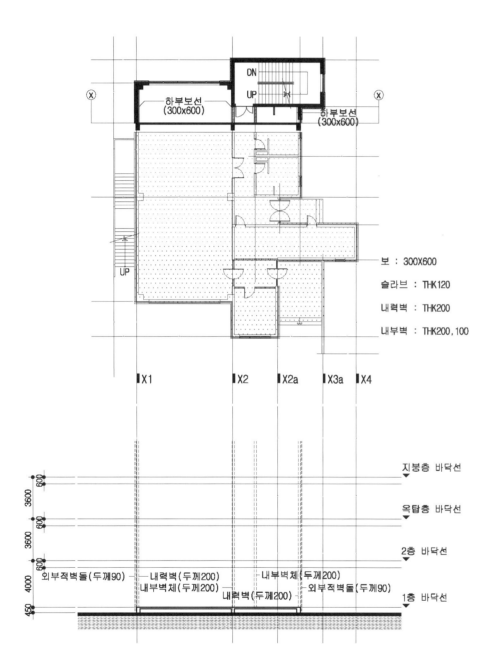

하부보선
(300x600)

DN
UP

하부보선
(300x600)

UP

보 : 300X600

슬라브 : THK120

내력벽 : THK200

내부벽 : THK200, 100

X1　X2　X2a　X3a　X4

지붕층 바닥선

옥탑층 바닥선

2층 바닥선

외부적벽돌(두께90)　내력벽(두께200)　내부벽체(두께200)
내부벽체(두께200)　　외부적벽돌(두께90)
내력벽(두께200)

1층 바닥선

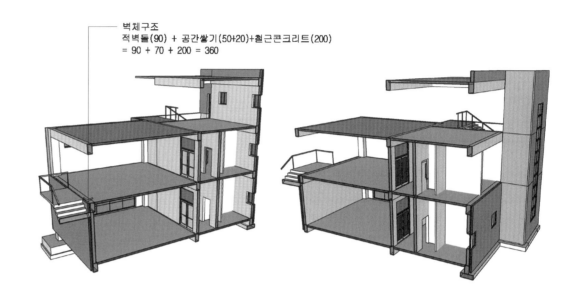

벽체구조
적벽돌(90) + 공간쌓기(50+20)+철근콘크리트(200)
= 90 + 70 + 200 = 360

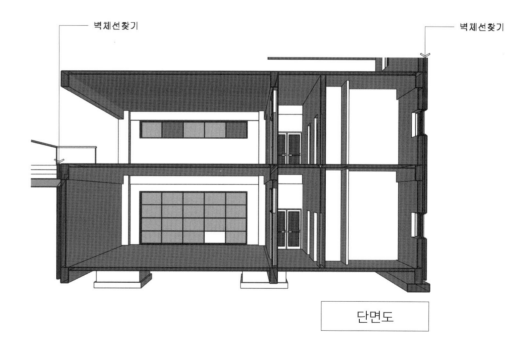

벽체선찾기

벽체선찾기

단면도

✅ 도면 설계 방법

1. 중심선을 수직으로 작도 후 층별 바닥선을 그린다.
2. 층별 보선(300×600)을 그린다.
3. 평면도에서 보를 찾아 층별 보(300×600)를 그린다.
4. 슬래브(THK 120)을 그린다.
5. 평면도에서 벽체선을 찾아 외부 및 내부 벽체선을 그린다.

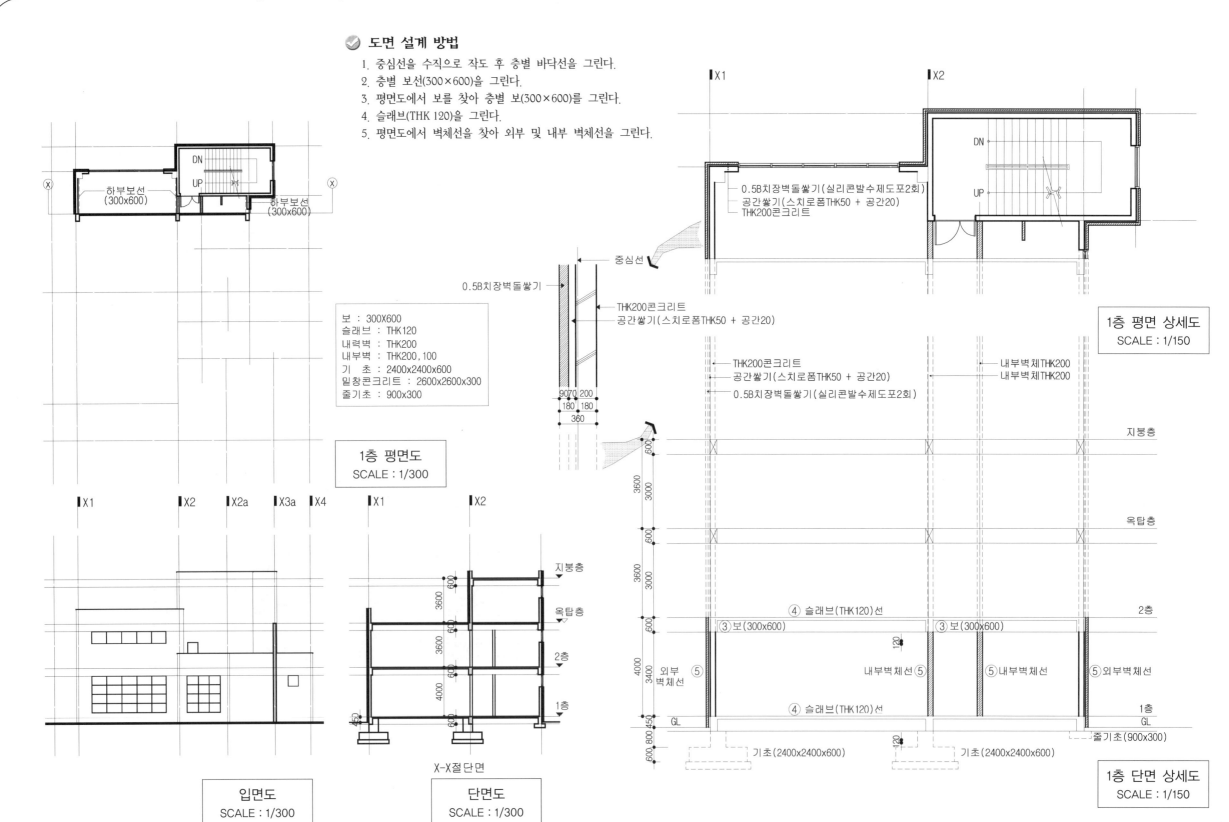

하부보선
(300x600)

하부보선
(300x600)

보 : 300X600
슬래브 : THK120
내력벽 : THK200
내부벽 : THK200, 100
기 초 : 2400x2400x600
밑창콘크리트 : 2600x2600x300
줄기초 : 900x300

1층 평면도
SCALE : 1/300

0.5B치장벽돌쌓기

THK200콘크리트
공간쌓기(스치로폼THK50 + 공간20)

9070 200
180 180
360

0.5B치장벽돌쌓기(실리콘발수제도포2회)
공간쌓기(스치로폼THK50 + 공간20)
THK200콘크리트

중심선

THK200콘크리트
공간쌓기(스치로폼THK50 + 공간20)
0.5B치장벽돌쌓기(실리콘발수제도포2회)

내부벽체THK200
내부벽체THK200

1층 평면 상세도
SCALE : 1/150

지붕층

옥탑층

④ 슬래브(THK120)선
③ 보(300x600)   ③ 보(300x600)

내부벽체선 ⑤   ⑤ 내부벽체선   ⑤ 외부벽체선

외부
벽체
선 ⑤

120

2층

④ 슬래브(THK120)선

1층
GL

기초(2400x2400x600)   기초(2400x2400x600)

줄기초(900x300)

1층 단면 상세도
SCALE : 1/150

X1 X2 X2a X3a X4   X1 X2

입면도
SCALE : 1/300

지붕층
옥탑층
2층
1층

X-X절단면

단면도
SCALE : 1/300

(4) 1층 벽체선 그리기/창호선 찾기

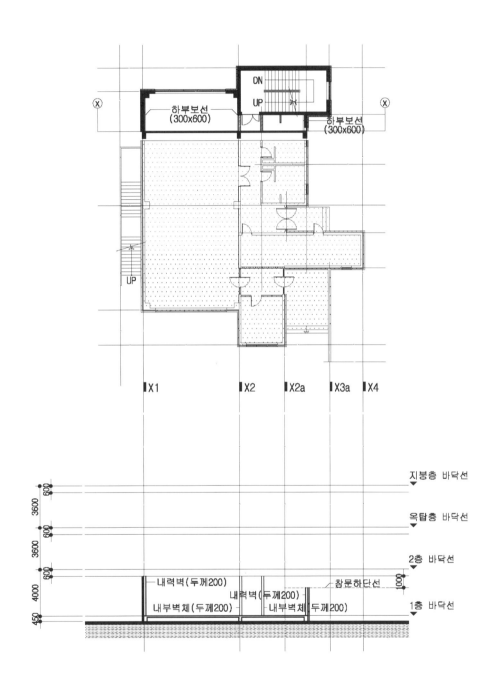

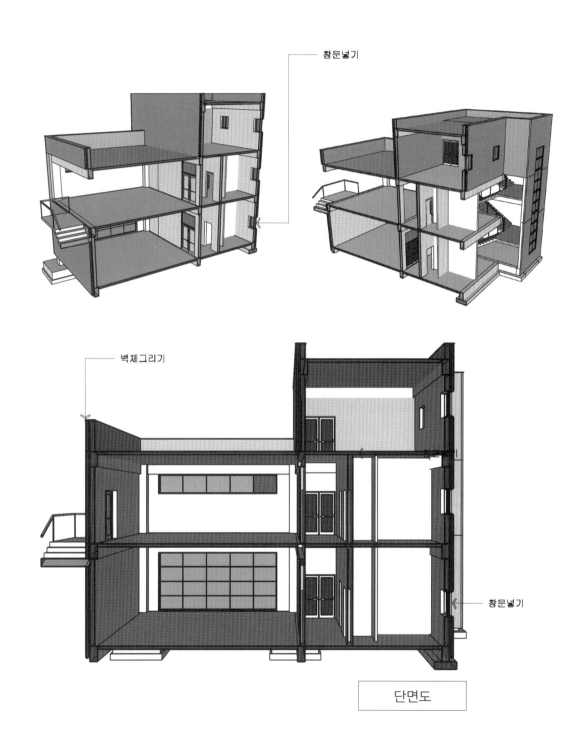

창문넣기

벽체그리기

창문넣기

단면도

✅ **도면 설계 방법**

1. 중심선을 수직으로 작도 후 층별 바닥선을 그린다.
2. 층별 보선(300×600)을 그린다.
3. 평면도에서 보를 찾아 층별 보(300×600)를 그린다.
4. 슬래브(THK 120)을 그린다.
5. 평면도에서 벽체선을 찾아 외부 및 내부 벽체선을 그린다.
6. 창호선을 찾아 그린다.

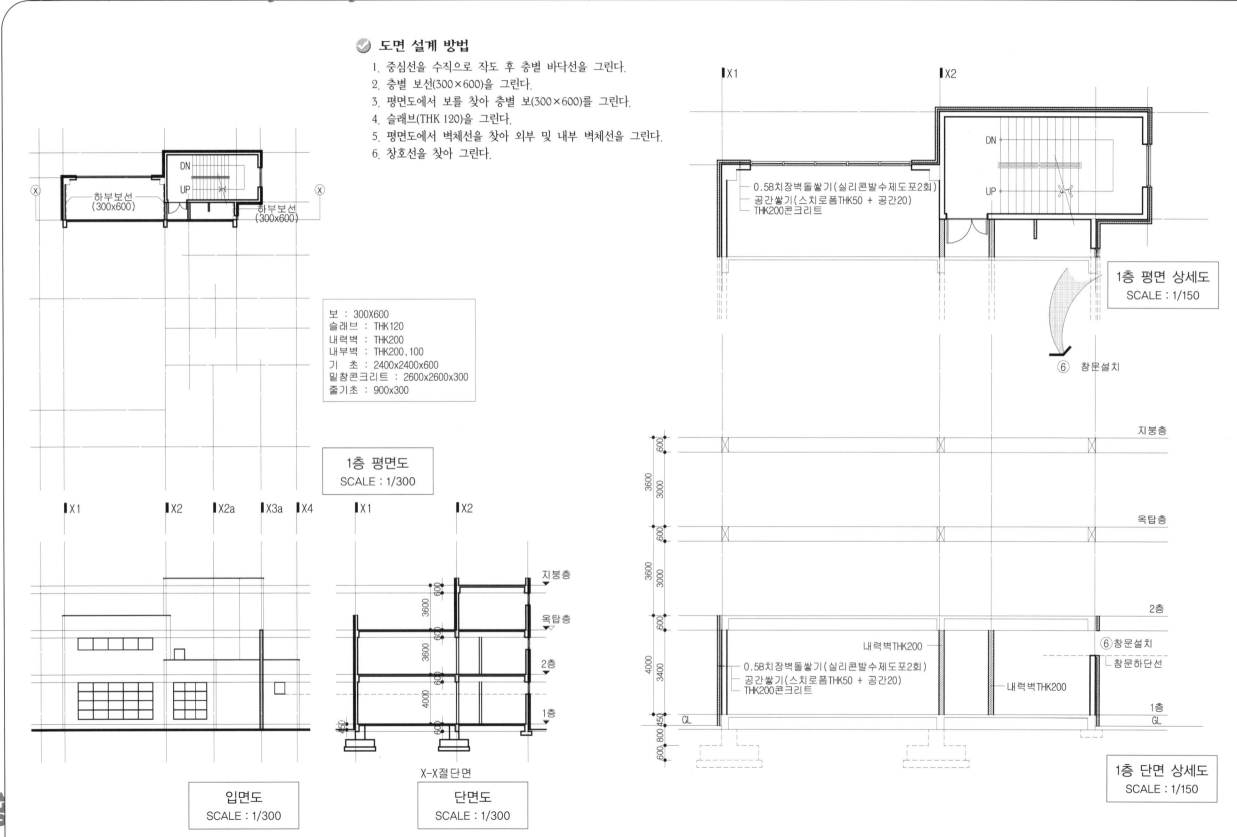

하부보선
(300×600)

하부보선
(300×600)

보 : 300X600
슬래브 : THK120
내력벽 : THK200
내부벽 : THK200, 100
기 초 : 2400x2400x600
밑창콘크리트 : 2600x2600x300
줄기초 : 900x300

1층 평면도
SCALE : 1/300

X1   X2   X2a   X3a   X4

X1   X2

입면도
SCALE : 1/300

X-X절단면

단면도
SCALE : 1/300

0.5B치장벽돌쌓기(실리콘발수제도포2회)
공간쌓기(스치로폼THK50 + 공간20)
THK200콘크리트

⑥ 창문설치

1층 평면 상세도
SCALE : 1/150

지붕층

옥탑층

2층

⑥ 창문설치
창문하단선

1층
GL

내력벽THK200

0.5B치장벽돌쌓기(실리콘발수제도포2회)
공간쌓기(스치로폼THK50 + 공간20)
THK200콘크리트

내력벽THK200

1층 단면 상세도
SCALE : 1/150

(5) 창호 그리기

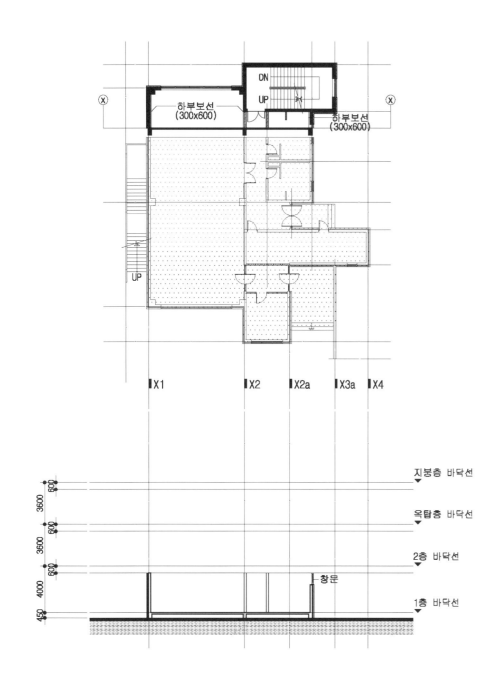

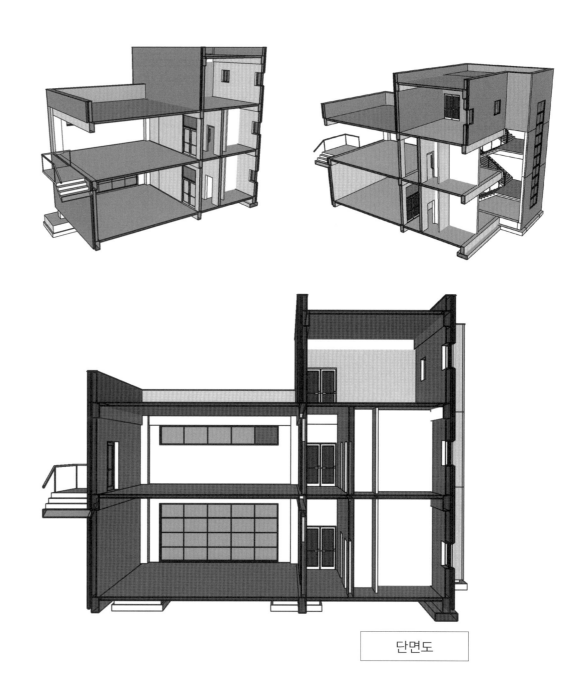

단면도

도면 설계 방법

1. 중심선을 수직으로 작도 후 충별 바닥선을 그린다.
2. 충별 보선(300×600)을 그린다.
3. 평면도에서 보를 찾아 충별 보(300×600)를 그린다.
4. 슬래브(THK 120)을 그린다.
5. 평면도에서 벽체선을 찾아 외부 및 내부 벽체선을 그린다.
6. 창호선을 찾아 그린다.
7. 창문을 그린다.

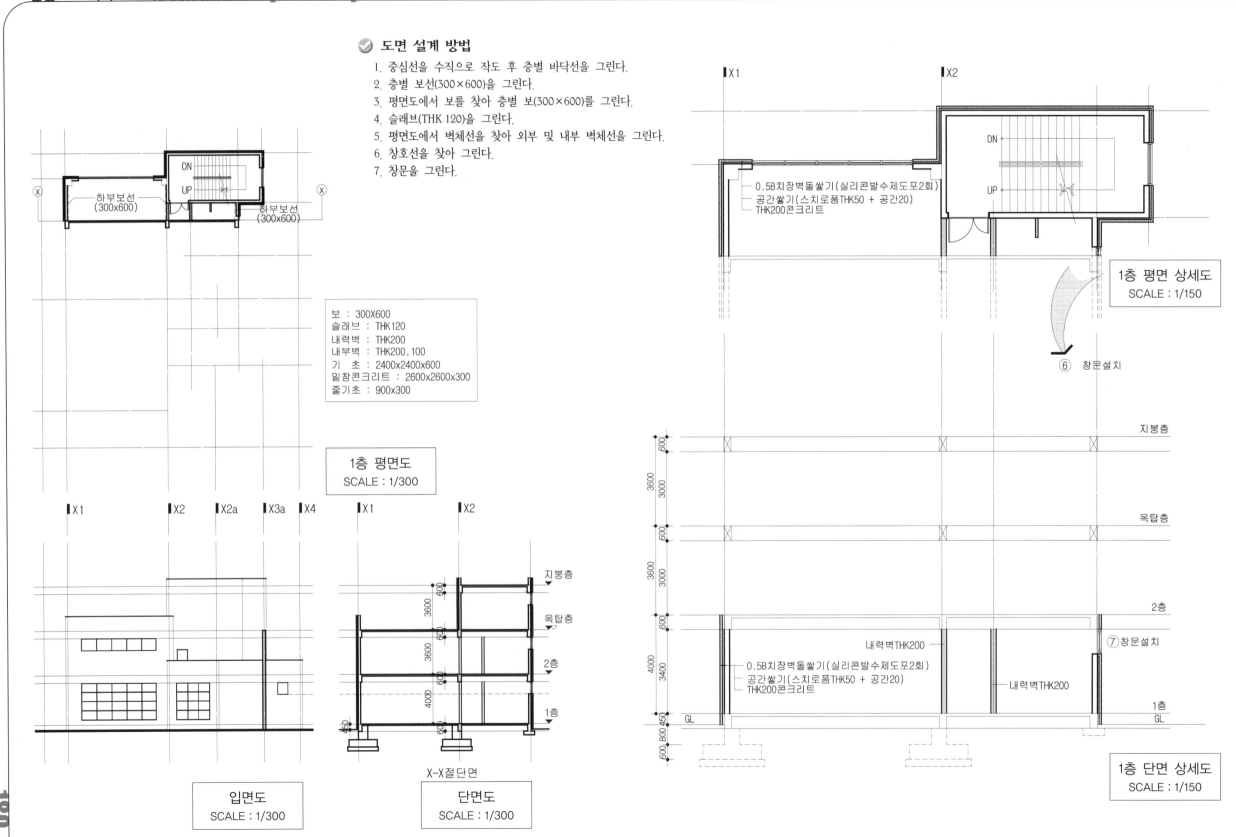

보 : 300X600
슬래브 : THK120
내력벽 : THK200
내부벽 : THK200, 100
기 초 : 2400x2400x600
밑창콘크리트 : 2600x2600x300
줄기초 : 900x300

1층 평면도
SCALE : 1/300

입면도
SCALE : 1/300

X-X절단면

단면도
SCALE : 1/300

0.5B치장벽돌쌓기(실리콘발수제도포2회)
공간쌓기(스치로폼THK50 + 공간20)
THK200콘크리트

1층 평면 상세도
SCALE : 1/150

⑥ 창문설치

내력벽THK200

0.5B치장벽돌쌓기(실리콘발수제도포2회)
공간쌓기(스치로폼THK50 + 공간20)
THK200콘크리트

내력벽THK200

⑦ 창문설치

1층 단면 상세도
SCALE : 1/150

(6) 1층 단면도 완성

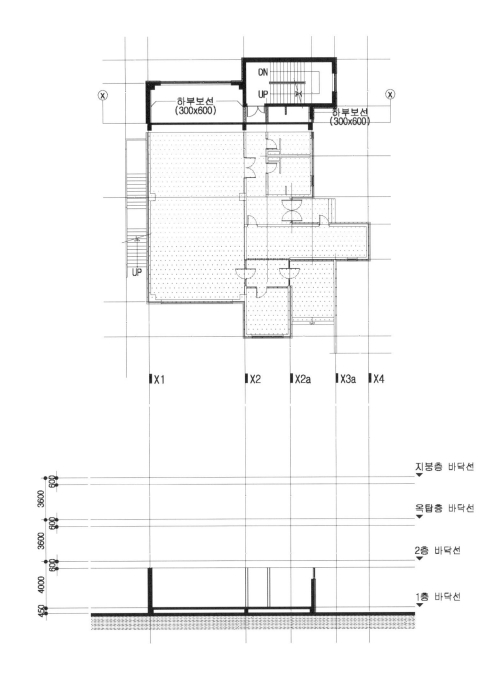

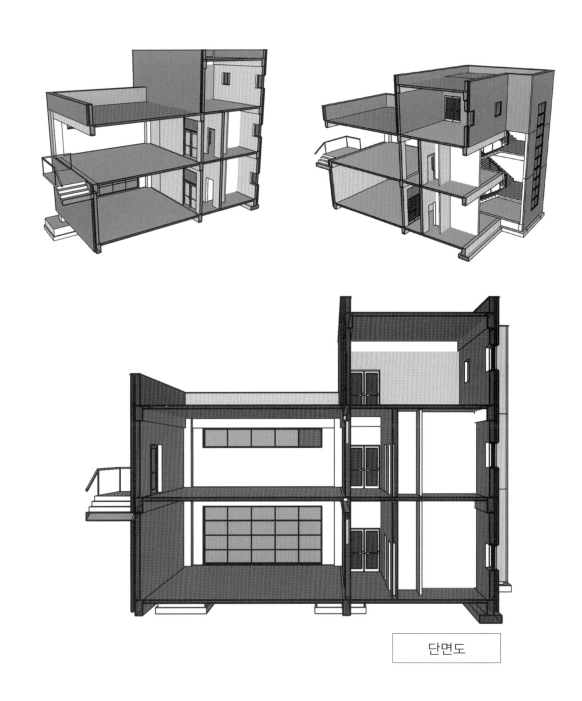

단면도

✅ 도면 설계 방법

1. 중심선을 수직으로 작도 후 층별 바닥선을 그린다.
2. 층별 보선(300×600)을 그린다.
3. 평면도에서 보를 찾아 층별 보(300×600)를 그린다.
4. 슬래브(THK 120)을 그린다.
5. 평면도에서 벽체선을 찾아 외부 및 내부 벽체선을 그린다.
6. 창호선을 찾아 그린다.
7. 창문을 그린다.

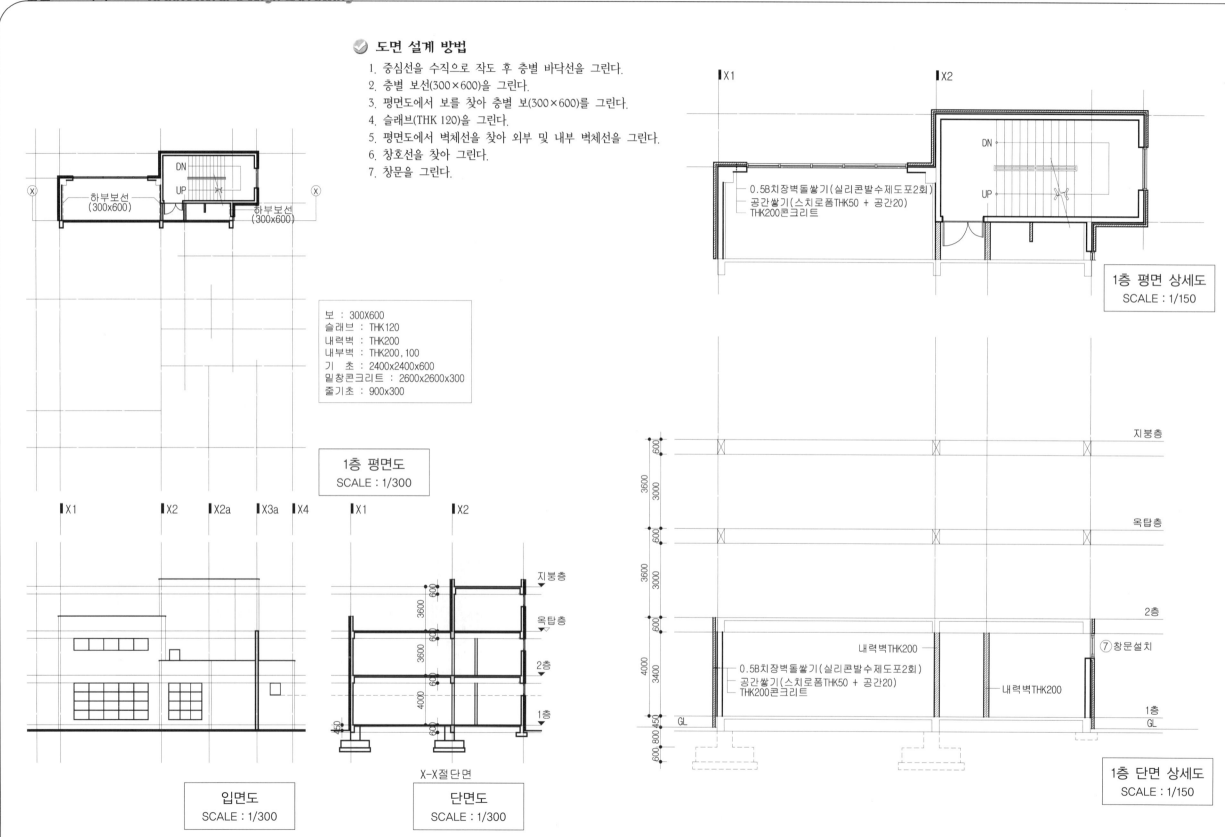

보 : 300X600
슬래브 : THK120
내력벽 : THK200
내부벽 : THK200, 100
기 초 : 2400x2400x600
밑창콘크리트 : 2600x2600x300
줄기초 : 900x300

1층 평면도
SCALE : 1/300

0.5B치장벽돌쌓기(실리콘발수제도포2회)
공간쌓기(스치로폼THK50 + 공간20)
THK200콘크리트

1층 평면 상세도
SCALE : 1/150

입면도
SCALE : 1/300

X-X절단면
단면도
SCALE : 1/300

내력벽THK200
0.5B치장벽돌쌓기(실리콘발수제도포2회)
공간쌓기(스치로폼THK50 + 공간20)
THK200콘크리트
내력벽THK200
⑦창문설치

1층 단면 상세도
SCALE : 1/150

PART 02 | 2층 단면도 그리기

(1) 층별 바닥선 및 보선 그리기

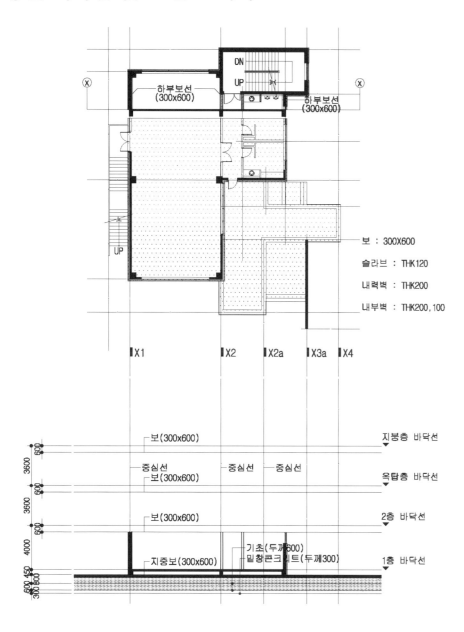

하부보선
(300x600)

하부보선
(300x600)

보 : 300X600

슬라브 : THK120

내력벽 : THK200

내부벽 : THK200, 100

▌X1   ▌X2 ▌X2a   ▌X3a ▌X4

보(300x600)   지붕층 바닥선 ▽

중심선   중심선   중심선   옥탑층 바닥선 ▽
보(300x600)

보(300x600)   2층 바닥선 ▽

기초(두께600)
밀착콘크리트(두께300)   1층 바닥선 ▽
지중보(300x600)

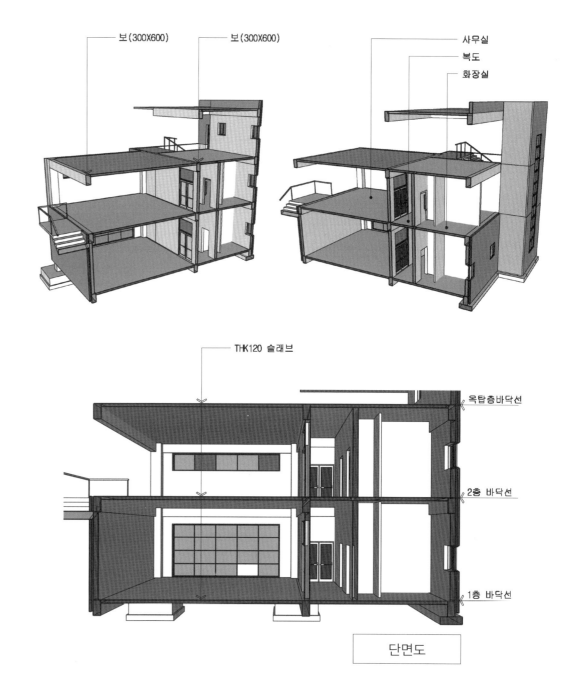

보(300X600)   보(300X600)   사무실

복도

화장실

THK120 슬래브

옥탑층바닥선

2층 바닥선

1층 바닥선

단면도

✅ **도면 설계 방법**
1. 중심선을 수직으로 작도 후 층별 바닥선을 그린다.
2. 층별 보선(300×600)을 그린다.

하부보선
(300×600)

하부보선
(300×600)

DN

UP

보 : 300X600
슬래브 : THK120
내력벽 : THK200
내부벽 : THK200,100
기 초 : 2400x2400x600
밑창콘크리트 : 2600x2600x300
줄기초 : 900x300

2층 평면도
SCALE : 1/300

X1 X2 X2a X3a X4

X1 X2

지붕층

3600
옥탑층

3600

2층

4000

1층

입면도
SCALE : 1/300

단면도
SCALE : 1/300

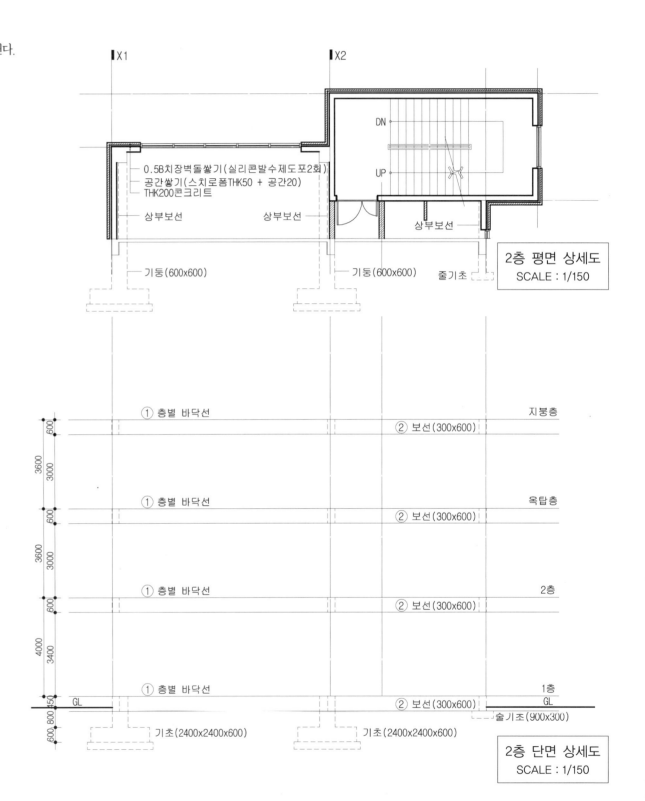

X1 X2

DN

UP

0.5B치장벽돌쌓기(실리콘발수제도포2회)
공간쌓기(스치로폼THK50 + 공간20)
THK200콘크리트

상부보선   상부보선   상부보선

기둥(600x600)   기둥(600x600)   줄기초

2층 평면 상세도
SCALE : 1/150

① 층별 바닥선   지붕층
② 보선(300x600)

600
3600
3000

① 층별 바닥선   옥탑층
600   ② 보선(300x600)

3600
3000

① 층별 바닥선   2층
600   ② 보선(300x600)

4000
3400

① 층별 바닥선   1층
GL   GL
② 보선(300x600)   줄기초(900x300)

600 800 150

기초(2400x2400x600)   기초(2400x2400x600)

2층 단면 상세도
SCALE : 1/150

(2) 2층 보 단면선/슬래브 두께선 찾기

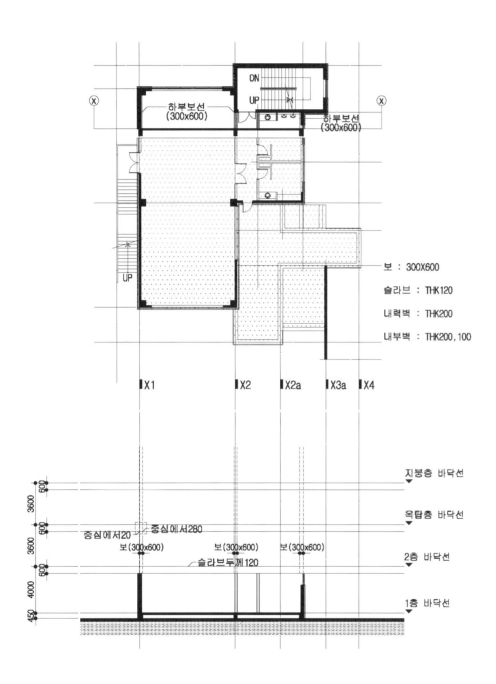

하부보선
(300x600)

DN
UP

하부보선
(300x600)

보 : 300X600

슬라브 : THK120

내력벽 : THK200

내부벽 : THK200, 100

X1 X2 X2a X3a X4

지붕층 바닥선

옥탑층 바닥선

중심에서20 중심에서280

보(300x600) 보(300x600) 보(300x600)

슬라브두께120

2층 바닥선

1층 바닥선

3600 3600 4000 450

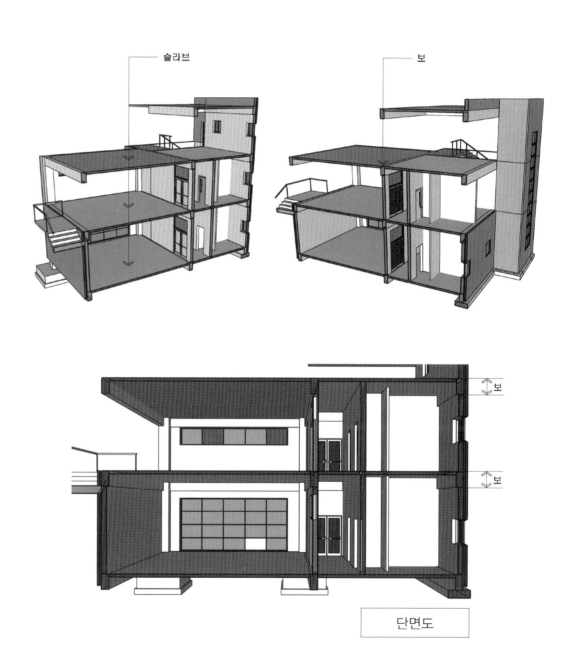

슬라브

보

보

보

단면도

✅ **도면 설계 방법**

1. 중심선을 수직으로 작도 후 층별 바닥선을 그린다.
2. 층별 보선(300×600)을 그린다.
3. 평면도에서 보를 찾아 층별 보(300×600)를 그린다.
4. 슬래브(THK 120)을 그린다.

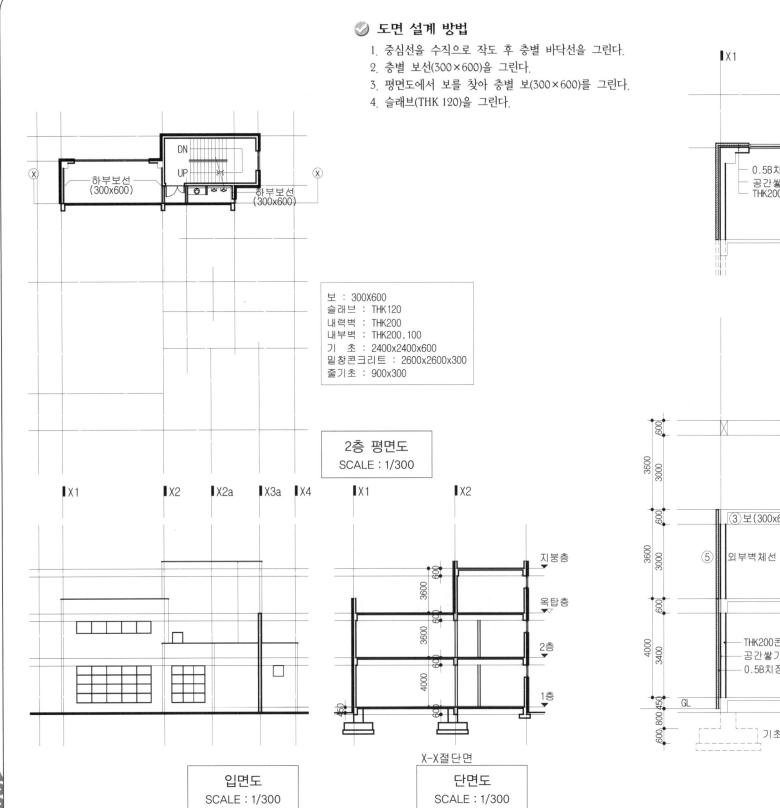

하부보선
(300×600)

하부보선
(300×600)

보 : 300X600
슬래브 : THK120
내력벽 : THK200
내부벽 : THK200,100
기 초 : 2400x2400x600
밑창콘크리트 : 2600x2600x300
줄기초 : 900x300

2층 평면도
SCALE : 1/300

X1   X2   X2a   X3a   X4   X1   X2

지붕층

옥탑층

3600

3600

4000

2층

1층

X-X절단면

입면도
SCALE : 1/300

단면도
SCALE : 1/300

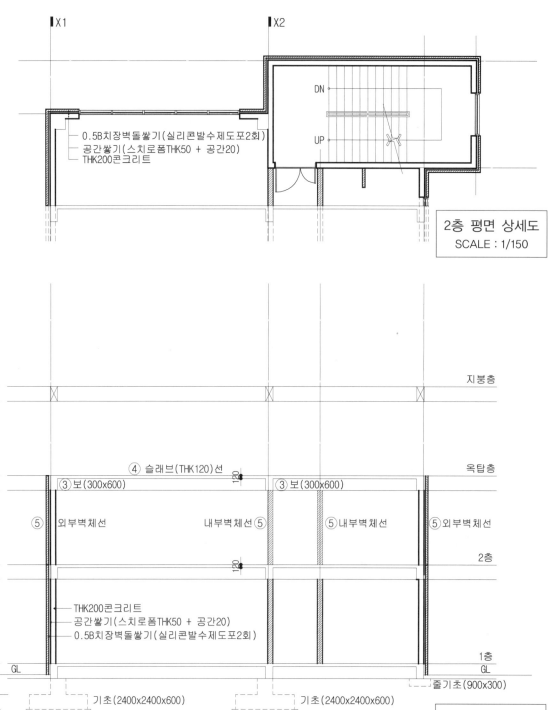

0.5B치장벽돌쌓기(실리콘발수제도포2회)
공간쌓기(스치로폼THK50 + 공간20)
THK200콘크리트

2층 평면 상세도
SCALE : 1/150

지붕층

600

3600
3000

600

④ 슬래브(THK120)선

120

옥탑층

③ 보(300×600)   ③ 보(300×600)

⑤ 외부벽체선   내부벽체선 ⑤   ⑤ 내부벽체선   ⑤ 외부벽체선

3600
3000

600

120

2층

4000
3400

THK200콘크리트
공간쌓기(스치로폼THK50 + 공간20)
0.5B치장벽돌쌓기(실리콘발수제도포2회)

450

1층

GL   GL

줄기초(900x300)

600 800 300

기초(2400x2400x600)   기초(2400x2400x600)

2층 단면 상세도
SCALE : 1/150

(3) 2층 보, 슬래브 그리기/벽체선 찾기

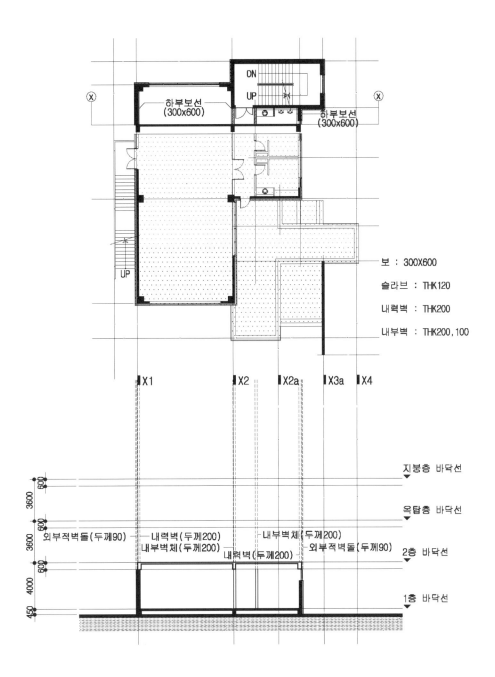

보 : 300X600

슬라브 : THK120

내력벽 : THK200

내부벽 : THK200, 100

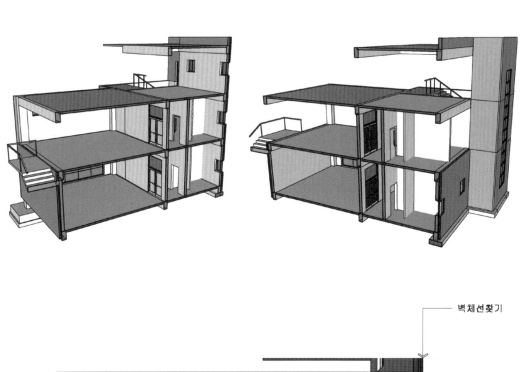

벽체선찾기

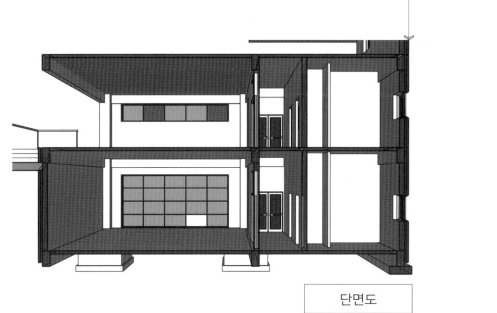

단면도

☑ **도면 설계 방법**

1. 중심선을 수직으로 작도 후 층별 바닥선을 그린다.
2. 층별 보선(300×600)을 그린다.
3. 평면도에서 보를 찾아 층별 보(300×600)를 그린다.
4. 슬래브(THK 120)을 그린다.
5. 평면도에서 벽체선을 찾아 외부 및 내부 벽체선을 그린다.

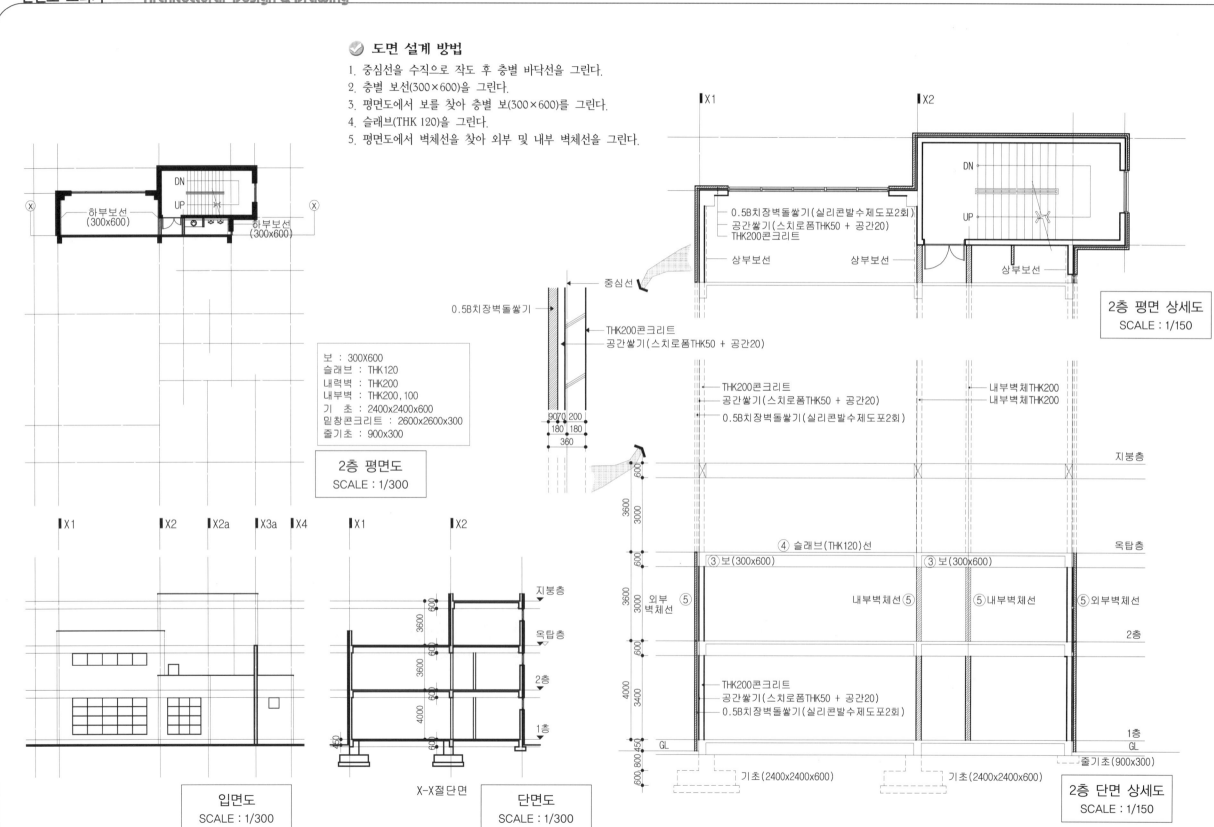

하부보선
(300x600)

하부보선
(300x600)

보 : 300X600
슬래브 : THK120
내력벽 : THK200
내부벽 : THK200, 100
기 초 : 2400x2400x600
밑창콘크리트 : 2600x2600x300
줄기초 : 900x300

2층 평면도
SCALE : 1/300

0.5B치장벽돌쌓기

THK200콘크리트
공간쌓기(스치로폼THK50 + 공간20)

중심선

90 70 200
180 180
360

DN
UP

0.5B치장벽돌쌓기(실리콘발수제도포2회)
공간쌓기(스치로폼THK50 + 공간20)
THK200콘크리트

상부보선   상부보선   상부보선

2층 평면 상세도
SCALE : 1/150

THK200콘크리트
공간쌓기(스치로폼THK50 + 공간20)
0.5B치장벽돌쌓기(실리콘발수제도포2회)

내부벽체THK200
내부벽체THK200

X1   X2   X2a   X3a   X4   X1   X2

지붕층

④ 슬래브(THK120)선

③ 보(300x600)   ③ 보(300x600)

옥탑층

외부
벽체선 ⑤   내부벽체선⑤   ⑤내부벽체선   ⑤외부벽체선

2층

THK200콘크리트
공간쌓기(스치로폼THK50 + 공간20)
0.5B치장벽돌쌓기(실리콘발수제도포2회)

1층
GL

입면도
SCALE : 1/300

X-X절단면

단면도
SCALE : 1/300

3600 3000   3600 3000   4000 3400

600   600   600   450   600 800

줄기초(900x300)

기초(2400x2400x600)   기초(2400x2400x600)

2층 단면 상세도
SCALE : 1/150

(4) 2층 벽체선 그리기/창호선 찾기

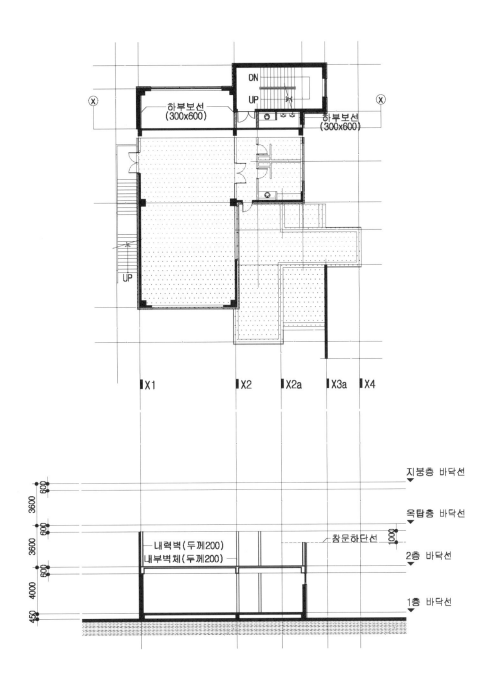

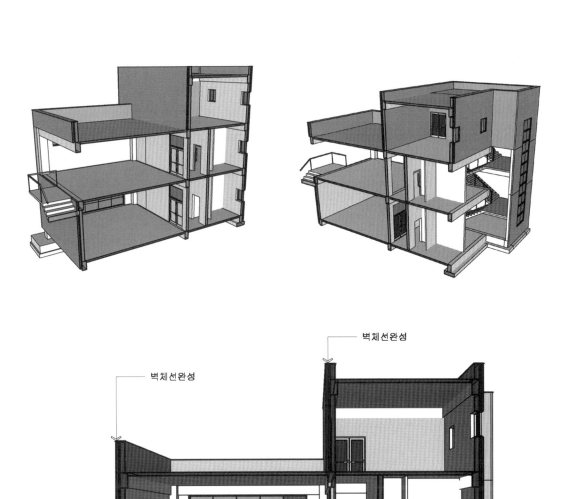

벽체선완성

단면도

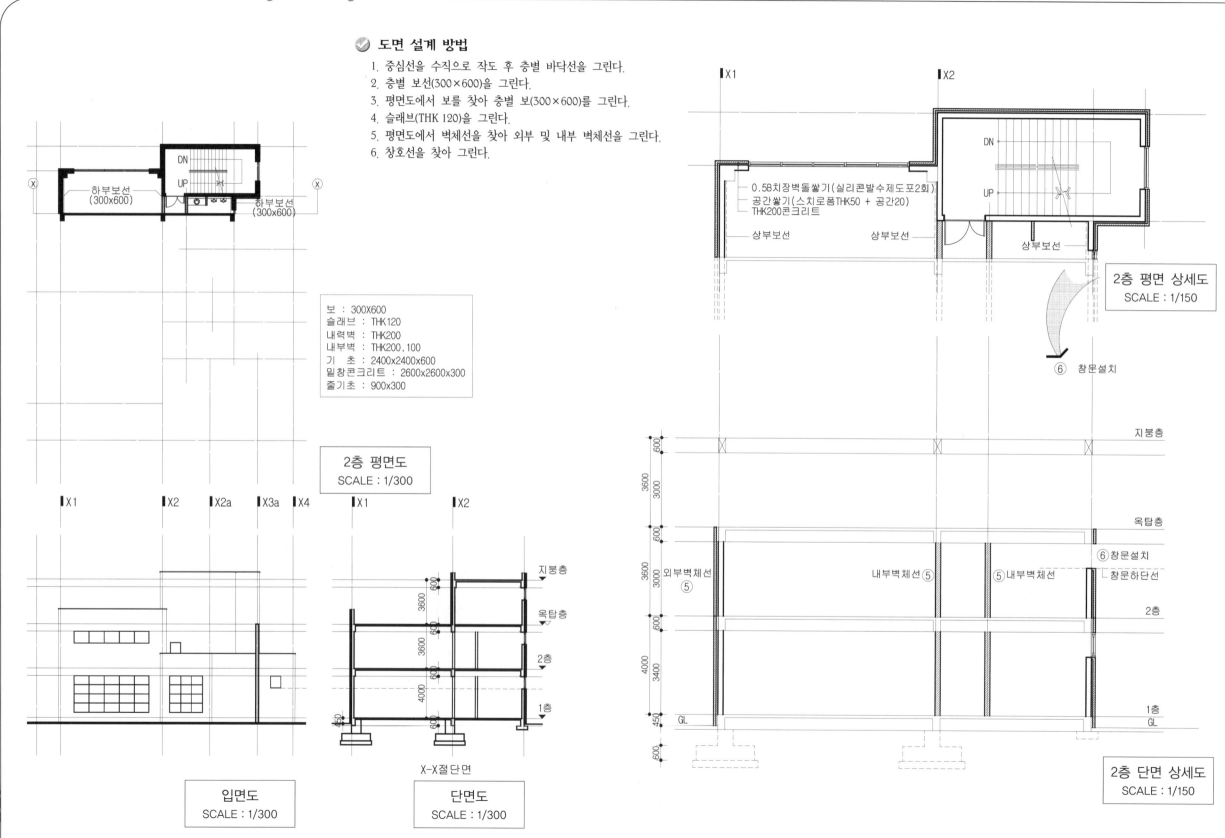

✅ **도면 설계 방법**

1. 중심선을 수직으로 작도 후 층별 바닥선을 그린다.
2. 층별 보선(300×600)을 그린다.
3. 평면도에서 보를 찾아 충별 보(300×600)를 그린다.
4. 슬래브(THK 120)을 그린다.
5. 평면도에서 벽체선을 찾아 외부 및 내부 벽체선을 그린다.
6. 창호선을 찾아 그린다.

하부보선
(300x600)

하부보선
(300x600)

보 : 300X600
슬래브 : THK120
내력벽 : THK200
내부벽 : THK200,100
기 초 : 2400x2400x600
밑창콘크리트 : 2600x2600x300
줄기초 : 900x300

2층 평면도
SCALE : 1/300

0.5B치장벽돌쌓기(실리콘발수제도포2회)
공간쌓기(스치로폼THK50 + 공간20)
THK200콘크리트

상부보선   상부보선

상부보선

2층 평면 상세도
SCALE : 1/150

⑥ 창문설치

X1 X2 X2a X3a X4   X1   X2

지붕층

옥탑층

2층

1층

X-X절단면

입면도
SCALE : 1/300

단면도
SCALE : 1/300

지붕층

옥탑층
⑥창문설치
창문하단선

2층

1층
GL

외부벽체선
⑤

내부벽체선⑤   ⑤내부벽체선

2층 단면 상세도
SCALE : 1/150

(5) 창호 그리기

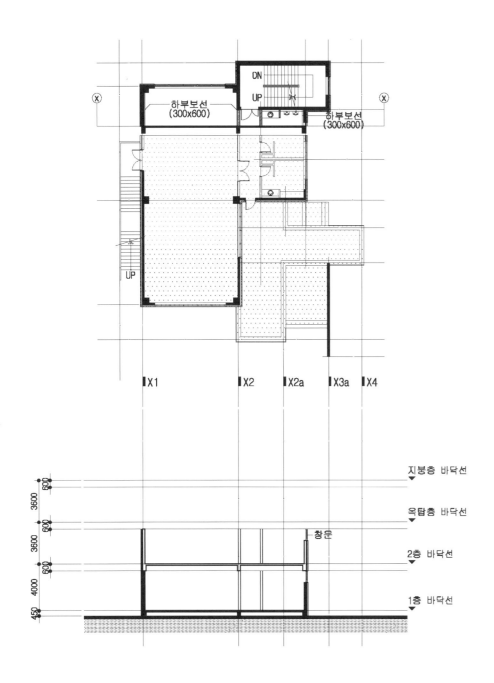

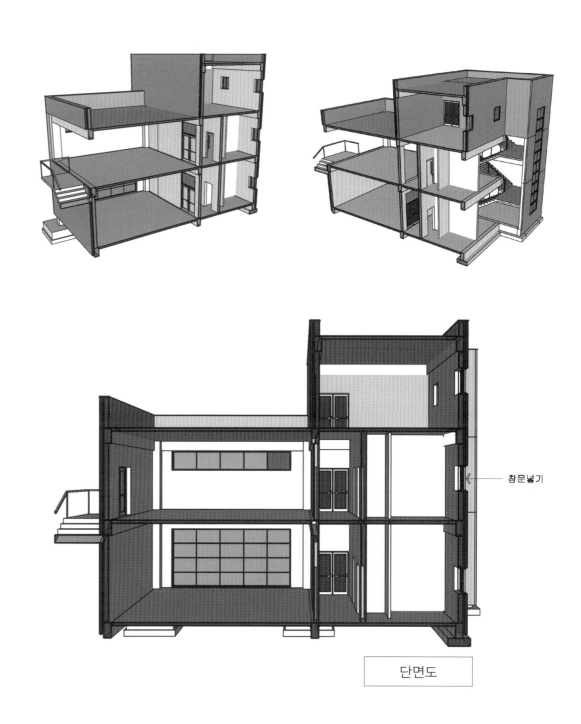

단면도

도면 설계 방법

1. 중심선을 수직으로 작도 후 충별 바닥선을 그린다.
2. 충별 보선(300×600)을 그린다.
3. 평면도에서 보를 찾아 충별 보(300×600)를 그린다.
4. 슬래브(THK 120)을 그린다.
5. 평면도에서 벽체선을 찾아 외부 및 내부 벽체선을 그린다.
6. 창호선을 찾아 그린다.
7. 창문을 그린다.

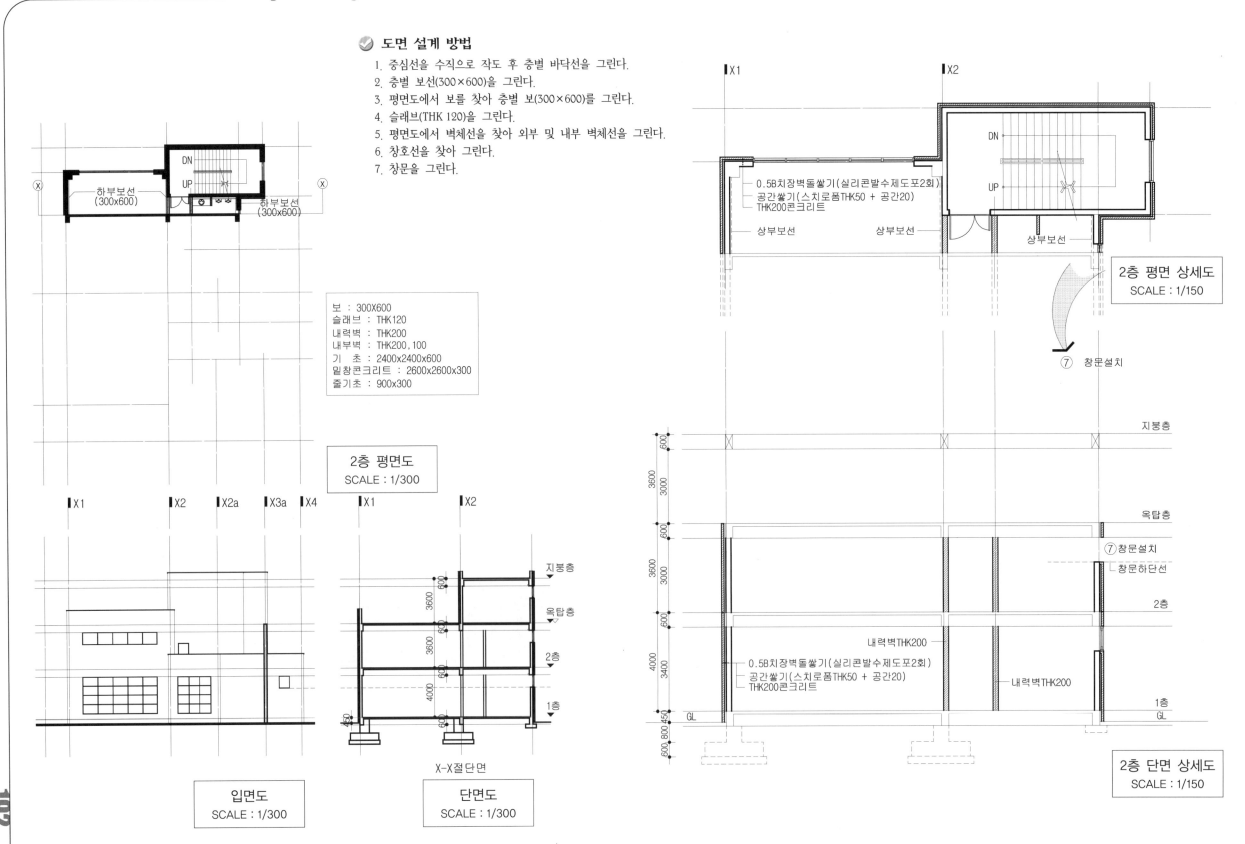

보 : 300X600
슬래브 : THK120
내력벽 : THK200
내부벽 : THK200,100
기 초 : 2400x2400x600
밑창콘크리트 : 2600x2600x300
줄기초 : 900x300

2층 평면도
SCALE : 1/300

입면도
SCALE : 1/300

X-X절단면

단면도
SCALE : 1/300

0.5B치장벽돌쌓기(실리콘발수제도포2회)
공간쌓기(스치로폼THK50 + 공간20)
THK200콘크리트
상부보선

2층 평면 상세도
SCALE : 1/150

⑦ 창문설치

내력벽THK200
0.5B치장벽돌쌓기(실리콘발수제도포2회)
공간쌓기(스치로폼THK50 + 공간20)
THK200콘크리트
내력벽THK200

2층 단면 상세도
SCALE : 1/150

(6) 2층 단면도 완성

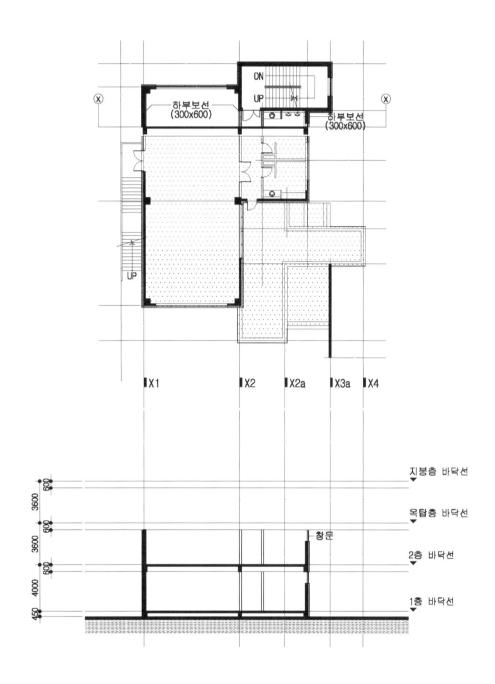

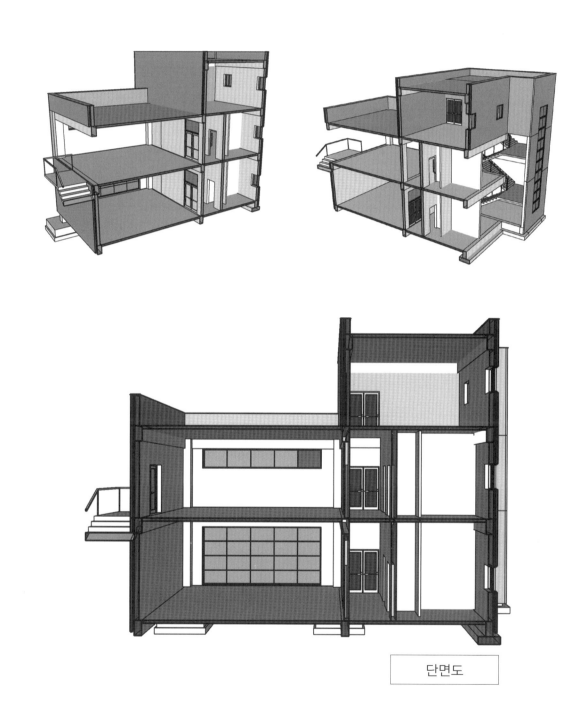

단면도

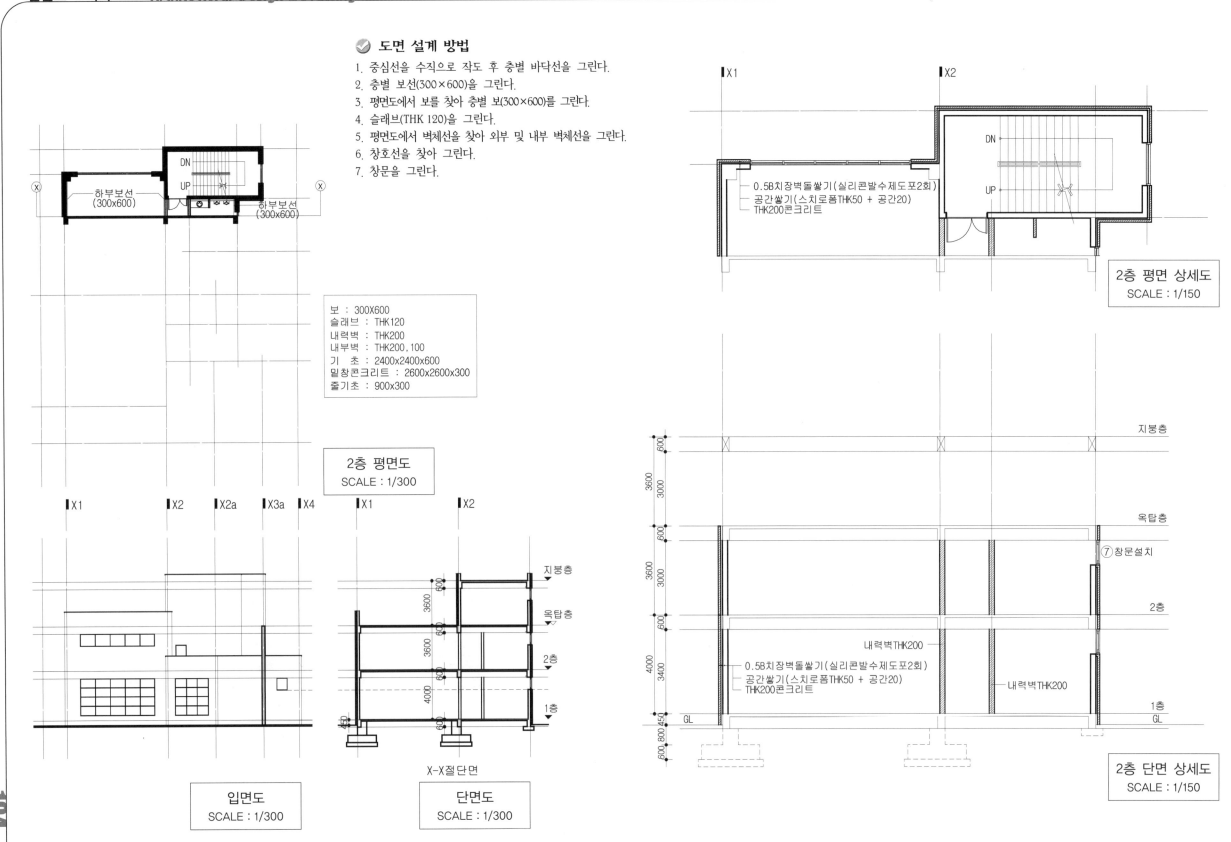

✅ **도면 설계 방법**

1. 중심선을 수직으로 작도 후 층별 바닥선을 그린다.
2. 층별 보선(300×600)을 그린다.
3. 평면도에서 보를 찾아 층별 보(300×600)를 그린다.
4. 슬래브(THK 120)을 그린다.
5. 평면도에서 벽체선을 찾아 외부 및 내부 벽체선을 그린다.
6. 창호선을 찾아 그린다.
7. 창문을 그린다.

하부보선
(300×600)

하부보선
(300×600)

보 : 300X600
슬래브 : THK120
내력벽 : THK200
내부벽 : THK200, 100
기 초 : 2400x2400x600
밑창콘크리트 : 2600x2600x300
줄기초 : 900x300

2층 평면도
SCALE : 1/300

X1 X2 X2a X3a X4   X1   X2

입면도
SCALE : 1/300

X-X절단면

단면도
SCALE : 1/300

0.5B치장벽돌쌓기(실리콘발수제도포2회)
공간쌓기(스치로폼THK50 + 공간20)
THK200콘크리트

2층 평면 상세도
SCALE : 1/150

지붕층

옥탑층

⑦창문설치

2층

내력벽THK200

0.5B치장벽돌쌓기(실리콘발수제도포2회)
공간쌓기(스치로폼THK50 + 공간20)
THK200콘크리트

내력벽THK200

1층
GL

2층 단면 상세도
SCALE : 1/150

PART 03 | 옥탑층 단면도 그리기

(1) 층별 바닥선 및 보선 그리기

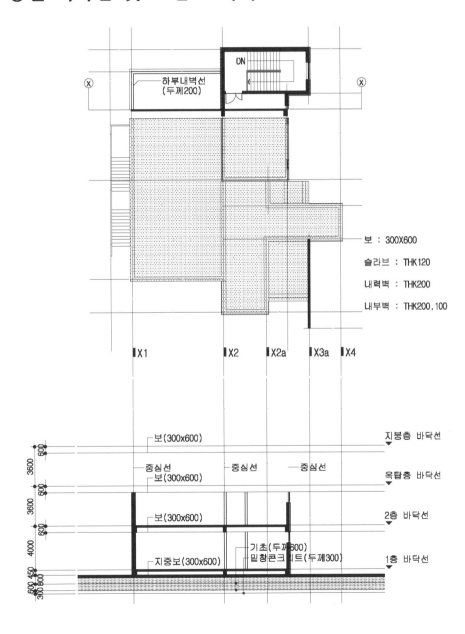

보 : 300X600
슬라브 : THK120
내력벽 : THK200
내부벽 : THK200, 100

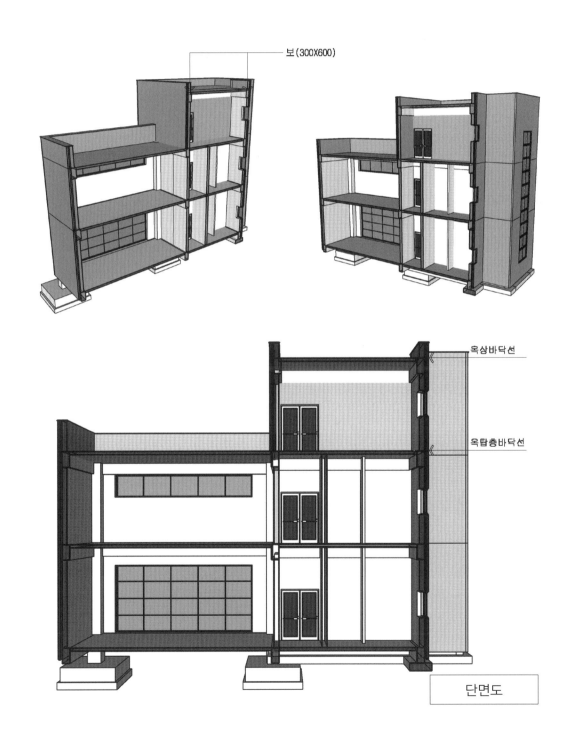

도면 설계 방법

1. 중심선을 수직으로 작도 후 층별 바닥선을 그린다.
2. 층별 보선(300×600)을 그린다.

하부내벽선
(두께200)

보 : 300X600
슬래브 : THK120
내력벽 : THK200
내부벽 : THK200, 100
기 초 : 2400x2400x600
밑창콘크리트 : 2600x2600x300
줄기초 : 900x300

옥탑층 평면도
SCALE : 1/300

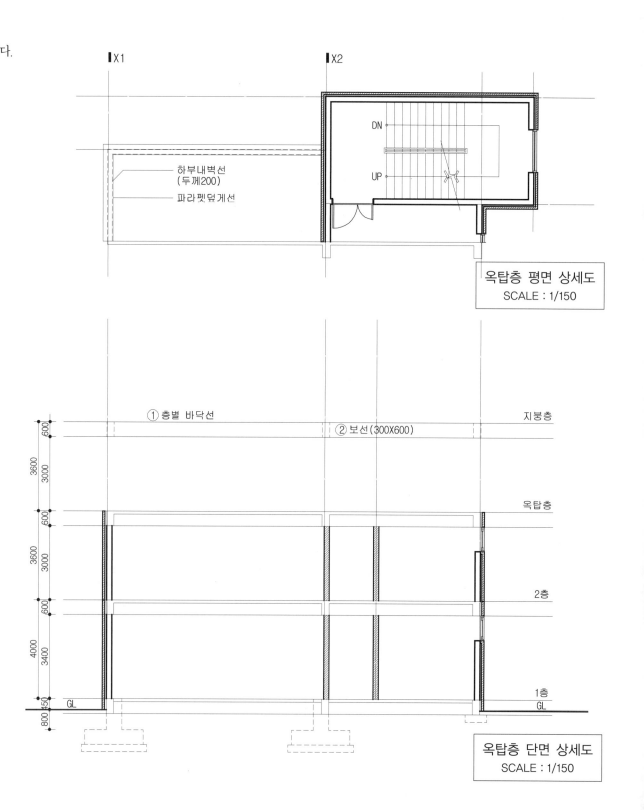

하부내벽선
(두께200)
파라펫덮개선

옥탑층 평면 상세도
SCALE : 1/150

① 층별 바닥선
② 보선(300X600)
지붕층
옥탑층
2층
1층
GL

옥탑층 단면 상세도
SCALE : 1/150

X1 X2 X2a X3a X4 X1 X2

지붕층
옥탑층
2층
1층

X-X절단면

입면도
SCALE : 1/300

단면도
SCALE : 1/300

(2) 옥탑층 보 단면선/슬래브 두께선 찾기

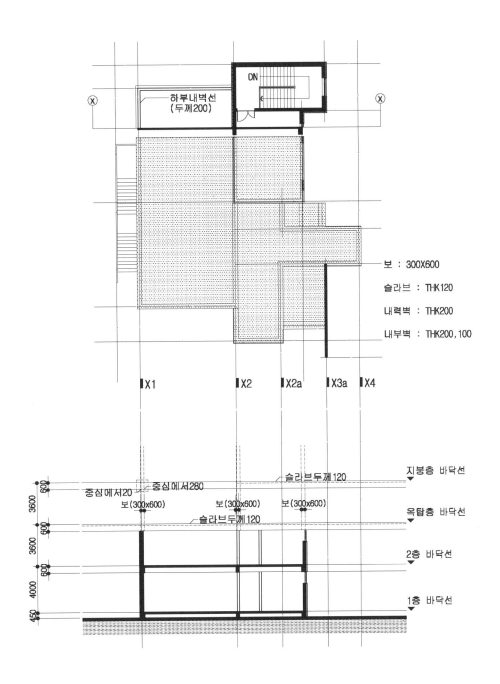

하부내벽선
(두께200)

DN

보 : 300X600

슬라브 : THK120

내력벽 : THK200

내부벽 : THK200,100

X1   X2   X2a   X3a   X4

지붕층 바닥선

슬라브두께120

중심에서20   중심에서280

보(300x600)   보(300x600)   보(300x600)

슬라브두께120

옥탑층 바닥선

2층 바닥선

1층 바닥선

3600
600
3600
600
4000
600
450

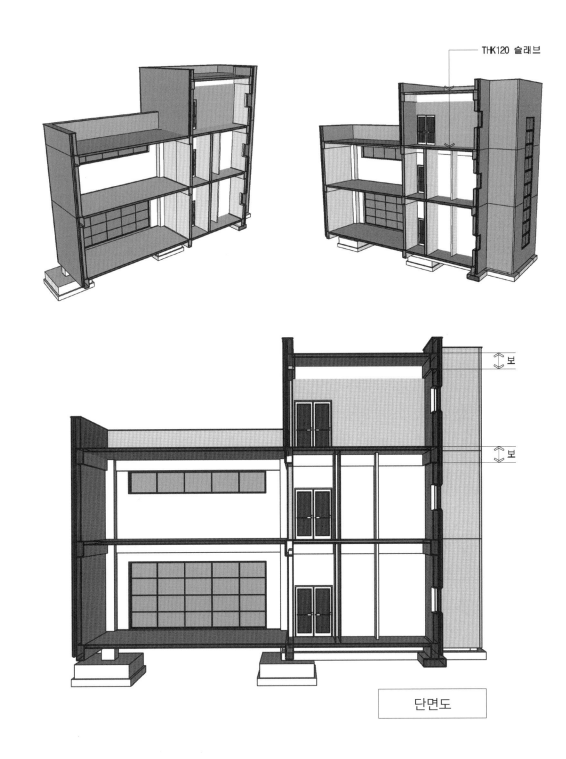

THK120 슬래브

보

보

단면도

✅ **도면 설계 방법**

1. 중심선을 수직으로 작도 후 층별 바닥선을 그린다.
2. 층별 보선(300×600)을 그린다.
3. 평면도에서 보를 찾아 층별 보(300×600)를 그린다.
4. 슬래브(THK 120)을 그린다.

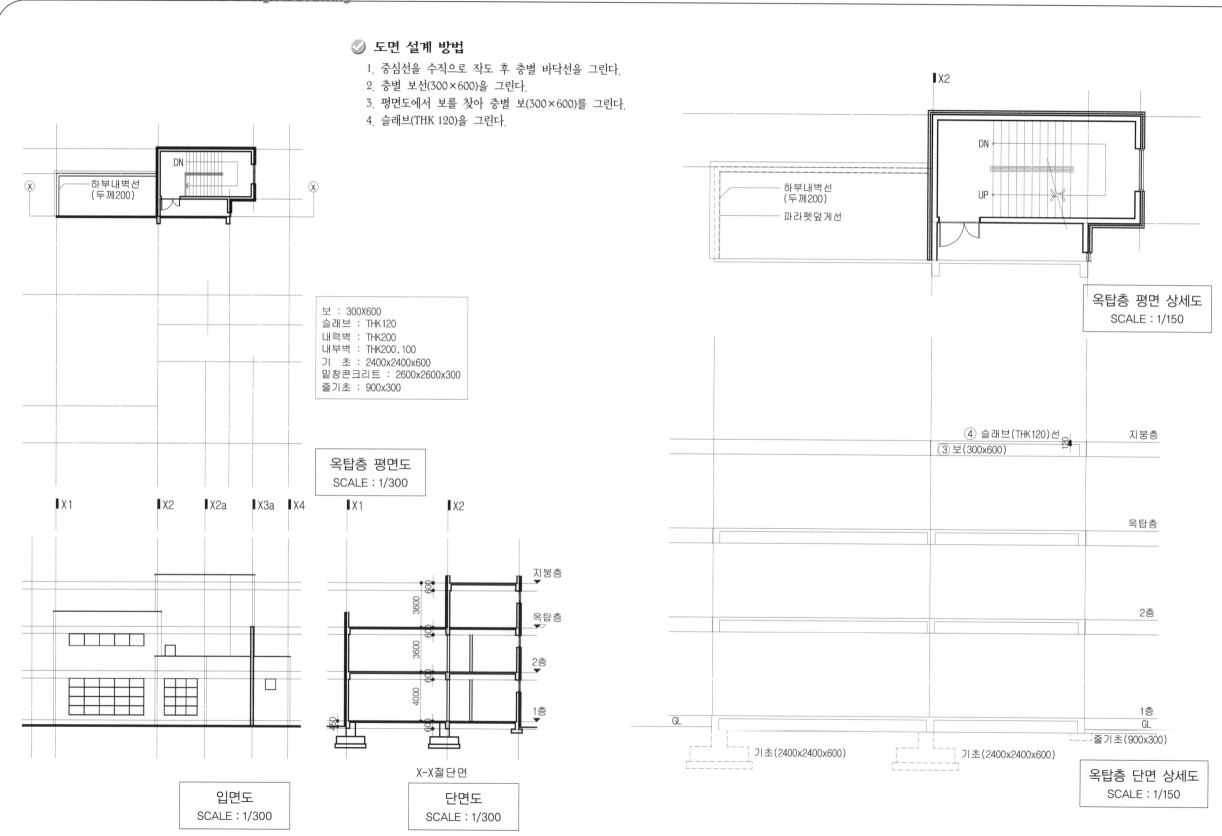

하부내벽선
(두께200)

보 : 300X600
슬래브 : THK120
내력벽 : THK200
내부벽 : THK200, 100
기 초 : 2400x2400x600
밑창콘크리트 : 2600x2600x300
줄기초 : 900x300

옥탑층 평면도
SCALE : 1/300

하부내벽선
(두께200)
파라펫덮게선

옥탑층 평면 상세도
SCALE : 1/150

④ 슬래브(THK120)선
③ 보(300x600)

지붕층

옥탑층

2층

1층
GL
줄기초(900x300)

기초(2400x2400x600)   기초(2400x2400x600)

옥탑층 단면 상세도
SCALE : 1/150

X1   X2   X2a   X3a   X4   X1   X2

지붕층

3600   옥탑층

3600   2층

4000   1층

X-X절단면

입면도
SCALE : 1/300

단면도
SCALE : 1/300

(3) 옥탑층 보, 슬래브 그리기/벽체선 찾기

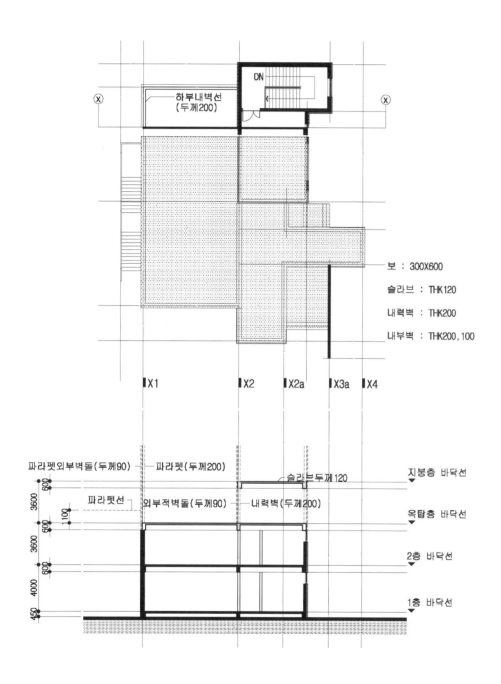

보 : 300X600

슬라브 : THK120

내력벽 : THK200

내부벽 : THK200, 100

단면도

✅ **도면 설계 방법**

1. 중심선을 수직으로 작도 후 층별 바닥선을 그린다.
2. 층별 보선(300×600)을 그린다.
3. 평면도에서 보를 찾아 층별 보(300×600)를 그린다.
4. 슬래브(THK 120)을 그린다.
5. 평면도에서 벽체선을 찾아 외부 및 내부 벽체선을 그린다.

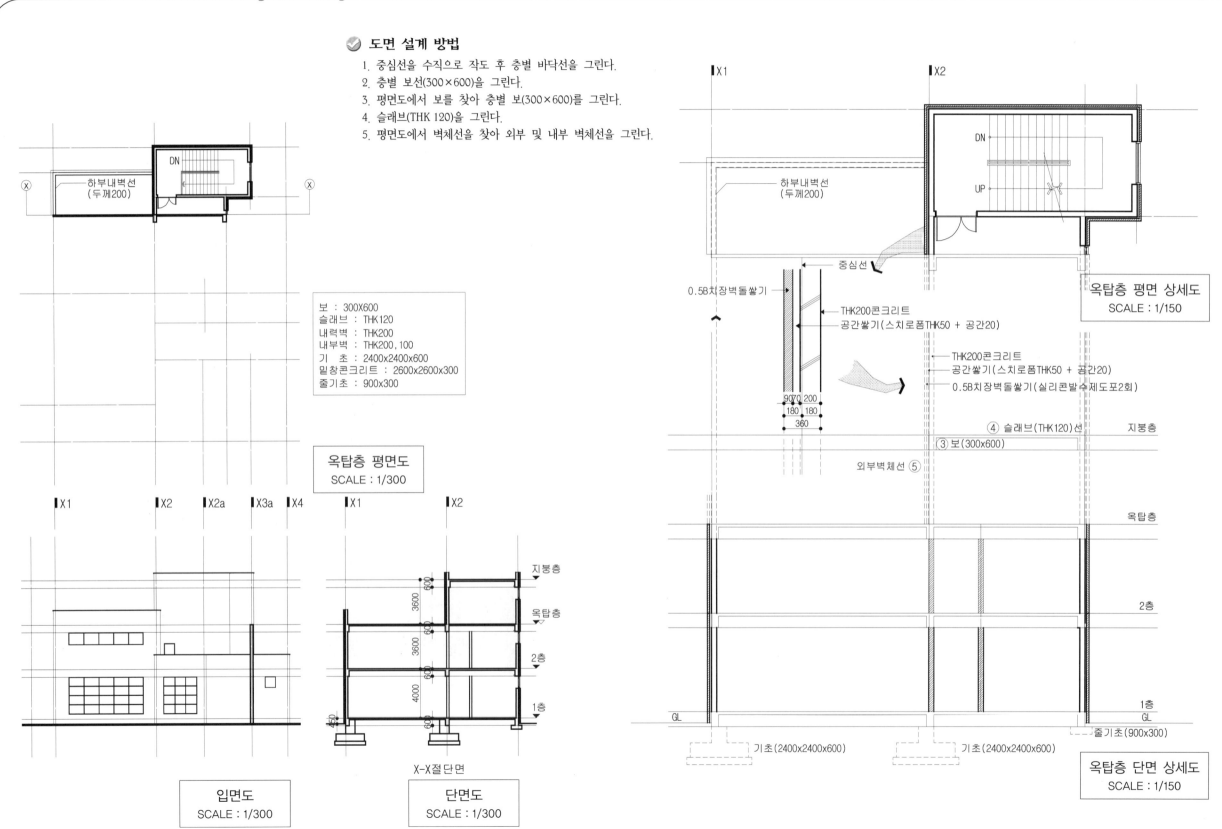

보 : 300X600
슬래브 : THK120
내력벽 : THK200
내부벽 : THK200, 100
기 초 : 2400x2400x600
밑창콘크리트 : 2600x2600x300
줄기초 : 900x300

옥탑층 평면도
SCALE : 1/300

입면도
SCALE : 1/300

X-X절단면

단면도
SCALE : 1/300

옥탑층 평면 상세도
SCALE : 1/150

옥탑층 단면 상세도
SCALE : 1/150

(4) 옥탑층 벽체선 그리기/창호선 찾기

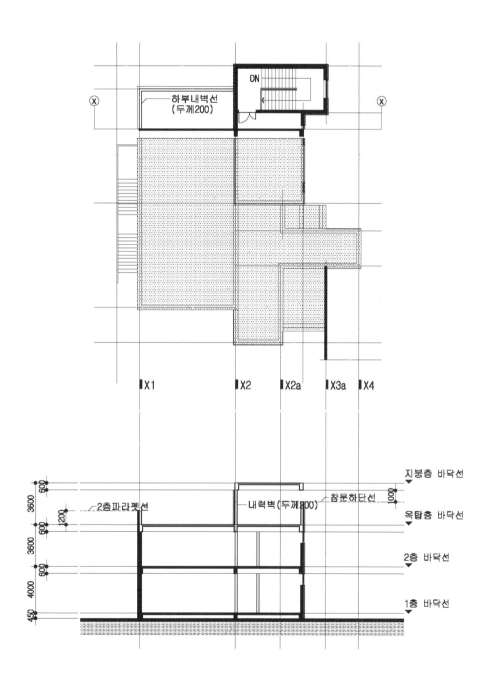

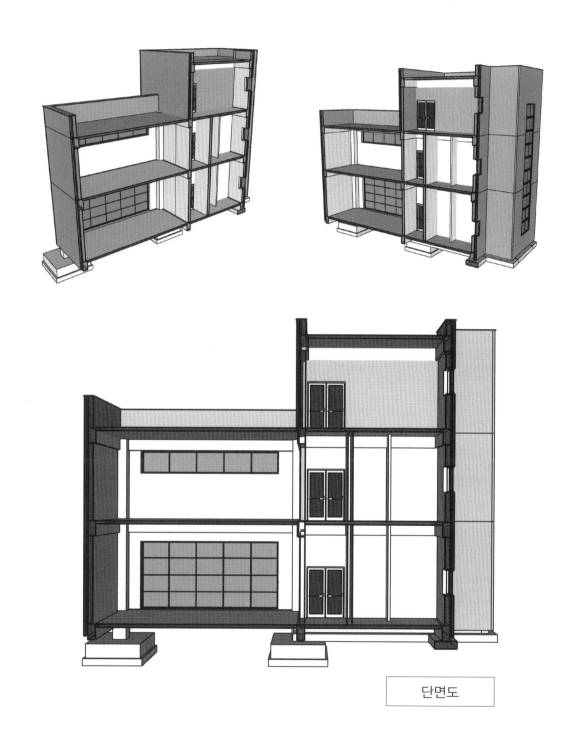

단면도

🌀 도면 설계 방법

1. 중심선을 수직으로 작도 후 층별 바닥선을 그린다.
2. 층별 보선(300×600)을 그린다.
3. 평면도에서 보를 찾아 층별 보(300×600)를 그린다.
4. 슬래브(THK 120)을 그린다.
5. 평면도에서 벽체선을 찾아 외부 및 내부 벽체선을 그린다.
6. 창호선을 찾아 그린다.

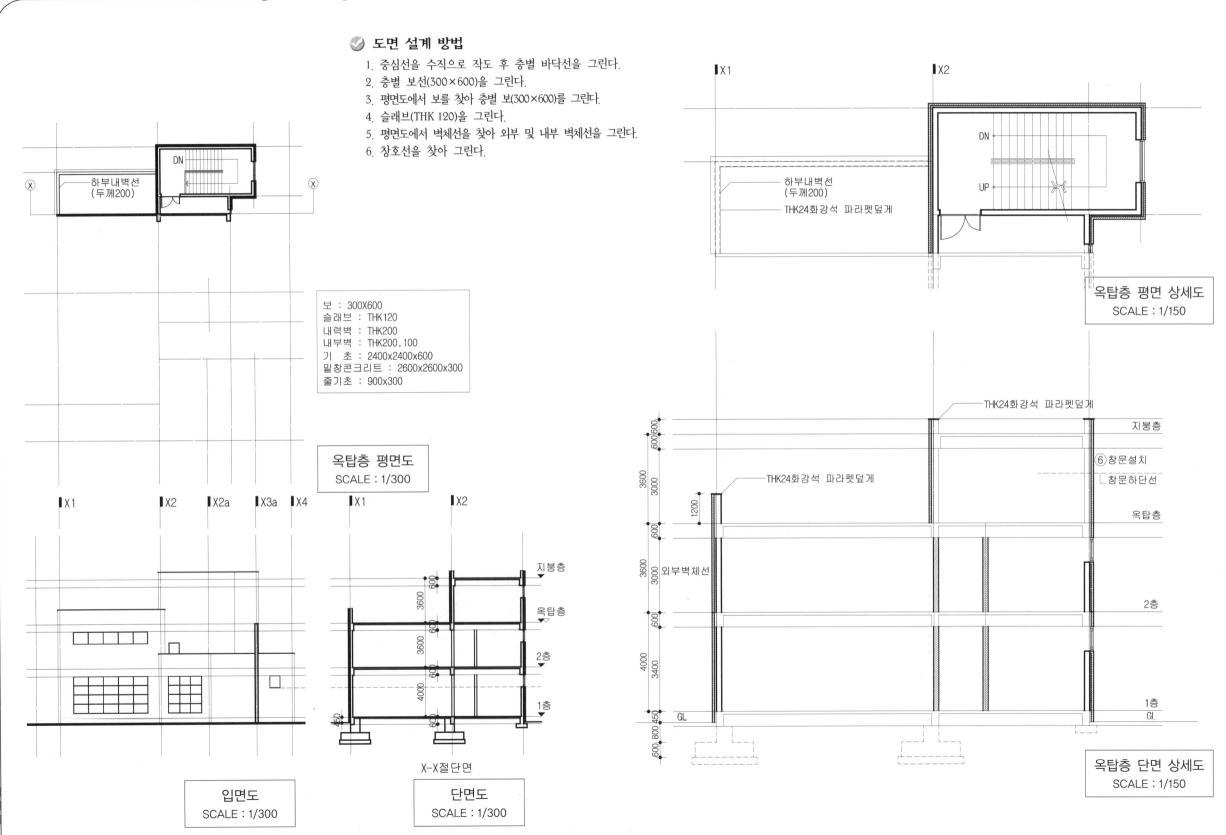

하부내벽선
(두께200)

```
보      : 300X600
슬래브   : THK120
내력벽   : THK200
내부벽   : THK200,100
기   초 : 2400x2400x600
밑창콘크리트 : 2600x2600x300
줄기초   : 900x300
```

옥탑층 평면도
SCALE : 1/300

X1   X2   X2a   X3a   X4   X1   X2

입면도
SCALE : 1/300

X-X절단면

단면도
SCALE : 1/300

옥탑층 평면 상세도
SCALE : 1/150

하부내벽선
(두께200)
THK24화강석 파라펫덮게

THK24화강석 파라펫덮게

THK24화강석 파라펫덮게

외부벽체선

지붕층
⑥창문설치
창문하단선
옥탑층
2층
1층
GL

옥탑층 단면 상세도
SCALE : 1/150

(5) 창호 그리기

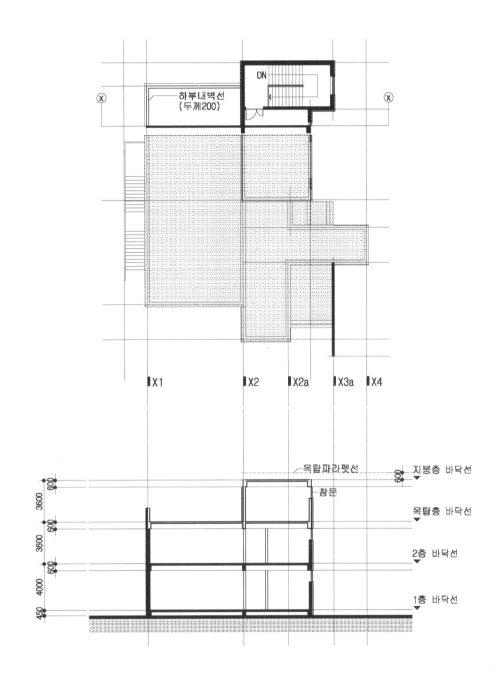

하부내벽선
(두께200)

X1 X2 X2a X3a X4

옥탑파라펫선   지붕층 바닥선

창문

옥탑층 바닥선

2층 바닥선

1층 바닥선

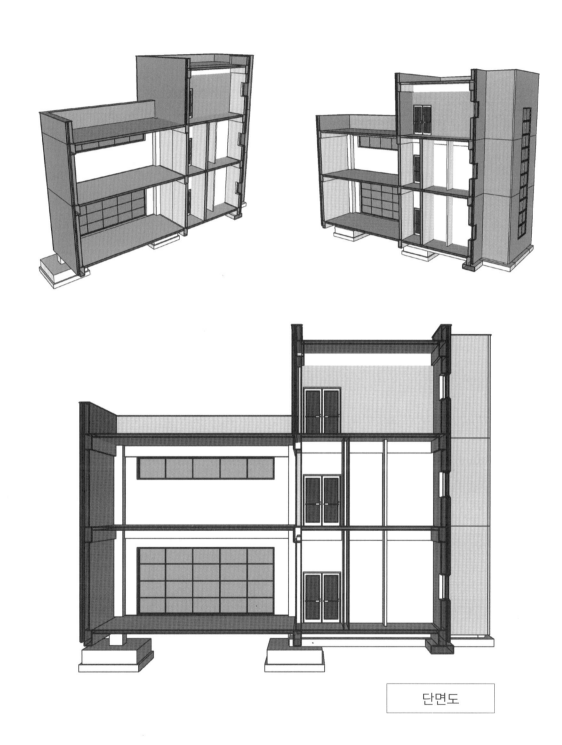

단면도

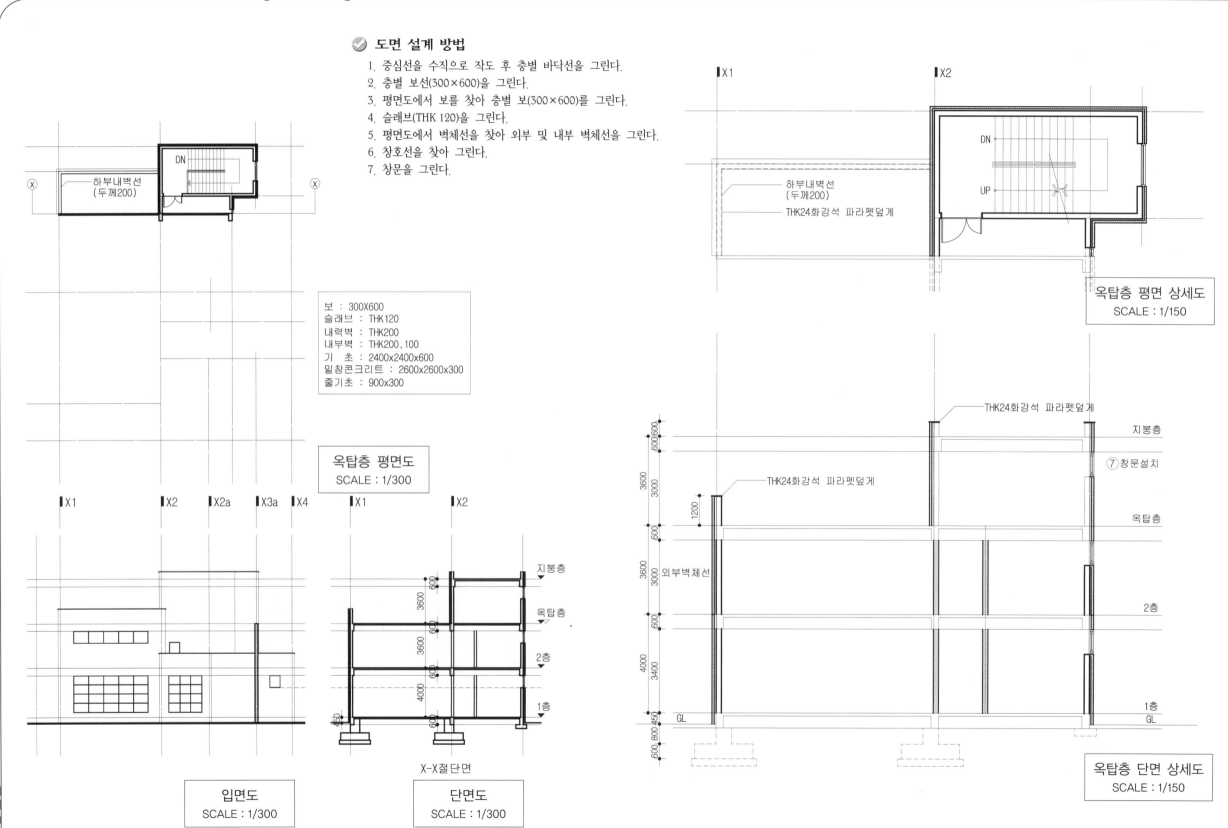

✓ 도면 설계 방법

1. 중심선을 수직으로 작도 후 층별 바닥선을 그린다.
2. 층별 보선(300×600)을 그린다.
3. 평면도에서 보를 찾아 층별 보(300×600)를 그린다.
4. 슬래브(THK 120)을 그린다.
5. 평면도에서 벽체선을 찾아 외부 및 내부 벽체선을 그린다.
6. 창호선을 찾아 그린다.
7. 창문을 그린다.

하부내벽선
(두께200)

보 : 300X600
슬래브 : THK120
내력벽 : THK200
내부벽 : THK200, 100
기 초 : 2400x2400x600
밑창콘크리트 : 2600x2600x300
줄기초 : 900x300

옥탑층 평면도
SCALE : 1/300

입면도
SCALE : 1/300

X-X절단면

단면도
SCALE : 1/300

하부내벽선
(두께200)
THK24화강석 파라펫덮게

옥탑층 평면 상세도
SCALE : 1/150

THK24화강석 파라펫덮게
THK24화강석 파라펫덮게
외부벽체선

지붕층
⑦창문설치
옥탑층
2층
1층
GL

옥탑층 단면 상세도
SCALE : 1/150

(6) 옥탑층 단면도 완성

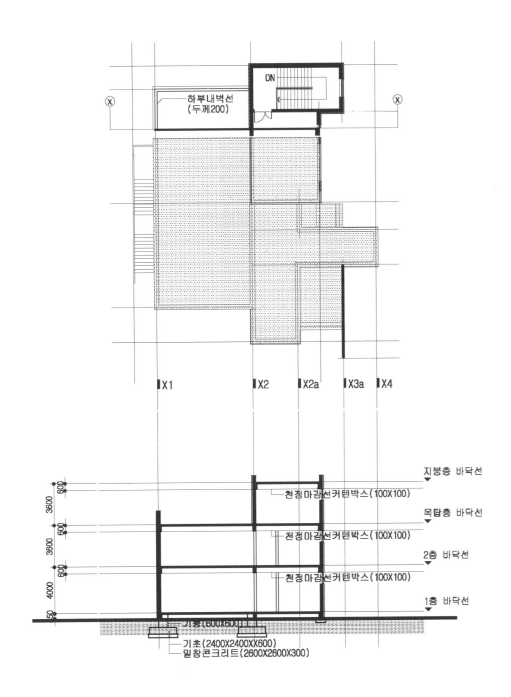

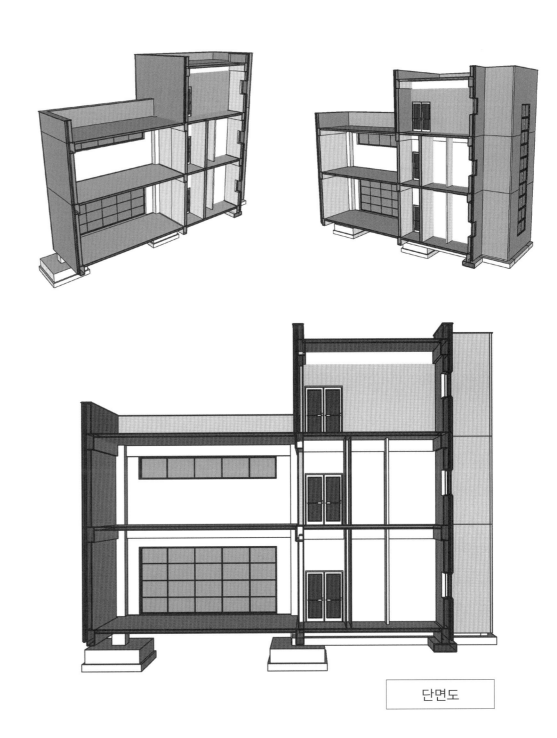

단면도

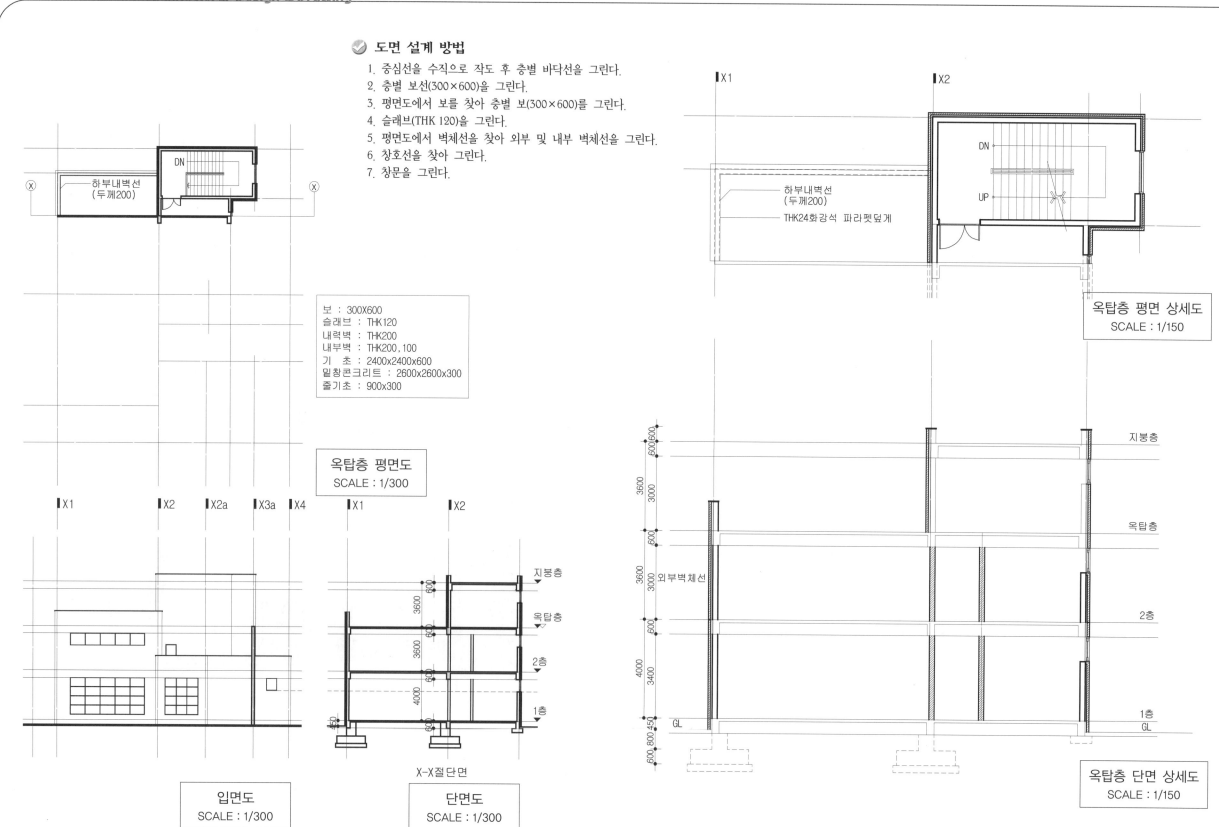

✅ **도면 설계 방법**

1. 중심선을 수직으로 작도 후 층별 바닥선을 그린다.
2. 층별 보선(300×600)을 그린다.
3. 평면도에서 보를 찾아 층별 보(300×600)를 그린다.
4. 슬래브(THK 120)을 그린다.
5. 평면도에서 벽체선을 찾아 외부 및 내부 벽체선을 그린다.
6. 창호선을 찾아 그린다.
7. 창문을 그린다.

하부내벽선
(두께200)

보 : 300X600
슬래브 : THK120
내력벽 : THK200
내부벽 : THK200,100
기 초 : 2400x2400x600
밑창콘크리트 : 2600x2600x300
줄기초 : 900x300

옥탑층 평면도
SCALE : 1/300

X1 X2 X2a X3a X4 X1 X2

입면도
SCALE : 1/300

X-X절단면

단면도
SCALE : 1/300

X1 X2

하부내벽선
(두께200)
THK24화강석 파라펫덮게

옥탑층 평면 상세도
SCALE : 1/150

지붕층
옥탑층
외부벽체선
2층
1층
GL

옥탑층 단면 상세도
SCALE : 1/150

09

철근 배근도 이해하기

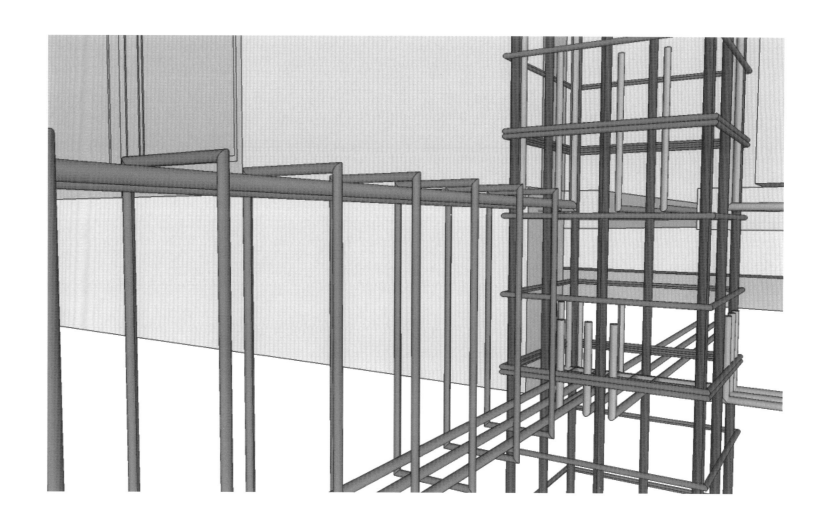

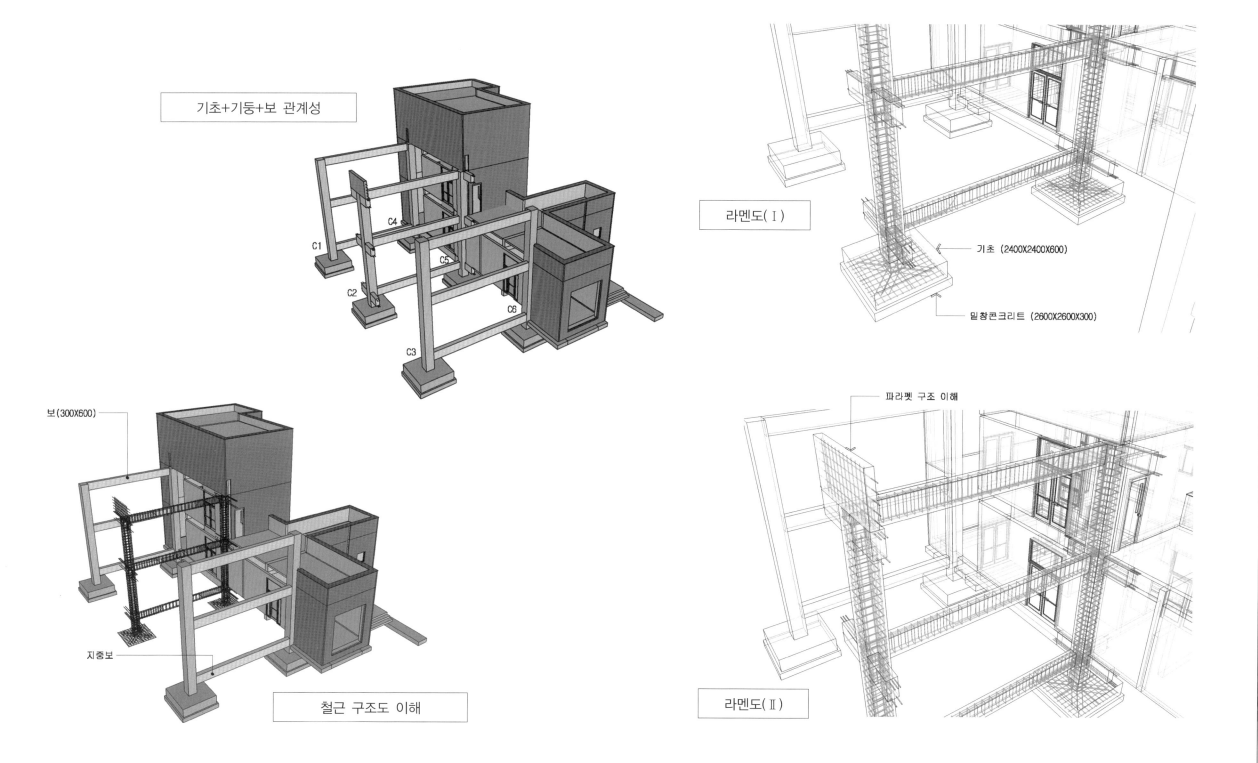

기초+기둥+보 관계성

C4
C1
C5
C2
C6
C3

라멘도(I)

기초 (2400X2400X600)

밑창콘크리트 (2600X2600X300)

파라펫 구조 이해

보(300X600)

지중보

철근 구조도 이해

라멘도(II)

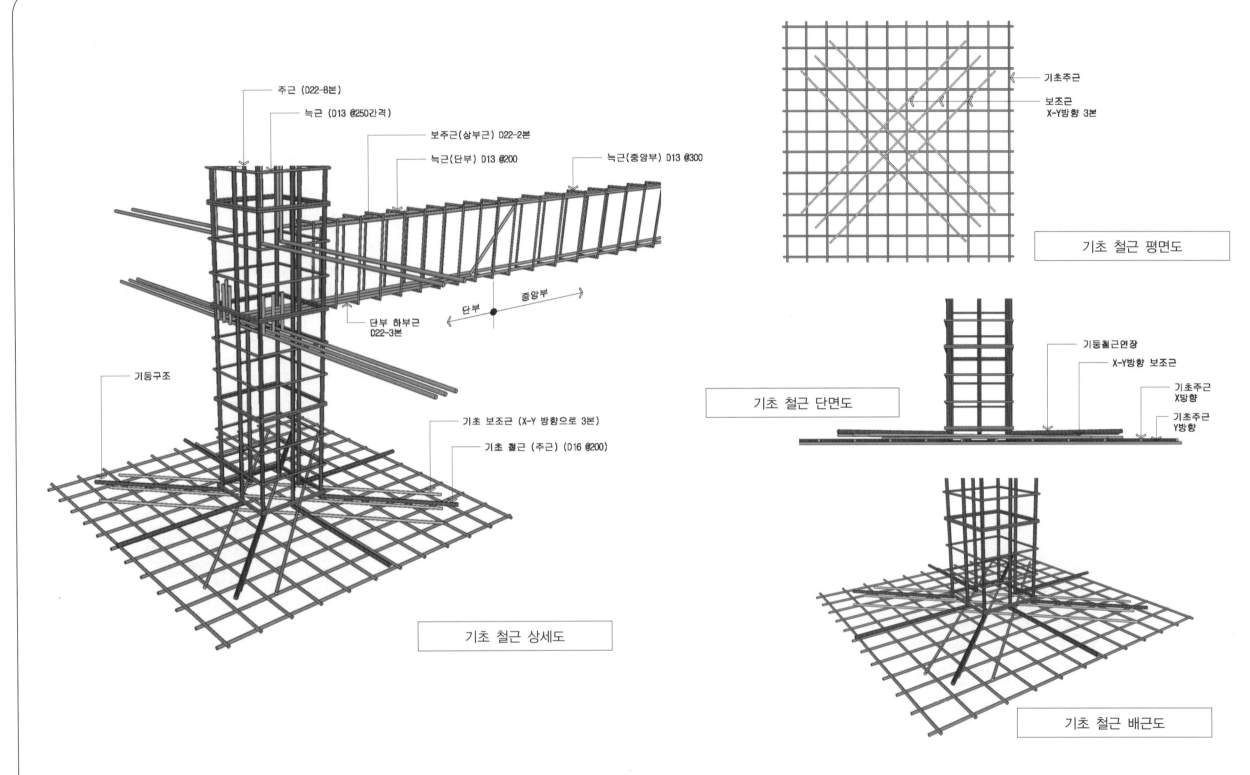

주근 (D22-8본)

늑근 (D13 @250간격)

보주근(상부근) D22-2본

늑근(단부) D13 @200

늑근(중앙부) D13 @300

단부 하부근
D22-3본

단부 · 중앙부

기둥구조

기초 보조근 (X-Y 방향으로 3본)

기초 철근 (주근) (D16 @200)

기초 철근 상세도

기초주근

보조근
X-Y방향 3본

기초 철근 평면도

기초 철근 단면도

기둥철근연장

X-Y방향 보조근

기초주근
X방향

기초주근
Y방향

기초 철근 배근도

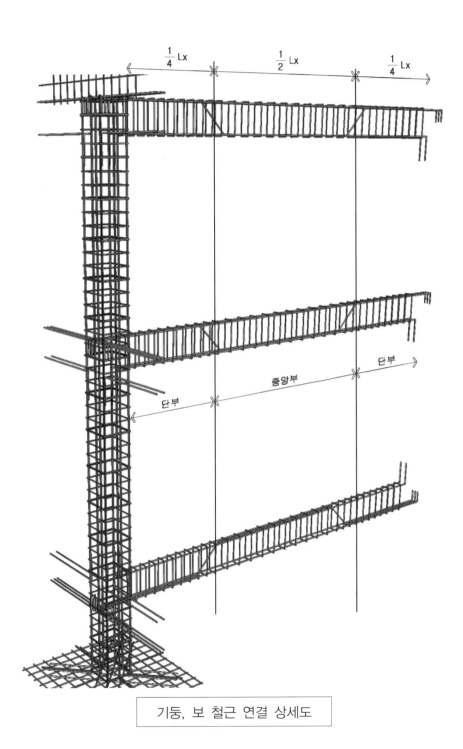

$\frac{1}{4}$ Lx $\frac{1}{2}$ Lx $\frac{1}{4}$ Lx

단부   중앙부   단부

기둥, 보 철근 연결 상세도

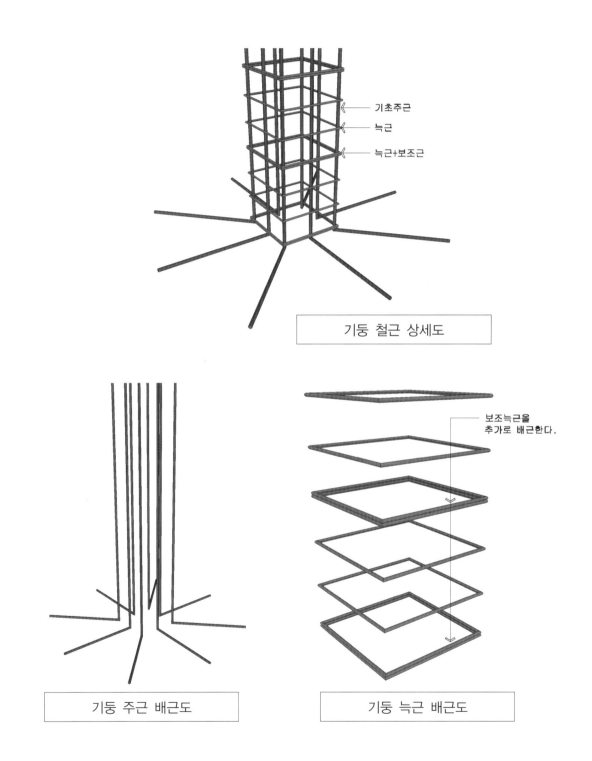

기초주근

늑근

늑근+보조근

기둥 철근 상세도

보조늑근을
추가로 배근한다.

기둥 주근 배근도   기둥 늑근 배근도

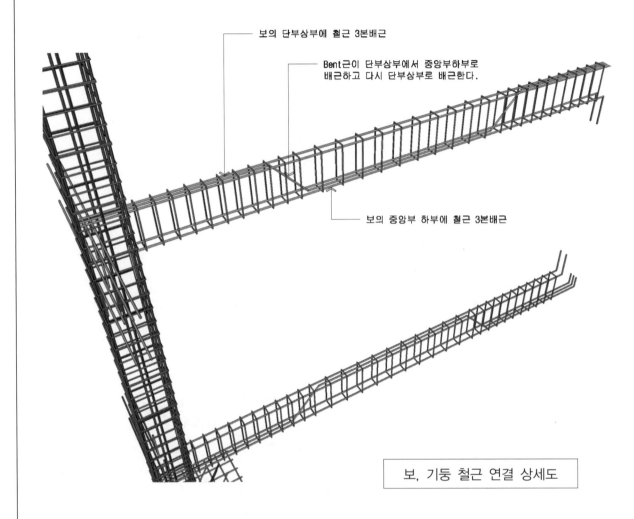

보의 단부상부에 철근 3본배근

Bent근이 단부상부에서 중앙부하부로
배근하고 다시 단부상부로 배근한다.

보의 중앙부 하부에 철근 3본배근

보, 기둥 철근 연결 상세도

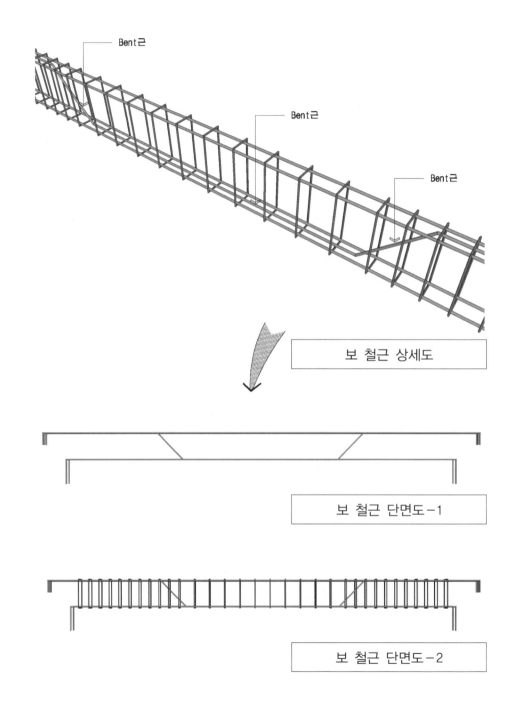

Bent근

Bent근

Bent근

보 철근 상세도

보 철근 단면도-1

보 철근 단면도-2

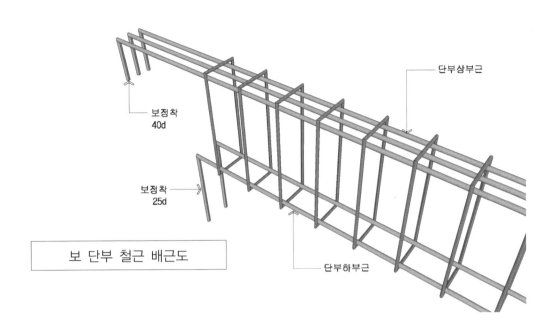

보정착
40d

보정착
25d

단부상부근

단부하부근

보 단부 철근 배근도

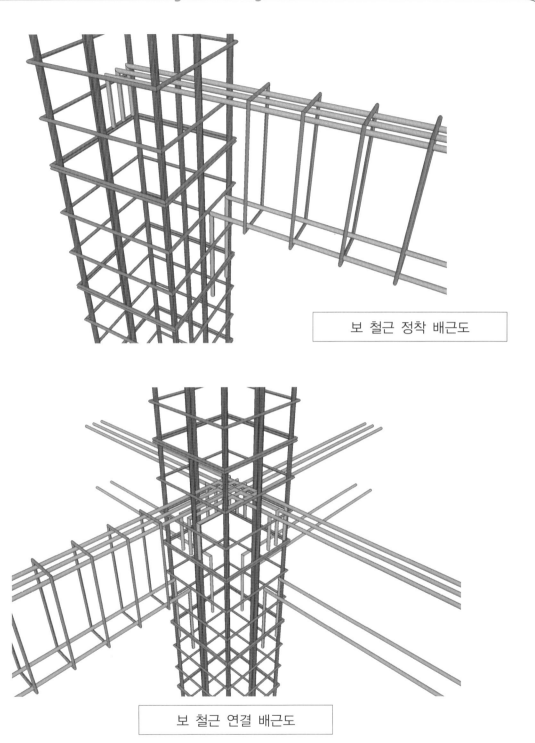

보 철근 정착 배근도

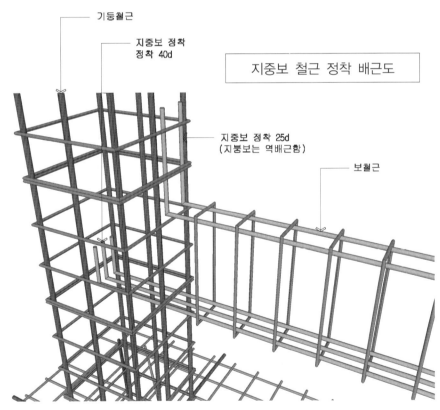

기둥철근

지중보 정착
정착 40d

지중보 정착 25d
(지붕보는 역배근함)

보철근

지중보 철근 정착 배근도

보 철근 연결 배근도

PART 02 | 기초 철근 배근도 이해하기

(1) 독립 기초 일반사항

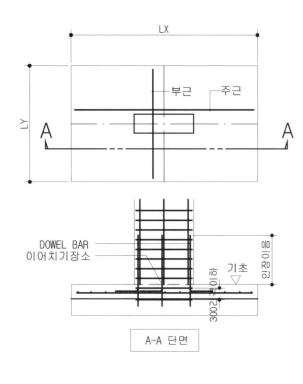

A-A 단면

(2) 말뚝 기초 일반사항

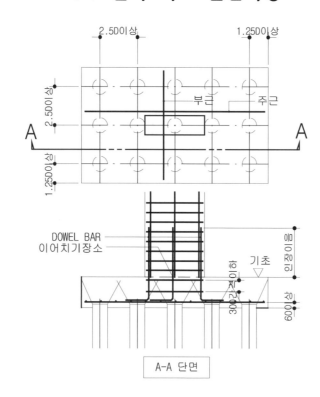

A-A 단면

(3) 기초 배근 일반사항

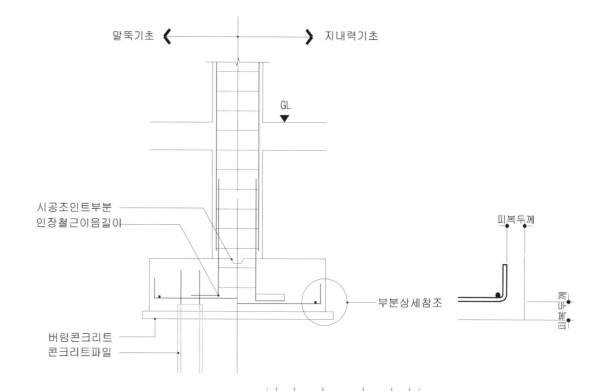

(4) 독립 기초와 지중보와의 접합

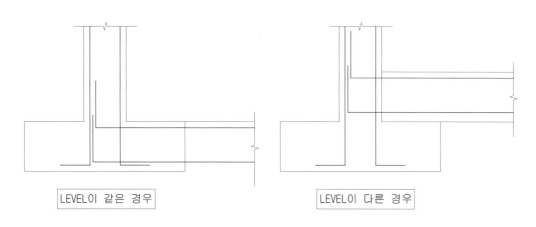

LEVEL이 같은 경우   LEVEL이 다른 경우

(5) 줄기초 교차 배근도

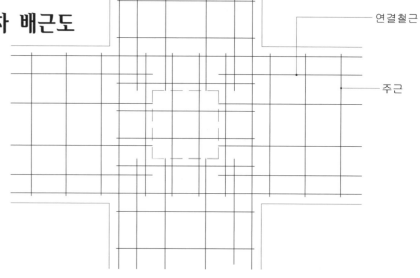

기초 철근의 평면도 & 단면도 그리기

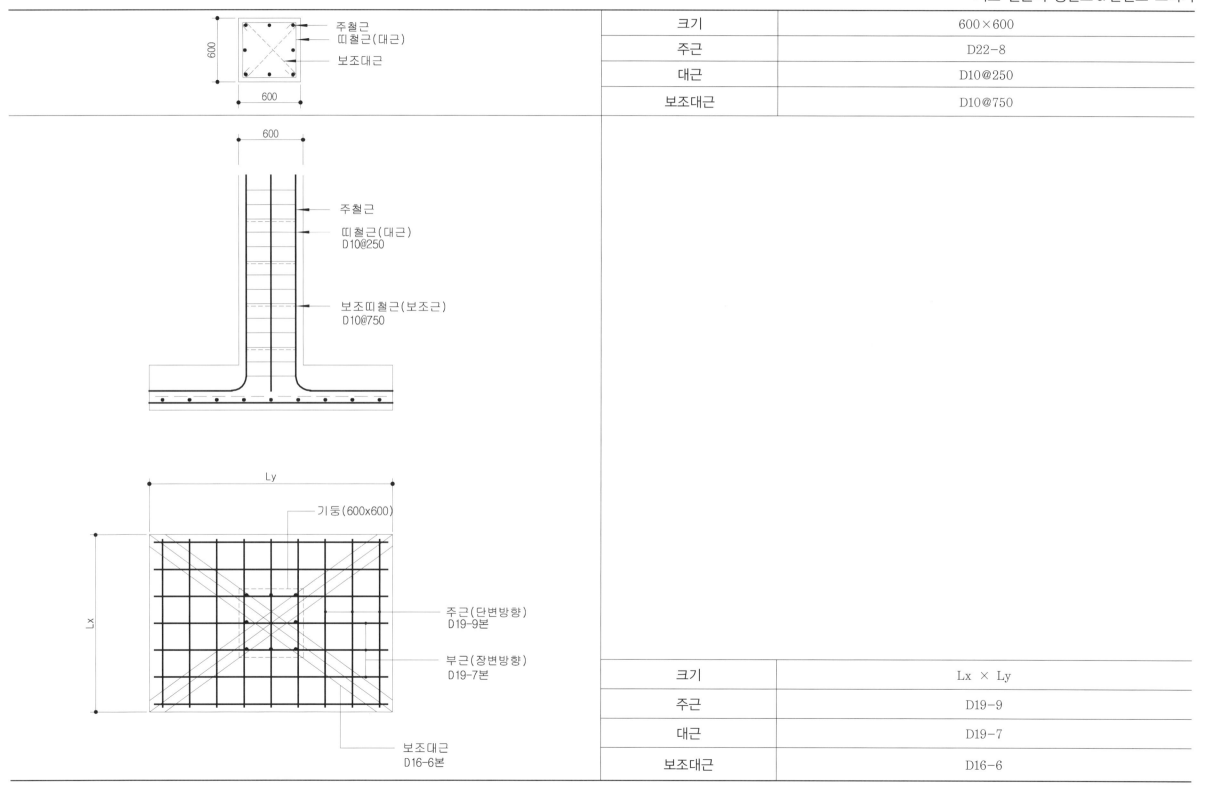

크기	600 × 600
주근	D22-8
대근	D10@250
보조대근	D10@750

주철근
띠철근(대근)
보조대근

주철근
띠철근(대근)
D10@250
보조띠철근(보조근)
D10@750

기둥(600x600)
주근(단변방향)
D19-9본
부근(장변방향)
D19-7본
보조대근
D16-6본

크기	Lx × Ly
주근	D19-9
대근	D19-7
보조대근	D16-6

PART 03 | 기둥 철근 배근도 이해하기

(1) 기둥 일반사항

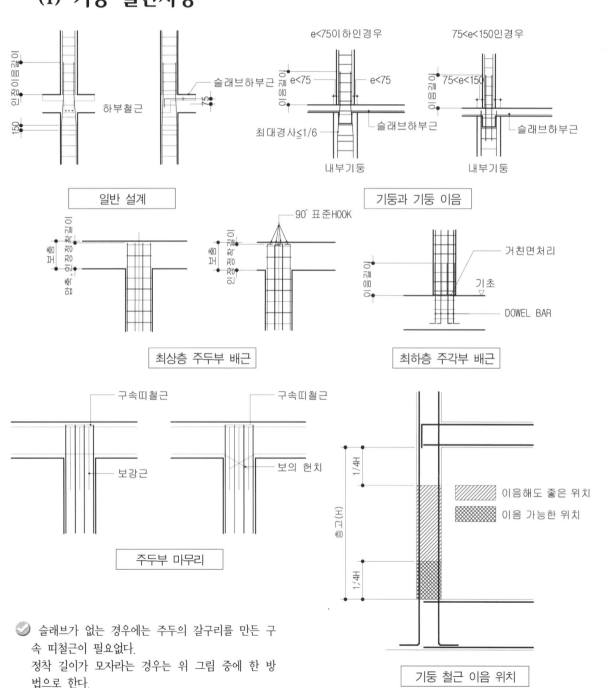

일반 설계

기둥과 기둥 이음

최상층 주두부 배근

최하층 주각부 배근

주두부 마무리

기둥 철근 이음 위치

🔘 슬래브가 없는 경우에는 주두의 갈구리를 만든 구
속 띠철근이 필요없다.
정착 길이가 모자라는 경우는 위 그림 중에 한 방
법으로 한다.

(2) 기둥&기초 철근 배근 이해하기

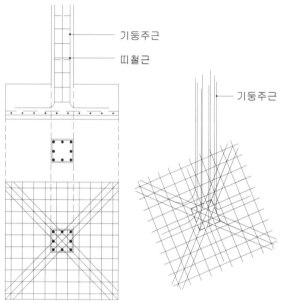

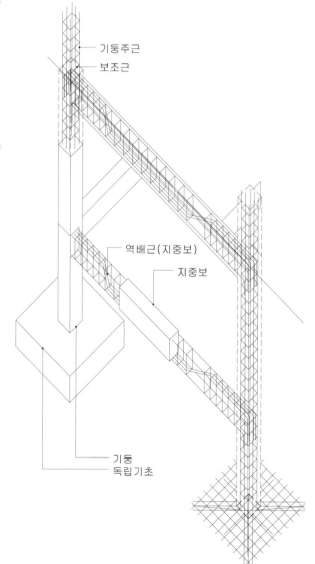

🔘 기둥은 건물의 각 층 바닥하중을 기초에 전달시키는
수직 압축 부재를 말하며 기둥은 일반적으로 장주
(long column)과 단주(short coluna)으로 구분한다.

🔘 띠기둥은 13mm 이상의 철근을 4개 이상 나선
기둥은 13mm 이상의 철근을 6개 이상 배근한다.
주근의 간격은 2.5cm 이상 또는 공칭 직경의 1.5배
이상으로 한다. 피복 두께는 3cm 이상으로 한다.

🔘 **1. 띠철근의 간격**
　① 주근 지름의 16배 이하
　② 띠철근 지름의 48배 이하
　③ 기둥의 최소폭 이하 30cm 이하
　2. 나선 철근의 간격
　① 3cm 이상, 8cm 이하
　② 기둥 유효 지름의 1/6 이하
　③ 굵은골재 지름의 1.5배 이상

기둥 철근의 평면도 & 단면도 그리기

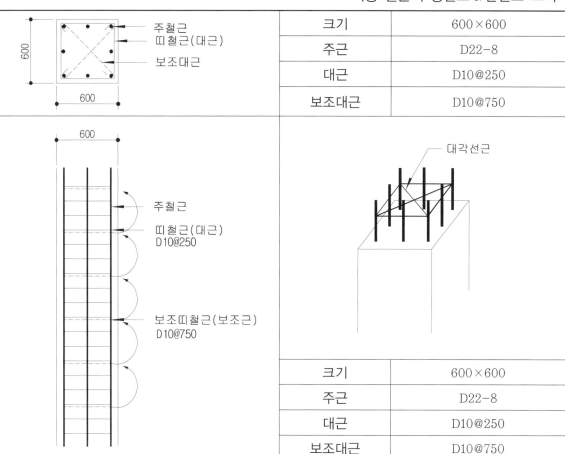

크기	600×600
주근	D22-8
대근	D10@250
보조대근	D10@750

크기	600×600
주근	D22-8
대근	D10@250
보조대근	D10@750

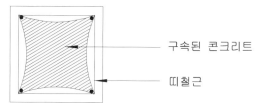

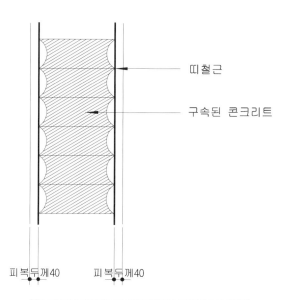

횡방향 보강 철근
(띠철근에 의한 기둥 콘크리트의 구속)

✅ 축방향 철근 설계

기둥의 축하중은 철근과 콘크리트가 분담하여 지지하므로 기둥에 비해 철근이 많이 배근하거나 또는 철근이 작거나 하면 경제성 및 시공의 정도가 좋지 못하다. 따라서 적절한 철근과 콘크리트의 단면으로 되어야 한다. 기둥에 축하중 이 지속적으로 작용하게 되면 콘크리트에 건조 수축과 크리프에 의한 변형이 발생되어 콘크리트의 부담 하중이 철근 으로 이동하여 철근의 하중 부담이 증가된다. 이러한 문제를 해결하기 위해 기둥 단면적에 대한 최대 및 최소 철근비 가 규정에 맞게 설계되어야 한다.

PART 04 | 보 철근 배근도 이해하기

(1) 보 주철근 일반사항

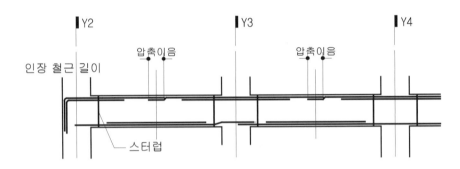

> 주근의 배근 간격은 2.5cm 이상 또는 공칭 지름의 1.5배 이상으로 한다.
> 보의 정착 길이는 최상층과 중간층을 구분하며 인장 철근의 정착 길이는 40d와 같거나 작게, 압축 철근의 정착 길이는 25d와 같거나 작게 한다.

(2) 스터럽 철근 일반사항

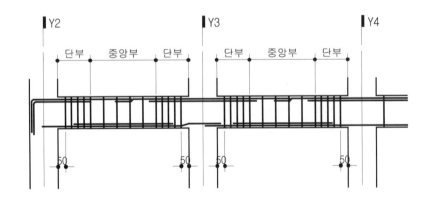

(3) 보 스터럽 형태

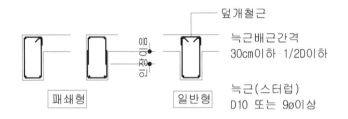

(4) 보의 이음 위치

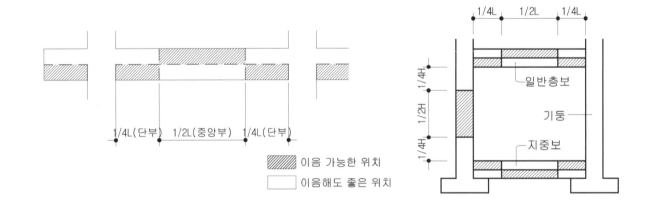

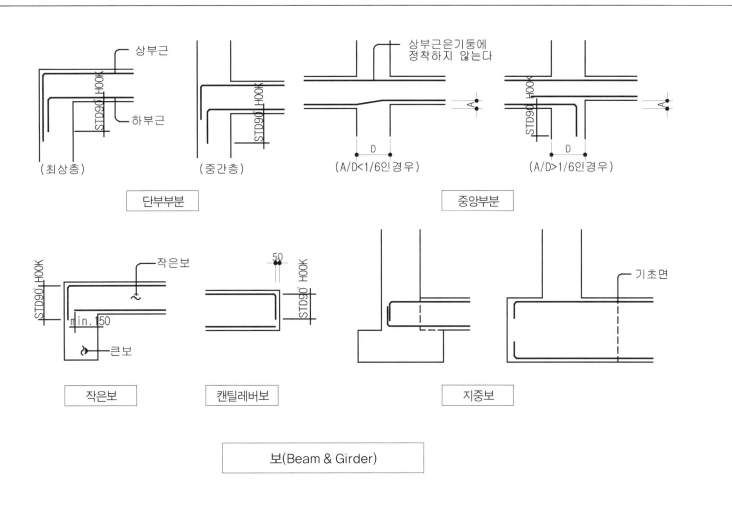

상부근

STD90 HOOK

하부근

(최상층)

(중간층)

STD90 HOOK

상부근은기둥에
정착하지 않는다

D

(A/D<1/6인경우)

A

STD90 HOOK

D

(A/D>1/6인경우)

A

단부부분

중앙부분

STD90 HOOK

작은보

min. 150

큰보

50

STD90 HOOK

기초면

작은보

캔틸레버보

지중보

보(Beam & Girder)

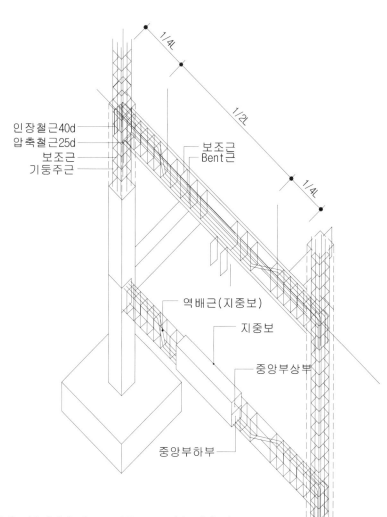

1/4L

1/2L

1/4L

인장철근40d

압축철근25d

보조근

기둥주근

보조근
Bent근

역배근(지중보)

지중보

중앙부상부

중앙부하부

철근의 이음은 응력이 가장 작은 부분에 적용하여야 하므로 압축 또는 작은 인장 이
음의 길이는 25d 이상으로 하고, 큰 인장이 발생하는 장소에서는 40d 이상의 이음 길
이를 확보하여야 한다.

PART 05 | 파라펫 철근 배근도 이해하기

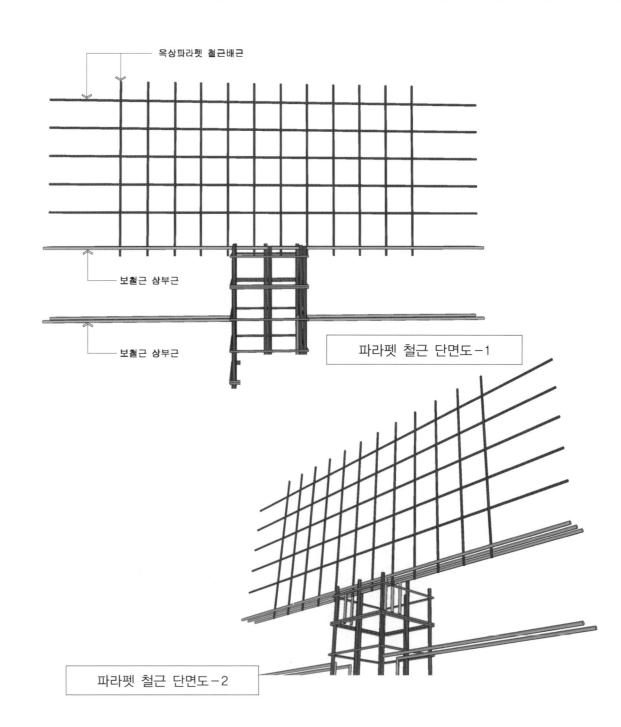

옥상파라펫 철근배근

보철근 상부근

보철근 상부근

파라펫 철근 단면도-1

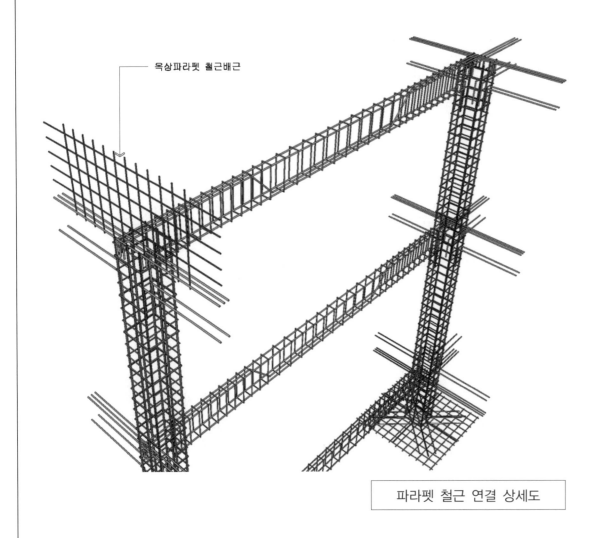

옥상파라펫 철근배근

파라펫 철근 연결 상세도

파라펫 철근 단면도-2

PART 06 | 기초, 기둥, 지중보 연결 이해하기

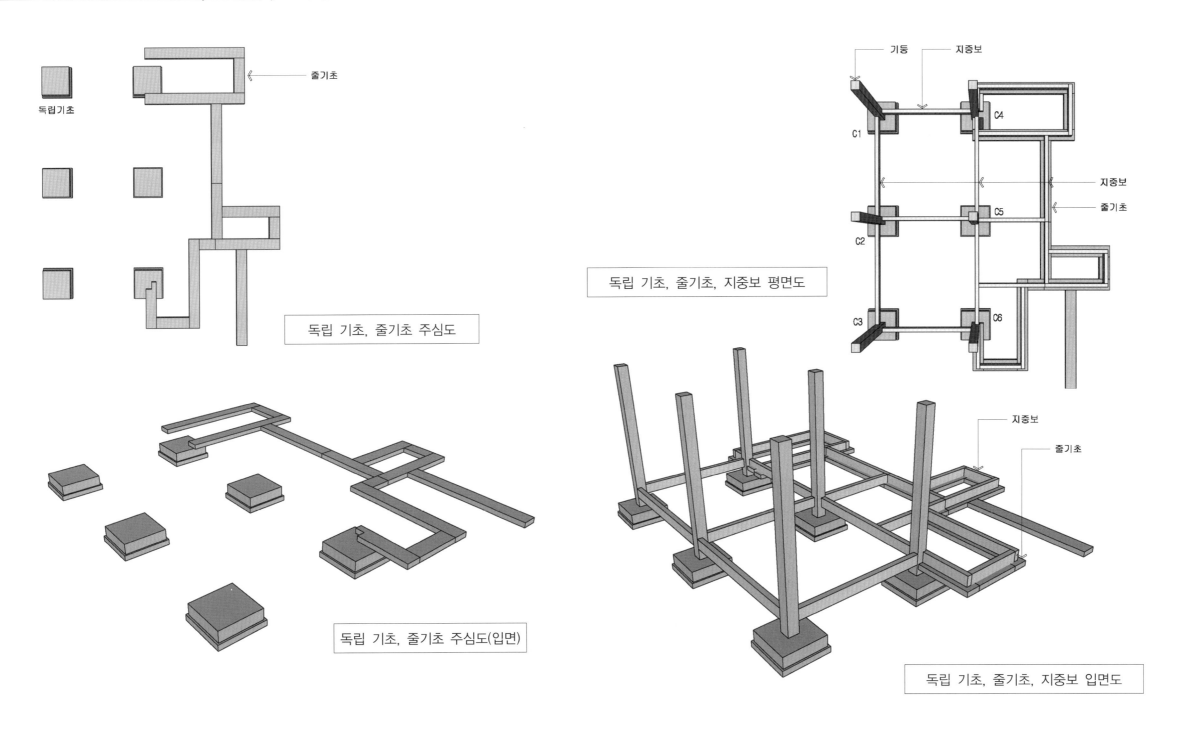

독립기초

줄기초

지중보

독립 기초, 줄기초 주심도

독립 기초, 줄기초, 지중보 평면도

기둥

지중보

줄기초

C1

C4

C5

C2

C3

C6

독립 기초, 줄기초 주심도(입면)

지중보

줄기초

독립 기초, 줄기초, 지중보 입면도

PART 07 | 계단 이해하기

(1) 내부 계단 이해하기

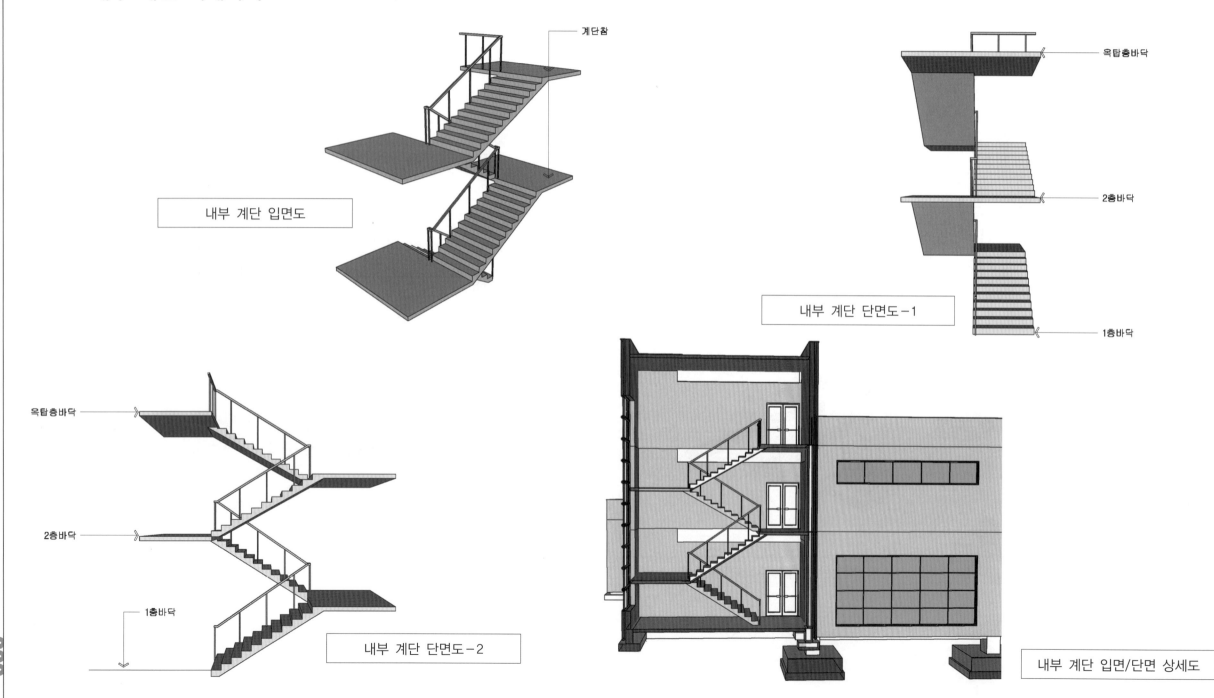

내부 계단 입면도

계단참

내부 계단 단면도-1

옥탑층바닥

2층바닥

1층바닥

내부 계단 단면도-2

옥탑층바닥

2층바닥

1층바닥

내부 계단 입면/단면 상세도

(2) 외부 계단 이해하기

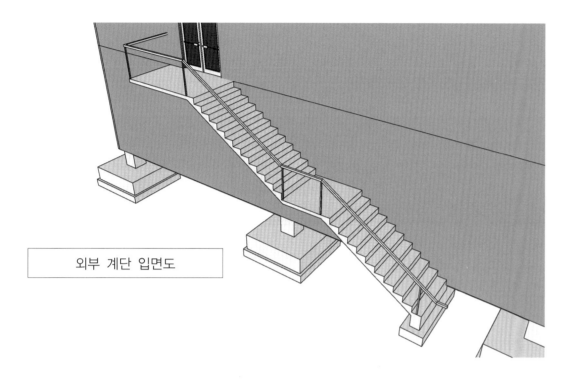

외부 계단 입면도

외부 계단 단면도-1

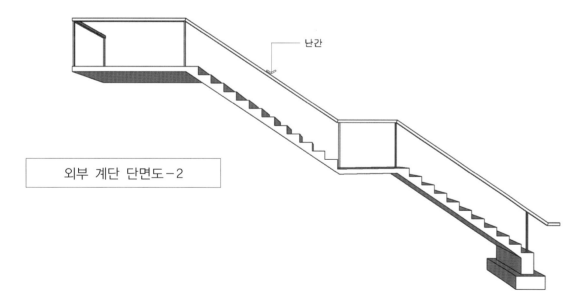

난간

외부 계단 단면도-2

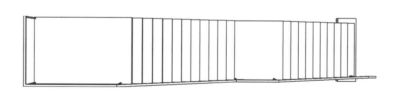

외부 계단 평면도

PART 08 | 배근도 이해하기

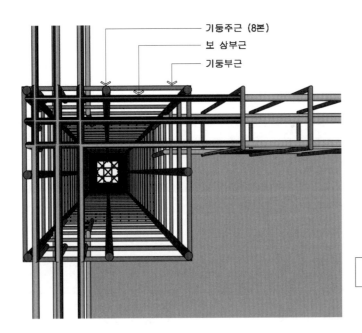

기둥주근 (8본)
보 상부근
기둥부근

기둥 내부 정착 모습

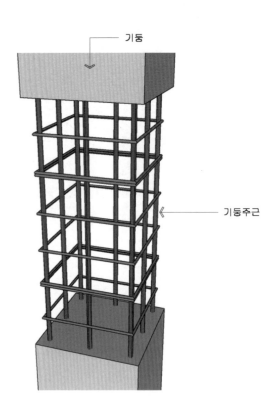

기둥

기둥주근

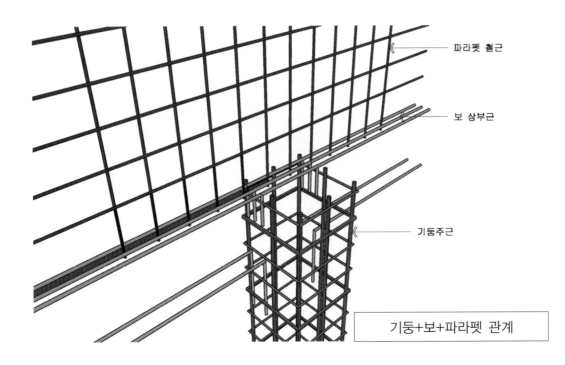

파라펫 철근
보 상부근
기둥주근

기둥+보+파라펫 관계

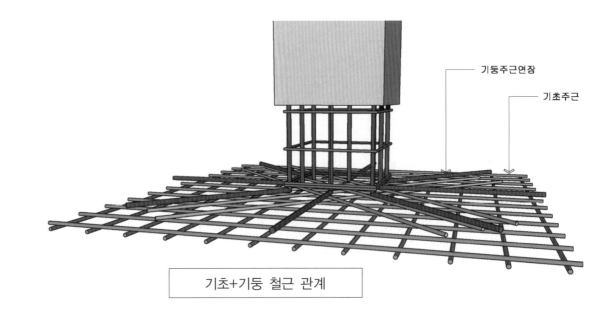

기둥주근연장
기초주근

기초+기둥 철근 관계

(1) 슬래브 배근도 이해하기

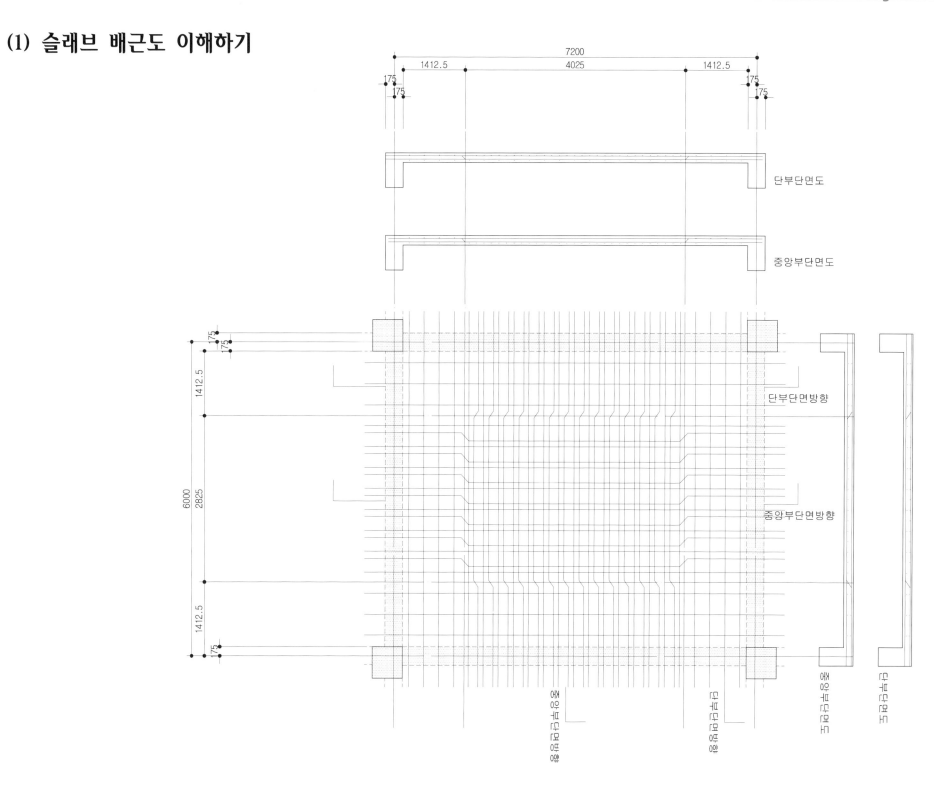

단부단면도

중앙부단면도

단부단면방향

중앙부단면방향

슬래브 철근 배근도 완성도

1) 슬래브 배근도 그리기-1

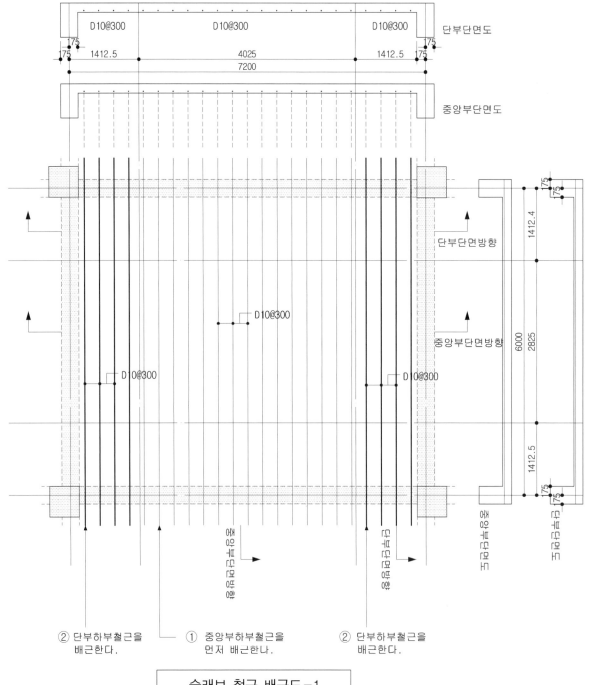

D10@300   D10@300   D10@300   단부단면도

175
175 1412.5   4025   1412.5 175
7200

중앙부단면도

175
175

1412.4

단부단면방향

6000
2825

D10@300

중앙부단면방향

D10@300

D10@300   D10@300

1412.5

175
175

② 단부하부철근을   ① 중앙부하부철근을   ② 단부하부철근을
배근한다.   먼저 배근한나.   배근한다.

슬래브 철근 배근도-1
(슬래브 단변방향 하부근 배근)

2) 슬래브 배근도 그리기-2

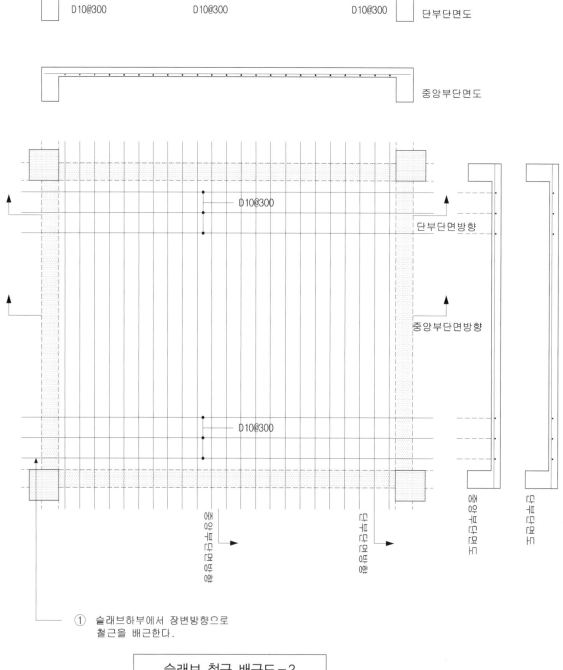

D10@300   D10@300   D10@300   단부단면도

중앙부단면도

D10@300

단부단면방향

중앙부단면방향

D10@300

① 슬래브하부에서 장변방향으로
철근을 배근한다.

슬래브 철근 배근도-2
(슬래브 장변방향 하부근 배근)

3) 슬래브 배근도 그리기-3

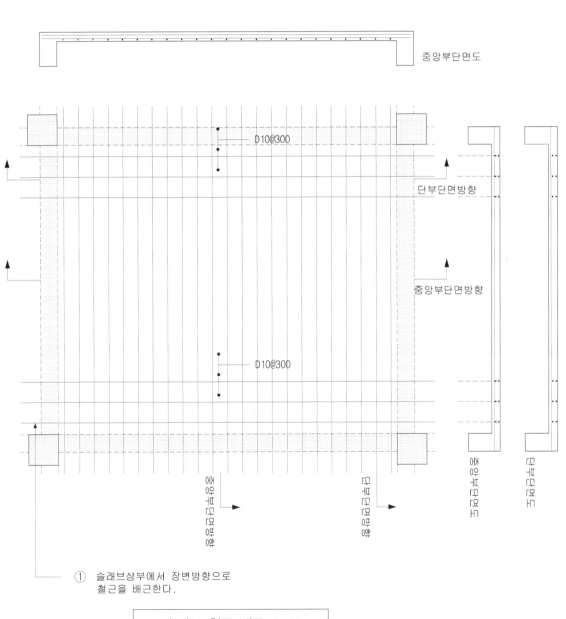

① 슬래브상부에서 장변방향으로
   철근을 배근한다.

슬래브 철근 배근도-3
(슬래브 장변방향 상부근 배근)

4) 슬래브 배근도 그리기-4

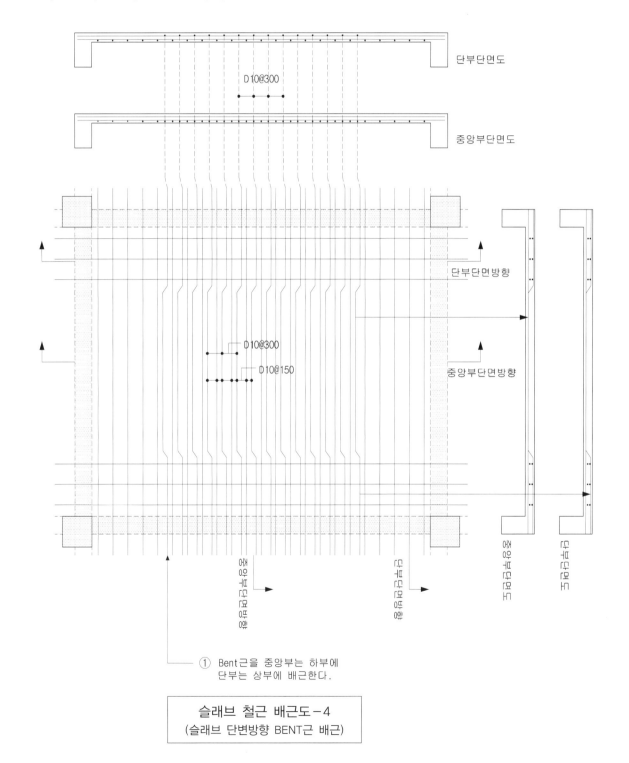

① Bent근을 중앙부는 하부에
   단부는 상부에 배근한다.

슬래브 철근 배근도-4
(슬래브 단변방향 BENT근 배근)

5) 슬래브 배근도 그리기-5

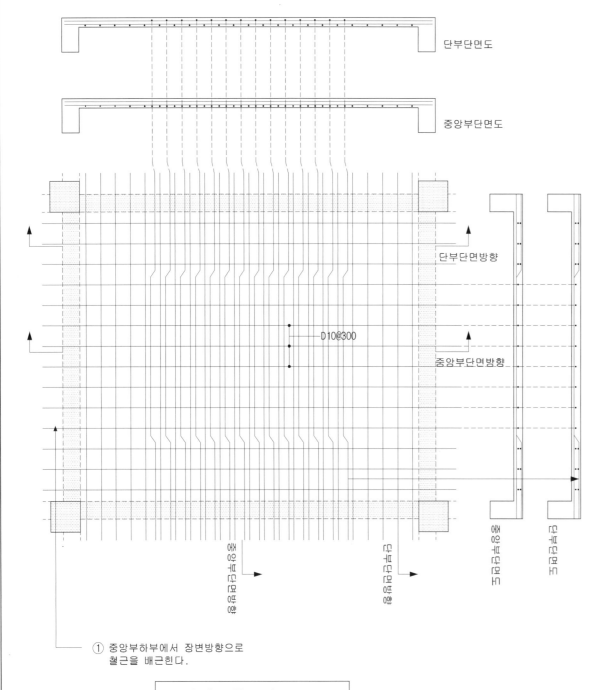

단부단면도

중앙부단면도

단부단면방향

D10@300

중앙부단면방향

중앙부단면방향

단부단면방향

중앙부단면도

단부단면도

① 중앙부하부에서 장변방향으로
   철근을 배근한다.

슬래브 철근 배근도-5
(슬래브 장변방향 중앙하부근 배근)

6) 슬래브 배근도 그리기-6

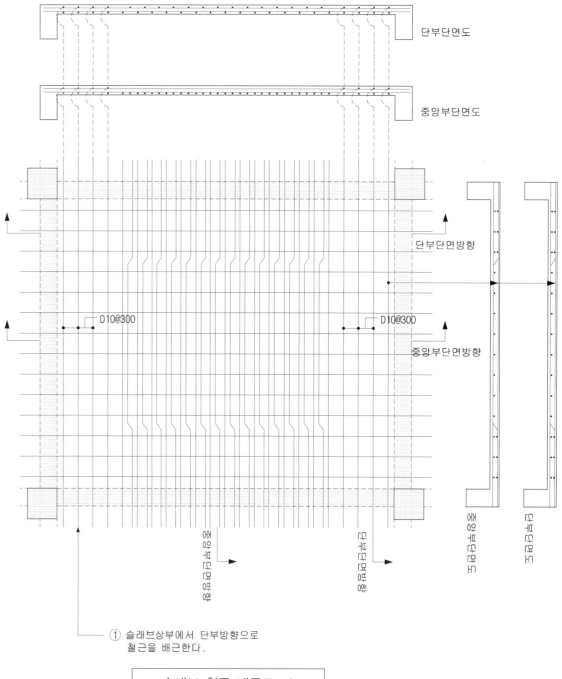

단부단면도

중앙부단면도

단부단면방향

D10@300

D10@300

중앙부단면방향

중앙부단면방향

단부단면방향

중앙부단면도

단부단면도

① 슬래브상부에서 단부방향으로
   철근을 배근한다.

슬래브 철근 배근도-6
(슬래브 장변방향 상부근 배근)

7) 슬래브 배근도 그리기-7

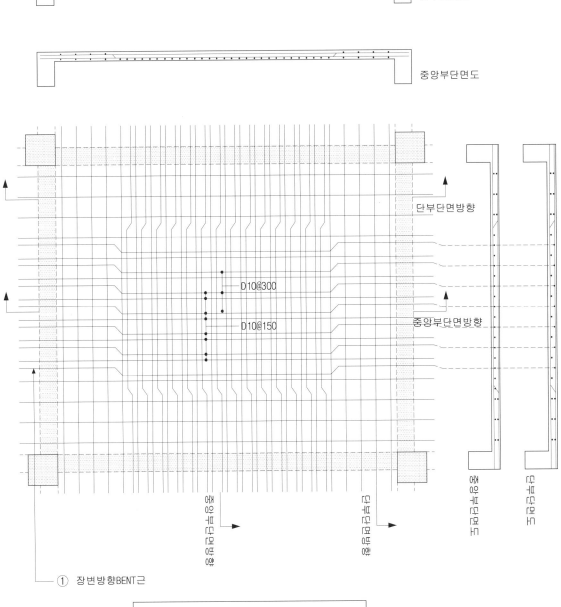

단부단면도

중앙부단면도

단부단면방향

중앙부단면방향

D10@300

D10@150

① 장변방향BENT근

| 슬래브 철근 배근도-7 |
| (슬래브 장변방향 BENT근 배근) |

8) 슬래브 배근도 그리기-8

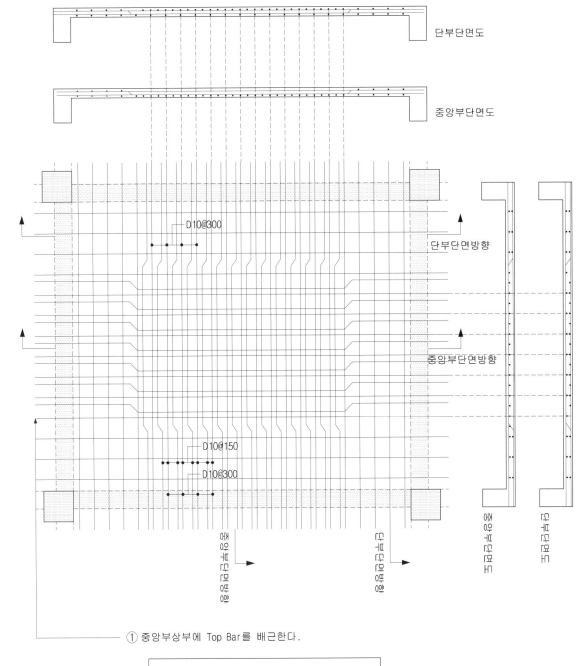

단부단면도

중앙부단면도

D10@300

단부단면방향

중앙부단면방향

D10@150

D10@300

① 중앙부상부에 Top Bar를 배근한다.

| 슬래브 철근 배근도-8 |
| (슬래브 단변/장변 중앙부 TOP-BAR 배근) |

부록 I

기출문제 분석

|출처|
Tower Bridge House, London, England
Taylor Woodrow Development Ltd.
Richard Rogers Partnership
Rogers Stirk Harbour/Partners

기출문제 분석(단독주택 1)

자격 종목 및 등급	건축산업기사	작품명	단독주택

시험시간 : 표준시간-4시간, 연장시간-20분

▶ 건물 개요 및 조건

(1) 층수 및 구조 : 벽돌조 2층 주택

(2) 층고 : 2.8m

(3) 벽체

- 외벽 : 벽돌조 2중벽(1.0B+50mm+0.5B)
- 내벽 : (칸막이벽) 1.0B 시멘트벽돌 벽체

(4) 거실 및 침실 난방 : 온수온돌 난방으로 한다.

(5) 창호 : 2중 창호인 경우 내부는 목재, 외부는 알루미늄 창호로 한다.

(6) 각 부분 마감 : 각 실의 용도에 따라 기능에 맞게 선정하여야 한다.

(7) 문제에서 주어지지 않은 사항은 수검자가 판단하여 결정하되 건축구조 및 각종 규정에
적합하고 일반 건물의 시공수준으로 한다.

(8) 각 부분 작도시 축척은 정확하지 않아도 되나 각 부분의 치수가 도면의 전체와 균형이
되도록 한다.

(9) 각 부분의 구조 및 치수가 최대한 상세히 표현되어야 한다.

(10) 트레이싱 방안지 1장에 1문제씩 작도한다.

---

01 **A 부분의 단면 상세도를 작도하시오.**

가. 작도 범위는 기초에서부터 2층 바닥까지 표현되도록 한다.

나. 도면의 크기 : 축척 1/30 정도

02 **B 부분의 단면 상세도를 작도하시오.**

가. 작도 범위는 기초에서부터 2층 바닥까지 표현되도록 한다.

나. 도면의 크기 : 축척 1/30 정도

03 **2층 바닥 S1 부분을 4변 고정으로 가정하고, 슬래브 배근도를 작도하시오.**

가. 철근 콘크리트 배근 규정을 준수한다.

나. 배근 평면도와 단면도가 작도되어야 한다.

다. 도면의 크기 : 축척 1/30 정도

〈배근설계〉

- 단변방향 : 단부 D10 D13 교대 @180, 중앙부 D10 @180
- 장변방향 : 단부 D10 D13 교대 @250, 중앙부 D10 @250

04 **1WW과 1/AW의 창호도(창호표)를 작도하시오.**

가. 창호도에 표기하여야 할 일체의 내용이 명시되어야 한다.

나. 도면의 크기 : 축척 1/50 정도

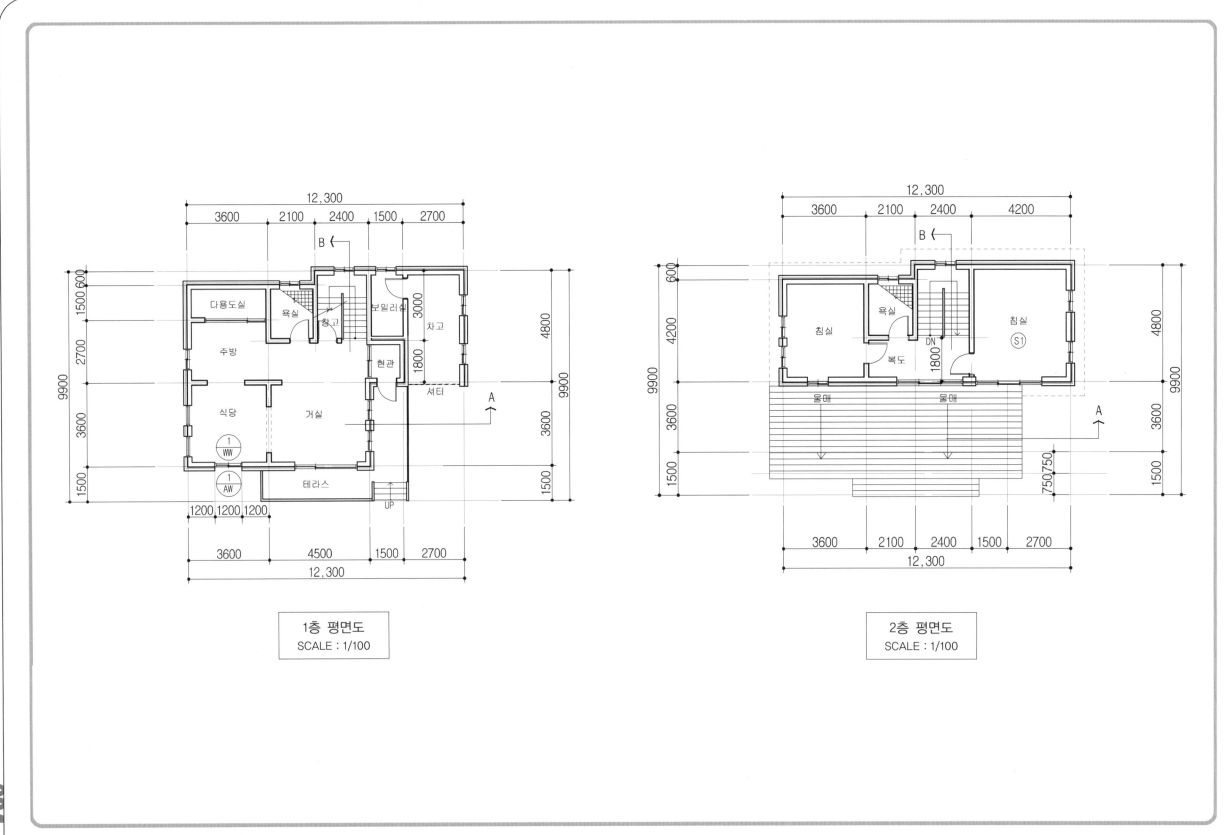

1층 평면도
SCALE : 1/100

2층 평면도
SCALE : 1/100

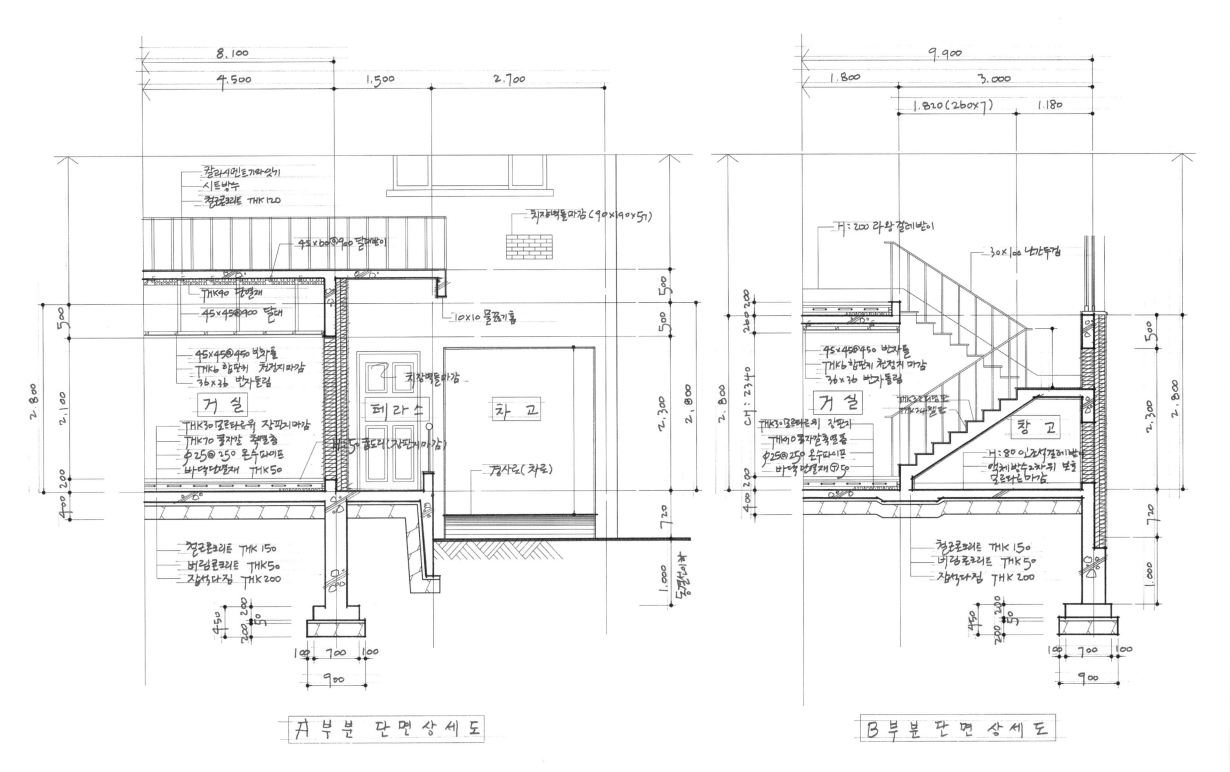

칼라시멘트기와잇기
시트방수
철근콘크리트 THK120

천장벽돌마감(90×190×57)

45×60@900 달대받이

THK40 단열재
45×45@900 달대

10×10 물끊기홈

45×45@450 반자틀
THK6 합판위 천정지마감
36×36 반자돌림

거 실

페 라 스

차 고

천장벽돌마감

THK30 모르타르위 장판지마감
THK70 콩자갈 충전층
Φ25@250 온수파이프
바닥단열재 THK50

THK50 홀도리(장판지마감)

경사로(차로)

철근콘크리트 THK 150
버림콘크리트 THK50
잡석다짐 THK200

A 부분 단면상세도

H:200 라왕 걸레받이

30×100 난간두겁

45×45@450 반자틀
THK6 합판위 천정지마감
36×36 반자돌림

거 실

THK30 모르타르위 장판지
THK40 폭자갈축열층
Φ25@250 온수파이프
바닥 단열재 ⑦50

THK3 철판위
마루재널판

창 고

H:80 인조석걸레받이
액체방수2차위 보호
몰타르마감

철근콘크리트 THK 150
버림콘크리트 THK50
잡석다짐 THK200

B 부분 단면상세도

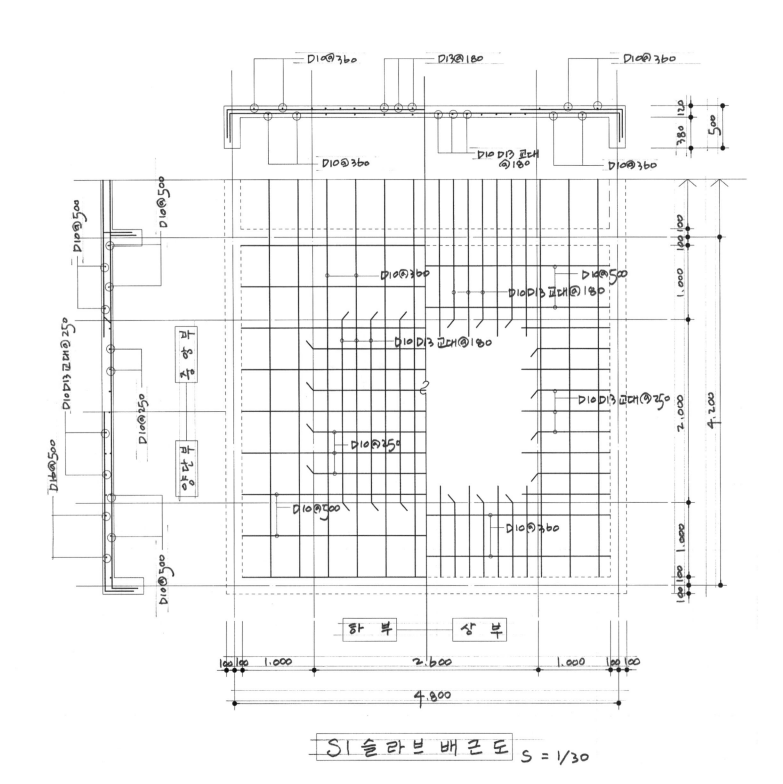

S1 슬라브 배근도 S = 1/30

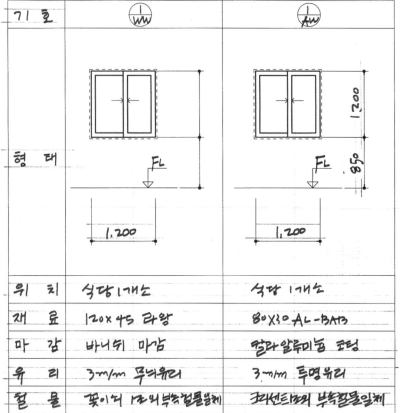

기 호	①WW	①AW
형 태	FL 1,200	FL 850 1,200
위 치	식당 1개소	식당 1개소
재 료	120 X 45 라왕	80X30 AL-BAR
마 감	바니쉬 마감	알라 알루미늄 코팅
유 리	3m/m 무늬유리	3m/m 투명유리
철 물	꽂이쇠 1조외 부속철물일체	크라센타외 부속철물일체

①WW ①AW 창 호 도 S = 1/30

자격 종목 및 등급	건축산업기사	작품명	단독주택

시험시간 : 표준시간－4시간, 연장시간－20분

▶ 건물 개요 및 조건

(1) 층수 및 구조 : 벽돌조 2층 주택

(2) 층고 : 2.8m

(3) 벽체

   • 외벽 : 벽돌조 2중벽(1.0B+50mm+0.5B)

   • 내벽 : (칸막이벽) 1.0B 시멘트벽돌 벽체

(4) 모든 구조부분은 단열구조로 한다.

(5) 거실 및 침실 난방 : 온수온돌 난방으로 한다.

(6) 창호 : 플라스틱 창호로 한다.

(7) 각 부분 마감 : 각 실의 용도에 따라 기능에 맞게 선정하여야 한다.

(8) 문제에서 주어지지 않은 사항은 수검자가 판단하여 결정하되 건축구조 및 각종 규정에
적합하고 일반 건물의 시공수준으로 한다.

(9) 각 부분 작도시 축척은 정확하지 않아도 되나 각 부분의 치수가 도면의 전체와 균형이
되도록 한다.

(10) 각 부분의 구조 및 치수가 최대한 상세히 표현되어야 한다.

(11) 트레이싱 방안지 1장에 1문제씩 작도한다.

01 A 부분의 단면 상세도를 작도하시오.

가. 작도 범위는 기초에서부터 지붕면까지 표현되도록 한다.

나. 도면의 크기 : 축척 1/30 정도

02 B 부분의 단면 상세도를 작도하시오.

가. 작도 범위는 기초에서부터 2층 바닥까지 표현되도록 한다.

나. 계단 형식은 경사 슬래브식 철근 콘크리트계단으로 한다.

다. 도면의 크기 : 축척 1/30 정도

03 2층 바닥 S1 부분을 4변 고정으로 가정하고 슬래브 배근도를 작도하시오.

가. 철근 콘크리트 배근 규정을 준수한다.

나. 배근 평면도와 단면도가 작도되어야 한다.

다. 도면의 크기 : 축척 1/30 정도

〈배근설계〉

   • 단변방향 : 단부 D10 D13 교대 @150, 중앙부 D10 @150

   • 장변방향 : 단부 D10 D13 교대 @200, 중앙부 D10 @200

04 1/WW과 1AW의 창호도(창호표)를 작도하시오.

가. 창호도에 표기하여야 할 일체의 내용이 명시되어야 한다.

나. 도면의 크기 : 축척 1/50 정도

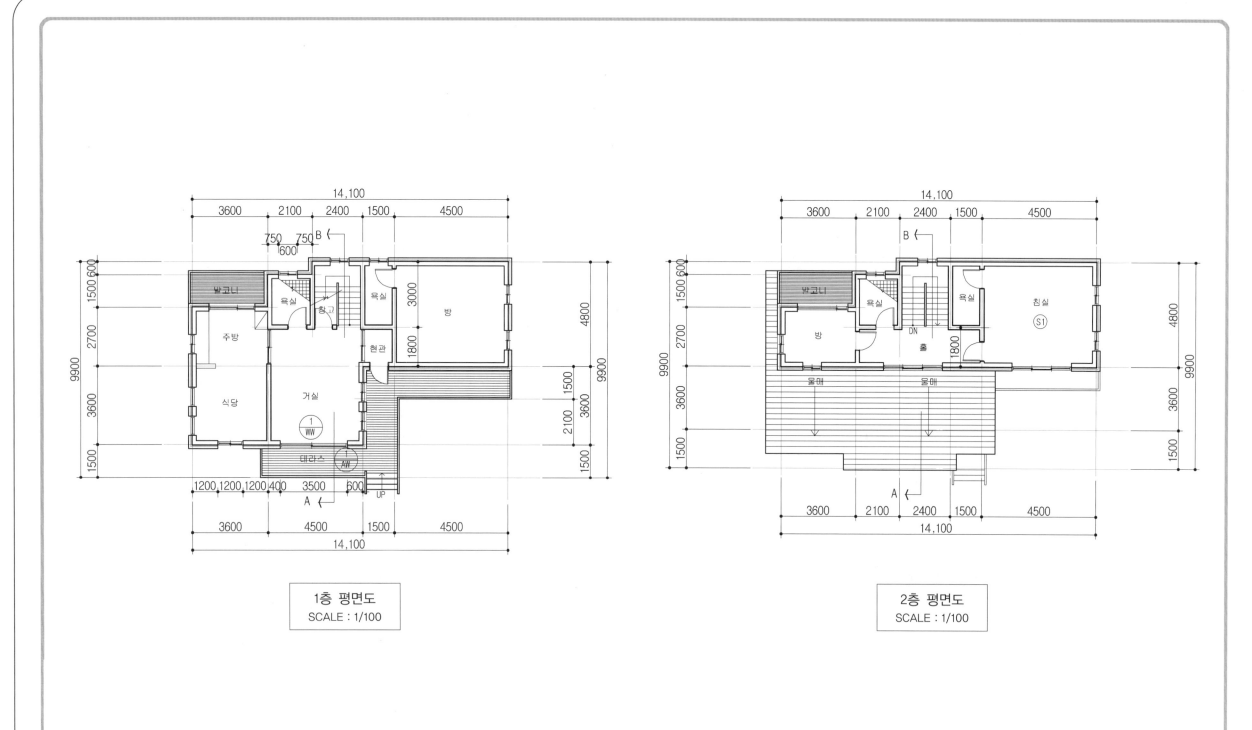

1층 평면도
SCALE : 1/100

2층 평면도
SCALE : 1/100

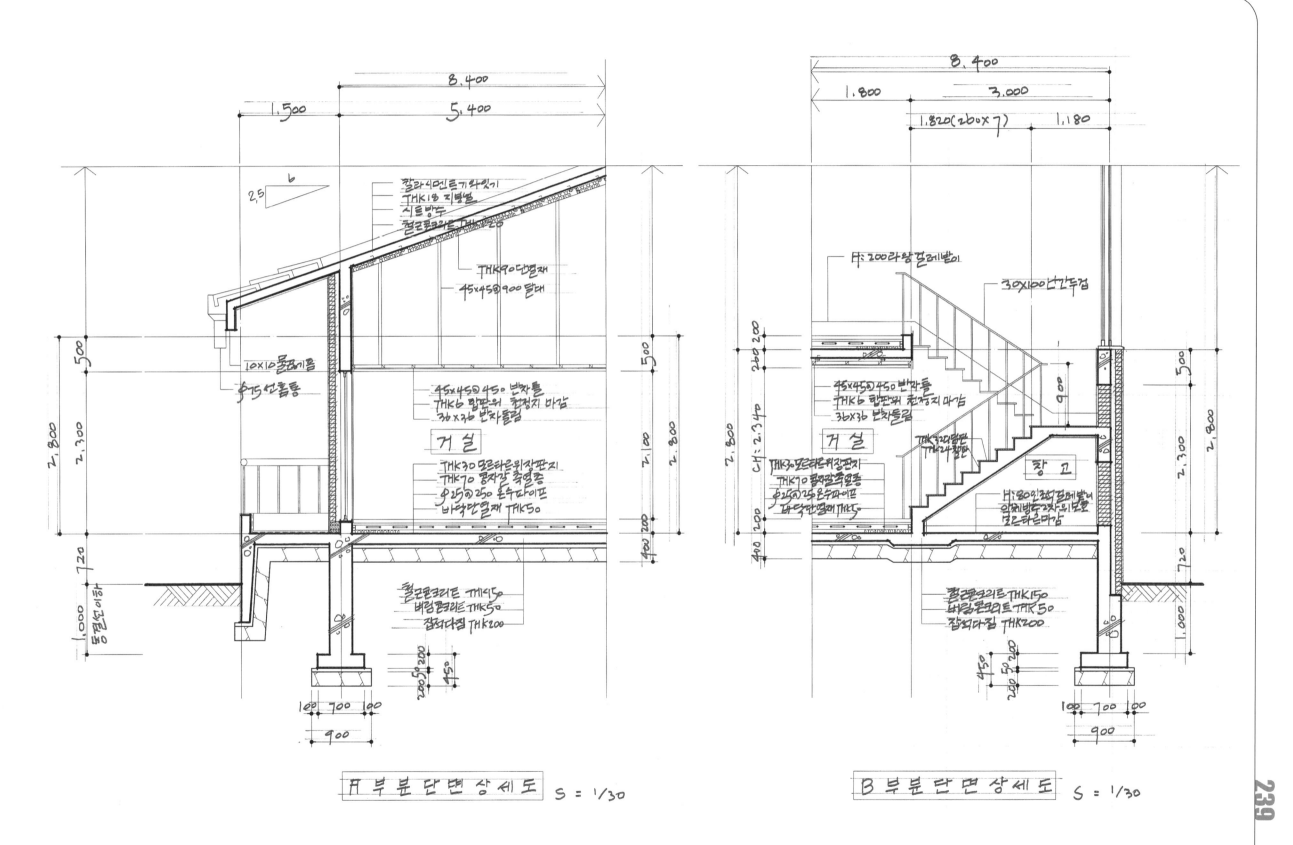

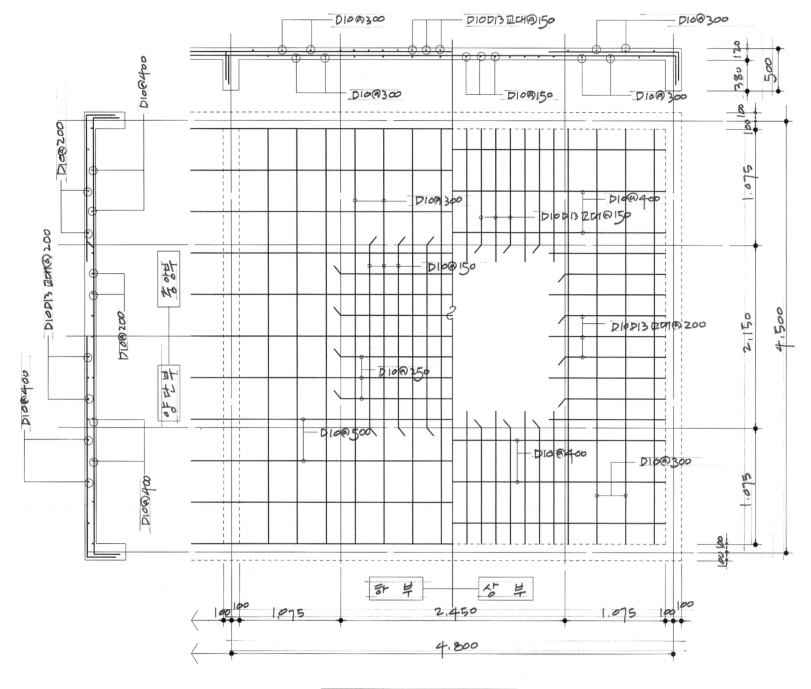

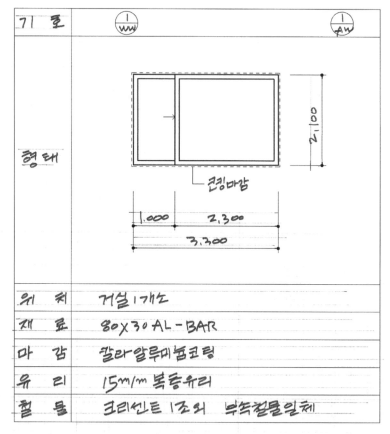

S₁ 슬라브 배근도   S = 1/30

기 호	① / ww	① / AW
형 태		

콘킹마감

1.000   2.300

3.300

2.100

위 치	거실 1개소
재 료	80×30 AL-BAR
마 감	칼라알루미늄코팅
유 리	15m/m 복층유리
철 물	크리센트 1조외 부속철물일체

창 호 도   S = 1/50

기출문제 분석(단독주택 3)

자격 종목 및 등급	건축산업기사	작품명	단독주택

시험시간 : 표준시간-4시간, 연장시간-20분

▶ 건물 개요 및 조건

(1) 층수 및 구조 : 지하 1층, 지상 2층의 조적식 및 라멘구조

(2) 층고 및 반자높이 : 층고 3.2m, 반자높이 2.6m

(3) 벽체

- 외벽 : 치장벽돌+시멘트벽돌 2중벽(0.5B+70mm+1.0B)
- 내벽 : (칸막이벽) 1.0B 시멘트벽돌 벽체

(4) 모든 구조부분은 단열구조로 한다.

(5) 각 실의 난방 : 온수온돌 난방으로 한다.

(6) 창호 : 알루미늄새시 또는 목재문으로 한다(2중 창호인 경우 내부는 목재로 한다).

(7) 각 부분 마감 : 각 실의 용도에 따라 기능에 맞게 선정하여야 한다.

(8) 문제에서 주어지지 않은 사항은 수검자가 판단하여 결정하되 건축구조 및 각종 규정에 적합하고 일반 건물의 시공수준으로 한다.

(9) 각 부분 작도시 축척은 정확하지 않아도 되나 각 부분의 치수가 도면의 전체와 균형이 되도록 한다.

(10) 각 부분의 구조 및 치수가 최대한 상세히 표현되어야 한다.

(11) 트레이싱 방안지 1장에 1문제씩 삭도한다.

01 A 부분의 단면 상세도를 작도하시오.

가. 작도 범위는 기초에서부터 2층 지붕면까지 표현되도록 한다.

나. 도면의 크기 : 축척 1/30 정도

02 B 부분의 단면 상세도를 작도하시오.

가. 작도 범위는 1개층이 완전히 표현되도록 한다.

나. 계단 형식은 경사 슬래브식 철근 콘크리트계단으로 한다.

다. 도면의 크기 : 축척 1/30 정도

03 S1 부분을 4변 고정으로 가정하고 슬래브 배근도를 작도하시오.

가. 철근 콘크리트 배근 규정을 준수한다.

나. 배근 평면도와 단면도가 작도되어야 한다.

다. 도면의 크기 : 축척 1/30 정도

〈배근설계〉

- 단변방향 : 단부 D10 D13 교대 @200, 중앙부 D10 @200
- 장변방향 : 단부 D10 D13 교대 @250, 중앙부 D10 @250

04 1/WW과 1/AW의 창호도(창호표)를 작도하시오.

가. 창호도에 표기하여야 할 일체의 내용이 명시되어야 한다.

나. 도면의 크기 : 축척 1/30 정도

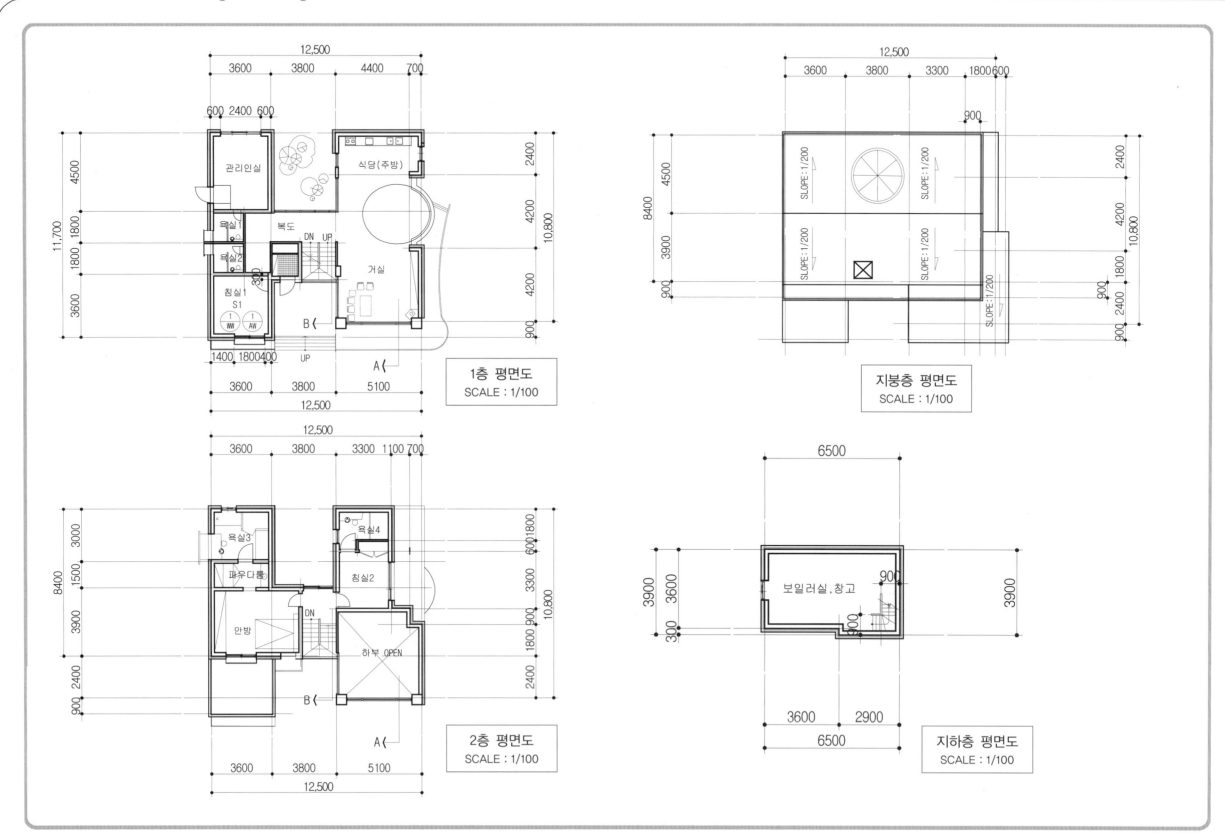

1층 평면도
SCALE : 1/100

2층 평면도
SCALE : 1/100

지붕층 평면도
SCALE : 1/100

지하층 평면도
SCALE : 1/100

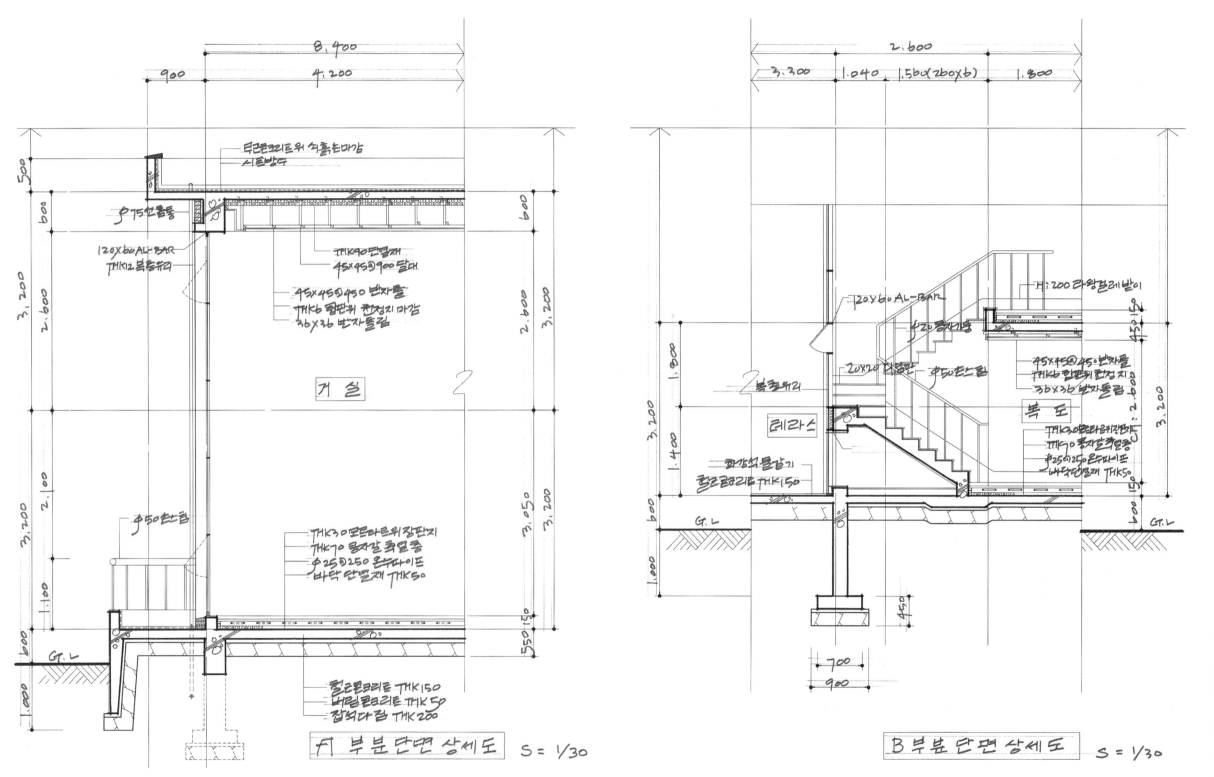

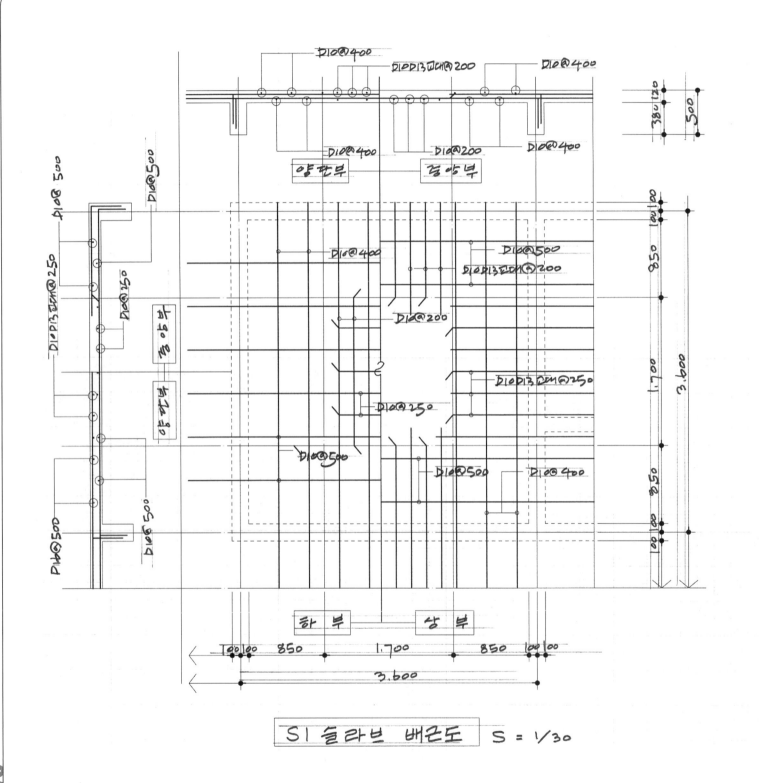

S1 슬라브 배근도 S = 1/30

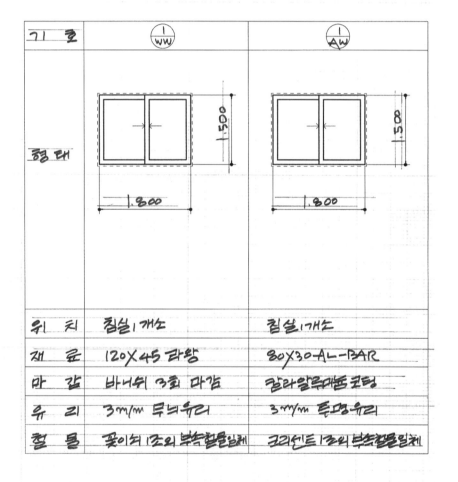

기 호	① WW	① AN
형 태		
위 치	침실 1개소	침실 1개소
재 료	120X45 라왕	80X30 AL-BAR
마 감	바니쉬 3회 마감	칼라알루미늄 코팅
유 리	3m/m 무늬유리	3m/m 투명유리
철 물	꽂이쇠 1조외 부속철물일체	크리센트 1조외 부속철물일체

① WW ① AN 창 호 도 S = 1/30

기출문제 분석(아파트 1)

자격 종목 및 등급	건축산업기사	작품명	아파트

시험시간 : 표준시간-4시간, 연장시간-20분

▶ 건물 개요 및 조건

(1) 층수 및 구조 : 지하 1층, 지상 5층 철근 콘크리트 벽식구조

(2) 층고 : 2.7m

(3) 철근 콘크리트 벽체두께
- 외벽 : 200mm
- 내벽 : 150mm

(4) 모든 구조(거주)부분은 단열구조로 한다.

(5) 각 실의 난방 : 온수온돌 난방으로 한다.

(6) 창호 : 알루미늄새시로 한다(2중창의 경우에는 내부 목재로 한다).

(7) 각 부분 마감 : 각 실의 용도에 따라 기능에 맞게 선정하여야 한다.

(8) 문제에서 주어지지 않은 사항은 수검자가 판단하여 결정하되 건축구조 및 각종 규정에 적합하고 일반 건물의 시공수준으로 한다.

(9) 각 부분 작도시 축척은 정확하지 않아도 되나 각 부분의 치수가 도면의 전체와 균형이 되도록 한다.

(10) 각 부분의 구조 및 치수가 최대한 상세히 표현되어야 한다.

(11) 트레이싱 방안지 1장에 1문제씩 작도한다.

01 A 부분의 단면 상세도를 작도하시오.

가. 작도 범위는 1개층이 완전히 표현되도록 한다.

나. 도면의 크기 : 축척 1/30 정도

02 B 부분의 단면 상세도를 작도하시오.

가. 작도 범위는 1개층이 완전히 표현되도록 한다.

나. 계단 형식은 경사 슬래브식 철근 콘크리트계단으로 한다.

다. 도면의 크기 : 축척 1/30 정도

03 S1 부분을 4변 고정으로 가정하고 슬래브 배근도를 작도하시오.

가. 철근 콘크리트 배근 규정을 준수한다.

나. 배근 평면도와 단면도가 작도되어야 한다.

다. 도면의 크기 : 축척 1/30 정도

〈배근설계〉
- 단변방향 : 단부 D10 D13 교대 @180, 중앙부 D10 @180
- 장변방향 : 단부 D10 D13 교대 @200, 중앙부 D10 @200

04 1/WW과 1AW의 창호도(창호표)를 작도하시오.

가. 창호도에 표기하여야 할 일체의 내용이 명시되어야 한다.

나. 도면의 크기 : 축척 1/50 정도

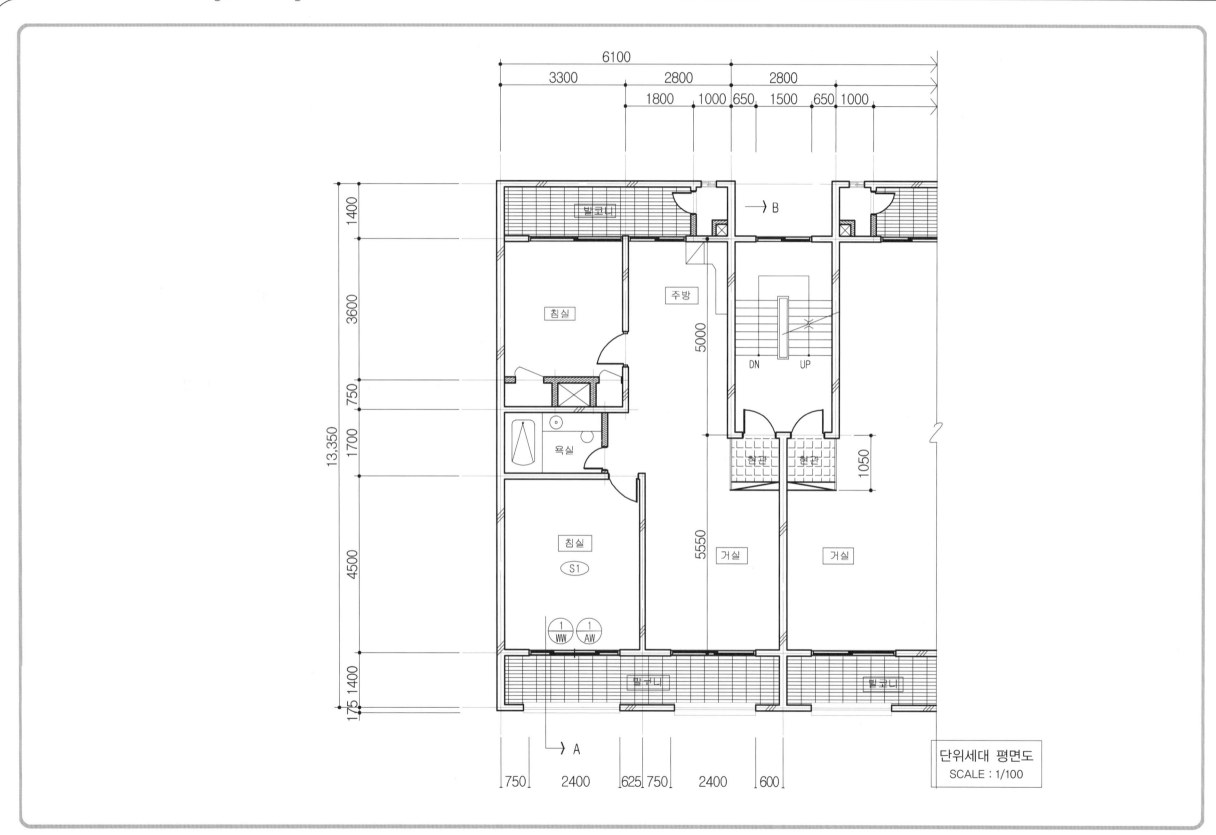

단위세대 평면도
SCALE : 1/100

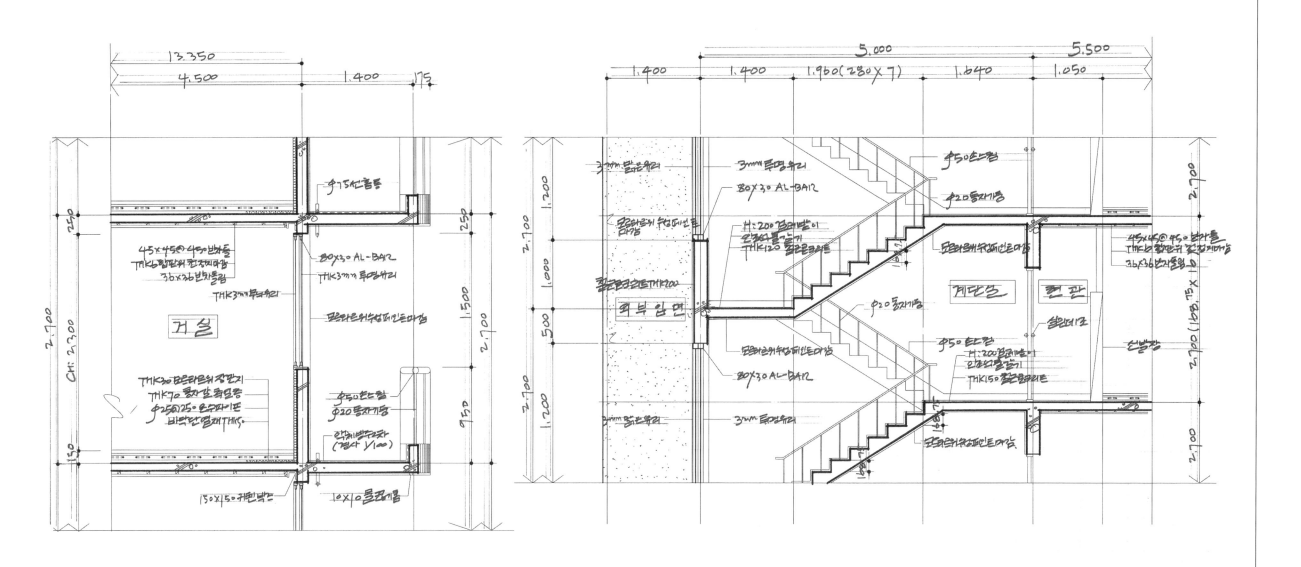

A부분 단면 상세도   S=1/30

B부분 단면 상세도   S=1/30

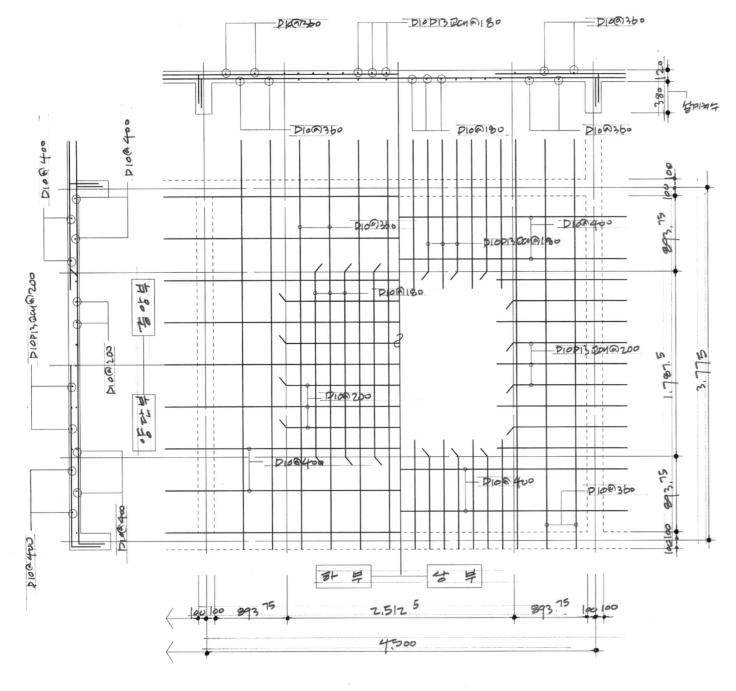

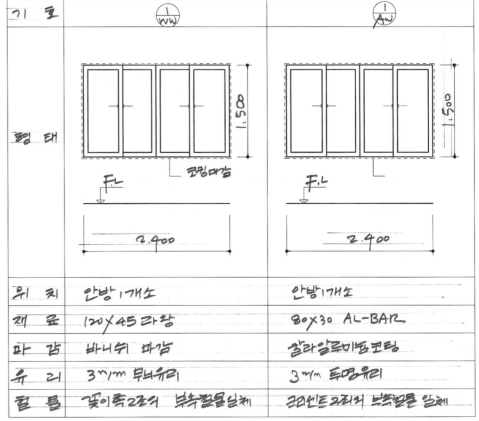

기 호	①	①
형 태		
위 치	안방 1개소	안방 1개소
재 료	120×45 라왕	80×30 AL-BAR
마 감	바니쉬 마감	칼라알루미늄코팅
유 리	3㎜ 무늬유리	3㎜ 투명유리
철 물	꽂이축2조외 부속철물일체	크리센트2조외 부속철물 일체

S1 슬라브 배근도   S =1/30

① ① 창 호 도   S =1/50

기출문제 분석(아파트 2)

자격 종목 및 등급	건축산업기사	작품명	아파트

시험시간 : 표준시간–4시간, 연장시간–20분

▶ 건물 개요 및 조건

도면은 도심지의 15층 규모의 공동주택 단위세대 평면도이다.

(1) 구조 : 철근 콘크리트 벽식구조

(2) 층고 : 2.8m

(3) 철근 콘크리트 벽식구조 및 벽돌구조(도면 표기를 준수하되 수검자가 일부 조정 가능)

(4) 천장 : 경량 철골 천장틀에 석고보드 마감한다.

(5) 각 실의 난방 : 온수온돌 난방으로 한다.

(6) 창호 : 합성수지새시(하이새시)에 단열유리로 한다.

(7) 각 부분 마감 : 각 실의 용도에 따라 기능에 맞게 선정하여야 한다.

(8) 문제에서 주어지지 않은 사항은 수검자가 판단하여 결정하되 건축구조 및 각종 규정에 적합하고 일반 건물의 시공수준으로 한다.

(9) 각 부분 작도시 축척은 정확하지 않아도 되나 각 부분의 치수가 도면의 전체와 균형이 되도록 한다.

(10) 각 부분의 구조 및 치수가 최대한 상세히 표현되어야 한다.

(11) 트레이싱 방안지 1장에 1문제씩 작도한다.

01 A 부분의 단면 상세도를 작도하시오.

가. 작도 범위는 1개층이 완전히 표현되도록 한다.

나. 도면의 크기 : 축척 1/30 정도

02 B 부분의 단면 상세도를 작도하시오.

가. 작도 범위는 1개층이 완전히 표현되도록 한다.

나. 계단 형식은 경사 슬래브식 철근 콘크리트계단으로 한다.

다. 도면의 크기 : 축척 1/30 정도

03 S1 부분을 4변 고정으로 가정하고 슬래브 배근도를 작도하시오.

가. 철근 콘크리트 배근 규정을 준수한다.

나. 배근 평면도와 단면도가 작도되어야 한다.

다. 도면의 크기 : 축척 1/30 정도

〈배근설계〉

• 단변방향 : 단부 D10 D13 교대 @180, 중앙부 D10 @180

• 장변방향 : 단부 D10 D13 교대 @200, 중앙부 D10 @200

04 1/HD과 1/WD의 창호도(창호표)를 작도하시오.

가. 창호도에 표기하여야 할 일체의 내용이 명시되어야 한다.

나. 도면의 크기 : 축척 1/50 정도

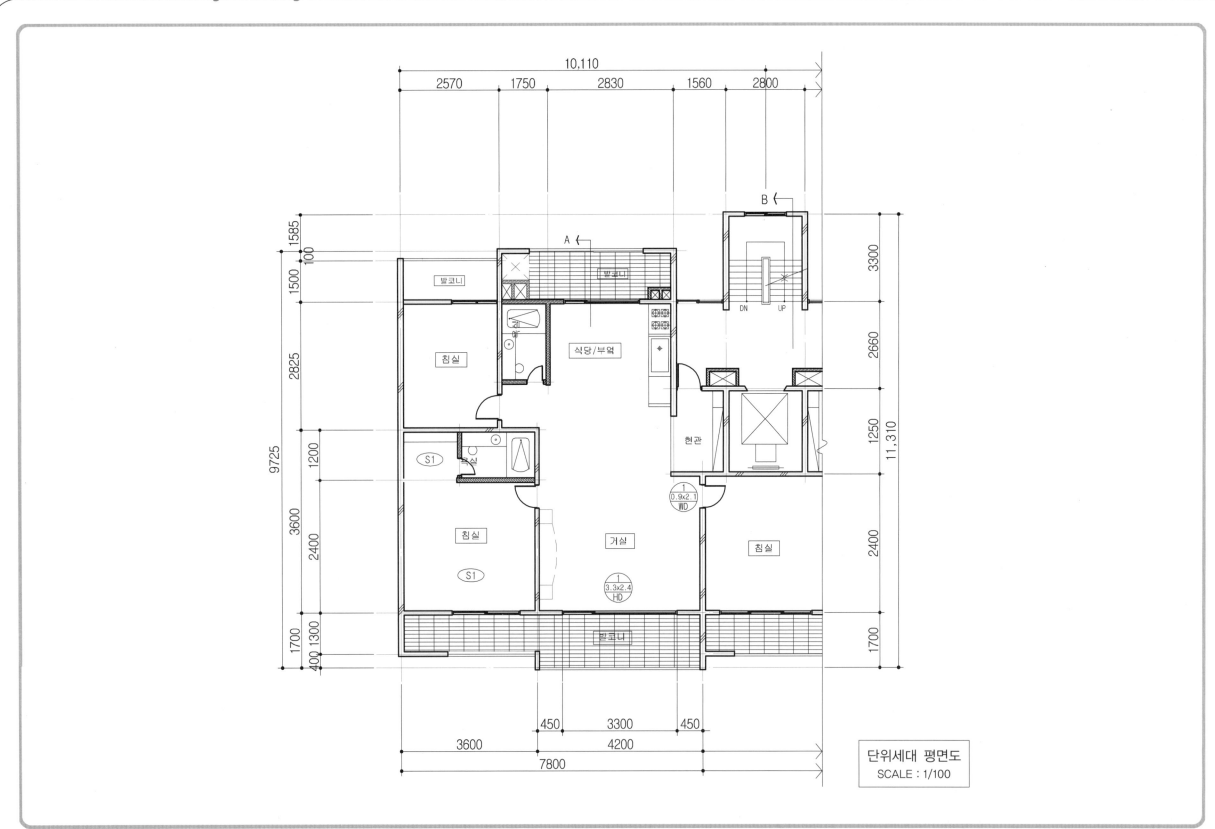

단위세대 평면도
SCALE : 1/100

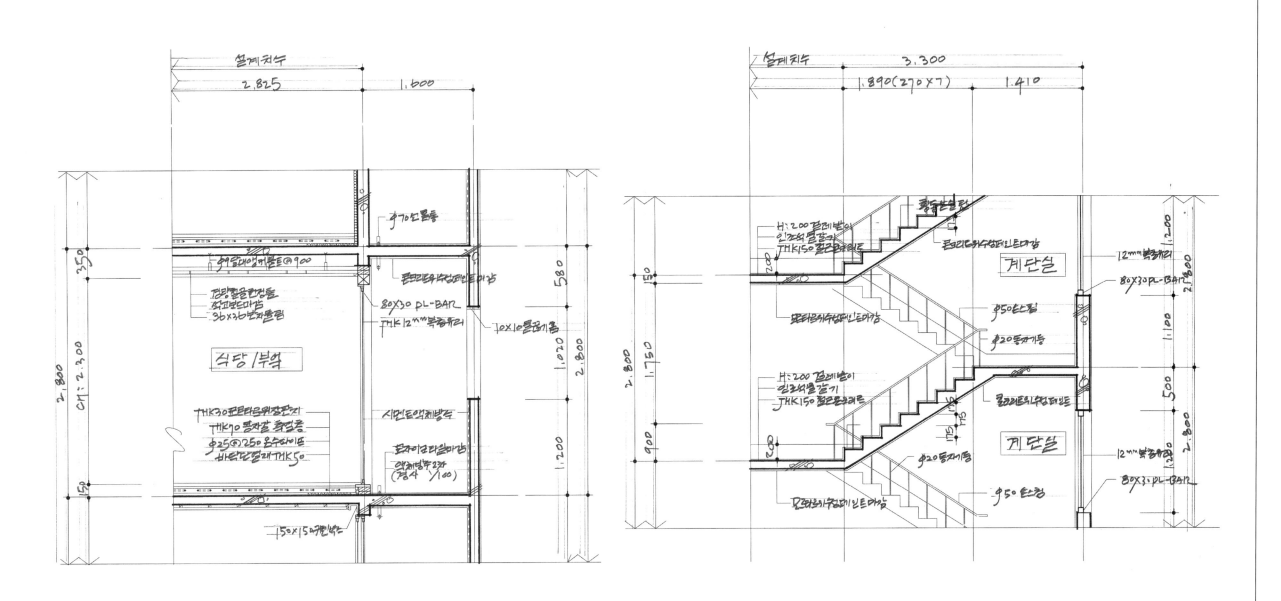

A부분 단면상세도 S=1/30

B부분 단면상세도 S=1/30

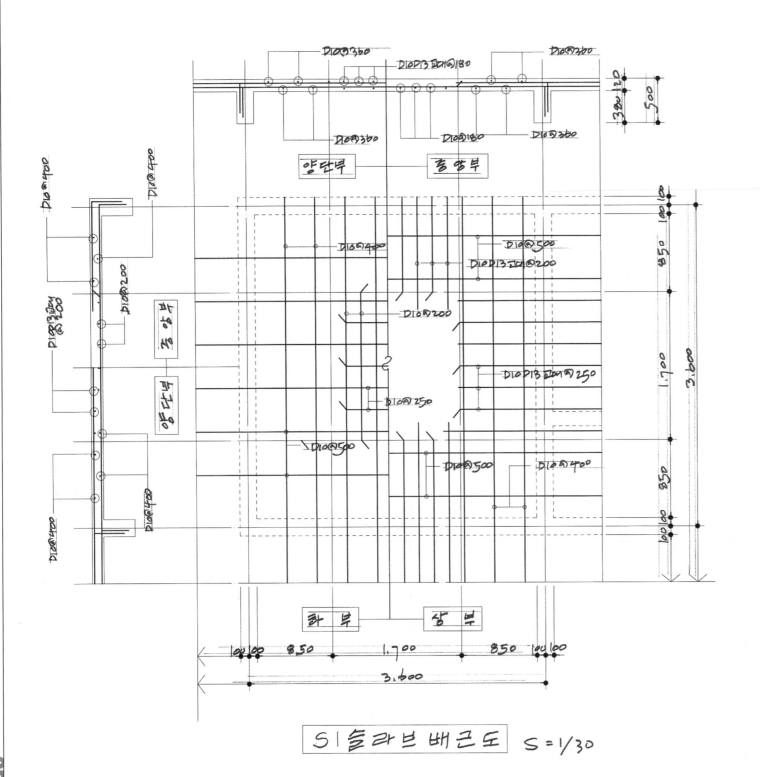

S1 슬라브 배근도   S=1/30

기호	① HD	① WD
형태	(12mm 복층유리) 3.300 × 2.400	900 × 2.100
위 치	거실 1개소	침실 3개소
재 료	80×30 합성수지샤시	150×30 라왕
마 감	합성수지샤시 코팅	바니쉬 3회 마감
유 리	12mm 복층유리	
철 물	크리센트 1개 부속물일체	손잡이 2, 경첩 3조

① HD ① LD 창 호 도   S=1/30

기출문제 분석(아파트 3)

자격 종목 및 등급	건축산업기사	작품명	아파트

시험시간 : 표준시간-4시간, 연장시간-20분

▶ 건물 개요 및 조건

도면은 도심지의 15층 규모의 공동주택 단위세대 평면도이다.

(1) 구조 : 철근 콘크리트 벽식구조

(2) 층고 : 지하층 2.7m, 지상층 2.7m

(3) 철근 콘크리트 벽체두께는 내 · 외벽 모두 180mm로 한다.

(4) 천장 : 반자틀 및 무늬합판 위 고급 천장지 마감한다.

(5) 각 실의 난방 : 온수온돌 난방으로 한다.

(6) 창호 : 알루미늄새시로 한다.

(7) 각 부분 마감 : 각 실의 용도에 따라 기능에 맞게 선정하여야 한다.

(8) 문제에서 주어지지 않은 사항은 수검자가 판단하여 결정하되 건축구조 및 각종 규정에 적합하고 일반 건물의 시공수준으로 한다.

(9) 각 부분 작도시 축척은 정확하지 않아도 되나 각 부분의 치수가 도면의 전체와 균형이 되도록 한다.

(10) 각 부분의 구조 및 치수가 최대한 상세히 표현되어야 한다.

(11) 트레이싱 방안지 1장에 1문제씩 작도한다.

01 A 부분의 단면 상세도를 작도하시오.

　가. 작도 범위는 1개층이 완전히 표현되도록 한다.

　나. 도면의 크기 : 축척 1/30 정도

02 B 부분의 단면 상세도를 작도하시오.

　가. 작도 범위는 1개층이 완전히 표현되도록 한다.

　나. 계단 형식은 경사 슬래브식 철근 콘크리트계단으로 한다.

　다. 도면의 크기 : 축척 1/30 정도

03 2층 바닥 S1 부분을 4변 고정으로 가정하고 슬래브 배근도를 작도하시오.

　가. 철근 콘크리트 배근 규정을 준수한다.

　나. 배근 평면도와 단면도가 작도되어야 한다.

　다. 도면의 크기 : 축척 1/30 정도

　　〈배근설계〉

　　• 단변방향 : 단부 D10 D13 교대 @150, 중앙부 D10 @150

　　• 장변방향 : 단부 D10 D13 교대 @200, 중앙부 D10 @200

04 1/AHD과 1/WD의 창호도(창호표)를 작도하시오.

　가. 창호도에 표기하여야 할 일체의 내용이 명시되어야 한다.

　나. 도면의 크기 : 축척 1/50 정도

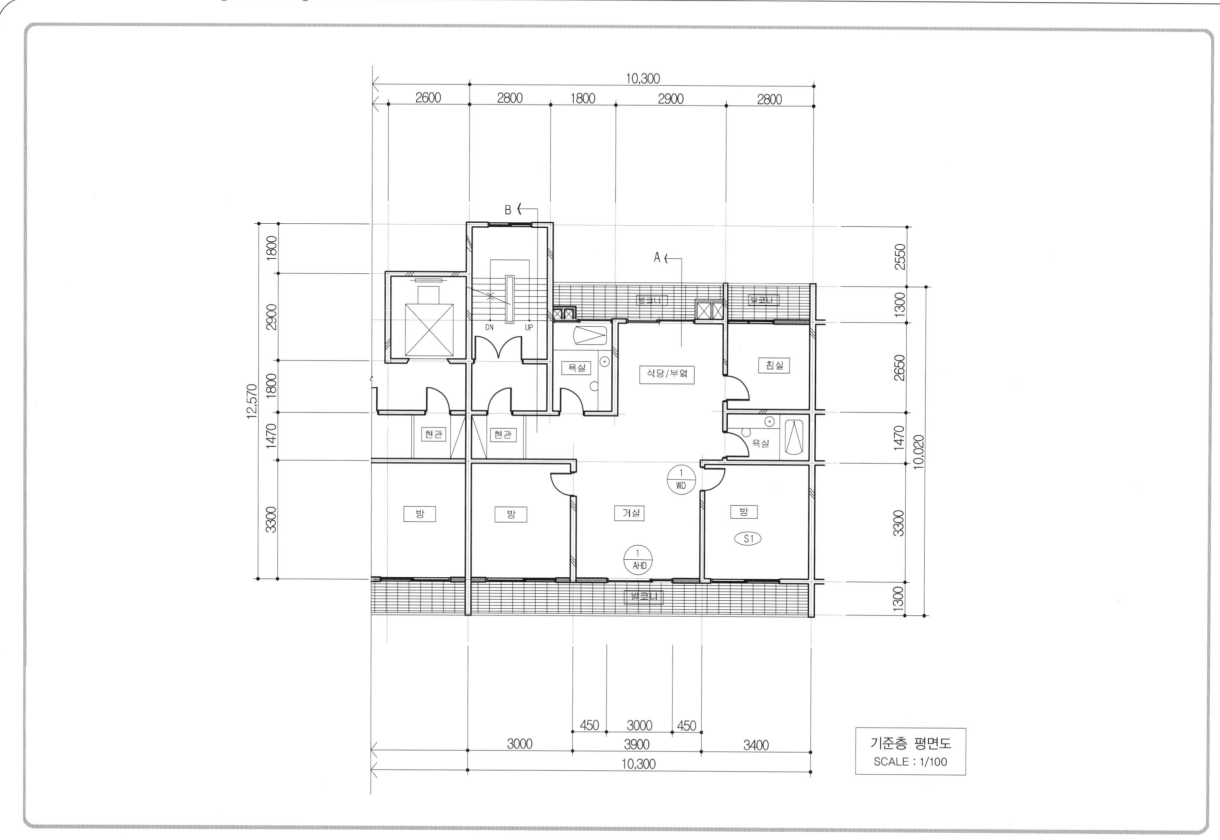

기준층 평면도
SCALE : 1/100

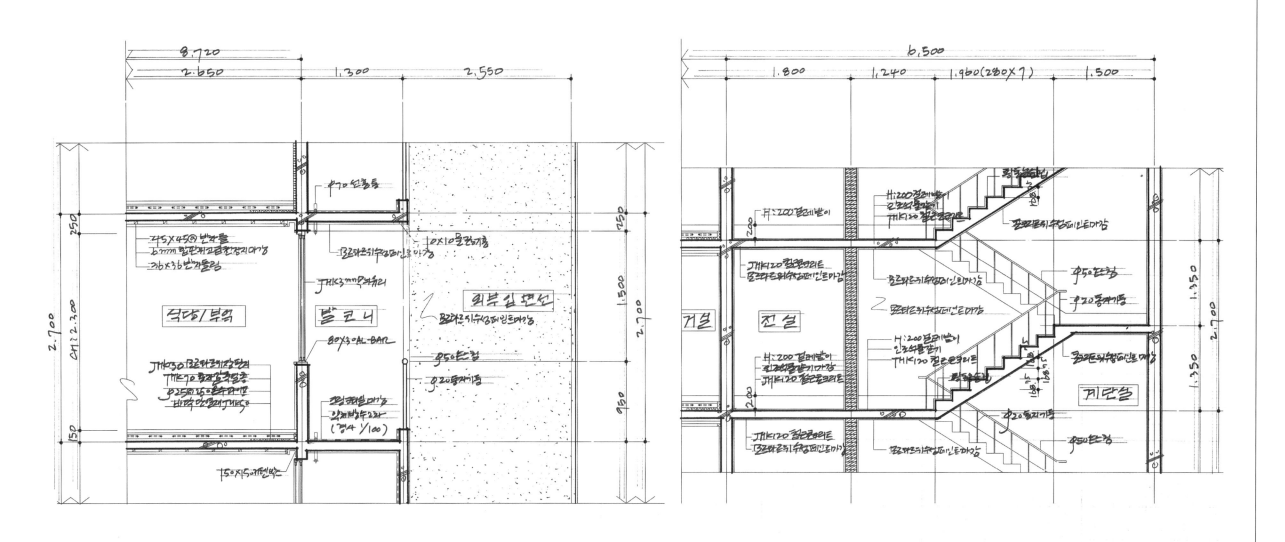

A 부분 단면상세도   S=1/30

B 부분 단면상세도   S=1/30

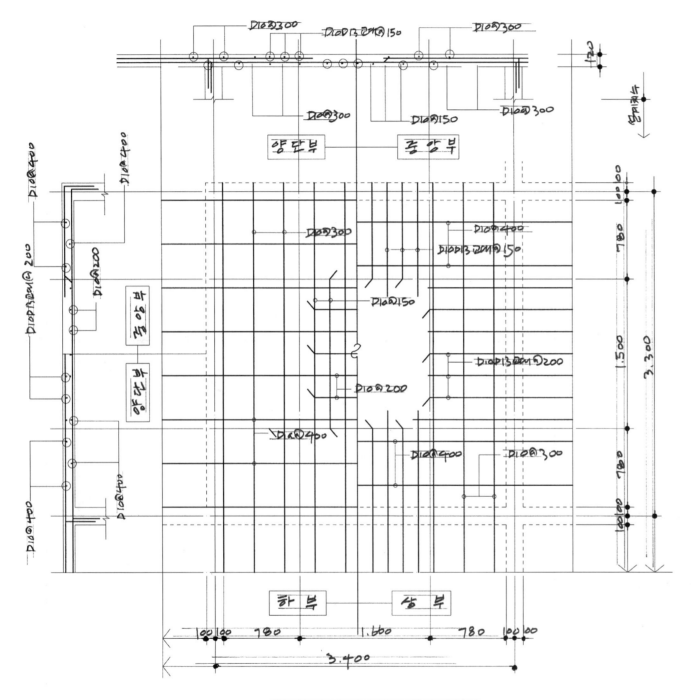

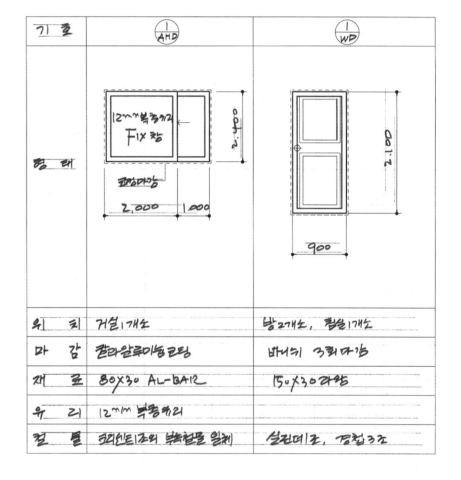

기 호	① AMD	① WD
형 태	12mm복층유리 FIX창 편개여닫이 2,000 1,000	900
위 치	거실1개소	방2개소, 침실1개소
마 감	칼라알루미늄코팅	바니쉬 3회마감
재 료	80X30 AL-BAR	150X30각재
유 리	12mm 복층유리	
결 론	크리센트1조와 부속철물 일체	실린더키, 경첩3조

S1 슬라브 배근도   S=1/30

① ① 창 호 도   S=1/3
AMD WD

256

자격 종목 및 등급	건축산업기사	작품명	노인정

시험시간 : 표준시간–4시간, 연장시간–20분

▶ 건물 개요 및 조건

(1) 층수 및 구조 : 지하 1층, 지상 2층 철근 콘크리트 라멘구조

(2) 층고 및 반자높이

- 층고 : 3.0m
- 반자높이 : 2.7m

(3) 벽체

- 시멘트벽돌 2중벽(1.0B+50mm+0.5B)
- 내벽 : (칸막이벽) 1.0B 시멘트벽돌 벽체

(4) 각 실 난방 : 온수온돌 난방으로 한다.

(5) 출입문 및 창문

- 출입문 : 컬러 스테인리스 위 코팅
- 창호 : 알루미늄 이중창

(6) 각 부분 마감 : 각 실의 용도에 따라 기능에 맞게 선정하여야 한다.

(7) 문제에서 주어지지 않은 사항은 수검자가 판단하여 결정하되 건축구조 및 각종 규정에 적합하고 일반 건물의 시공수준으로 한다.

(8) 각 부분 작도시 축척은 정확하지 않아도 되나 각 부분의 치수가 도면의 전체와 균형이 되도록 한다.

(9) 각 부분의 구조 및 치수가 최대한 상세히 표현되어야 한다.

(10) 트레이싱 방안지 1장에 1문제씩 작도한다.

---

01 A 부분의 단면 상세도를 작도하시오.

가. 작도 범위는 1개층(1층)이 완전히 표현되도록 한다.

나. 도면의 크기 : 축척 1/30 정도

02 B 부분의 단면 상세도를 작도하시오.

가. 작도 범위는 1개층(1층)이 완전히 표현되도록 한다.

나. 도면의 크기 : 축척 1/30 정도

03 S1 부분을 4변 고정으로 가정하고 슬래브 배근도를 작도하시오.

가. 철근 콘크리트 배근 규정을 준수한다.

나. 배근 평면도와 단면도가 작도되어야 한다.

다. 도면의 크기 : 축척 1/30 정도

라. 슬래브 안목치수 : 3.9m×6.6m

〈배근설계〉

- 단변방향 : 단부 D10 D13 교대 @150, 중앙부 D10 @150
- 장변방향 : 단부 D10 D13 교대 @200, 중앙부 D10 @200

04 1/SSD의 창호도(창호표)를 작도하시오.

가. 창호치수 : 폭 2.8m, 너비 2.5m

나. 창호도에 표기하여야 할 일체의 내용이 명시되어야 한다.

다. 도면의 크기 : 축척 1/50 정도

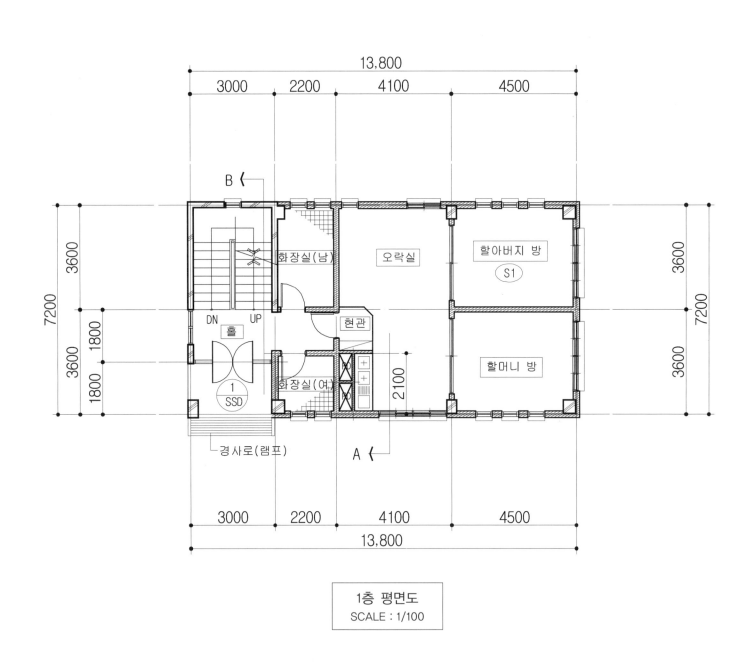

13,800

| 3000 | 2200 | 4100 | 4500 |

B ⟨

3600

7200

3600 1800

1800

3600

DN 홀 UP

1 SSD

화장실(남)

현관

화장실(여)

경사로(램프)

오락실

2100

할아버지 방

S1

할머니 방

3600

7200

3600

A ⟨

| 3000 | 2200 | 4100 | 4500 |

13,800

1층 평면도
SCALE : 1/100

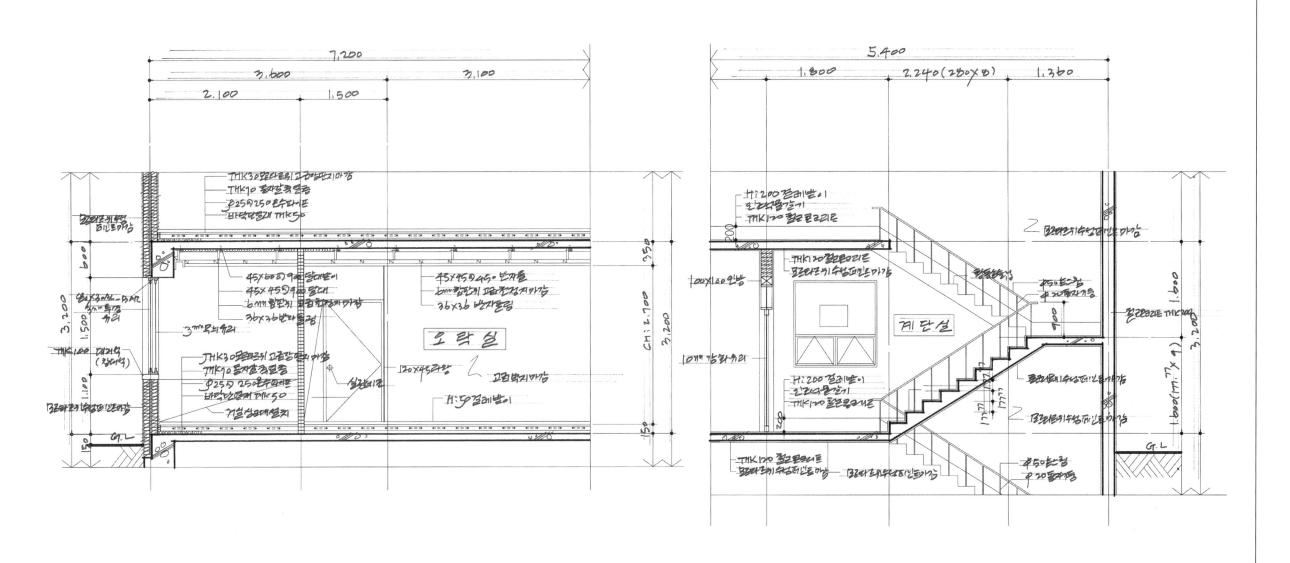

A부분 단면 상세도   S=1/30

B부분 단면 상세도   S=1/30

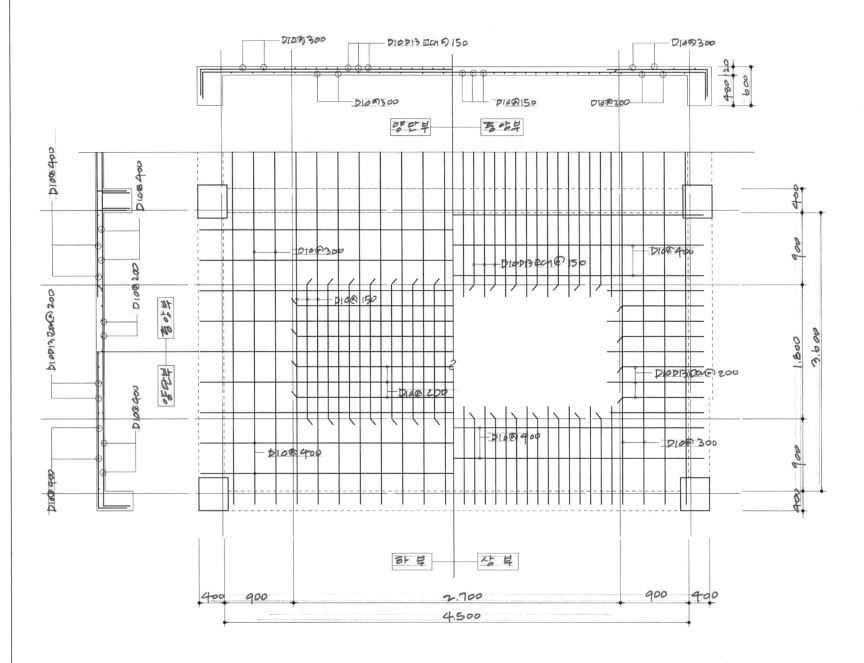

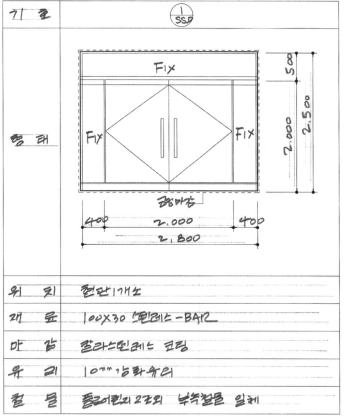

D1@300   D1@D13 교대@150   D1@300

D1@300   D1@150   D1@300

양단부   중앙부

D10@400   D10@400

D10@300   D10D13교대@150   D10@400

D10@200   D10D13교대@200

D10@150

D10D13교대@200

D10@200

D10@400   D10@900   D10@300

하부   상부

400 900   2.700   900 400

4.500

S1 슬라브 배근도   S = 1/30

기 호	① SSD
형 태	FIX / FIX / FIX
위 치	현관 1개소
재 료	100×30 스테인레스-BAR
마 감	폴리스틴레스 코팅
유 리	10㎜ 강화유리
철 물	플로어힌지 2조외 부속철물 일체

400   2.000   400
2.800

① SSD 창 호 도   S = 1/30

기출문제 분석(근린생활시설 2)

자격 종목 및 등급	건축산업기사	작품명	생활편익시설

시험시간 : 표준시간-4시간, 연장시간-20분

▶ 건물 개요 및 조건

(1) 층수 및 구조 : 지하 1층, 지상 4층 철근 콘크리트 라멘구조

(2) 층고 : 3.2m

(3) 벽체
  • 이중벽 단열시공(0.5B+50mm+0.5B)
  • 내벽 : (칸막이벽) 1.0B 시멘트벽돌 벽체

(4) 각 실 난방 : 방열기를 설치한다.

(5) 창호 : 알루미늄새시 창호에 복층유리(페어글라스)를 사용한다.

(6) 각 부분 마감 : 각 실의 용도에 따라 기능에 맞게 선정하여야 한다.

(7) 문제에서 주어지지 않은 사항은 수검자가 판단하여 결정하되 건축구조 및 각종 규정에
  적합하고 일반 건물의 시공수준으로 한다.

(8) 각 부분 작도시 축척은 정확하지 않아도 되나 각 부분의 치수가 도면의 전체와 균형이
  되도록 한다.

(9) 각 부분의 구조 및 치수가 최대한 상세히 표현되어야 한다.

(10) 트레이싱 방안지 1장에 1문제씩 작도한다.

01 A 부분의 단면 상세도를 작도하시오.

가. 작도 범위는 1개층(1층)이 완전히 표현되도록 한다.

나. 도면의 크기 : 축척 1/30 정도

02 B 부분의 단면 상세도를 작도하시오.

가. 작도 범위는 1개층(1층)이 완전히 표현되도록 한다.

나. 계단 형식은 경사 슬래브식 계단으로 한다.

다. 도면의 크기 : 축척 1/30 정도

03 S1 부분을 4변 고정으로 가정하고 슬래브 배근도를 작도하시오.

가. 철근 콘크리트 배근 규정을 준수한다.

나. 배근 평면도와 단면도가 작도되어야 한다.

다. 도면의 크기 : 축척 1/30 정도

라. 슬래브 안목치수 : 3.9m×6.6m

〈배근설계〉
  • 단변방향 : 단부 D10 D13 교대 @150, 중앙부 D10 @150
  • 장변방향 : 단부 D10 D13 교대 @200, 중앙부 D10 @200

04 5/AW의 창호도(창호표)를 작도하시오.

가. 창호치수 : 폭 2.8m, 너비 2.5m

나. 창호도에 표기하여야 할 일체의 내용이 명시되어야 한다.

다. 도면의 크기 : 축척 1/50 정도

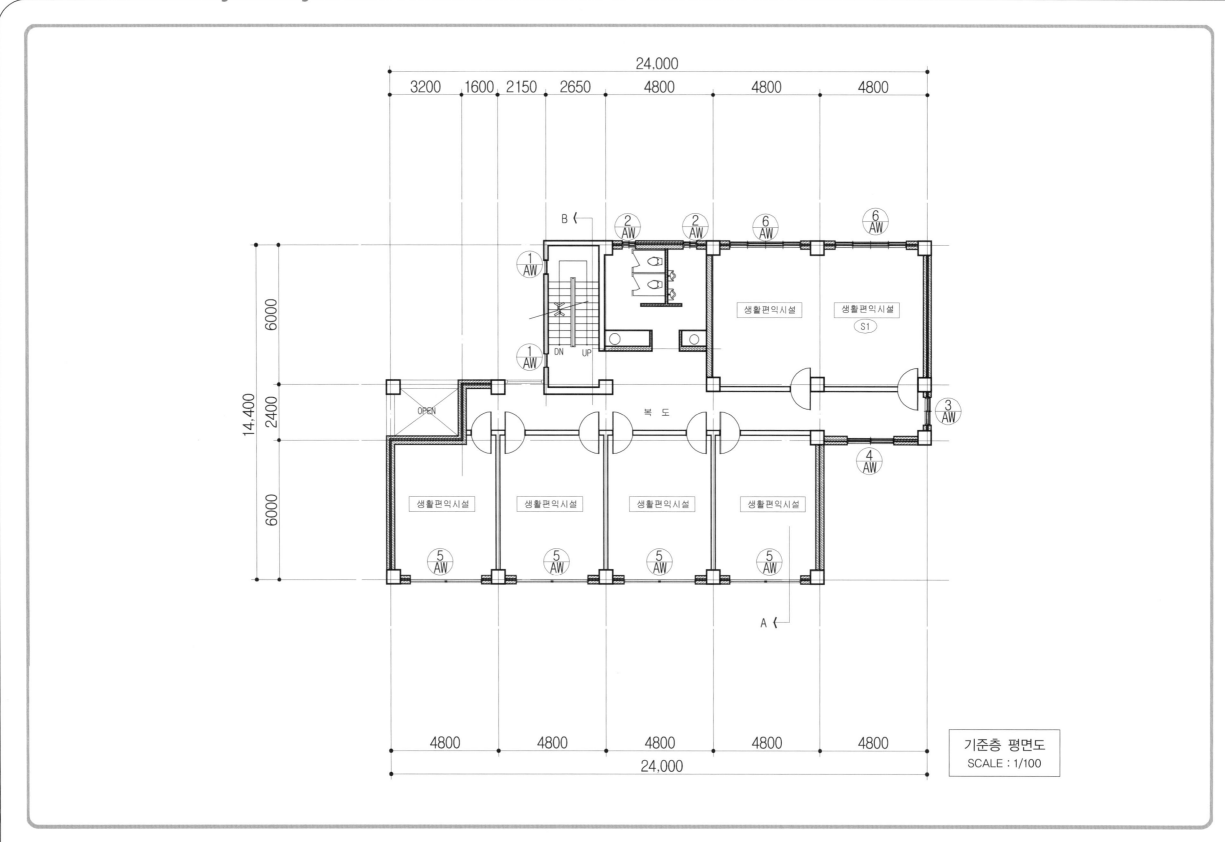

기준층 평면도
SCALE : 1/100

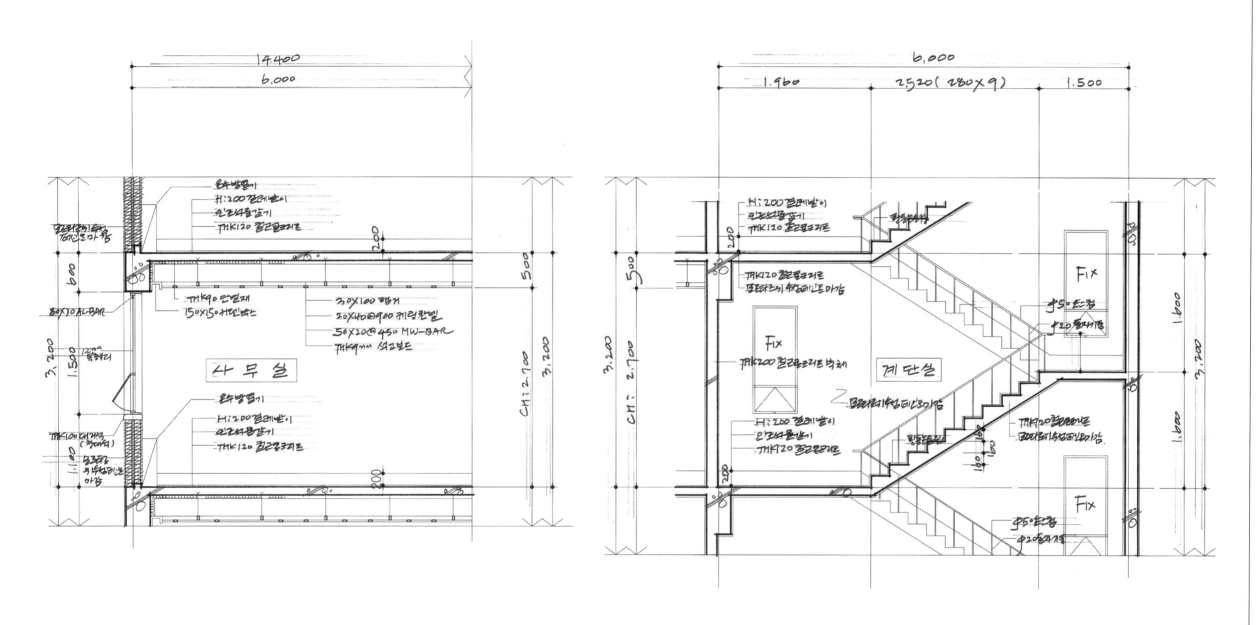

A 부분단면상세도 S=1/30

B 부분단면상세도 S=1/30

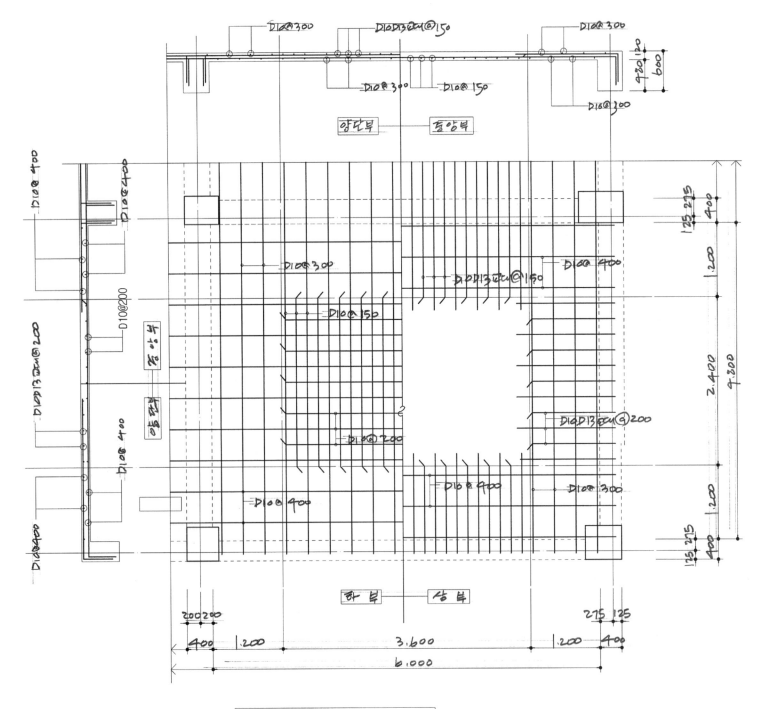

D10@300　　D10D13대@150　　D10@300

D10@300　　D10@150

D16@300

양단부　　중앙부

D10@300　　　D10@400

D10D13대@150

D10@150

D10D13대@200

D10@200

D10@400

D10@400　　　D10@300

하부　　상부

200 200　　　275 125

400　1,200　　3,600　　1,200　400

6,000

S1 슬라브 배근도 S = 1/30

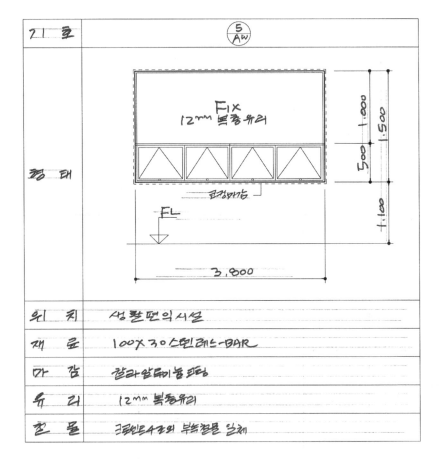

기　호	⑤/AW
형　태	FIX 12mm 복층유리
위　치	상환편의시설
재　료	100×30 스테인레스-BAR
마　감	칼라알루미늄 판넬
유　리	12mm 복층유리
철　물	크린룸4조외 부속철물 일체

3,800

FL

⑤/AW 창 호 도 S = 1/30

자격 종목 및 등급	건축산업기사	작품명	사무소

시험시간 : 표준시간-4시간, 연장시간-20분

▶ 건물 개요 및 조건

(1) 층수 및 구조 : 지하 1층, 지상 4층 철근 콘크리트 라멘구조

(2) 층고 : 3.2m

(3) 벽체

- 외벽 : 시멘트 벽돌조 2중벽(0.50B+50mm+0.5B), 자기질 타일마감
- 내벽 : (칸막이벽) 1.0B 시멘트벽돌 벽체

(4) 각 실 난방 : 방열기를 설치한다.

(5) 창호 : 알루미늄새시 창호에 복층유리(페어글라스)를 사용한다.

(6) 각 부분 마감 : 각 실의 용도에 따라 기능에 맞게 선정하여야 한다.

(7) 문제에서 주어지지 않은 사항은 수검자가 판단하여 결정하되 건축구조 및 각종 규정에
   적합하고 일반 건물의 시공수준으로 한다.

(8) 각 부분 작도시 축척은 정확하지 않아도 되나 각 부분의 치수가 도면의 전체와 균형이
   되도록 한다.

(9) 각 부분의 구조 및 치수가 최대한 상세히 표현되어야 한다.

(10) 트레이싱 방안지 1장에 1문제씩 작도한다.

01 A 부분의 단면 상세도를 작도하시오.

가. 작도 범위는 1개층(1층)이 완전히 표현되도록 한다.

나. 계단 형식을 경사 슬래브식 계단으로 한다.

다. 도면의 크기 : 축척 1/30 정도

02 (A)열 기준선상의 라멘도를 작도하시오.

가. 작도 범위는 1개층(1층)이 완전히 표현되도록 한다.

나. 기둥과 보의 단면 배근상태도 함께 작도한다.

다. 도면의 크기 : 축척 1/30 정도

라. 기둥과 보의 단면 열람표

기둥(C1, C2)		보(G1, G2)	
단면치수	500×600	단면치수	400×600
주근	D22-10	인장근	D22-6
중앙 띠철근	D10@250	압축근	D22-2
보조 띠철근	D10@750	중앙부 늑근	D10@300

03 S1 부분을 4변 고정으로 가정하고 슬래브 배근도를 작도하시오.

가. 철근 콘크리트 배근 규정을 준수한다.

나. 배근 평면도와 단면도가 작도되어야 한다.

다. 도면의 크기 : 축척 1/30 정도

라. 슬래브 안목치수 : 3.9m×6.6m

〈배근설계〉

- 단변방향 : 단부 D10 D13 교대 @160, 중앙부 D10 @160
- 장변방향 : 단부 D10 D13 교대 @200, 중앙부 D10 @200

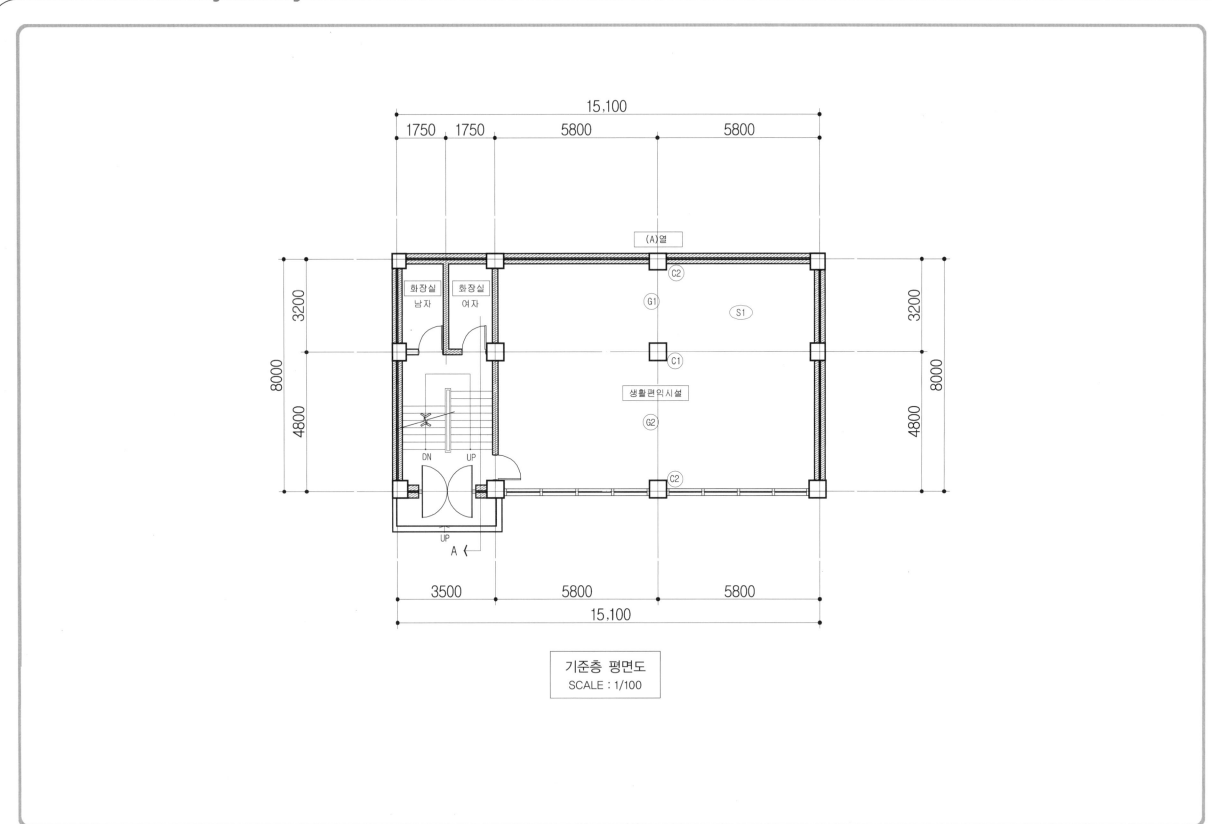

기준층 평면도
SCALE : 1/100

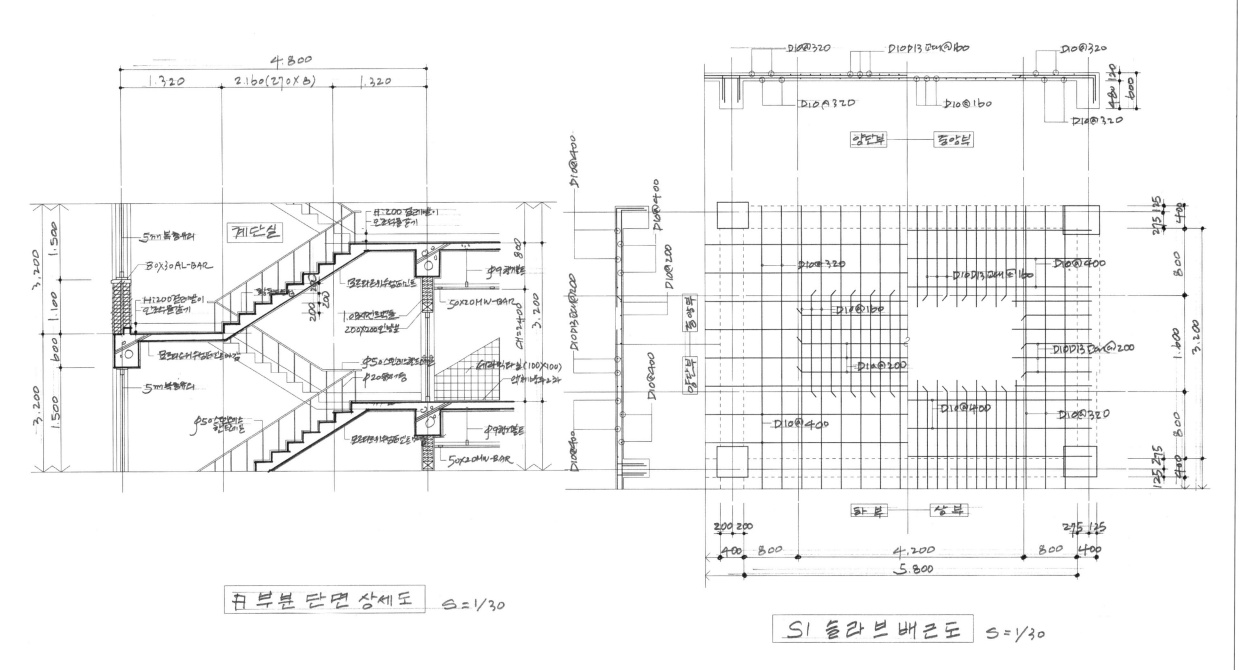

田 부분 단면 상세도   S=1/30

S1 슬라브 배근도   S=1/30

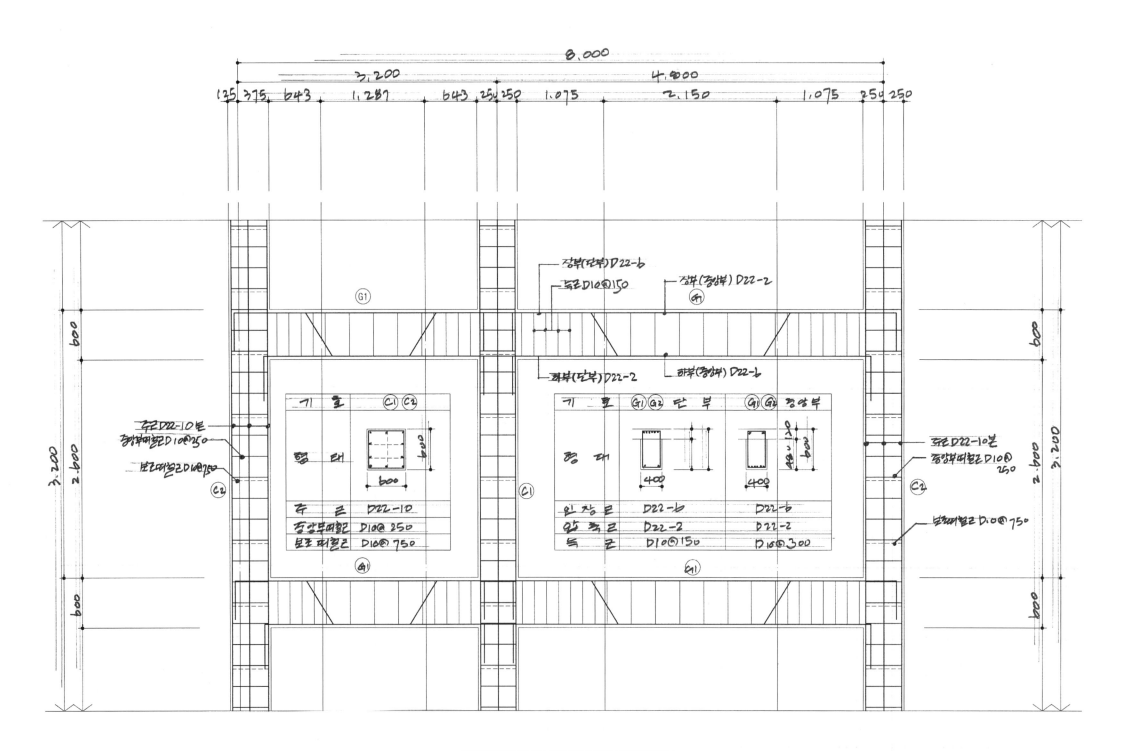

기 호	C₁	C₂
형 태	600×600
주 근	D22-10
중앙부띠근	D10@ 250
보조 띠근	D10@ 750

기 호	G₁ G₂ 단 부	G₁ G₂ 중앙부
형 태	400	400
상 창 근	D22-6	D22-6
하 측 근	D22-2	D22-2
늑 근	D10@150	D10@300

주근 D22-10본
중앙부띠근D10@250
보조띠근D10@750

주근 D22-10본
중앙부띠근D10@250
보조띠근 D10@750

상부(단부)D22-6
늑근D10@150
상부(중앙부) D22-2

하부(단부)D22-2
하부(중앙부) D22-6

平 단 라 멘 도   S = 1/30

부록 II

시공완료된 실시설계도면

〈단독주택편〉

이천 주택 작가 NOTE

건축은 창조 행위이다. 즐거운 창조다.

특히 주택은 인간 생활 가족 생활의 공간이어서 더욱 계획에 신중해야 하고 면밀한 연구가 필요하겠다.

설계와 공사는 잠시이지만 사용하는 주거하는 사람은 인생이 걸려있다.

가족 구성원, 가족 각자의 취향, 성격, 직업, 나이 등등을 고려하고 여러번 만나고 질문하고 하다보면 어느 정도의 근사한 답이 나온다.

이제 그때 시작하여 단계적으로 정리하여 본다.

그리고 계속 수정된다.

정답에 가까워지도록…

〈작가 : 손제석〉

- 지성건축사 사무소 대표 / 건축사
- 국제대학 건축학부 외래교수
- 연세대학교 건축학 석사
- 한국건축가협회 경기지회 회장 역임
- 경기도 건축대전 심사위원 역임
- 경기도 건축문화상 심사위원 역임
- 경기도 행정 쇄신위원 역임
- 수원지방법원 민사조정위원 역임
- 경기예술대상(건축부분) 수상

이천주택 VIEW (개념도)

이플 밑을잇기
목재루바
벽돌 쌓기

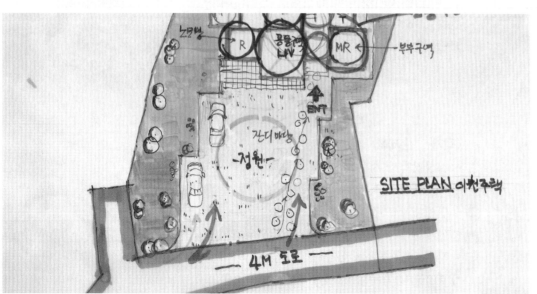

노모방
R
공동권 LIV
MR
부부구역

잔디마당
정원
ENT

SITE PLAN 이천주택

4M 도로

오랜 농가주택 들이 옹기종기 있던 시골에 새로운 주택이 이웃에 들어서고 70년이 넘은 낡은 주택을 헐고 신축하려고 하였다.

고희를 넘긴 노모와 주말에 찾아오는 형제들을 고려하여 작은아들과 함께 여생을 보내야 할 집이 되어야 한다.

노모와 아들의 공간을 가능한 정리하고 자녀들과의 구분도 필요했고 특히 나이 드신 어머니의 편안한 여생을 가장 우선으로 하는 효자들의 정성을 담아보려 했다.

진입 가능한 남쪽 마당이 넓어 좋고 건물을 동서로 전개하여 채광, 환기를 풍족하게 하여 노모와 아들 내외의 공간을 거실을 기준으로 동서로 분리하고 자녀들을 2층으로 배치하여 정리하고 현관, 거실, 계단실을 위주로 3세대가 쉽게 접근하고 또 각자 공간을 찾아 갈 것이다.

가족 공간인 거실은 천장을 더 높여서 별장 분위기를 주고 2층 자녀 공간에서도 1층 거실이 들여다보이도록 해보았고 발코니 앞은 고추를 말리기 좋게 나지막 하면서도 약간 여유 있는 베란다를 두고 뒤쪽 장독대도 크게 해본다.

손 제석

FRONT ELEVATION

건물 개요

구 분		건축신고(1차 설계 변경 전, 후 동일)				1차설계변경사유
공사 개요	대지 위치	이천시 신둔면 인후리 40-2번지				건물 위치 이동
	대지 면적	공부상 대지면적	제외지면적	현황 도로화면적	실사용 대지면적	
		795.00m²	2.0m²	94.00m²	699.00m²	
	지역 및 지구	관리지역				
	공사 종별	신축				
	용도	단독주택				
	층수 및 구조	지상 3층, 철근 콘크리트				
	도로 관계	3.5m 이상 현황 도로에 25.20m, 4m 막다른 도로에 7.47m 접함				
건축 규모	건축면적	113.69m²(34.39평)				
	연면적	143.22m²(43.32평)				
	건폐율	113.69/699.00×100=16.26%		법정	40%	
	용적률	143.22/699.00×100=20.49%		법정	100%	
	건물 높이	8.70m				
	처마 높이	6.90m				
	정화조	2ton 오수정화조				
주차 시설	법적 주차대수	50m² 초과 150m² 이하 1대				
	설계상 주차대수	1대				
조경 시설	법적 조경면적	해당사항 없음				
	설계상 조경면적					

 ## 면적 개요(1차 설계 변경 전, 후 동일)

구 분	층 별	용 도	면 적		비 고
			[m²]	[평]	
지상	지상 1층	단독주택	106.59	32.24	
	지상 2층	단독주택	36.63	11.08	
합 계			143.22	43.32	

 ## 부근 지적도   축척 : 1/NONE

 ## 현장 안내도   축척 : 1/NONE

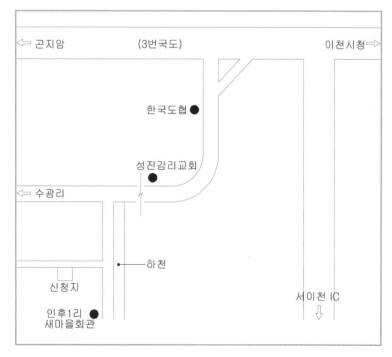

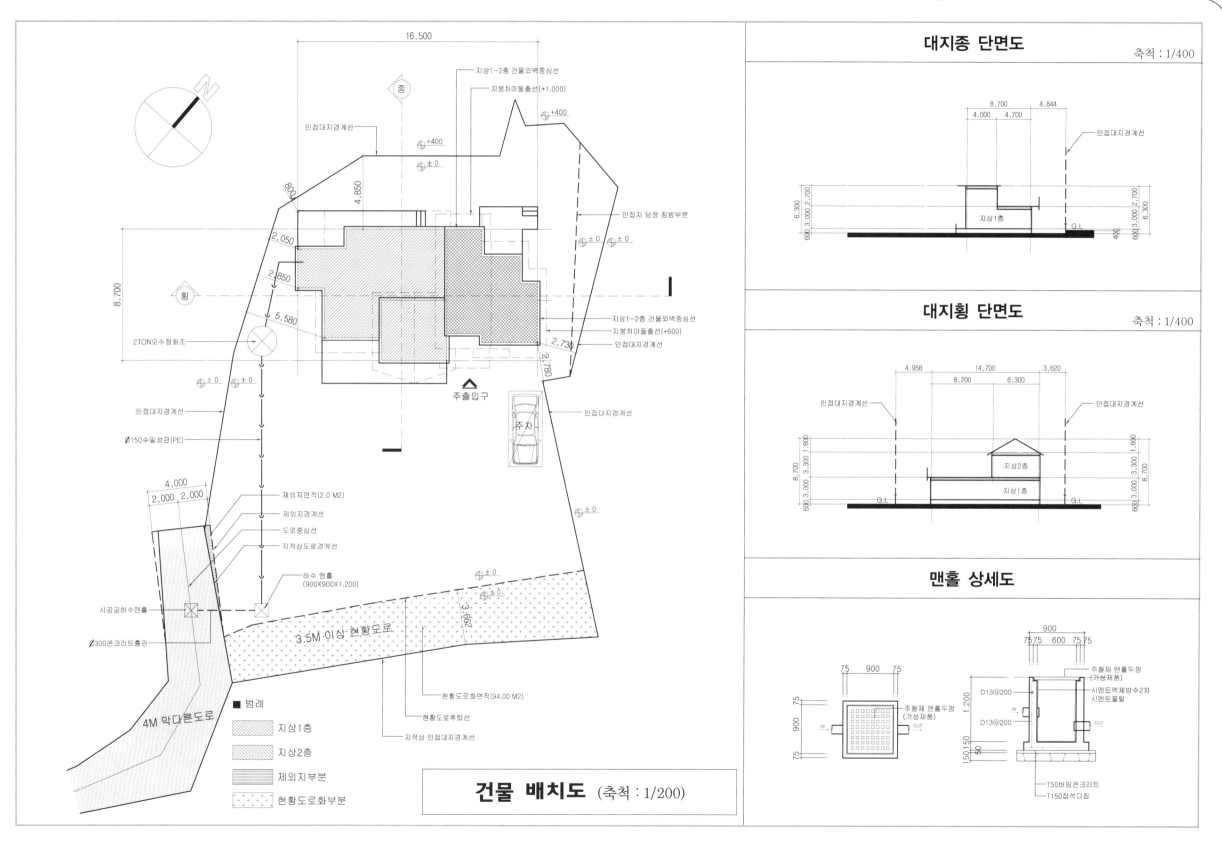

대지종 단면도

축척 : 1/400

대지횡 단면도

축척 : 1/400

맨홀 상세도

건물 배치도 (축척 : 1/200)

■ 범례

지상1층

지상2층

제외지부분

현황도로화부분

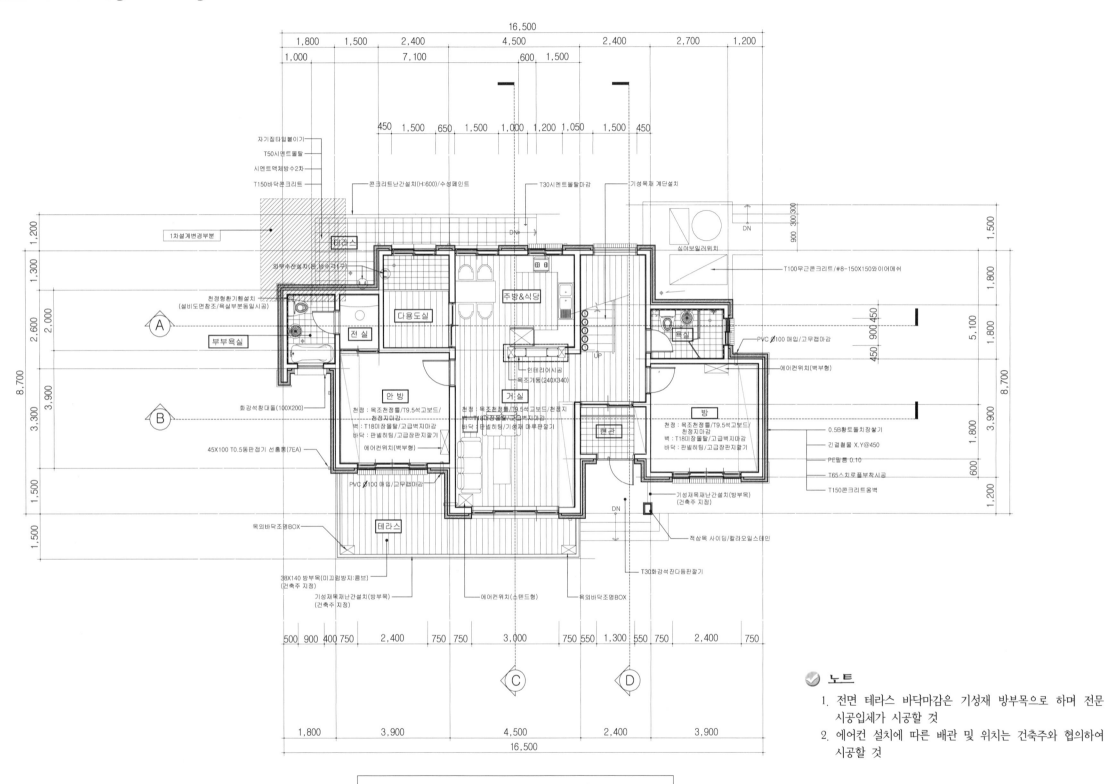

지상 1층 평면도 (축척 : 1/100)

✅ 노트

1. 전면 테라스 바닥마감은 기성재 방부목으로 하며 전문
   시공업체가 시공할 것
2. 에어컨 설치에 따른 배관 및 위치는 건축주와 협의하여
   시공할 것

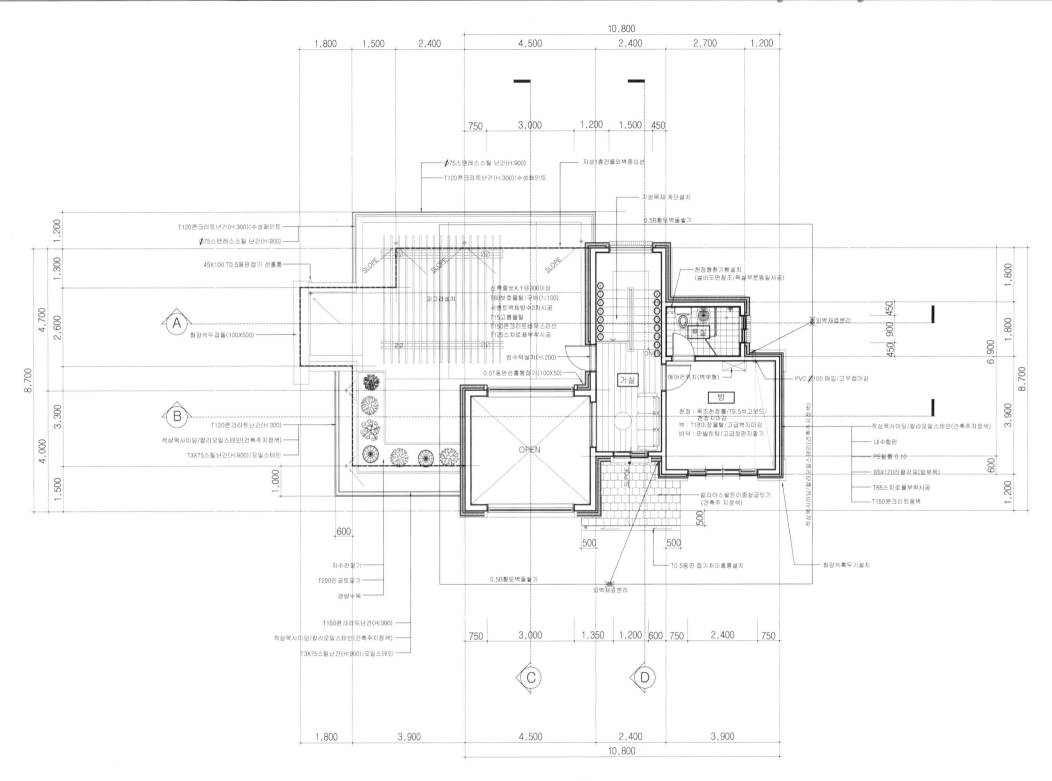

10,800

1,800　1,500　2,400　4,500　2,400　2,700　1,200

750　3,000　1,200　1,500　450

Ø75스텐레스스틸 난간(H:900)
T120콘크리트난간(H:300)/수성페인트
지상1층건물외벽중심선
기성목재 계단설치
0.5B황토벽돌쌓기

T120콘크리트난간(H:300)/수성페인트
Ø75스텐레스스틸 난간(H:900)

45X100 T0.5동판접기 선홈통

파고라설치

신축줄눈X.Y@3000이상
T60보호몰탈/구배(1/100)
시멘트액체방수2차시공
T15고름몰탈
T150편경크리트템파스크라브
T125스치로풀부착시공

화강석두겁돌(100X500)

천정형환기휀설치
(설비도면참조/욕실부분동일시공)

욕실

외벽재료분리

450
900
450

450

6,900

8,700

1,800
1,800

방수턱설치(H:200)

0.5T동판선홈통접기(100X50)

거실

에어컨위치(벽부형)

방

PVC.Ø100 매입/고무캡마감

천정:목조천정틀/T9.5석고보드/
천정지마감
벽:T18미장몰탈/고급벽지마감
바닥:판넬히팅/고급장판지깔기

적삼목사이딩/칼라오일스테인(건축주지정색)

내수합판
PE필름 0.10
65X120라왕각재(방부목)
T65스치로풀부착시공
T150편크리트동벽

1,200
1,300
4,700
2,600
3,300
4,000
1,500

A

화강석두겁돌(100X500)

T120콘크리트난간(H:300)/수성페인트
Ø75스텐레스스틸 난간(H:900)

B

T120콘크리트난간(H:300)
적삼목사이딩/칼라오일스테인(건축주지정색)
T3X75스틸난간(H:900)/오일스테인

OPEN

1,000

칼라아스팔트이중앙글잇기
(건축주 지정색)

500

500　500

지수판깔기
T200인공토깔기
경량수목

600

3,900

적삼목사이딩/칼라오일스테인(건축주지정색)

T0.5동판 접기처마홈통설치

화강석흑두기설치

0.5B황토벽돌쌓기

외벽재료분리

600

1,200

8,700

T150콘크리트난간(H:300)
적삼목사이딩/칼라오일스테인(건축주지정색)
T3X75스틸난간(H:900)/오일스테인

750　3,000　1,350　1,200　600　750　2,400　750

C　D

1,800　3,900　4,500　2,400　3,900

10,800

지상 2층 평면도 (축척 : 1/100)

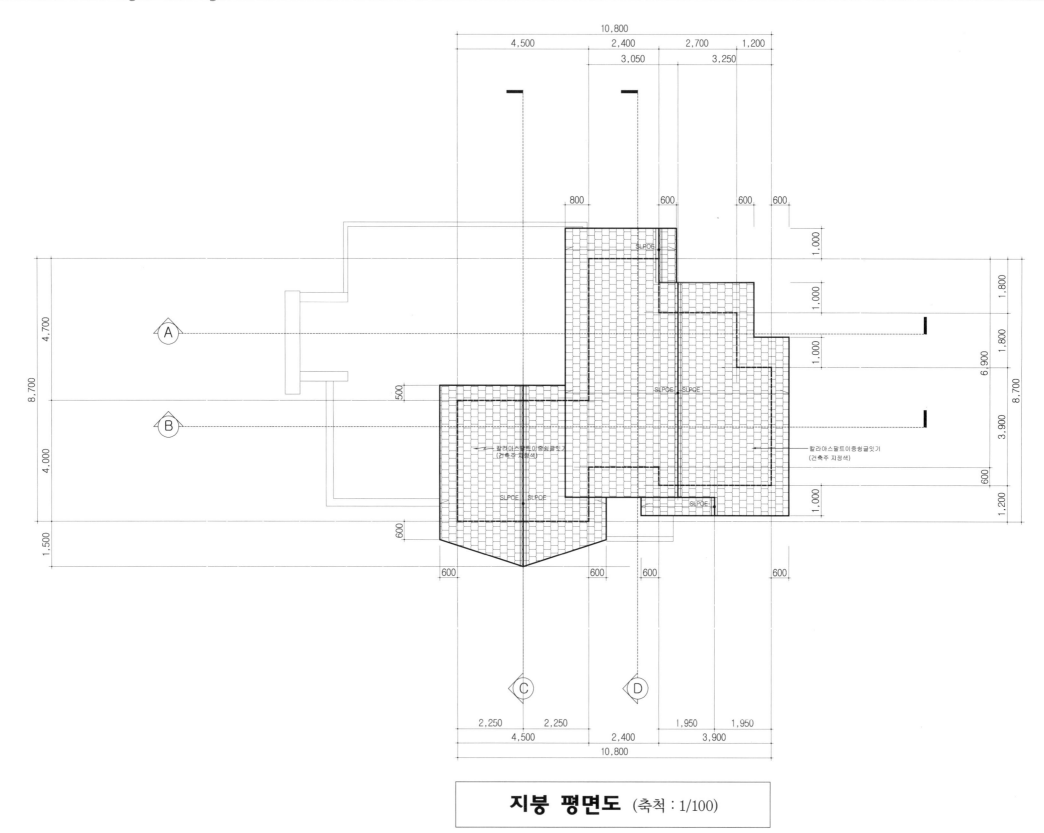

지붕 평면도 (축척 : 1/100)

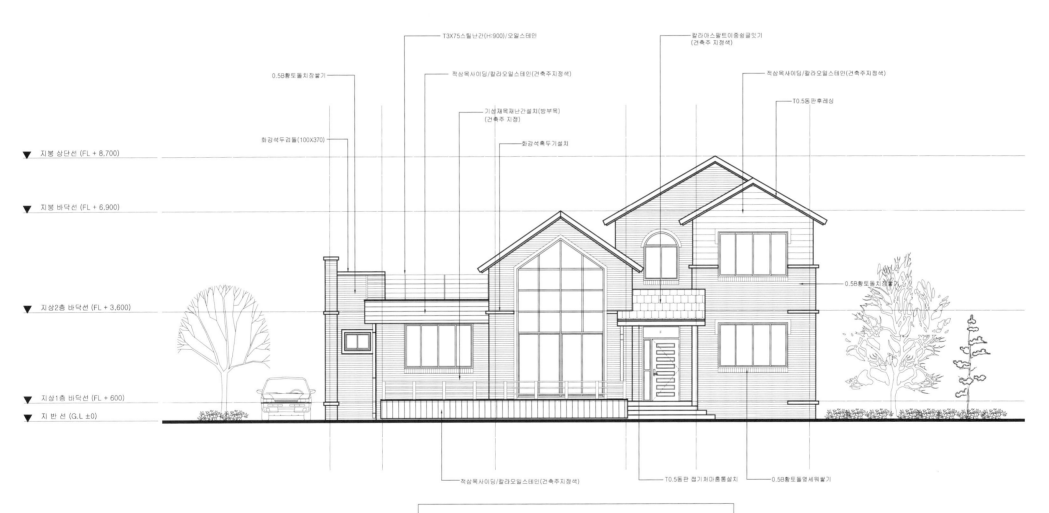

T3X75스틸난간(H:900)/오일스테인

칼라아스팔트이중왕골잇기
(건축주 지정색)

0.5B황토돌치장쌓기

적삼목사이딩/칼라오일스테인(건축주지정색)

적삼목사이딩/칼라오일스테인(건축주지정색)

기성재목재난간설치(방부목)
(건축주 지정)

T0.5동판후레싱

화강석두겁돌(100X370)

화강석홈두기설치

지붕 상단선 (FL + 8.700)

지붕 바닥선 (FL + 6.900)

0.5B황토돌치장쌓기

지상2층 바닥선 (FL + 3.600)

지상1층 바닥선 (FL + 600)

지 반 선 (G.L ±0)

적삼목사이딩/칼라오일스테인(건축주지정색)

T0.5동판 접기처마홈통설치

0.5B황토돌엷세워쌓기

정면도 (축척 : 1/100)

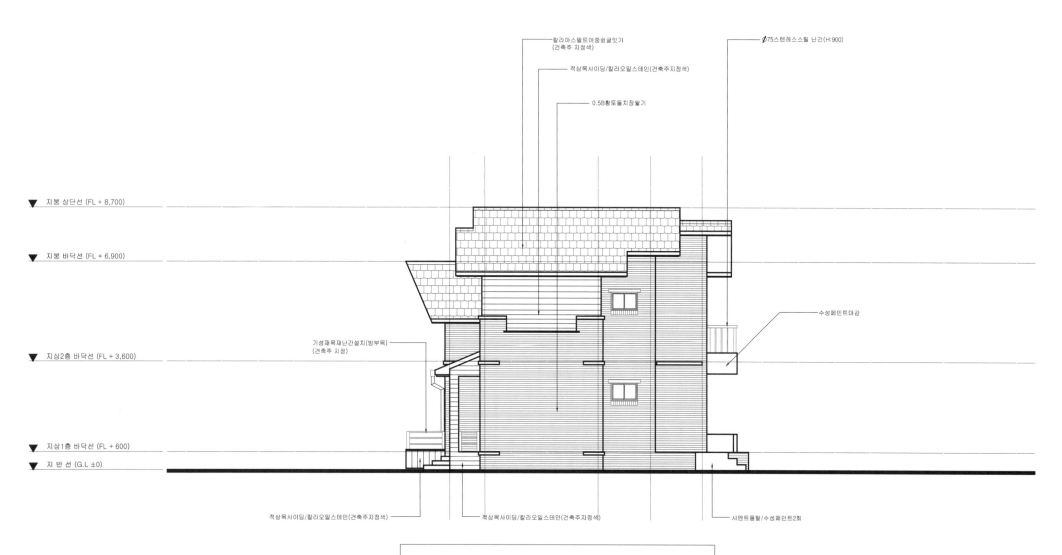

칼라아스팔트이중싱글잇기
(건축주 지정색)

적삼목사이딩/칼라오일스테인(건축주지정색)

Ø75스텐레스스틸 난간(H:900)

0.5B황토돌치장쌓기

▼ 지붕 상단선 (FL + 8,700)

▼ 지붕 바닥선 (FL + 6,900)

수성페인트마감

기성재목재난간설치(방부목)
(건축주 지정)

▼ 지상2층 바닥선 (FL + 3,600)

▼ 지상1층 바닥선 (FL + 600)

▼ 지 반 선 (G.L ±0)

적삼목사이딩/칼라오일스테인(건축주지정색)

적삼목사이딩/칼라오일스테인(건축주지정색)

시멘트몰탈/수성페인트2회

우측면도 (축척 : 1/100)

적삼목사이딩/칼라오일스테인(건축주지정색)

0.5B황토돌치장쌓기

∅75스텐레스스틸 난간(H:900)

화강석훅두기설치

T0.5동판후레싱

수성페인트마감

화강석두겁돌(100X370)

화강석두겁돌(100X500)

화강석훅두기설치

▼ 지붕 상단선 (FL + 8,700)

▼ 지붕 바닥선 (FL + 6,900)

▼ 지상2층 바닥선 (FL + 3,600)

▼ 지상1층 바닥선 (FL + 600)

▼ 지 반 선 (G.L ±0)

배면도 (축척 : 1/100)

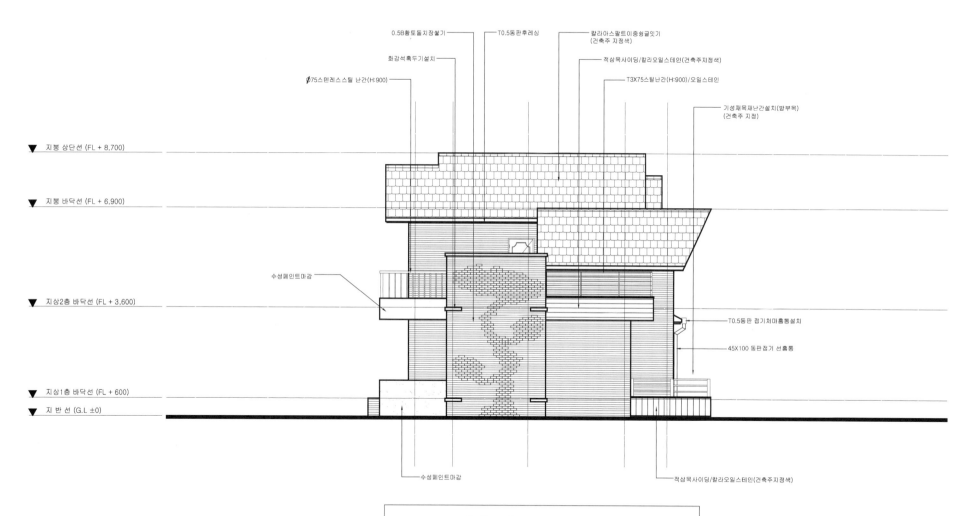

0.5B황토돌지장쌓기

T0.5동판후레싱

칼라아스팔트이중싱글잇기
(건축주 지정색)

화강석촉두기설치

적삼목사이딩/칼라오일스테인(건축주지정색)

Ø75스텐레스스틸 난간(H:900)

T3X75스틸난간(H:900)/오일스테인

기성재목재난간설치(방부목)
(건축주 지정)

▼ 지붕 상단선 (FL + 8,700)

▼ 지붕 바닥선 (FL + 6,900)

수성페인트마감

▼ 지상2층 바닥선 (FL + 3,600)

T0.5동판 접기처마홈통설치

45X100 동판접기 선홈통

▼ 지상1층 바닥선 (FL + 600)

▼ 지 반 선 (G.L ±0)

수성페인트마감

적삼목사이딩/칼라오일스테인(건축주지정색)

좌측면도 (축척 : 1/100)

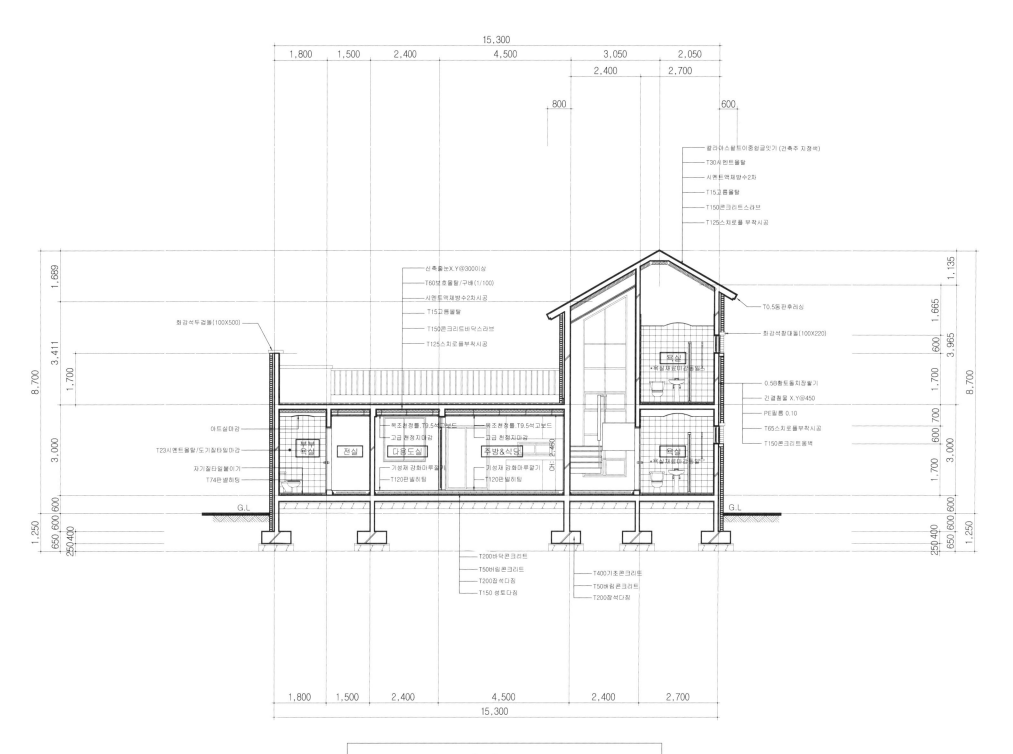

15,300
1,800 1,500 2,400 4,500 3,050 2,050
2,400 2,700
800 600

칼라아스팔트이중싱글잇기 (건축주 지정색)
T30시멘트몰탈
시멘트액체방수2차
T15고름몰탈
T150콘크리트스라브
T125스치로폴 부착시공

신축줄눈X.Y@3000이상
T60보호몰탈/구배(1/100)
시멘트액체방수2차시공
T15고름몰탈
T150콘크리트바닥스라브
T125스치로폴부착시공

화강석두겁돌(100X500)

T0.5동판후레싱

화강석창대돌(100X220)

목실
목실재료마감동일

0.5B황토돌치장쌓기
긴결철물 X.Y@450
PE필름 0.10
T65스치로폴부착시공
T150콘크리트옹벽

아트실마감
T23시멘트몰탈/도기질타일마감
자기질타일붙이기
T74판넬히팅

부부
욕실

전실

다용도실
목조천정틀.T9.5석고보드
고급 천정지마감
기성재 강화마루깔기
T120판넬히팅

주방&식당
목조천정틀.T9.5석고보드
고급 천정지마감
CH: PL.450
기성재 강화마루깔기
T120판넬히팅

목실
목실재료마감동일

G.L   G.L

1,689
3,411
1,700
8,700
3,000
600
1,250
650 400
250

1,135
1,665
600
3,965
1,700
700
600
3,000
8,700
1,700
600 600
1,250
250 400
650

T200바닥콘크리트
T50버림콘크리트
T200잡석디짐
T150 성토다짐

T400기초콘크리트
T50버림콘크리트
T200잡석디짐

1,800 1,500 2,400 4,500 2,400 2,700
15,300

A부분 단면도 (축척 : 1/100)

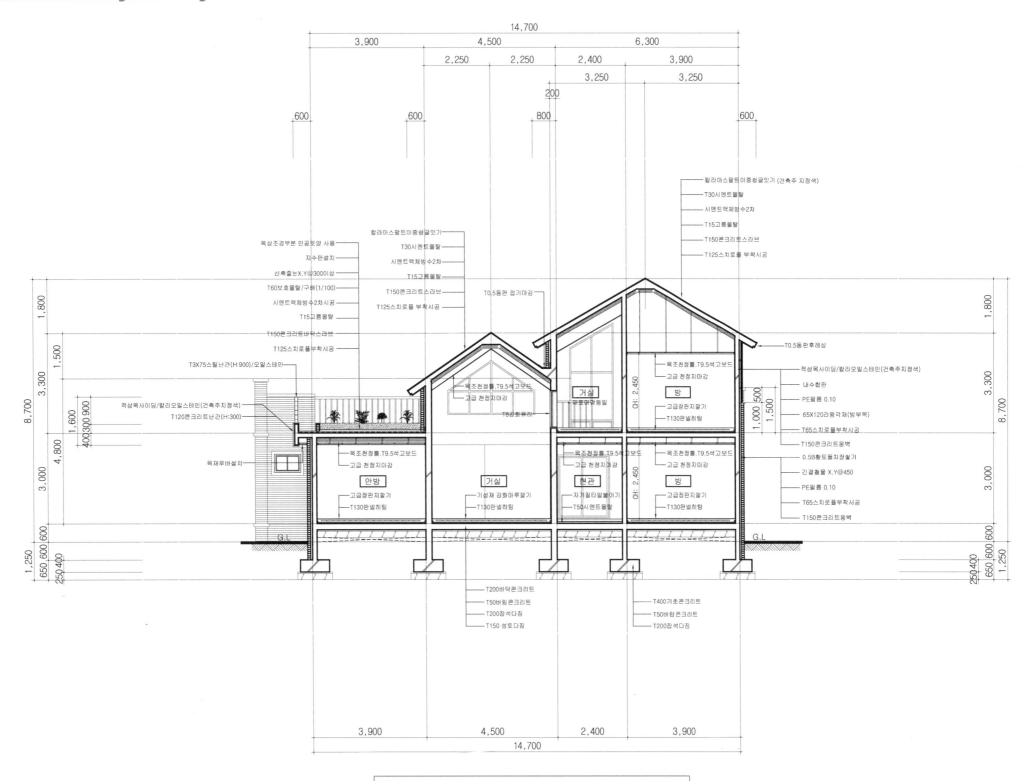

14,700

3,900   4,500   6,300

2,250   2,250   2,400   3,900

3,250   3,250

200

600   600   800   600

칼라아스팔트이중슁글잇기 (건축주 지정색)
T30시멘트몰탈
시멘트액체방수2차
T15고름몰탈
T150콘크리트스라브
T125스치로폴 부착시공

옥상조경부분 인공토양 사용
지수판설치
신축줄눈X.Y@3000이상
T60보호몰탈/구배(1/100)
시멘트액체방수2차시공
T15고름몰탈
T150콘크리트바닥스라브
T125스치로폴부착시공

칼라아스팔트이중슁글잇기
T30시멘트몰탈
시멘트액체방수2차
T15고름몰탈
T150콘크리트스라브
T125스치로폴 부착시공

T0.5동판 접기마감

T0.5동판후레싱

T3X75스틸난간(H:900)/오일스테인

목조천정틀.T9.5석고보드
고급 천정지마감

목조천정틀.T9.5석고보드
고급 천정지마감

적삼목사이딩/칼라오일스테인(건축주지정색)
내수합판
PE필름 0.10
65X120라왕각재(방구목)
T65스치로폴부착시공
T150콘크리트옹벽
0.5B황토돌치장쌀기
긴결철물 X.Y@450
PE필름 0.10
T65스치로폴부착시공
T150콘크리트옹벽

적삼목사이딩/칼라오일스테인(건축주지정색)
T120콘크리트난간(H:300)

거실
기둥마감동일

거실

방

목재루바설치

목조천정틀.T9.5석고보드
고급 천정지마감

안방

고급장판지깔기
T130판넬히팅

목조천정틀.T9.5석고보드
고급 천정지마감

거실

기성재 강화마루깔기
T130판넬히팅

목조천정틀.T9.5석고보드
고급 천정지마감

현관

자기질타일붙이기
T50시멘트몰탈

목조천정틀.T9.5석고보드
고급 천정지마감

방

고급장판지깔기
T130판넬히팅

T8강화유리

CH: 2,450

CH: 2,450

G.L   G.L

1,800   1,500   3,300   1,600   300 900 400   4,800   3,000   650 600 250 400   1,250

8,700

1,000 1,500   1,500

1,800   3,300   8,700   3,000   250 600 400 600   1,250

T200바닥콘크리트
T50버림콘크리트
T200잡석다짐
T150 성토다짐

T400기초콘크리트
T50버림콘크리트
T200잡석다짐

3,900   4,500   2,400   3,900

14,700

B부분 단면도 (축척 : 1/100)

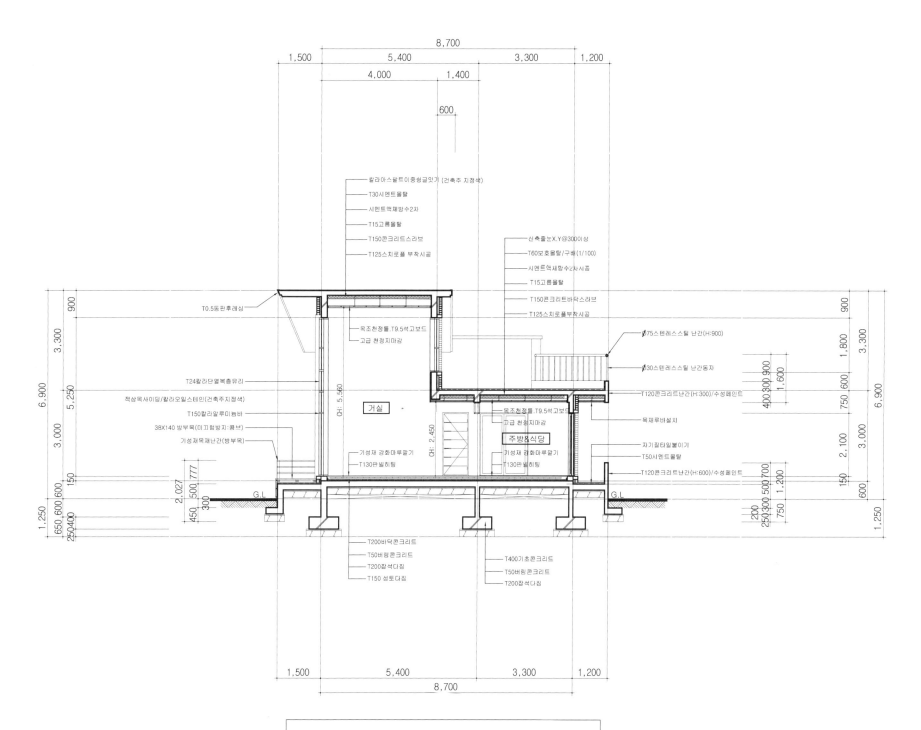

8,700
1,500   5,400   3,300   1,200
4,000   1,400
600

칼라아스팔트이중원글잇기 (건축주 지정색)
T30시멘트몰탈
시멘트액체방수2차
T15고름몰탈
T150콘크리트스라브
T125스치로폴 부착시공

신축줄눈X.Y@300이상
T60보호몰탈/구배(1/100)
시멘트액체방수2차시공
T15고름몰탈
T150콘크리트바닥스라브
T125스치로폴부착시공

T0.5동판후레싱

목조천정틀.T9.5석고보드
고급 천정지마감

φ75스텐레스스틸 난간(H:900)
φ30스텐레스스틸 난간동자

T24칼라단열복층유리

적삼목사이딩/칼라오일스테인(건축주지정색)
T150칼라알루미늄바
38X140 방부목(미끄럼방지:홈부)
기성재목재난간(방부목)

거실
CH: 5.560
CH: 2.450

주방&식당

T120콘크리트난간(H:300)/수성페인트
목재루바설치

목조천정틀.T9.5석고보드
고급 천정지마감

자기질타일붙이기
T50시멘트몰탈
T120콘크리트난간(H:600)/수성페인트

기성재 강화마루깔기
T130판넬히팅

기성재 강화마루깔기
T130판넬히팅

G.L   G.L

T200바닥콘크리트
T50버림콘크리트
T200잡석다짐
T150 성토다짐

T400기초콘크리트
T50버림콘크리트
T200잡석다짐

900
3,300
6,900
5,250
3,000
2,027
450 500 777
300
150
600
1,250
650 600
250 400

900
1,800
3,300
6,900
400 300 900
1,600
600
750
2,100
3,000
150
600
1,250
200
250 300 500 700
750   1,200

1,500   5,400   3,300   1,200
8,700

C부분 단면도 (축척 : 1/100)

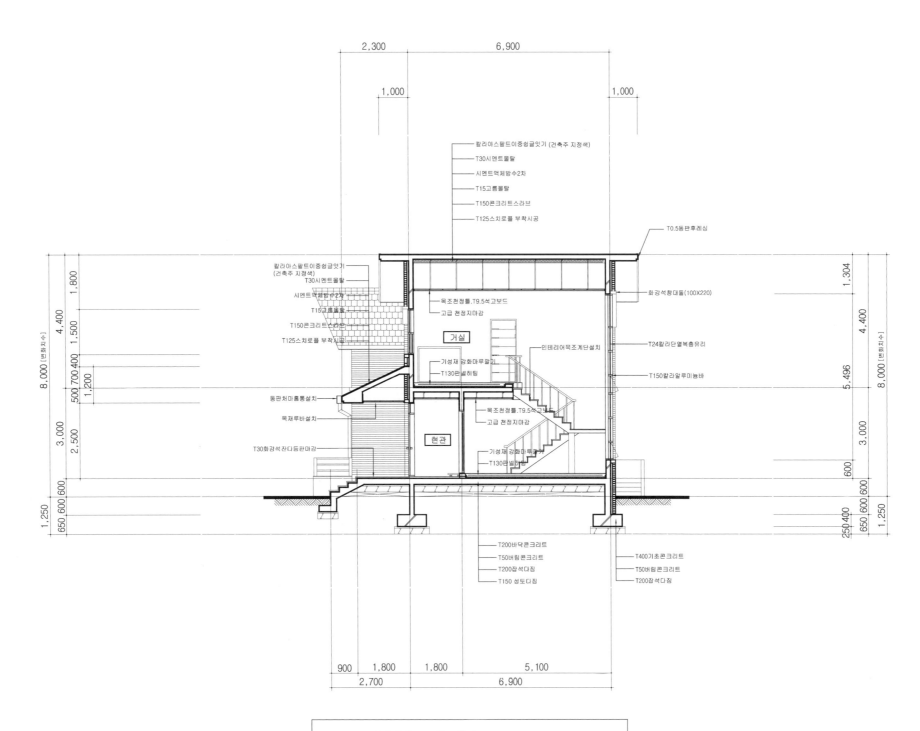

칼라아스팔트이중싱글잇기 (건축주 지정색)
T30시멘트물탈
시멘트액체방수2차
T15고름물탈
T150콘크리트스라브
T125스치로폼 부착시공

T0.5동판후레싱

칼라아스팔트이중싱글잇기
(건축주 지정색)
T30시멘트물탈
시멘트액체방수2차
T15고름물탈
T150콘크리트스라브
T125스치로폼 부착시공

화강석창대돌(100X220)

목조천정틀,T9.5석고보드
고급 천정지마감

거실

인테리어목조계단설치

T24칼라단열복층유리

기성재 강화마루깔기
T130판넬히팅

T150칼라알루미늄바

동판처마홈통설치

목재루바설치

목조천정틀,T9.5석고
고급 천정지마감

현관

기성재 강화마루깔기
T130판넬히팅

T30화강석잔다듬판마감

T200바닥콘크리트
T50버림콘크리트
T200잡석다짐
T150 성토다짐

T400기초콘크리트
T50버림콘크리트
T200잡석다짐

2,300   6,900
1,000   1,000

1,800
4,400   1,500
500 700 400
1,200
500
3,000   2,500
8,000 [변화지수]

1,304
4,400
5,496
600
250 400
650 600
1,250

650 600
1,250

900   1,800   1,800   5,100
2,700   6,900

D부분 단면도 (축척 : 1/100)

지상 1층 창호 위치도

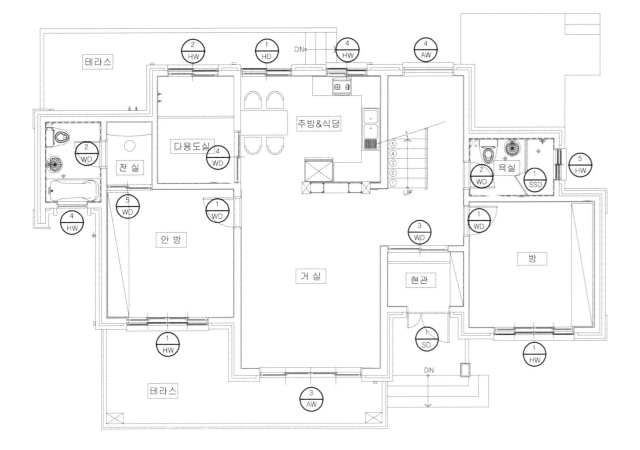

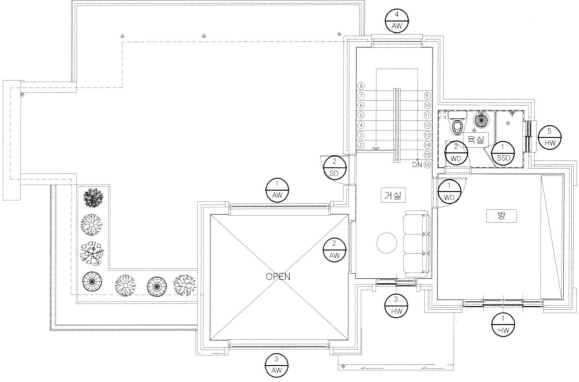 ## 지상 2층 창호 위치도

형태	1,600 / 900 / 700 / 2,000 / F	900 / 45X180라왕 / 2,100	800 / 45X180라왕 / 2,100	1,800 / 900 / 900 / 2,100
위치 및 개소	①SSD 지상 1~2층 욕식　2개소	①WD 지상 1~2층 안방, 방　3개소	②WD 지상 1~2층 욕실, 부부욕실　3개소	③WD 지상 1층 주방&식당, 현관　1개소
후레임	THK 1.5 스테인리스 스틸(20×100)	45×180원목/목재용 투명 락카	45×180원목/목재용 투명 락카	45×180원목/목재용 투명 락카
유리/문	FIX : THK 8 강화유리	원목 도어/목재용 투명 락카	원목 도어/목재용 투명 락카	T 5 투명유리
부속 철물	부속 철물 일체	부속 철물 일체	부속 철물 일체	부속 철물 일체
형태	1,500 / 750 / 750 / 2,100	1,350 / 675 / 675 / 2,100	1,300 / 300 / 1,000 / 400 / 2,500 / 2,100 / F	900 / 2,100
위치 및 개소	④WD 지상 1층 주방 & 식당　1개소	⑤WD 지상 1층 부부욕실　1개소	①SD 지상 1층 현관　1개소	②SD 지상 2층 거실　1개소
후레임	45×240원목/목재용 투명 락카	45×180원목/목재용 투명 락카	THK 1.5 스틸 후레임(45×180)	THK 1.5 스틸 후레임(45×240)
유리/문	T 5 투명유리	T 5 투명유리	기성문짝 설치	기성문짝 설치
부속 철물	부속 철물 일체	부속 철물 일체	부속 철물 일체	부속 철물 일체

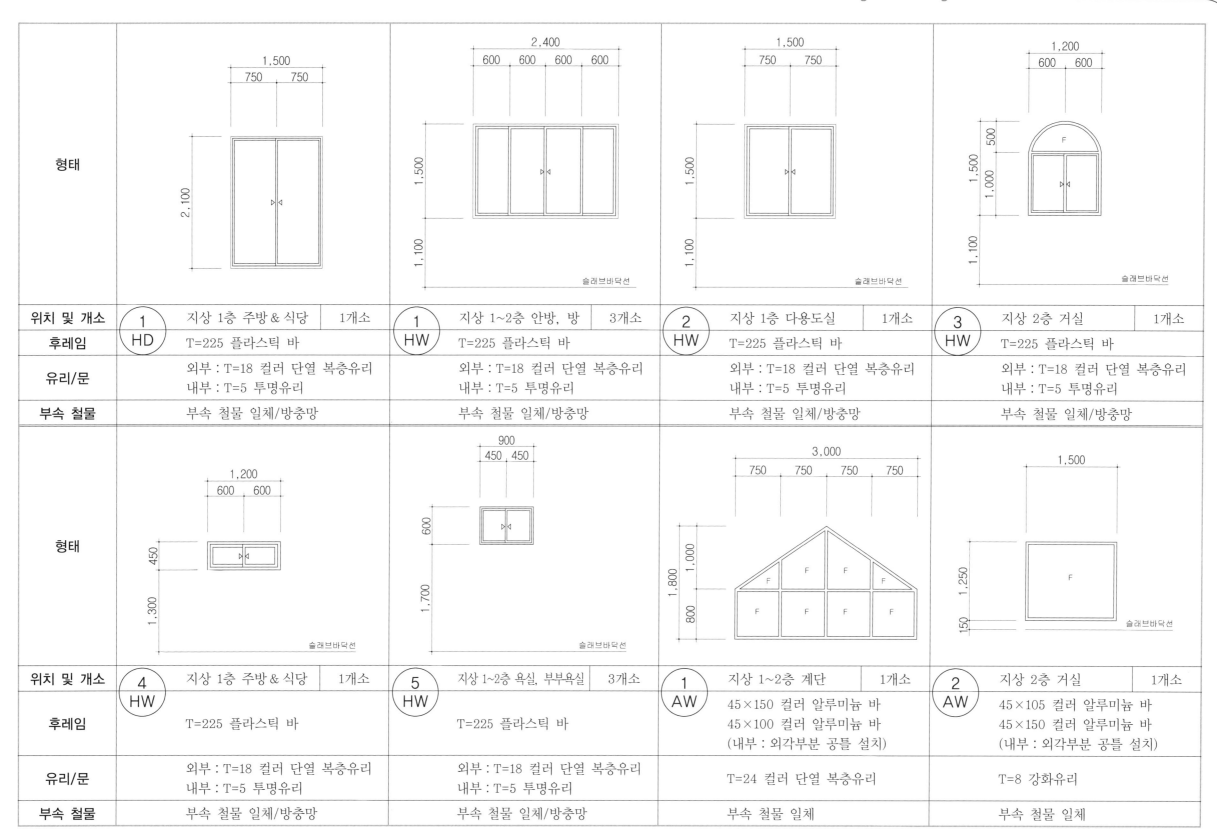

형태				
위치 및 개소	① HD 지상 1층 주방 & 식당 / 1개소	① HW 지상 1~2층 안방, 방 / 3개소	② HW 지상 1층 다용도실 / 1개소	③ HW 지상 2층 거실 / 1개소
후레임	T=225 플라스틱 바	T=225 플라스틱 바	T=225 플라스틱 바	T=225 플라스틱 바
유리/문	외부 : T=18 컬러 단열 복층유리 내부 : T=5 투명유리	외부 : T=18 컬러 단열 복층유리 내부 : T=5 투명유리	외부 : T=18 컬러 단열 복층유리 내부 : T=5 투명유리	외부 : T=18 컬러 단열 복층유리 내부 : T=5 투명유리
부속 철물	부속 철물 일체/방충망	부속 철물 일체/방충망	부속 철물 일체/방충망	부속 철물 일체/방충망
형태				
위치 및 개소	④ HW 지상 1층 주방 & 식당 / 1개소	⑤ HW 지상 1~2층 욕실, 부부욕실 / 3개소	① AW 지상 1~2층 계단 / 1개소	② AW 지상 2층 거실 / 1개소
후레임	T=225 플라스틱 바	T=225 플라스틱 바	45×150 컬러 알루미늄 바 45×100 컬러 알루미늄 바 (내부 : 외각부분 공틀 설치)	45×105 컬러 알루미늄 바 45×150 컬러 알루미늄 바 (내부 : 외각부분 공틀 설치)
유리/문	외부 : T=18 컬러 단열 복층유리 내부 : T=5 투명유리	외부 : T=18 컬러 단열 복층유리 내부 : T=5 투명유리	T=24 컬러 단열 복층유리	T=8 강화유리
부속 철물	부속 철물 일체/방충망	부속 철물 일체/방충망	부속 철물 일체	부속 철물 일체

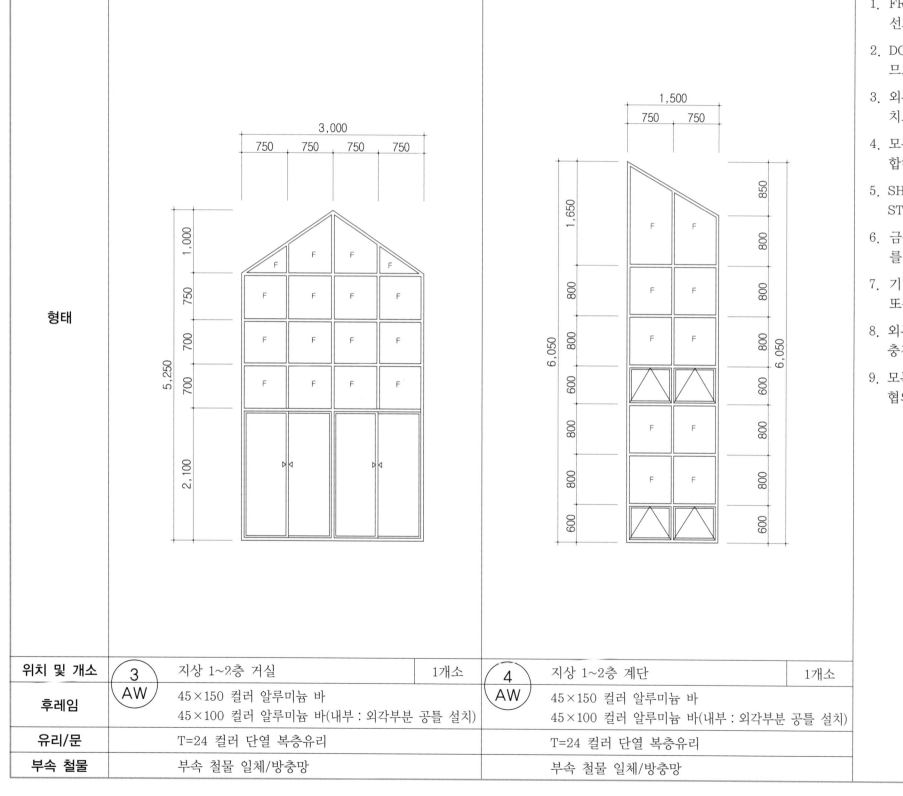

1. FRAME의 치수 및 수량은 평면도상의 수량을 우선으로 한다.

2. DOOR & WINDOW의 SIZE는 OPENING-SIZE이므로 제작 설치는 현장치수를 확인하고 시행한다.

3. 외부에 노출된 FRAME 및 유리 주위는 실리콘계 치오콜 코킹 처리한다.

4. 모든 철물은 해당 창호의 무게, 형태, 용도에 적합해야 한다.

5. SHUTTER의 재질에 관계없이 가이드 레일은 STAINLESS STEEL로 한다.

6. 금속제 창호는 소음 관계를 고려하여 SILENCER를 장치한다.

7. 기밀이 요구되는 장소에 설치되는 창호는 가스켓 또는 이와 유사한 장치를 한다.

8. 외부에 접하는 DOOR는 DOOR 내부에 단열재를 충진한다. (GLASS WOOL)

9. 모든 창호의 재질 및 색상, 유리 등은 건축주와 협의 후 시공한다.

위치 및 개소	③ AW	지상 1~2층 거실	1개소	④ AW	지상 1~2층 계단	1개소
후레임		45×150 컬러 알루미늄 바 45×100 컬러 알루미늄 바(내부 : 외각부분 공틀 설치)			45×150 컬러 알루미늄 바 45×100 컬러 알루미늄 바(내부 : 외각부분 공틀 설치)	
유리/문		T=24 컬러 단열 복층유리			T=24 컬러 단열 복층유리	
부속 철물		부속 철물 일체/방충망			부속 철물 일체/방충망	

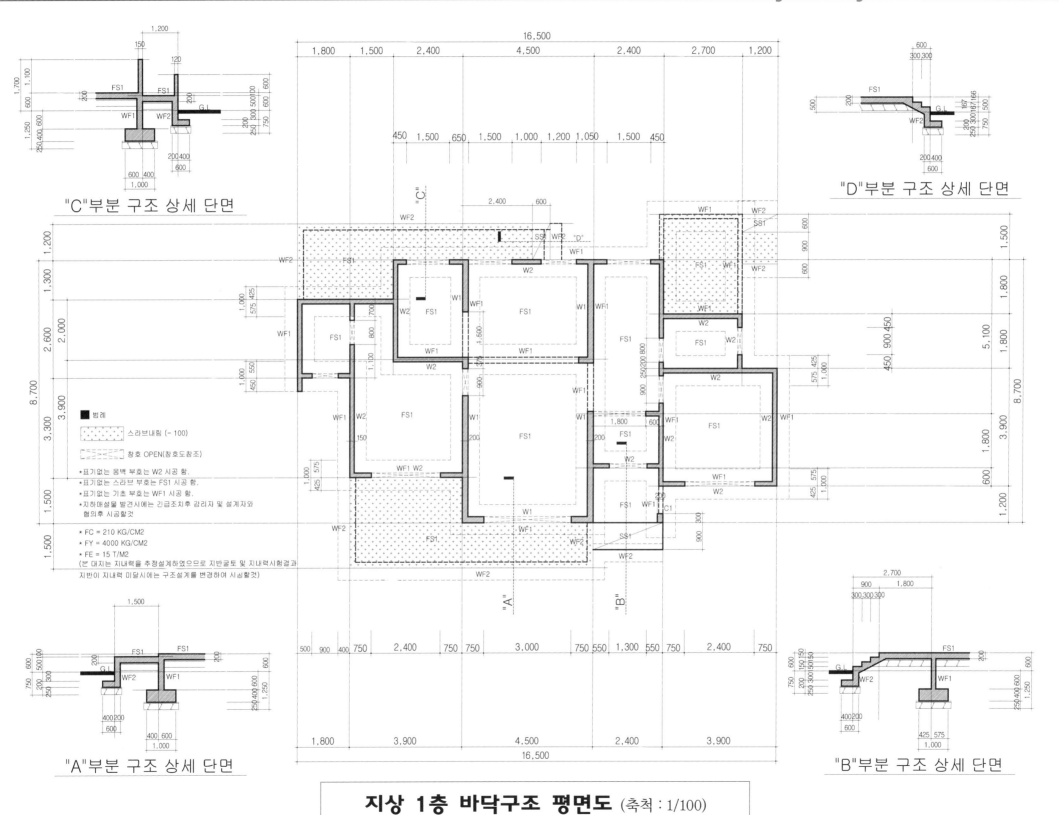

"C"부분 구조 상세 단면

"D"부분 구조 상세 단면

■ 범례

▨ 스라브내림 (- 100)

▨ 창호 OPEN(창호도참조)

* 표기없는 옹벽 부호는 W2 시공 함.
* 표기없는 스라브 부호는 FS1 시공 함.
* 표기없는 기초 부호는 WF1 시공 함.
* 지하매설물 발견시에는 긴급조치후 감리자 및 설계자와
  협의후 시공할것
* FC = 210 KG/CM2
* FY = 4000 KG/CM2
* FE = 15 T/M2
(본 대지는 지내력을 추정설계하였으므로 지반굴토 및 지내력시험결과
지반이 지내력 미달시에는 구조설계를 변경하여 시공할것)

"A"부분 구조 상세 단면

"B"부분 구조 상세 단면

지상 1층 바닥구조 평면도 (축척 : 1/100)

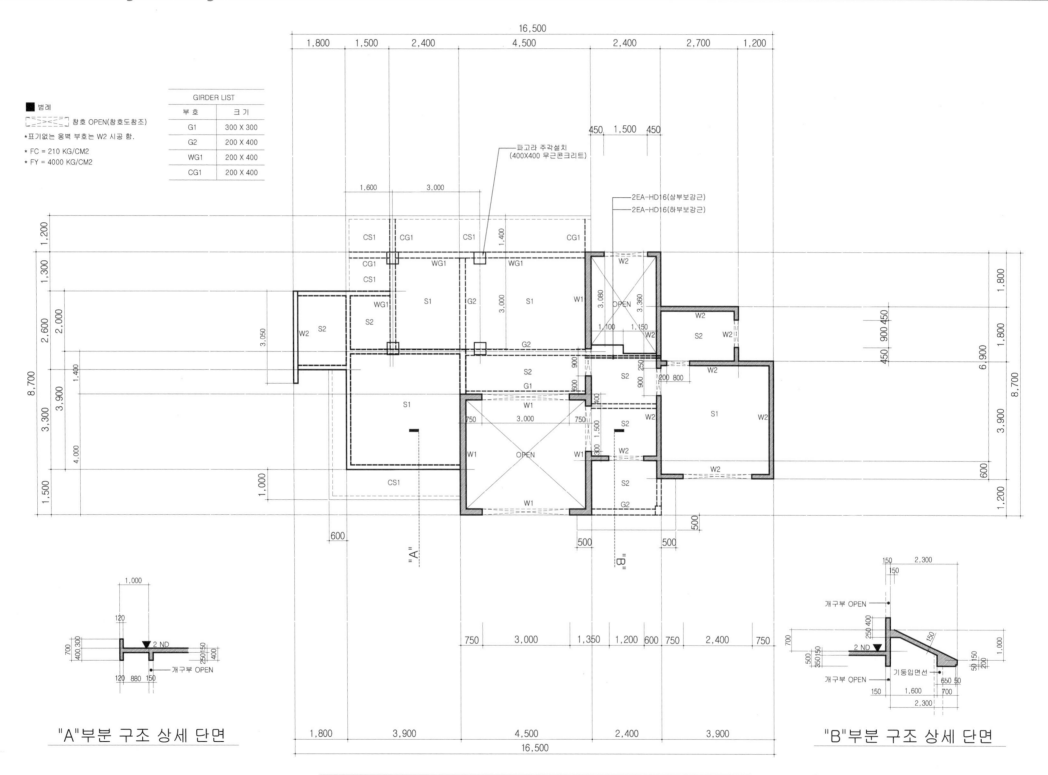

■ 범례

[창호 OPEN] 창호 OPEN(창호도참조)

* 표기없는 옹벽 부호는 W2 시공 함.
* FC = 210 KG/CM2
* FY = 4000 KG/CM2

GIRDER LIST

부 호	크 기
G1	300 X 300
G2	200 X 400
WG1	200 X 400
CG1	200 X 400

파고라 주각설치
(400X400 무근콘크리트)

2EA-HD16(상부보강근)
2EA-HD16(하부보강근)

"A"부분 구조 상세 단면

"B"부분 구조 상세 단면

지상 2층 바닥구조 평면도 (축척 : 1/100)

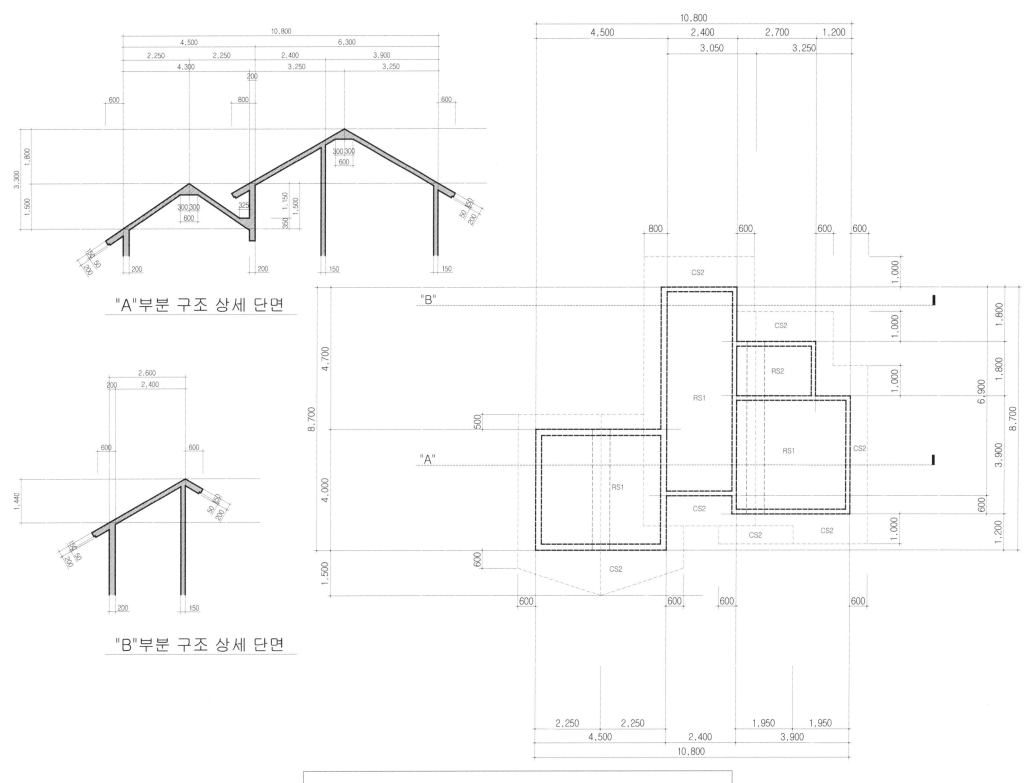

"A"부분 구조 상세 단면

"B"부분 구조 상세 단면

지붕 바닥구조 평면도 (축척 : 1/100)

기둥 리스트

부호	C1
형태	⬚
크기	200×300
주근	HD19-4EA
T&B	HD10@150
대근	HD10@300
가새근	HD10@900

보 리스트

부호	2G1	2G2
형태	⬚ ALL.	⬚ ALL.
크기	300×300	200×400
상부근	HD16-5EA	HD16-2EA
하부근	HD16-3EA	HD16-2EA
늑근	HD10@300	HD10@300
부호	CG1	WG1
형태	⬚ ALL.	⬚ ALL.
크기	200×400	200×400
상부근	HD16-2EA	HD16-2EA
하부근	HD16-2EA	HD16-2EA
늑근	HD10@300	HD10@300

W1

200
외부 내부
HD10 @300
HD10 @200
HD10 @300
HD10 @300
HD10 @300
HD10 @200
단부및모서리보강 HD10-4EA

W2

150
외부 내부
HD10 @300
HD10 @300
HD10 @300
HD10 @300
HD10 @300
HD10 @300
HD10 @300
단부및모서리보강 HD10-4EA

옹벽 개구부 보강 철근 배근

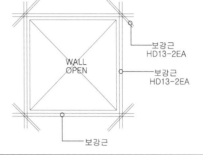

WALL OPEN
보강근 HD13-2EA
보강근 HD13-2EA
보강근

캐노피부분 철근 배근도

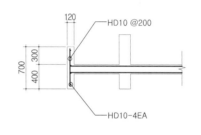

120
HD10 @200
700 300 400
HD10-4EA

옹벽 모서리부분 철근 배근 상세

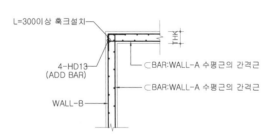

L=3000이상 훅크설치
4-HD13 (ADD BAR)
WALL-B
⊏BAR:WALL-A 수평근의 간격근
⊏BAR:WALL-A 수평근의 간격근

지붕 모임부분 보강 철근 배근도

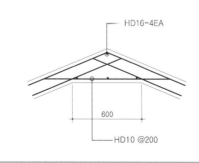

HD16-4EA
600
HD10 @200

각 층에서 신설되는 벽체의 하부 보강 상세

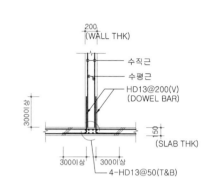

200 (WALL THK)
수직근
수평근
HD13@200(V) (DOWEL BAR)
3000이상
150 (SLAB THK)
3000이상 3000이상
4-HD13@50(T&B)

WF1

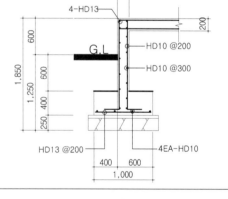

X (200 , 150)
4-HD13
200
G.L
HD10 @200
HD10 @300
1.850
600 600
1.250 400
250
HD13 @200
4EA-HD10
400 600
1.000

WF2

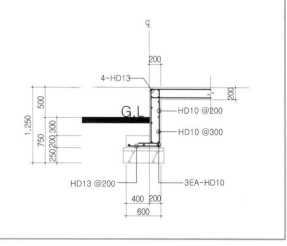

200
4-HD13
200
G.L
HD10 @200
HD10 @300
1.250
500
750
250 200 300
HD13 @200
3EA-HD10
400 200
600

지상 1층 주출입구 처마 철근 배근도

SS1 철근 배근도

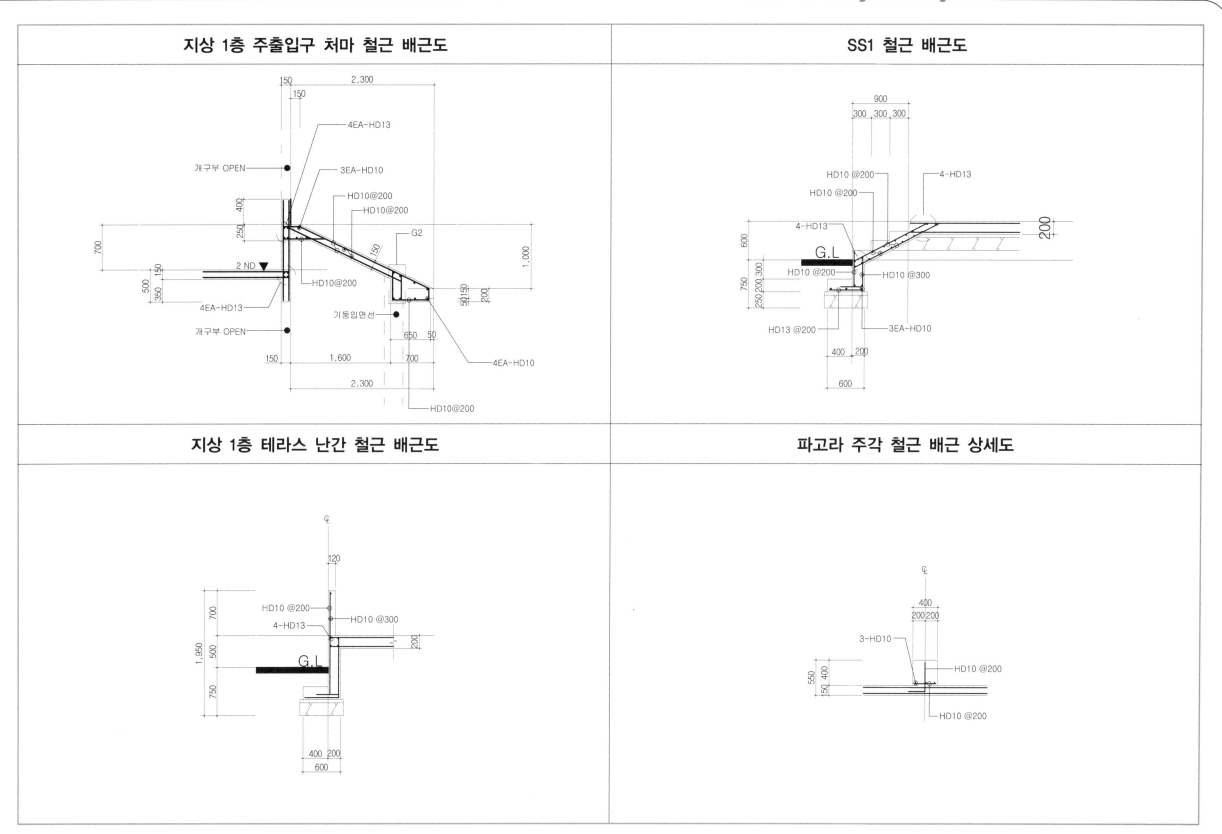

지상 1층 테라스 난간 철근 배근도

파고라 주각 철근 배근 상세도

A TYPE

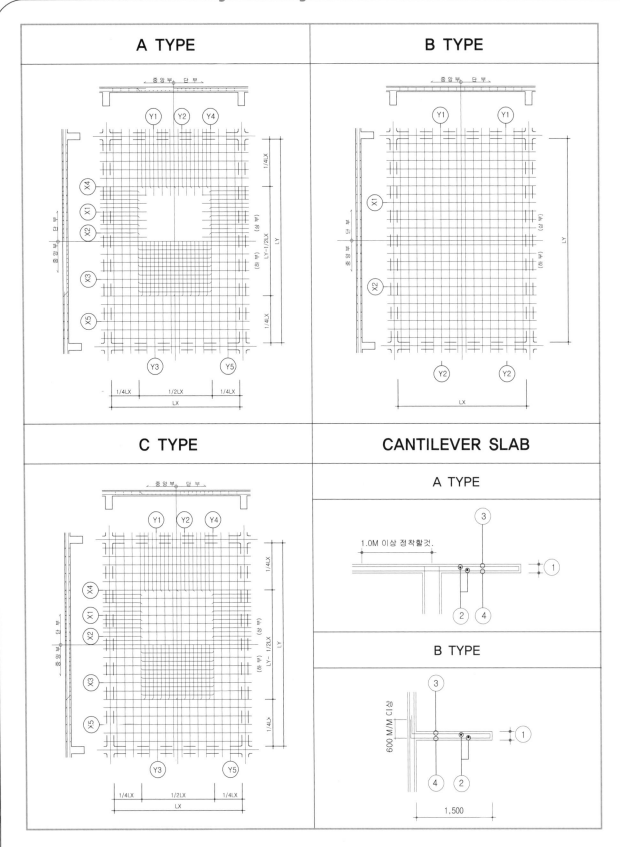

B TYPE

C TYPE

CANTILEVER SLAB

A TYPE

1.0M 이상 정착할것.

B TYPE

600 M/M 이상

1,500

SLAB

부 호	TYPE	THK (MM)	단변(Lx)					장변(Ly)				
			ⓧ1	ⓧ2	ⓧ3	ⓧ4	ⓧ5	Ⓨ1	Ⓨ2	Ⓨ3	Ⓨ4	Ⓨ5
RS1	B	150	HD13 @200	HD13 @200				HD10 @200	HD10 @200			
S2, RS2	B	150	HD10 @200	HD10 @200				HD10 @200	HD10 @200			
S1	B	150	HD13 @200	HD13 @200				HD13 @200	HD13 @200			
FS1	B	200	HD13 @300	HD13 @300				HD13 @300	HD13 @300			

CANTILEVER SLAB

부 호	TYPE	① THK (MM)	②	③	④
CS1	B	150	HD10@200	HD13@150	HD13@150
CS2	A	150	HD10@200	HD13@200	HD13@200

시공완료된 실시설계도면
〈근린생활시설편〉

늘 계획 때마다 기쁨과 고민이 함께 하는데 창작과 또 좋은 창작을 위한 구상을 고민하여야 한다.

나의 마음에 흡족해야 고객에게 자신있게 제시할 수도 있고 설계자의 도리를 다하는 것이리라. 그런데 소규모 대지에 특정 용도가 명시되지 않는 임대목적의 근린생활시설 용도의 건축물은 계획이 쉬운듯하면서도 어려운 부분이다. 임대비용이 투자비용보다 많을수록 경제성이 확보되어 최소의 목적이 달성되므로 …

1층은 도로에 근접 시키고 또 1층에서 임대수익의 많은 부분을 확보하여야 한다.

지하실은 의무규정이 아니므로 특별한 경우 이외는 설치하지 않는다.

그러다보면 주차공간, 조경공간을 고려하고 법규를 적용하면 전체적인 규모가 나타나고 진입구 계단 주차장 등이 서서히 정리 되어 간다.

이때 외관을 위한 Design이 공사비와 자재 선택 등에 따라 가다보면 어느덧 윤곽이 나타나게 된다.

손제석

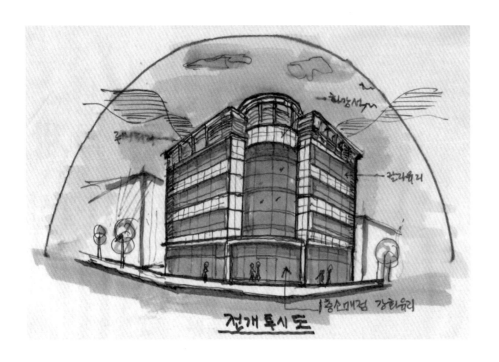

전개 투시도

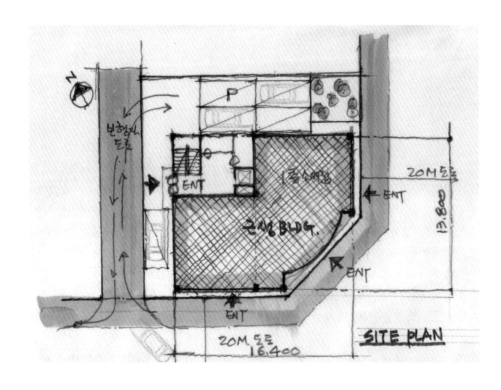

SITE PLAN

궐동 근생 작품 NOTE

택지개발지구 대로변 모퉁이 대지에 임대목적의 건축을 바라는 건축주의 요청을 듣고 소규모 대지에 맞추어 관련법규를 적용하여 건물배치와 주차배치 등을 하였고 1층은 임대수익의 극대화를 위하여 매장을 우선 전면으로 위치하여보면 기능이 결정되면서 2, 3, 4층 평면이 완성되었다. 입면은 모퉁이의 특징을 살리고 코너를 강조하면서 옥상난간부분을 조금 화려하게 해보았다. 입면재료는 무게를 주면서도 밝고 눈에 얼른 들어오게 하면 좋을듯하고 임대를 위해 유리와 석재를 적절히 사용하다가 지붕난간과 도로변 모서리를 루바형태를 가미하여 약간의 변화를 주게 되었다.

적은 자금으로 좋은 건축물을 탄생시킨다는 자부심으로…

손제석

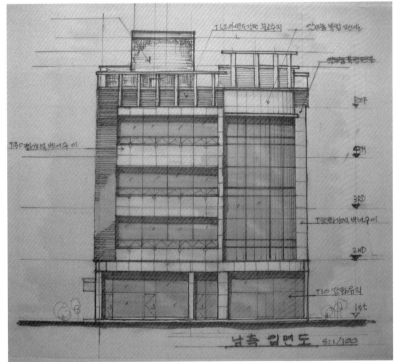

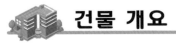 건물 개요

구 분		제1차 설계 변경 전	제1차 설계 변경 후	제1차 설계 변경 사유
공사 개요	대지 위치	오산시 궐동 698-6번지	오산시 궐동 698-6번지	*층수 변경
	대지 면적	$357.80m^2$(108.23평)	$357.80m^2$(108.23평)	허가시 지상 5층 → 지상 4층으로 변경
	지역 및 지구	제2종 일반주거지역	제2종 일반주거지역	
	공사 종별	신축	신축	*용도 변경
	용도	제2종 근린생활시설, 다가구주택(10가구)	제1, 2종 근린생활시설	허가시 제2종 근생, 다가구주택 → 제1, 2종 근린생활시설로 변경
	층수 및 구조	지상 5층, 철근 콘크리트조	지상 4층, 철근 콘크리트조	*바닥면적 감소
	도로관계	20m 도로에 35.06m, 4m 보행자도로에 19.16m 접한 대지	20m 도로에 35.06m, 4m 보행자도로에 19.16m 접한 대지	$-6.52m^2$ 감소
건축 규모	건축면적	$192.92m^2$(58.36평)	$214.30m^2$(64.83평)	*건축면적 증가로 건폐율 증가
	연면적	$822.28m^2$(248.74평)	$815.76m^2$(246.77평)	+5.97% 증가
	건폐율	192.92 / 357.80 × 100 = 53.92%	214.30 / 357.80 × 100 = 59.89%	
	용적률	822.28 / 357.80 × 100 = 229.82%	815.76 / 357.80 × 100 = 227.99%	
	건물 높이	-	21.20m	
	처마 높이	-	16.70m	
	정화조	단독 정화조 설치	250인조 콘크리트 각형 부패탱크식 정화조	
주차 시설	법적 주차대수	7.35대	5.44대	
	설계상 주차대수	7대	5대(주차계획도 참조)	
조경 시설	법적 조경면적	$357.80 × 5\% = 17.89m^2$ 이상	$357.80 × 5\% = 17.89m^2$ 이상	
	설계상 조경면적	$24.0m^2$(6.71%)	$17.90m^2$(5%)	

 면적 개요

구 분		제1차 설계 변경 전		제1차 설계 변경 후		증 감	비 고
층 별		용 도	면 적	용 도	면 적		
지상	1층	제2종 근린생활시설(일반음식점)	$176.27m^2$(53.32평)	제1종 근린생활시설(소매점)	$204.87m^2$(61.97평)	$+28.60m^2$	
	2층	제2종 근린생활시설(사무소)	$176.27m^2$(53.32평)	제2종 근린생활시설(노래연습장)	$203.63m^2$(61.60평)	$+27.36m^2$	
	3층	다가구주택(3가구)	$158.36m^2$(47.90평)	제2종 근린생활시설(당구장)	$203.63m^2$(61.60평)	$+45.27m^2$	
	4층	다가구주택(3가구)	$158.36m^2$(47.90평)	제2종 근린생활시설(비디오물 감상실)	$203.63m^2$(61.60평)	$+45.27m^2$	
	5층	다가구주택(4가구)	$153.02m^2$(44.29평)	-	-	$-153.02m^2$	
합 계			$822.28m^2$(248.74평)		$815.76m^2$(246.77평)	$-6.52m^2$	

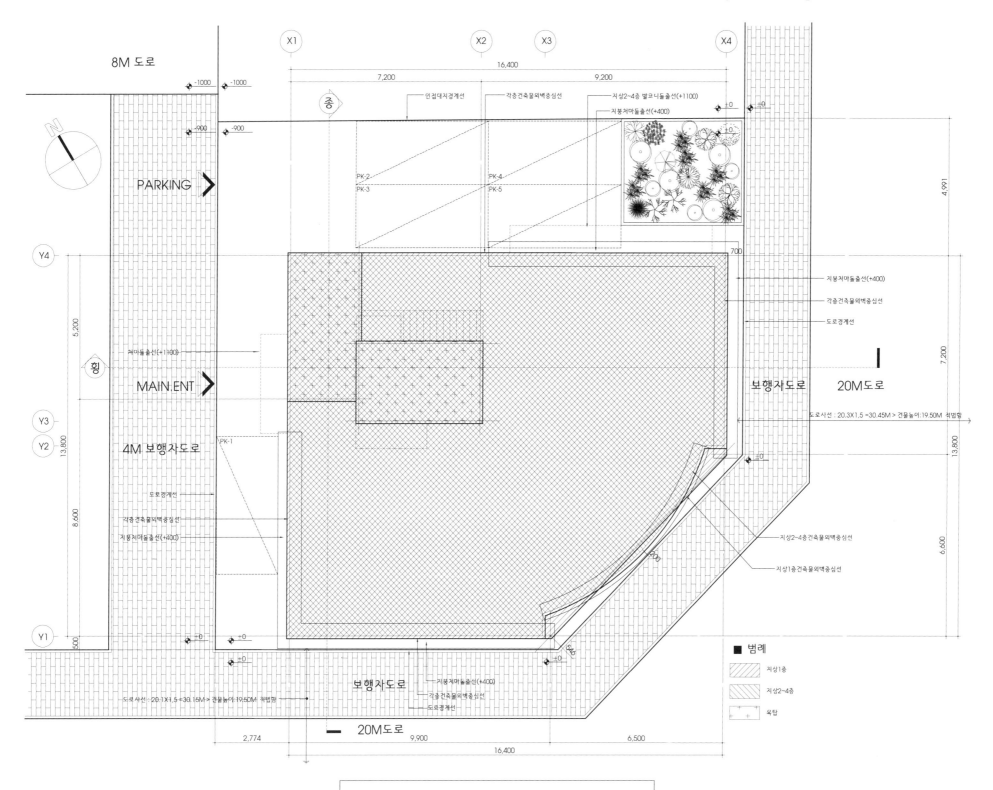

8M 도로

PARKING ▷

MAIN.ENT ▷

4M 보행자도로

인접대지경계선
각층건축물외벽중심선
지상2~4층 발코니돌출선(+1100)
지붕처마돌출선(+400)

PK-2
PK-3
PK-4
PK-5

PK-1

종
횡

Y4
Y3
Y2
Y1

X1 X2 X3 X4

16,400
7,200   9,200

5,200
8,600

13,800

500

4,991
7,200
13,800
6,600
700

지붕처마돌출선(+400)
각층건축물외벽중심선
도로경계선

보행자도로   20M도로

도로사선 : 20.3X1.5 =30.45M > 건물높이:19.50M 적법함

지상2~4층건축물외벽중심선

지상1층건축물외벽중심선

처마돌출선(+1100)

도로경계선
각층건축물외벽중심선
지붕처마돌출선(+400)

도로사선 : 20.1X1.5 =30.15M > 건물높이:19.50M 적법함

보행자도로

지붕처마돌출선(+400)
각층건축물외벽중심선
도로경계선

20M도로

2,774   9,900   6,500
16,400

■ 범례

▨ 지상1층
▧ 지상2~4층
⊡ 옥탑

건물 배치도 (축척 : 1/100)

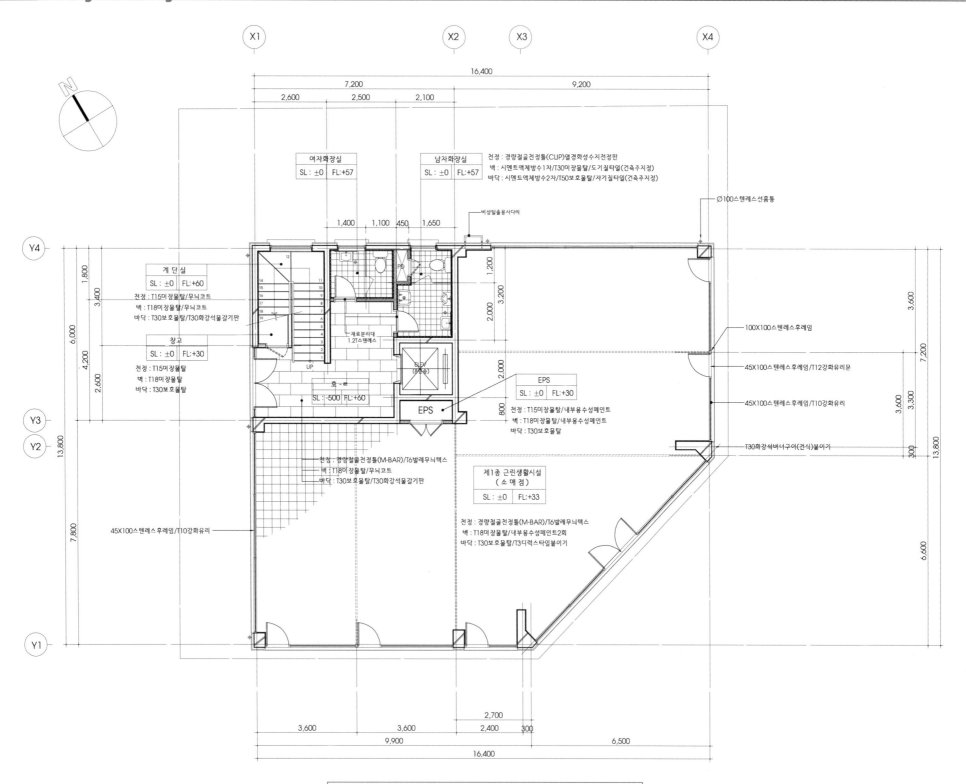

지상 1층 평면도 (축척 : 1/100)

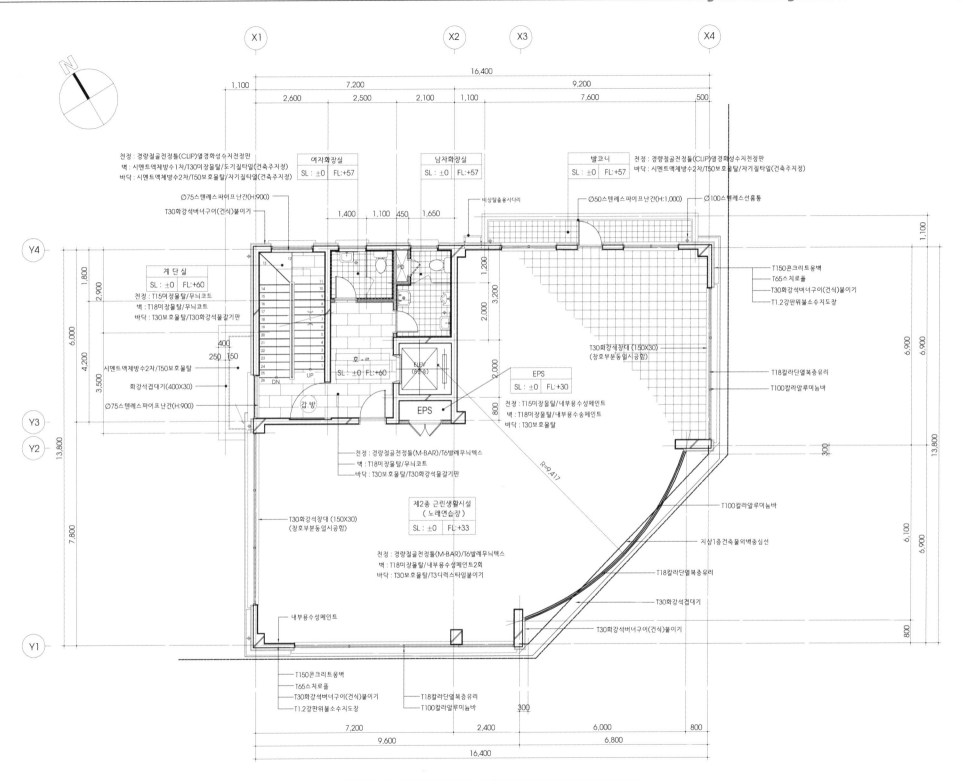

여자화장실
SL : ±0   FL:+57

남자화장실
SL : ±0   FL:+57

발코니
SL : ±0   FL:+57

천정 : 경량철골천정틀(CLIP)열경화성수지천정판
벽 : 시멘트액체방수1차/T30미장몰탈/도기질타일(건축주지정)
바닥 : 시멘트액체방수2차/T50보호몰탈/자기질타일(건축주지정)

천정 : 경량철골천정틀(CLIP)열경화성수지천정판
벽 : 시멘트액체방수2차/T50보호몰탈/자기질타일(건축주지정)
바닥 : 시멘트액체방수2차/T50보호몰탈/자기질타일(건축주지정)

Ø75스텐레스파이프난간(H:900)
T30화강석버너구이(건식)붙이기

Ø50스텐레스파이프난간(H:1,000)
비상탈출용사다리
Ø100스텐레스선홀통

계 단 실
SL : ±0   FL:+60
천정 : T15미장몰탈/무늬코트
벽 : T18미장몰탈/무늬코트
바닥 : T30보호몰탈/T30화강석물갈기판

T150콘크리트옹벽
T65스치로폴
T30화강석버너구이(건식)붙이기
T1.2강판위불소수지도장

T30화강색창대(150X30)
(창호부분동일시공함)

T18칼라단열복층유리
T100칼라알루미늄바

시멘트액체방수2차/T50보호몰탈
화강석겹대기(400X30)
Ø75스텐레스파이프난간(H:900)

호ㅡ
SL : ±0   FL:+60

EPS
SL : ±0   FL:+30
천정 : T15미장몰탈/내부용수성페인트
벽 : T18미장몰탈/내부용수성페인트
바닥 : T30보호몰탈

천정 : 경량철골천정틀(M-BAR)/T6발레무늬텍스
벽 : T18미장몰탈/무늬코트
바닥 : T30보호몰탈/T30화강석물갈기판

제2층 근린생활시설
(노래연습장)
SL : ±0   FL:+33

천정 : 경량철골천정틀(M-BAR)/T6발레무늬텍스
벽 : T18미장몰탈/내부용수성페인트2회
바닥 : T30보호몰탈/T3더럭스타일붙이기

T30화강색창대(150X30)
(창호부분동일시공함)

T100칼라알루미늄바

지상1층건축물외벽중심선

T18칼라단열복층유리

T30화강석겹대기

내부용수성페인트

T30화강석버너구이(건식)붙이기

T150콘크리트옹벽
T65스치로폴
T30화강석버너구이(건식)붙이기
T1.2강판위불소수지도장

T18칼라단열복층유리
T100칼라알루미늄바

지상 2층 평면도 (축척 : 1/100)

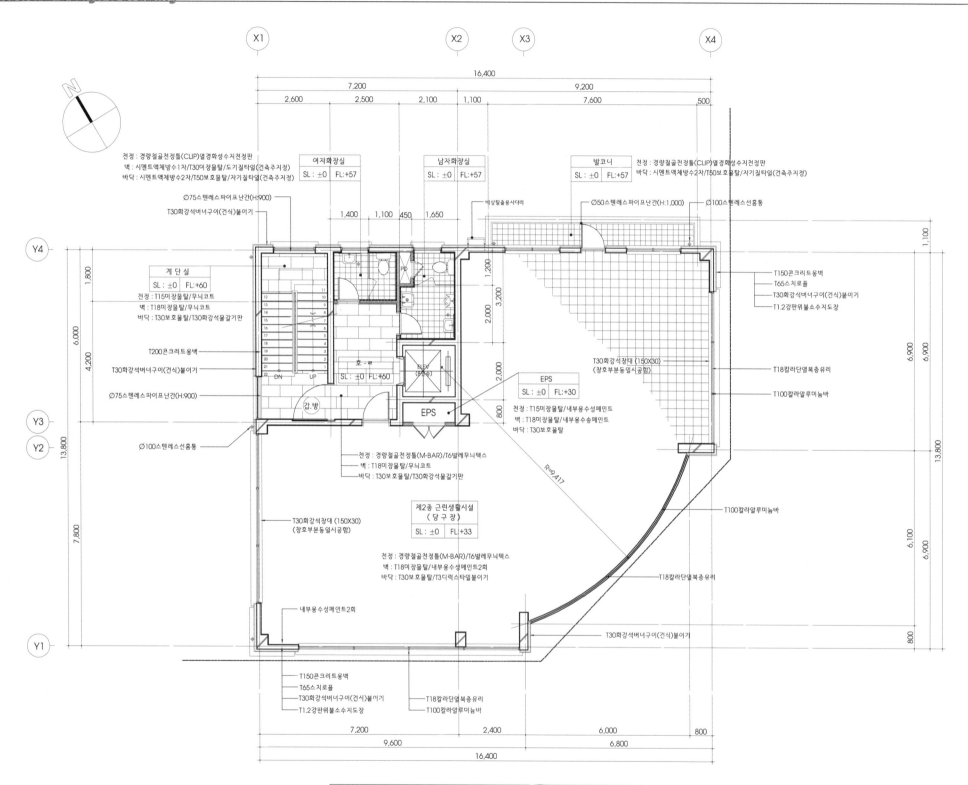

X1　X2　X3　X4

16,400

7,200　　9,200

2,600　2,500　2,100　1,100　7,600　500

여자화장실
SL : ±0　FL:+57

남자화장실
SL : ±0　FL:+57

발코니
SL : ±0　FL:+57

천정 : 경량철골천정틀(CLIP)열경화성수지천정판
벽 : 시멘트액체방수1차/T30미장몰탈/도기질타일(건축주지정)
바닥 : 시멘트액체방수2차/T50보호몰탈/자기질타일(건축주지정)

천정 : 경량철골천정틀(CLIP)열경화성수지천정판
벽 : 시멘트액체방수2차/T50보호몰탈/자기질타일(건축주지정)

Ø75스텐레스파이프난간(H:900)
T30화강석벽너구이(건식)불이기

1,400　1,100　450　1,650

비상탈출용사다리

Ø50스텐레스파이프난간(H:1,000)
Ø100스텐레스선홈통

Y4

1,800

계 단 실
SL : ±0　FL:+60

T150콘크리트옹벽
T65스치로폴
T30화강석벽너구이(건식)불이기
T1.2강판위불소수지도장

천정 : T15미장몰탈/무늬코트
벽 : T18미장몰탈/무늬코트
바닥 : T30보호몰탈/T30화강석물갈기판

6,000

4,200

T200콘크리트옹벽

T30화강석벽너구이(건식)불이기

Ø75스텐레스파이프난간(H:900)

호 - 루
SL : ±0　FL:+60

EPS

EPS
SL : ±0　FL:+30

T30화강석창대 (150X30)
(창호부분동일시공함)

T18칼라단열복층유리

T100칼라알루미늄바

1,200

3,200

2,000

2,000

800

6,900

6,000

천정 : T15미장몰탈/내부용수성페인트
벽 : T18미장몰탈/내부용수송페인트
바닥 : T30보호몰탈

Y3
Y2

13,800

Ø100스텐레스선홈통

천정 : 경량철골천정틀(M-BAR)/T6발레무늬텍스
벽 : T18미장몰탈/무늬코트
바닥 : T30보호몰탈/T30화강석물갈기판

7,800

T30화강석창대 (150X30)
(창호부분동일시공함)

**제2층 근린생활시설
(당 구 장)**
SL : ±0　FL:+33

R=9,417

T100칼라알루미늄바

13,800

6,100

6,900

천정 : 경량철골천정틀(M-BAR)/T6발레무늬텍스
벽 : T18미장몰탈/내부용수성페인트2회
바닥 : T30보호몰탈/T3디럭스타일불이기

T18칼라단열복층유리

내부용수성페인트2회

Y1

T30화강석벽너구이(건식)불이기

800

T150콘크리트옹벽
T65스치로폴
T30화강석벽너구이(건식)불이기
T1.2강판위불소수지도장

T18칼라단열복층유리
T100칼라알루미늄바

7,200　2,400　6,000　800

9,600　6,800

16,400

지상 3층 평면도 (축척 : 1/100)

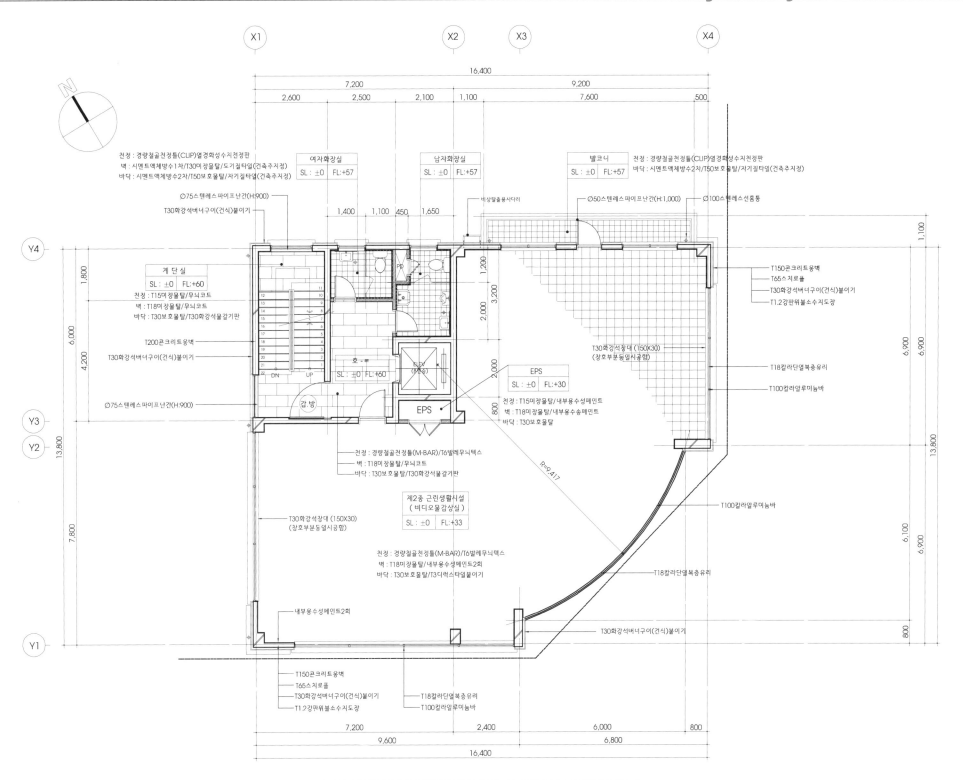

X1   X2   X3   X4

16,400

7,200   9,200

2,600   2,500   2,100   1,100   7,600   500

천정 : 경량철골천정틀(CLIP)열경화성수지천정판
벽 : 시멘트액체방수1차/T30미장몰탈/도기질타일(건축주지정)
바닥 : 시멘트액체방수2차/T50보호몰탈/자기질타일(건축주지정)

여자화장실
SL : ±0 FL:+57

남자화장실
SL : ±0 FL:+57

발코니
SL : ±0 FL:+57

천정 : 경량철골천정틀(CLIP)열경화성수지천정판
바닥 : 시멘트액체방수2차/T50보호몰탈/자기질타일(건축주지정)

비상탈출용사다리

Ø75스텐레스파이프난간(H:900)
T30화강석버너구이(건식)붙이기

Ø50스텐레스파이프난간(H:1,000)   Ø100스텐레스선홈통

1,400   1,100   450   1,650

계 단 실
SL : ±0 FL:+60
천정 : T15미장몰탈/무늬코트
벽 : T18미장몰탈/무늬코트
바닥 : T30보호몰탈/T30화강석물갈기판

PR

1,200

T150콘크리트옹벽
T65스치로폼
T30화강석버너구이(건식)붙이기
T1.2강판위불소수지도장

T200콘크리트옹벽

2,000   3,200

T30화강석버너구이(건식)붙이기

T30화강석창대 (150X30)
(창호부분동일시공함)

T18칼라단열복층유리

Ø75스텐레스파이프난간(H:900)

호 - 콜
SL : ±0 FL:+60

ELEV
(6인승)

2,000   800

T100칼라알루미늄바

갑 방

EPS
SL : ±0 FL:+30

EPS

천정 : T15미장몰탈/내부용수성페인트
벽 : T18미장몰탈/내부용수송페인트
바닥 : T30보호몰탈

천정 : 경량철골천정틀(M-BAR)/T6발레무늬텍스
벽 : T18미장몰탈/무늬코트
바닥 : T30보호몰탈/T30화강석물갈기판

제2종 근린생활시설
(비디오물감상실)
SL : ±0 FL:+33

R=9.417

T100칼라알루미늄바

T30화강석창대 (150X30)
(창호부분동일시공함)

천정 : 경량철골천정틀(M-BAR)/T6발레무늬텍스
벽 : T18미장몰탈/내부용수성페인트2회
바닥 : T30보호몰탈/T3디럭스타일붙이기

T18칼라단열복층유리

내부용수성페인트2회

T30화강석버너구이(건식)붙이기

T150콘크리트옹벽
T65스치로폼
T30화강석버너구이(건식)붙이기
T1.2강판위불소수지도장

T18칼라단열복층유리
T100칼라알루미늄바

7,200   2,400   6,000   800

9,600   6,800

16,400

Y4
Y3
Y2
Y1

1,800   6,000   4,200   7,800   13,800

1,100   6,900   6,900   6,100   6,900   13,800   800

지상 4층 평면도 (축척 : 1/100)

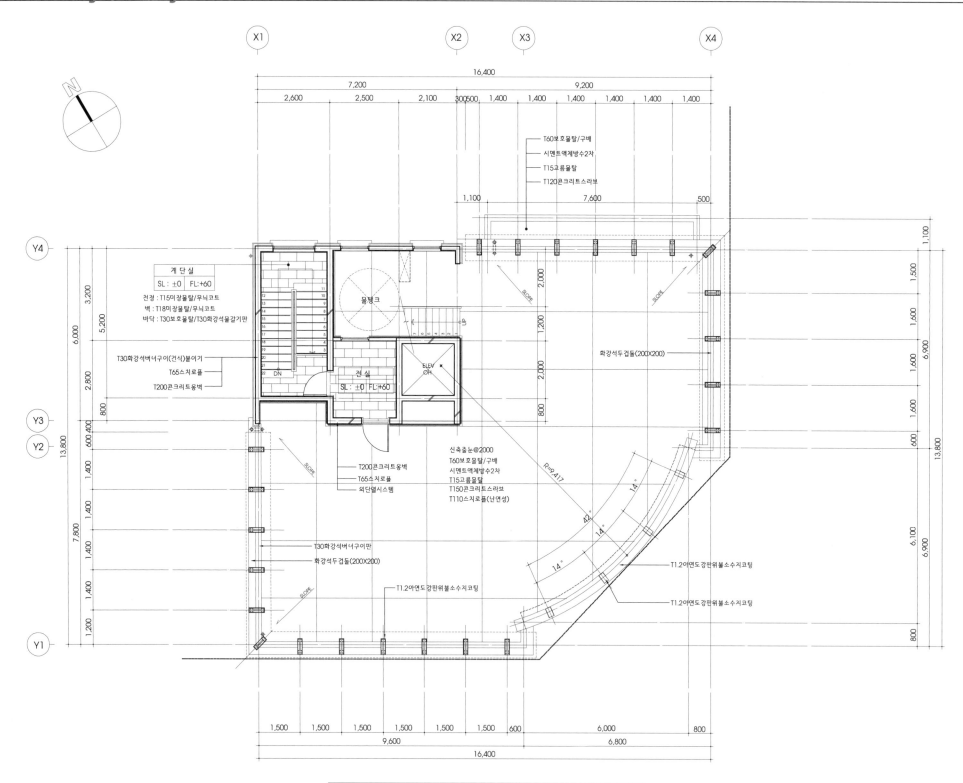

X1   X2   X3   X4

16,400

7,200   9,200

2,600   2,500   2,100   300 500 1,400 1,400 1,400 1,400 1,400 1,400

T60보호몰탈/구배
시멘트액체방수2차
T15고름몰탈
T120콘크리트스라브

1,100   7,600   500

1,100

1,500

Y4

3,200   5,200

6,000

계 단 실
SL : ±0   FL : +60
천정 : T15미장몰탈/무늬코트
벽 : T18미장몰탈/무늬코트
바닥 : T30보호몰탈/T30화강석물갈기판

물탱크

2,000

1,200

화강석두겁돌(200X200)

1,600

6,900

T30화강석벽너구이(건식)붙이기
T65스치로폴
T200콘크리트옹벽

2,800

800

전 실
SL : ±0   FL : +60

ELEV
OH

2,000

800

1,600

Y3

Y2

600 400

800

신축줄눈@2000
T60보호몰탈/구배
시멘트액체방수2차
T15고름몰탈
T150콘크리트스라브
T110스치로폴(난연성)

R=9,417

600

13,800

1,400

T200콘크리트옹벽
T65스치로폴
외단열시스템

44°

14°

14°

Y1

7,800

1,400

T30화강석벽너구이판
화강석두겁돌(200X200)

14°

T1.2아연도강판위불소수지코팅

1,600

6,900

1,400

1,200

T1.2아연도강판위불소수지코팅

T1.2아연도강판위불소수지코팅

800

1,500   1,500   1,500   1,500   1,500   1,500   600   6,000   800

9,600   6,800

16,400

지붕 및 옥탑 평면도 (축척 : 1/100)

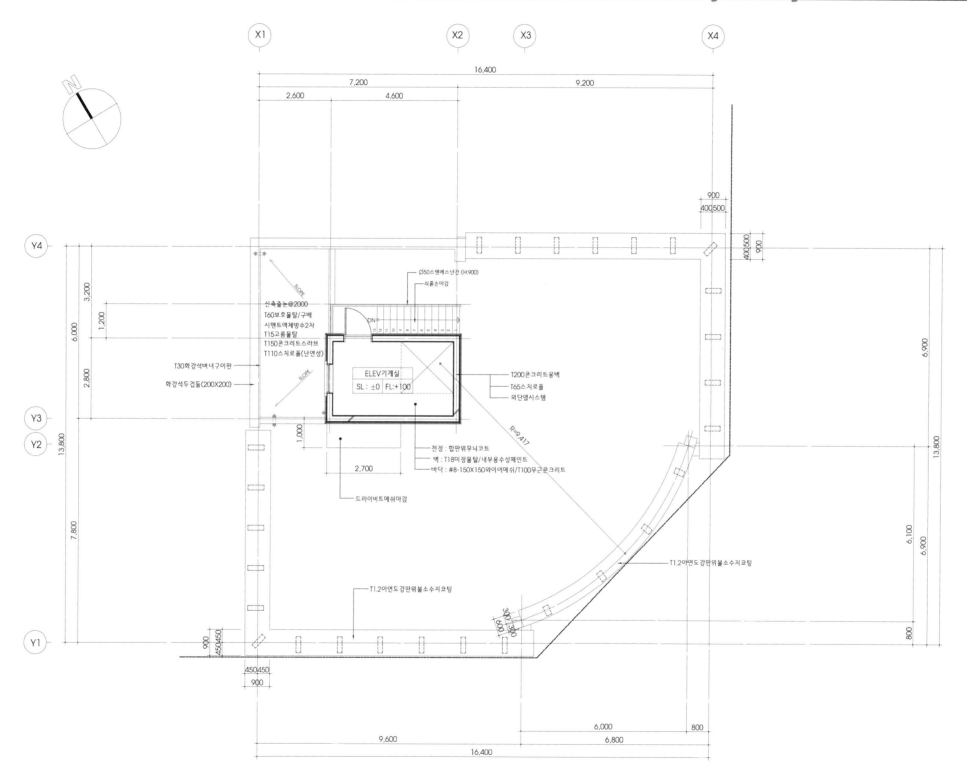

ELEV 기계실 평면도 (축척 : 1/100)

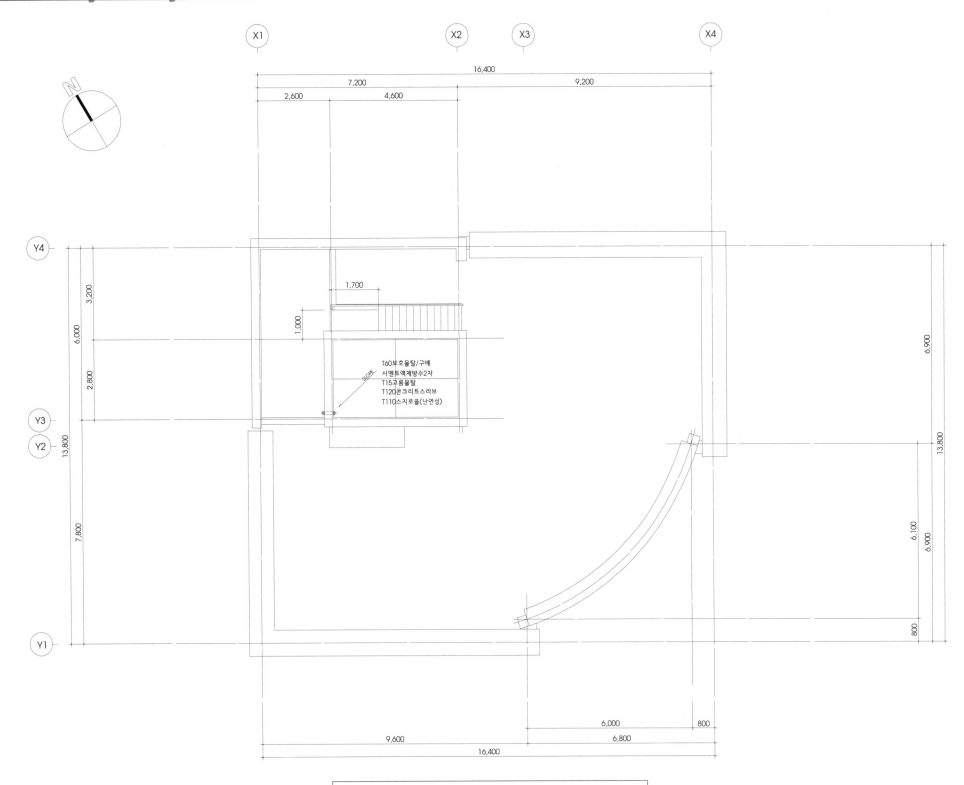

옥탑 지붕 평면도 (축척 : 1/100)

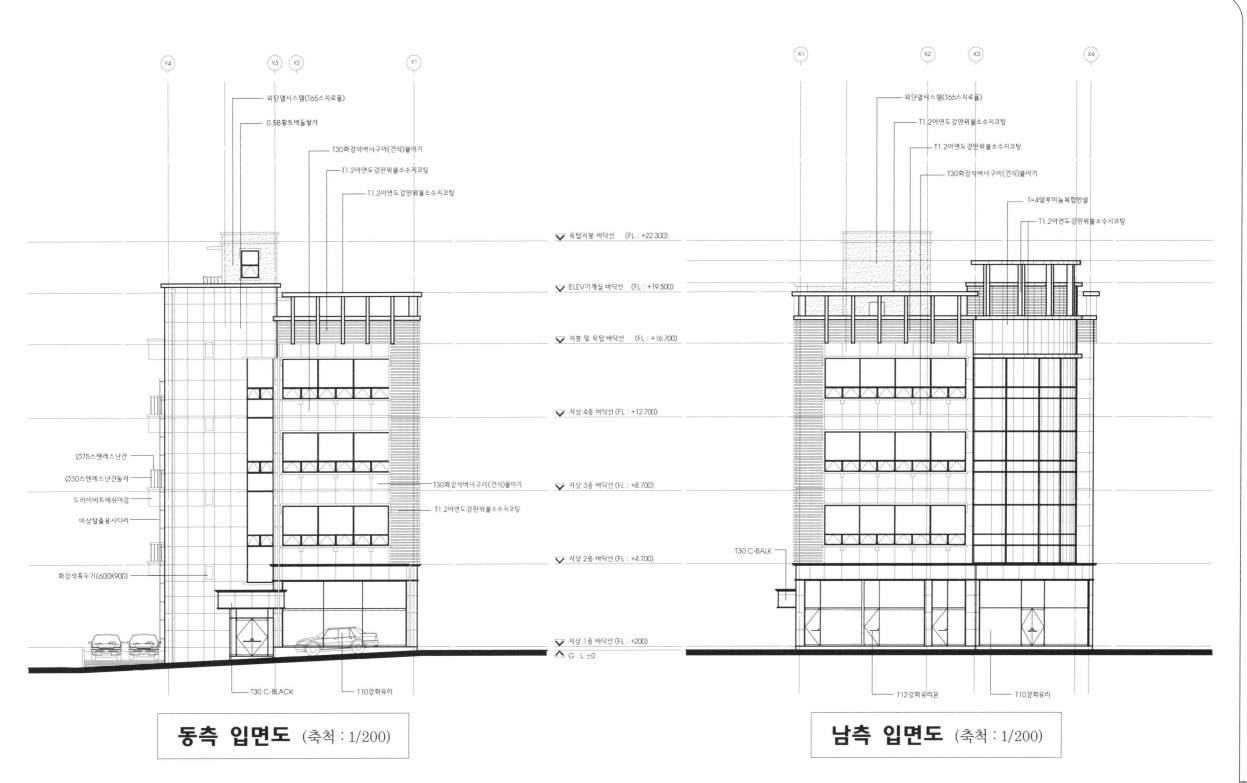

외단열시스템(T65스치로폴)

0.5B황토벽돌쌓기

T30화강석버너구이(건식)붙이기

T1.2아연도강판위불소수지코팅

T1.2아연도강판위불소수지코팅

옥탑지붕 바닥선　(FL : +22.300)

ELEV기계실 바닥선　(FL : +19.500)

지붕 및 옥탑 바닥선　(FL : +16.700)

지상 4층 바닥선 (FL : +12.700)

지상 3층 바닥선 (FL : +8.700)

지상 2층 바닥선 (FL : +4.700)

지상 1층 바닥선 (FL : +200)

G . L ±0

Ø75스텐레스난간

Ø30스텐레스난간동자

드라이비트메쉬마감

비상탈출용사다리

화강석혹두기(600X900)

T30화강석버너구이(건식)붙이기

T1.2아연도강판위불소수지코팅

T30 C-BLACK

T10강화유리

외단열시스템(T65스치로폴)

T1.2아연도강판위불소수지코팅

T1.2아연도강판위불소수지코팅

T30화강석버너구이(건식)붙이기

T=4알루미늄복합판넬

T1.2아연도강판위불소수지코팅

T30 C-BALK

T12강화유리문

T10강화유리

동측 입면도 (축척 : 1/200)

남측 입면도 (축척 : 1/200)

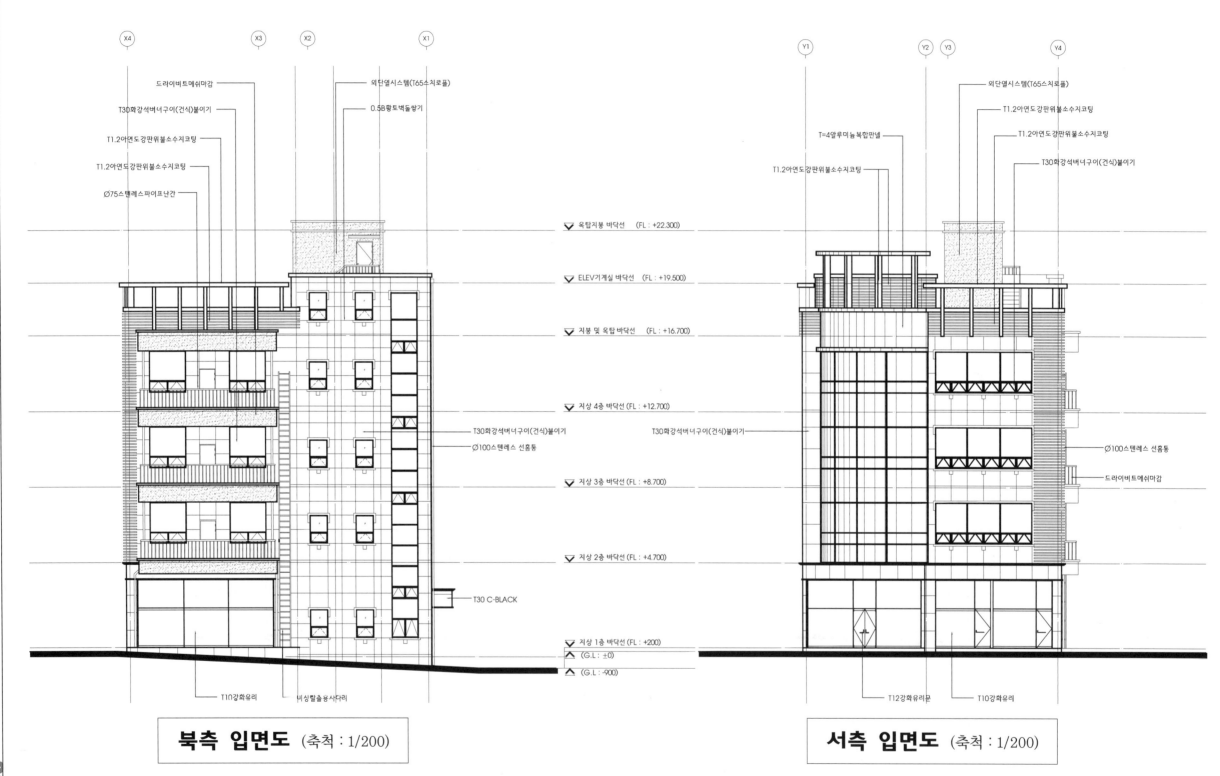

X4 X3 X2 X1

드라이비트메쉬마감
T30화강석버너구이(건식)붙이기
T1.2아연도강판위불소수지코팅
T1.2아연도강판위불소수지코팅
Ø75스텐레스파이프난간

외단열시스템(T65스치로폴)
0.5B황토벽돌쌓기

▽ 옥탑지붕 바닥선　(FL : +22.300)
▽ ELEV기계실 바닥선　(FL : +19.500)
▽ 지붕 및 옥탑 바닥선　(FL : +16.700)
▽ 지상 4층 바닥선 (FL : +12.700)

T30화강석버너구이(건식)붙이기
Ø100스텐레스 선홈통

▽ 지상 3층 바닥선 (FL : +8.700)
▽ 지상 2층 바닥선 (FL : +4.700)

T30 C-BLACK

▽ 지상 1층 바닥선 (FL : +200)
△ (G.L : ±0)
△ (G.L : -900)

T10강화유리　비상탈출용사다리

북측 입면도 (축척 : 1/200)

Y1 Y2 Y3 Y4

외단열시스템(T65스치로폴)
T1.2아연도강판위불소수지코팅
T1.2아연도강판위불소수지코팅
T30화강석버너구이(건식)붙이기

T=4알루미늄복합판넬
T1.2아연도강판위불소수지코팅

T30화강석버너구이(건식)붙이기
Ø100스텐레스 선홈통
드라이비트메쉬마감

T12강화유리문　T10강화유리

서측 입면도 (축척 : 1/200)

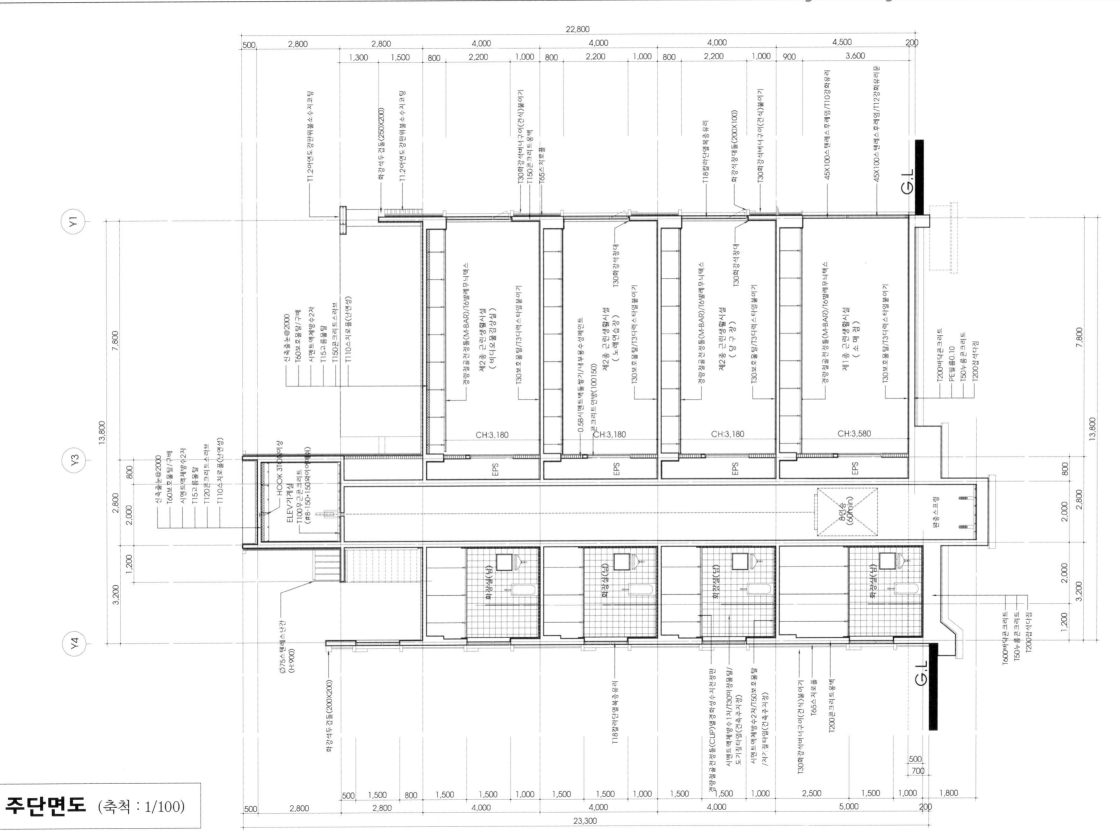

주단면도 (축척 : 1/100)

주계단 단면도 (축척 : 1/100)

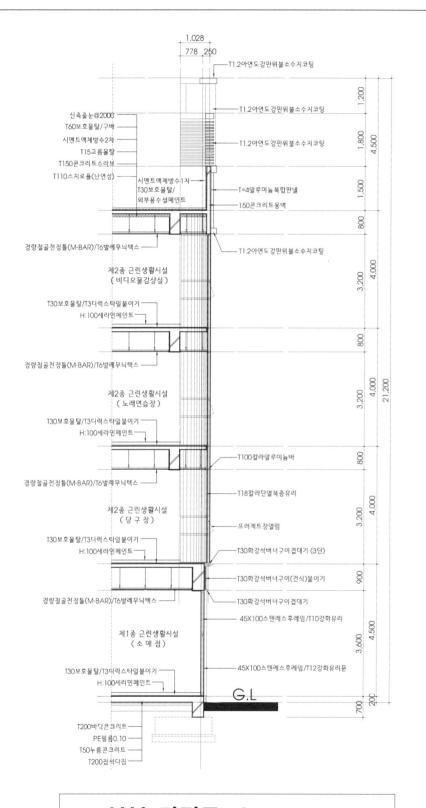

부분 단면도-1 (축척 : 1/100)

부분 단면도-1 관련 표기:

1,028
778 250

- T1.2아연도 강판위불소수지코팅
- 신축줄눈@2000
- T60보호몰탈/구배
- 시멘트액체방수2차
- T15고름몰탈
- T150콘크리트스라브
- T110스치로플(난연성)
- T1.2아연도 강판위불소수지코팅
- T1.2아연도 강판위불소수지코팅
- 시멘트액체방수1차
- T30보호몰탈/
- 외부용수설페인트
- T=4알루미늄복합판넬
- 150콘크리트옹벽
- T1.2아연도 강판위불소수지코팅
- 경량철골천정틀(M-BAR)/T6발레무늬텍스
- 제2종 근린생활시설 (비디오물감상실)
- T30보호몰탈/T3디럭스타일붙이기
- H:100세라믹페인트
- 경량철골천정틀(M-BAR)/T6발레무늬텍스
- 제2종 근린생활시설 (노래연습장)
- T30보호몰탈/T3디럭스타일붙이기
- H:100세라믹페인트
- T100칼라알루미늄바
- 경량철골천정틀(M-BAR)/T6발레무늬텍스
- T18칼라단열복층유리
- 제2종 근린생활시설 (당구장)
- 프로젝트창열림
- T30보호몰탈/T3디럭스타일붙이기
- T30화강석벽너구이겹대기 (3단)
- H:100세라믹페인트
- T30화강석벽너구이(건식)붙이기
- 경량철골천정틀(M-BAR)/T6발레무늬텍스
- T30화강석벽너구이겹대기
- 45X100스텐레스후레임/T10강화유리
- 제1종 근린생활시설 (소 매 점)
- T30보호몰탈/T3디럭스타일붙이기
- H:100세라믹페인트
- 45X100스텐레스후레임/T12강화유리문
- G.L
- T200바닥콘크리트
- PE필름0.10
- T50누름콘크리트
- T200잡석다짐

치수: 1,200 / 1,800 / 4,500 / 1,500 / 800 / 3,200 / 4,000 / 21,200 / 800 / 3,200 / 4,000 / 800 / 3,200 / 4,000 / 900 / 3,600 / 4,500 / 700 / 200

발코니 부분 단면도-2 (축척 : 1/100)

Y4

- T1.2아연도 강판위불소수지코팅
- 신축줄눈@2000
- T60보호몰탈/구배
- 화강석두겁돌(250X200)
- 시멘트액체방수2차
- T60보호몰탈/구배
- T15고름몰탈
- 시멘트액체방수2차
- T150콘크리트스라브
- T15고름몰탈
- T110스치로플(난연성)
- T30화강석벽너구이(건식)붙이기
- T65스치로플
- 제2종 근린생활시설 (비디오물감상실)
- T120콘크리트방수턱(H:150)
- SD철문(900 X 2,100)
- Ø75스텐레스난간
- Ø30스텐레스난간동자
- 제2종 근린생활시설 (노래연습장)
- T100스치로플/드라이비트메쉬마감
- SD철문(900 X 2,100)
- 드라이비트메쉬마감
- 경량철골천정틀(CLIP)열경화성수지천정판
- 제2종 근린생활시설 (당구장)
- 시멘트액체방수2차/T50보호/구배몰탈
- 자기질타일붙이기(건축주지정)
- SD철문(900 X 2,100)
- T30화강석벽너구이(건식)붙이기
- T30화강석벽너구이겹대기
- 제1종 근린생활시설 (소 매 점)
- 45X100스텐레스후레임/T10강화유리
- G.L
- T200바닥콘크리트
- PE필름0.10
- T50누름콘크리트
- T200잡석다짐

치수: 1,300 / 2,800 / 1,500 / 800 300 / 1,100 / 1,750 / 4,000 / 2,100 / 150 / 1,000 / 800 200 / 1,750 / 4,000 / 1,000 / 800 200 / 1,750 / 4,000 / 1,000 / 800 200 / 900 / 150 / 800 / 600 200 / 4,500 / 3,600 / 200 / 700 / 19,500

ELEV 기계실 계단 단면도-2
(축척 : 1/100)

X2

- 4,600
- 100 / 2,900 / 1,700
- 250X12EA=3,000
- 500 / 2,800 / 215.38 X 13EA= 2,800
- 외단열시스템/ T65스치로플
- Ø75스텐레스난간
- Ø30스텐레스난간동자
- 500 / 500 / 2,800
- 500/400 / 900
- T30보호몰탈
- Ø75스텐레스난간
- Ø30스텐레스난간동자
- 외단열시스템
- 계단실
- T15미장몰탈/외부용수설페인트
- 남자화장실
- 2,100 / 2,500
- 4,600

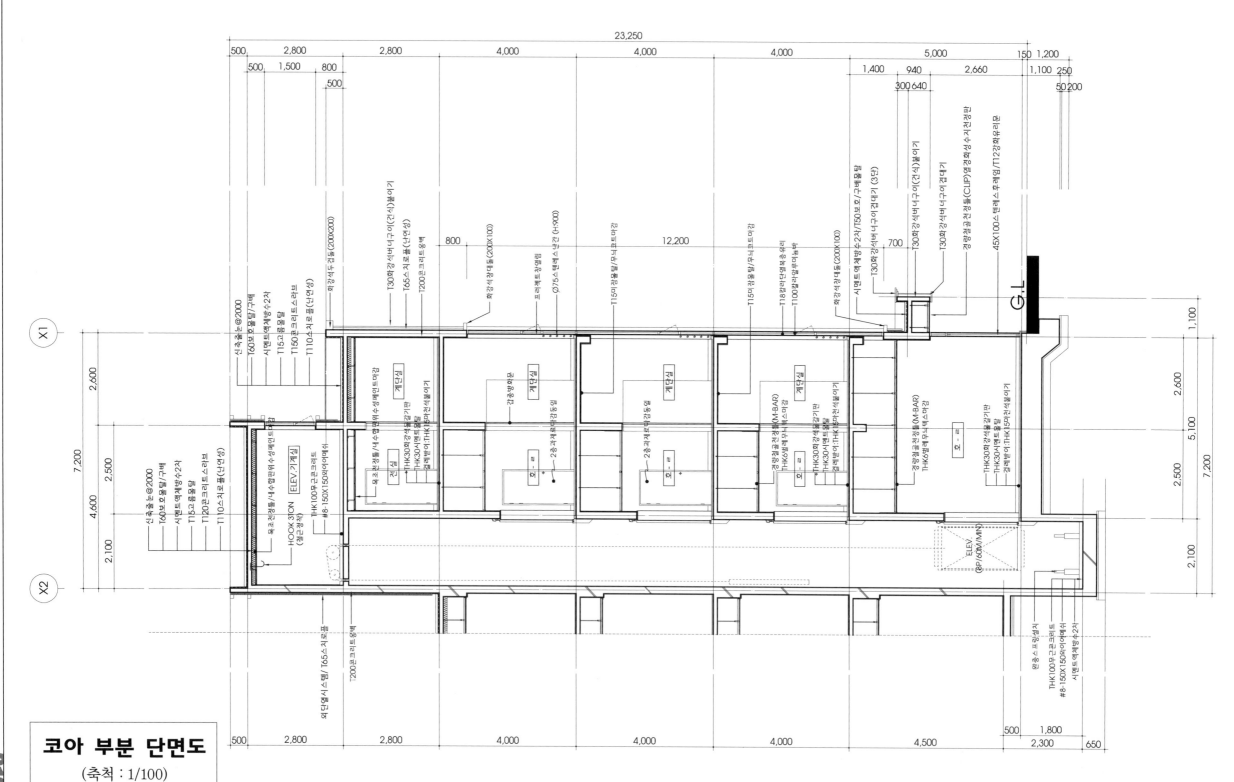

코아 부분 단면도
(축척 : 1/100)

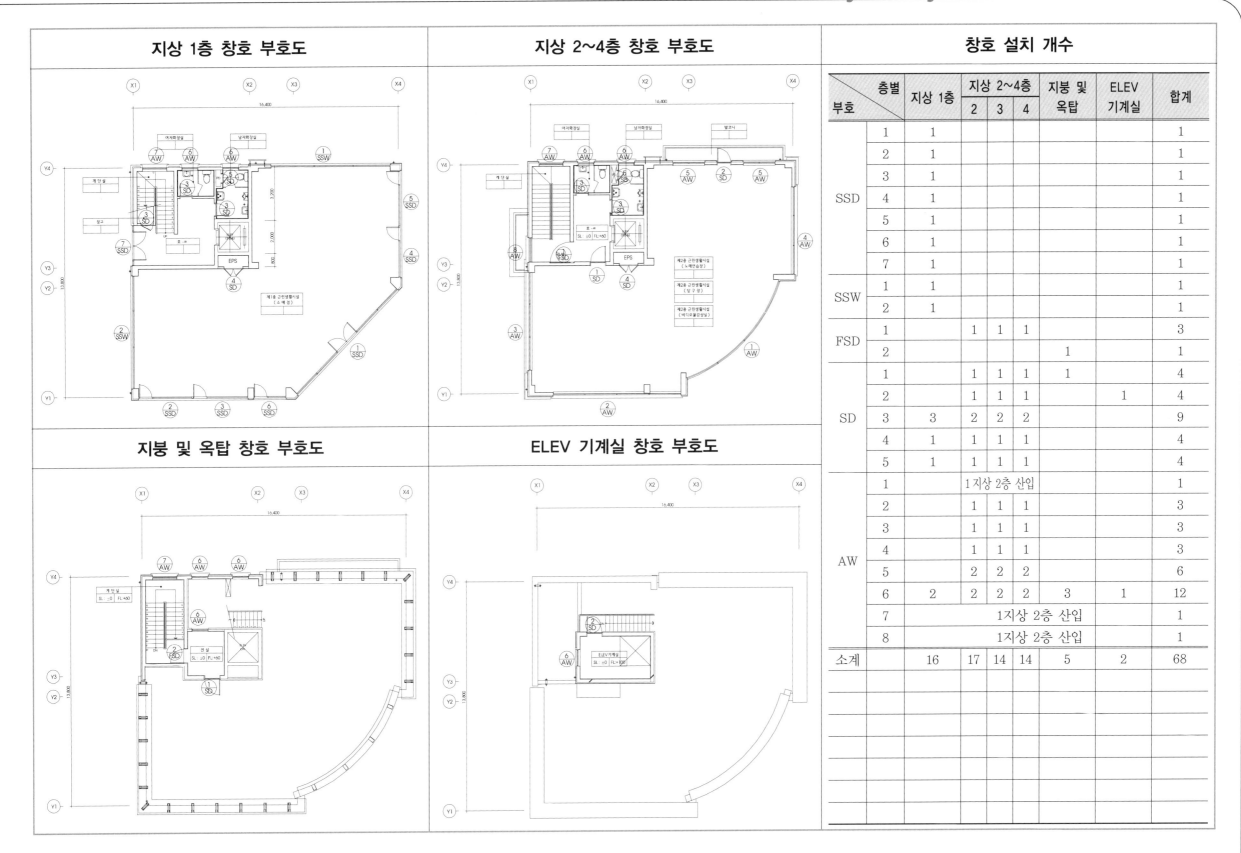

지상 1층 창호 부호도

지상 2~4층 창호 부호도

지붕 및 옥탑 창호 부호도

ELEV 기계실 창호 부호도

창호 설치 개수

부호	층별	지상 1층	지상 2~4층 2	지상 2~4층 3	지상 2~4층 4	지붕 및 옥탑	ELEV 기계실	합계
SSD	1	1						1
	2	1						1
	3	1						1
	4	1						1
	5	1						1
	6	1						1
	7	1						1
SSW	1	1						1
	2	1						1
FSD	1		1	1	1			3
	2					1		1
SD	1		1	1	1	1		4
	2		1	1	1		1	4
	3	3	2	2	2			9
	4	1	1	1	1			4
	5	1	1	1	1			4
AW	1	1지상 2층 산입						1
	2		1	1	1			3
	3		1	1	1			3
	4		1	1	1			3
	5		2	2	2			6
	6	2	2	2	2	3	1	12
	7	1지상 2층 산입						1
	8	1지상 2층 산입						1
소계		16	17	14	14	5	2	68

창호 일람표-1

(축척 : 1/50)

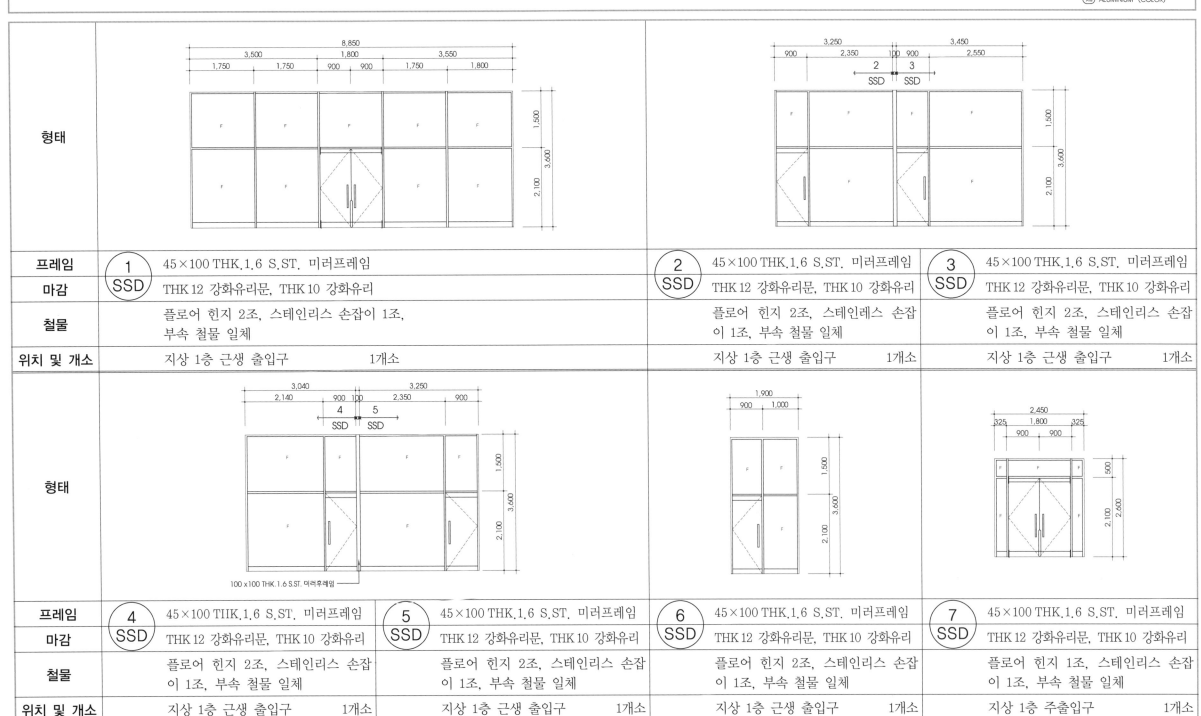

	형태	
프레임	① SSD	45×100 THK.1.6 S.ST. 미러프레임
마감		THK 12 강화유리문, THK 10 강화유리
철물		플로어 힌지 2조, 스테인리스 손잡이 1조, 부속 철물 일체
위치 및 개소		지상 1층 근생 출입구 1개소

프레임	② SSD	45×100 THK.1.6 S.ST. 미러프레임
마감		THK 12 강화유리문, THK 10 강화유리
철물		플로어 힌지 2조, 스테인레스 손잡이 1조, 부속 철물 일체
위치 및 개소		지상 1층 근생 출입구 1개소

프레임	③ SSD	45×100 THK.1.6 S.ST. 미러프레임
마감		THK 12 강화유리문, THK 10 강화유리
철물		플로어 힌지 2조, 스테인리스 손잡이 1조, 부속 철물 일체
위치 및 개소		지상 1층 근생 출입구 1개소

프레임	④ SSD	45×100 TIIK.1.6 S.ST. 미러프레임
마감		THK 12 강화유리문, THK 10 강화유리
철물		플로어 힌지 2조, 스테인리스 손잡이 1조, 부속 철물 일체
위치 및 개소		지상 1층 근생 출입구 1개소

프레임	⑤ SSD	45×100 THK.1.6 S.ST. 미러프레임
마감		THK 12 강화유리문, THK 10 강화유리
철물		플로어 힌지 2조, 스테인리스 손잡이 1조, 부속 철물 일체
위치 및 개소		지상 1층 근생 출입구 1개소

프레임	⑥ SSD	45×100 THK.1.6 S.ST. 미러프레임
마감		THK 12 강화유리문, THK 10 강화유리
철물		플로어 힌지 2조, 스테인리스 손잡이 1조, 부속 철물 일체
위치 및 개소		지상 1층 근생 출입구 1개소

프레임	⑦ SSD	45×100 THK.1.6 S.ST. 미러프레임
마감		THK 12 강화유리문, THK 10 강화유리
철물		플로어 힌지 1조, 스테인리스 손잡이 1조, 부속 철물 일체
위치 및 개소		지상 1층 주출입구 1개소

100×100 THK.1.6 S.ST. 미러후레임

형태				
프레임	① SSW 45×100 THK.1.6 S.ST. 미러프레임	② SSW 45×100 THK.1.6 S.ST. 미러프레임	① FSD 45×240×1.6T. 철판위 광명단위 조합 페인트 3회	② FSD 45×240×1.6T. 철판위 광명단위 조합 페인트 3회
마감	THK 10 강화유리	THK 10 강화유리	0.8T 양면 철판위 광명단위 조합 페인트 3회	0.8T 양면 철판위 광명단위 조합 페인트 3회
철물	부속 철물 일체	부속 철물 일체	방화용 도어클로저 2조, 도어록 1조, 피봇 힌지 2조, 도어스톱 2조, 부속 철물 일식	방화용 도어클로저 2조, 도어록 1조, 피봇 힌지 2조, 도어스톱 2조, 부속 철물 일식
위치 및 개소	지상 1층 근생 1개소	지상 1층 근생 1개소	2~4층 계단실 3개소	지붕 계단실 1개소

형태				
프레임	① SD 45×240×1.6T. 철판위 광명단위 조합 페인트 3회	② SD 45×180×1.6T. 철판위 광명단위 조합 페인트 3회	③ SD 45×150×1.6T. 철판위 광명단위 조합 페인트 3회	④ SD 45×100×1.6T. 철판위 광명단위 조합 페인트 3회	⑤ SD 45×100×1.6T. 철판위 광명단위 조합 페인트 3회
마감	0.8T 양면 철판위 광명단위 조합 페인트 3회	0.8T 양면 철판위 광명단위 조합 페인트 3회	0.8T 양면 철판위 광명단위 조합 페인트 3회	0.8T 양면 철판위 광명단위 조합 페인트 3회	0.8T 양면 철판위 광명단위 조합 페인트 3회
철물	부속 철물 일식	부속 철물 일식	부속 철물 일식	부속 철물 일식	부속 철물 일식
위치 및 개소	지상 2~4층 출입문, 지붕 출구 4개소	지상 2~4층 발코니, ELEV 기계실 출입문 4개소	각층 화장실(남·여) 8개소	각층 E.P.S 4개소	각층 PD 4개소

창호 일람표-2

(축척 : 1/50)

SD STEELS
WD WOODS
FRC STEELS (FIRE PROTECT.)
FPS STEELS (FIRE PROTECT.)
PW PLASTICS
AW ALUMINIUM (COLOR)

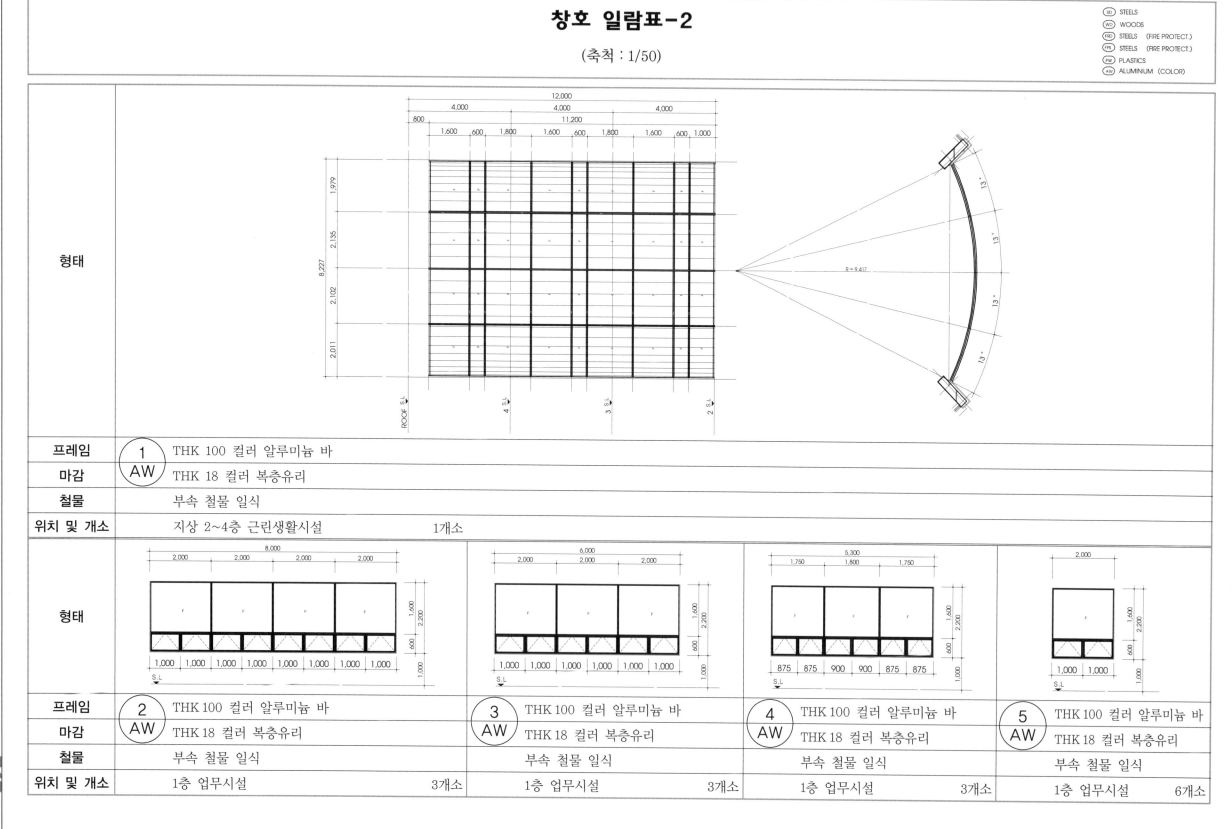

형태		
프레임	① AW	THK 100 컬러 알루미늄 바
마감		THK 18 컬러 복층유리
철물		부속 철물 일식
위치 및 개소		지상 2~4층 근린생활시설　　　　1개소

형태				
프레임	② AW THK 100 컬러 알루미늄 바	③ AW THK 100 컬러 알루미늄 바	④ AW THK 100 컬러 알루미늄 바	⑤ AW THK 100 컬러 알루미늄 바
마감	THK 18 컬러 복층유리	THK 18 컬러 복층유리	THK 18 컬러 복층유리	THK 18 컬러 복층유리
철물	부속 철물 일식	부속 철물 일식	부속 철물 일식	부속 철물 일식
위치 및 개소	1층 업무시설　　　3개소	1층 업무시설　　　3개소	1층 업무시설　　　3개소	1층 업무시설　　　6개소

창호 일람표-3

(축척 : 1/50)

	각층 화장실	지붕 전실 및 가벽부분, ELEV 기계실	
형태			
프레임	6 AW THK 100 컬러 알루미늄 바		7 AW THK 100 컬러 알루미늄 바
마감	THK 18 컬러 복층유리		THK 18 컬러 복층유리
철물	부속 철물 일식		부속 철물 일식
위치 및 개소	각층 화장실, 지붕 전실 및 가벽부분, ELEV 기계실 2개소		계단실 1개소
형태			
프레임	8 AW THK 100 컬러 알루미늄 바		
마감	THK 18 컬러 복층유리		
철물	부속 철물 일식		
위치 및 개소	계단실 1개소		

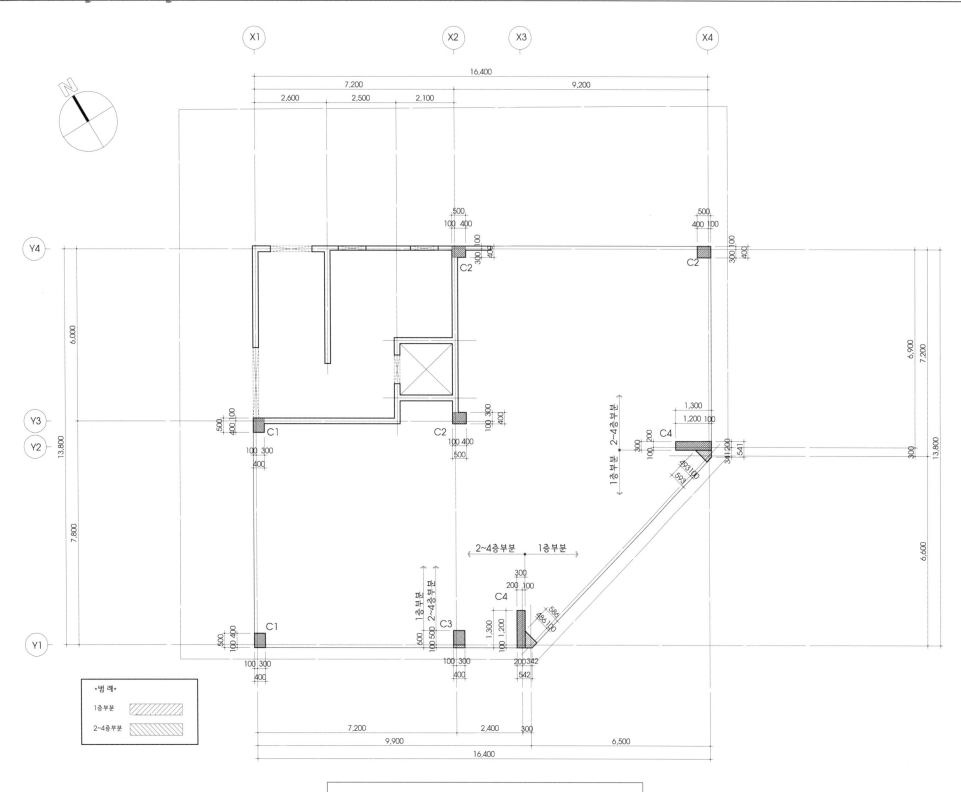

주심도 (축척 : 1/100)

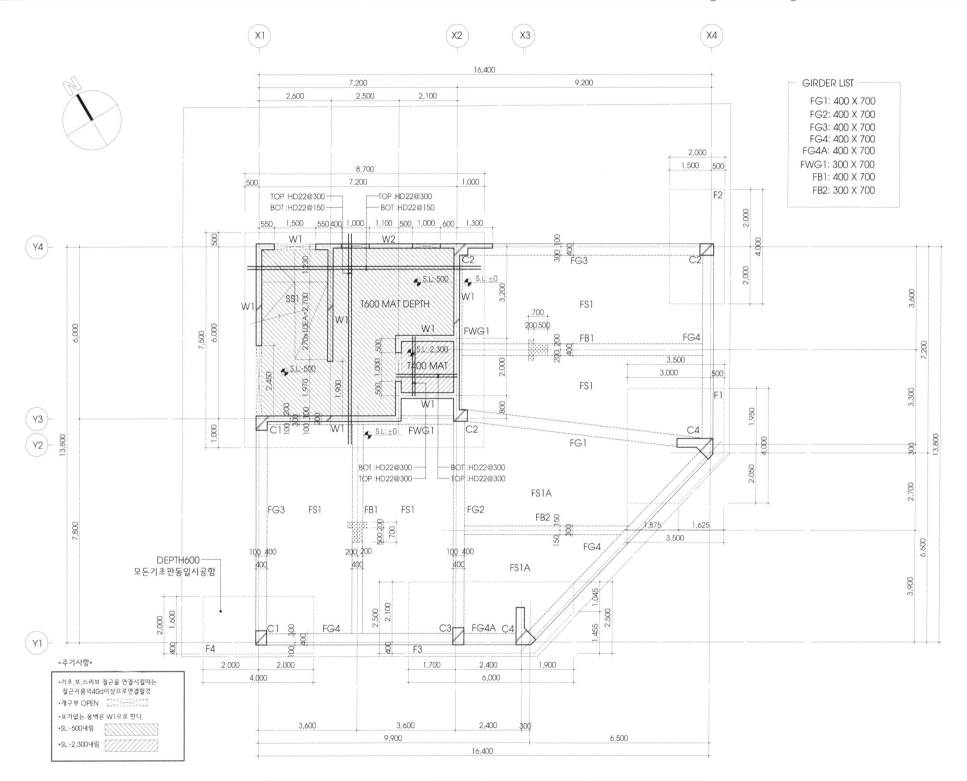

GIRDER LIST

FG1: 400 X 700
FG2: 400 X 700
FG3: 400 X 700
FG4: 400 X 700
FG4A: 400 X 700
FWG1: 300 X 700
FB1: 400 X 700
FB2: 300 X 700

TOP :HD22@300
BOT :HD22@150

TOP :HD22@300
BOT :HD22@150

T600 MAT DEPTH

T400 MAT

BOT :HD22@300
TOP :HD22@300

BOT :HD22@300
TOP :HD22@300

DEPTH600
모든기초판동일시공함

•주기사항•

• 기초,보,스리브 철근을 연결시킬때는
  철근지름의40d이상으로연결할것
• 개구부 OPEN
• 표기없는 옹벽은 W1으로 한다.
• SL:-500내림
• SL:-2,300내림

지상 1층 바닥구조 평면도 (축척 : 1/100)

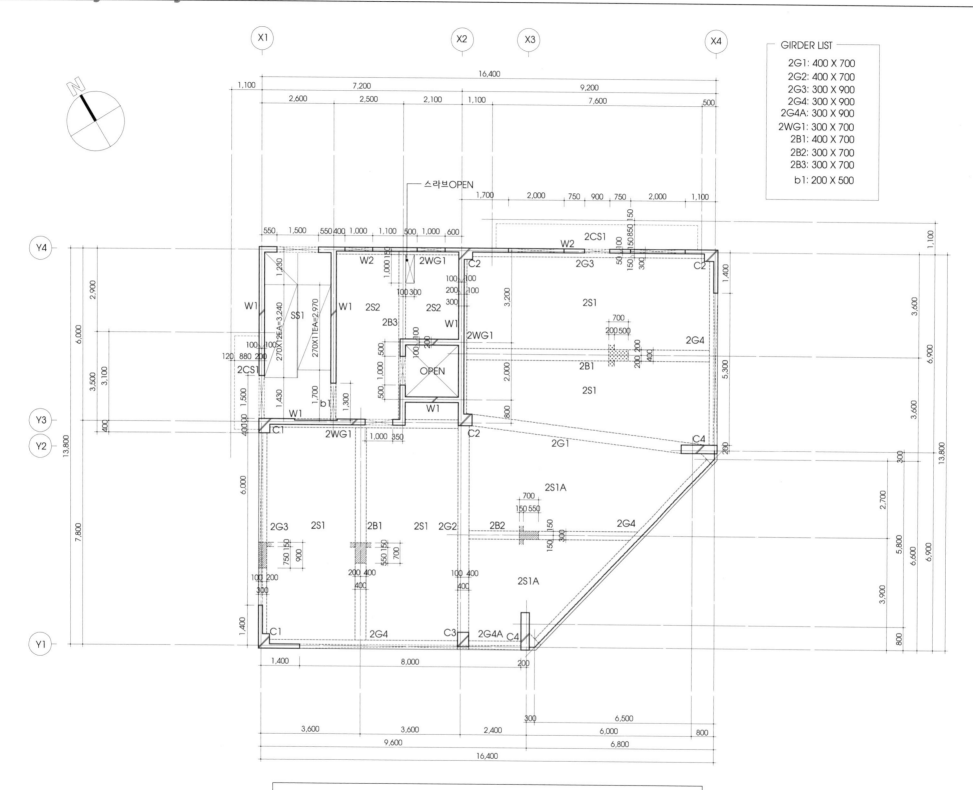

GIRDER LIST

2G1: 400 X 700
2G2: 400 X 700
2G3: 300 X 900
2G4: 300 X 900
2G4A: 300 X 900
2WG1: 300 X 700
2B1: 400 X 700
2B2: 300 X 700
2B3: 300 X 700
b1: 200 X 500

지상 2층 바닥구조 평면도 (축척 : 1/100)

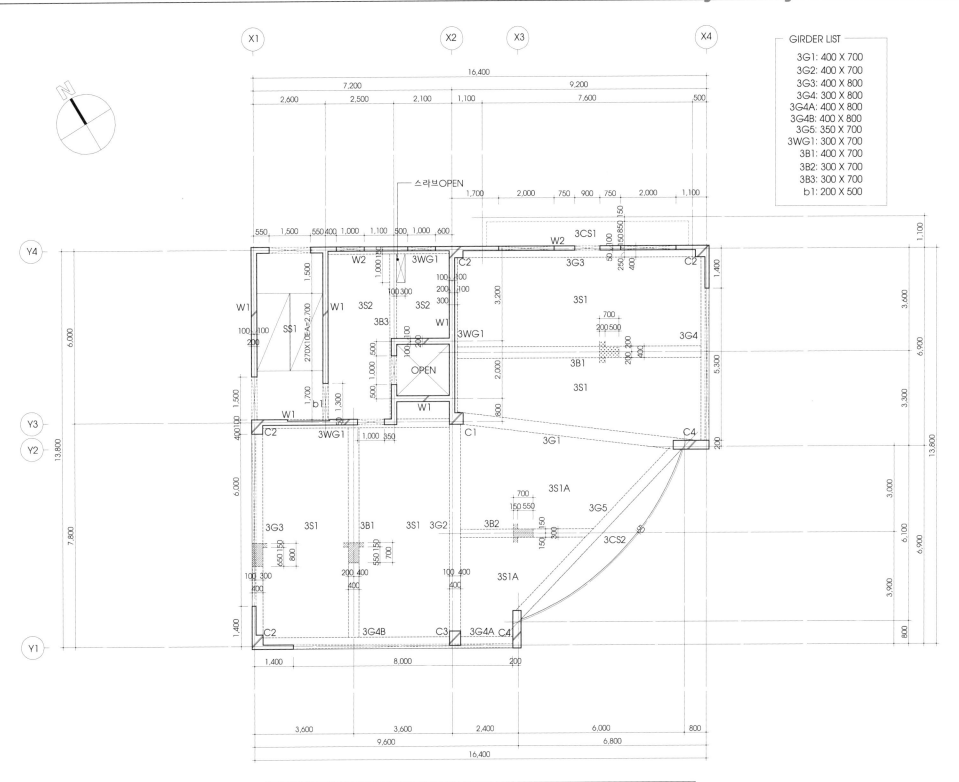

GIRDER LIST

3G1: 400 X 700
3G2: 400 X 700
3G3: 400 X 800
3G4: 300 X 800
3G4A: 400 X 800
3G4B: 400 X 800
3G5: 350 X 700
3WG1: 300 X 700
3B1: 400 X 700
3B2: 300 X 700
3B3: 300 X 700
b1: 200 X 500

지상 3층 바닥구조 평면도 (축척 : 1/100)

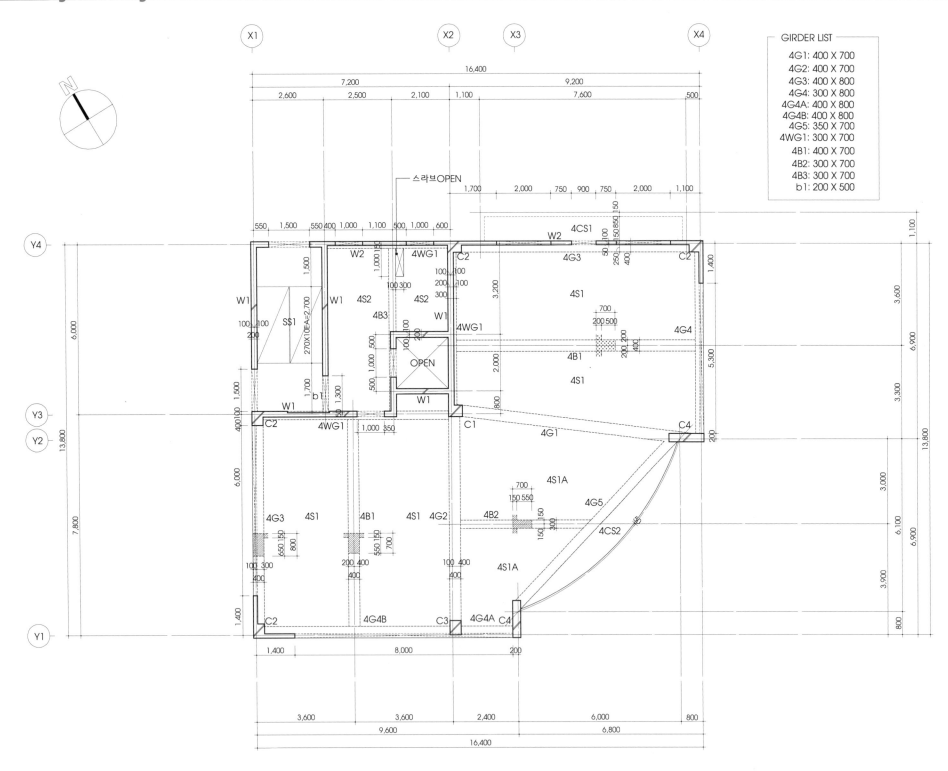

지상 4층 바닥구조 평면도 (축척 : 1/100)

GIRDER LIST
4G1: 400 X 700
4G2: 400 X 700
4G3: 400 X 800
4G4: 300 X 800
4G4A: 400 X 800
4G4B: 400 X 800
4G5: 350 X 700
4WG1: 300 X 700
4B1: 400 X 700
4B2: 300 X 700
4B3: 300 X 700
b1: 200 X 500

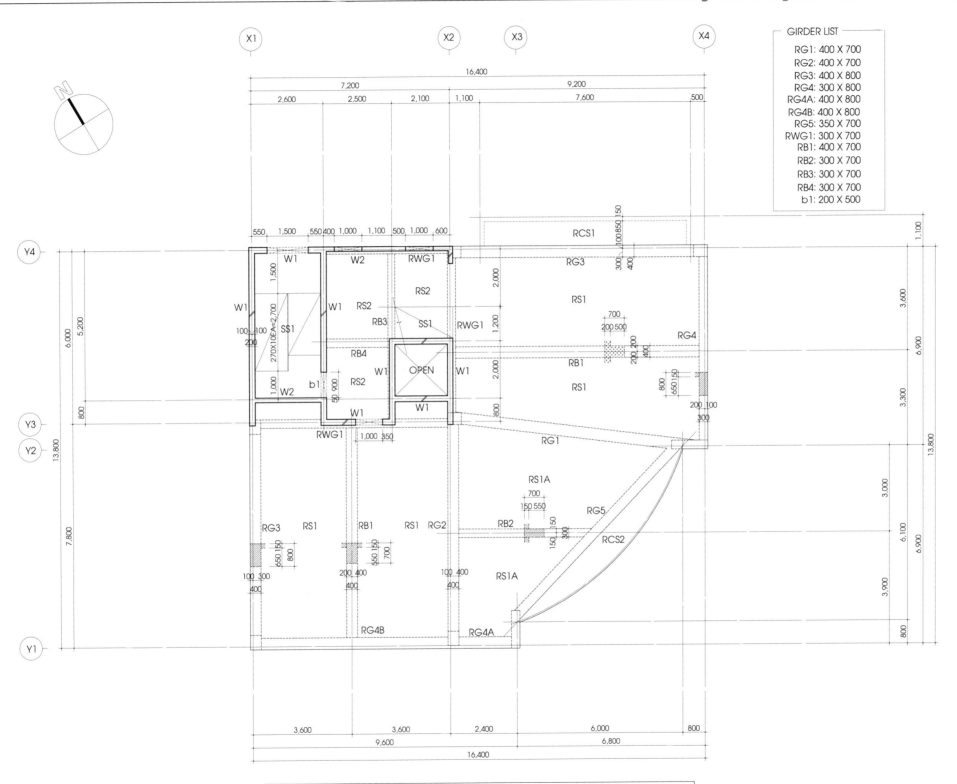

GIRDER LIST

RG1: 400 X 700
RG2: 400 X 700
RG3: 400 X 800
RG4: 300 X 800
RG4A: 400 X 800
RG4B: 400 X 800
RG5: 350 X 700
RWG1: 300 X 700
RB1: 400 X 700
RB2: 300 X 700
RB3: 300 X 700
RB4: 300 X 700
b1: 200 X 500

지붕 바닥구조 평면도 (축척 : 1/100)

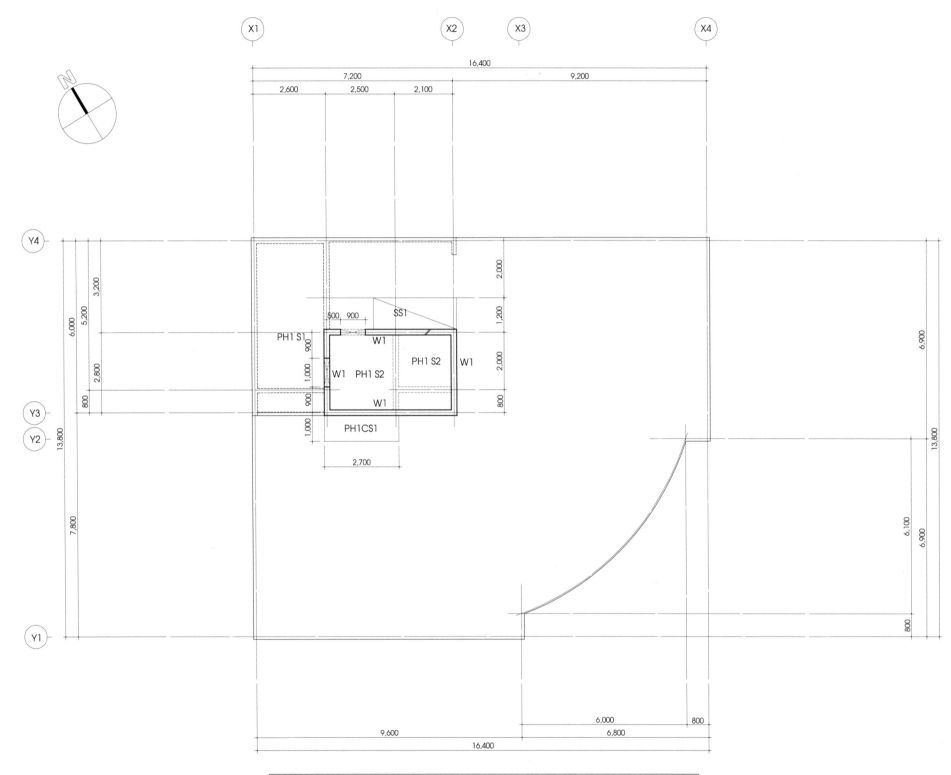

ELEV 기계실 바닥구조 평면도 (축척 : 1/100)

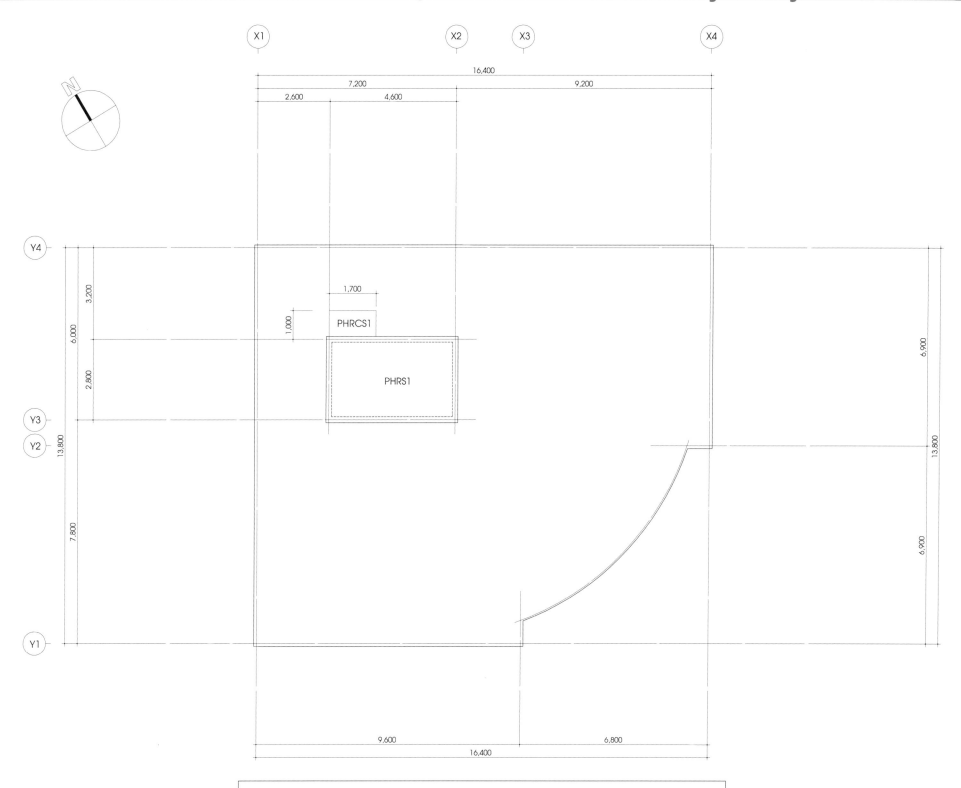

ELEV 기계실 지붕 바닥구조 평면도 (축척 : 1/100)

기둥 리스트

부호	C1	C2	C3	C4	
형태 (지상 1층)					
크기	400×500	500×400	400×600	300×1300	
주근	HD22-12EA	HD22-12EA	HD22-12EA	HD22-12EA	
대근	D10@300	D10@300	D10@300	D10@300	
T&B	D10@150	D10@150	D10@150	D10@150	
가세근	D10@900	D10@900	D10@900	D10@900	
형태 (지상 2층)					
크기	400×500	500×400	400×500	300×1300	
주근	HD22-12EA	HD22-12EA	HD22-12EA	HD22-16EA	
대근	D10@300	D10@300	D10@300	D10@300	
T&B	D10@150	D10@150	D10@150	D10@150	
가세근	D10@900	D10@900	D10@900	D10@900	
형태 (지상 3~4층)					
크기	400×500	500×400	400×500	300×1300	
주근	HD22-12EA	HD22-12EA	HD22-12EA	HD22-16EA	
대근	D10@300	D10@300	D10@300	D10@300	
T&B	D10@150	D10@150	D10@150	D10@150	
가세근	D10@900	D10@900	D10@900	D10@900	

보 리스트

지상 1층 보 리스트										

부호	FG1		FG2		FG3		FG4		FG4A
형태	INT. / CEN. 2-HD13		INT. / CEN. 2-HD13		INT. / CEN. 2-HD13		INT. / CEN. 2-HD13		ALL 2-HD13
크기	400×700		400×700		400×700		400×700		400×700
상부근	HD22-4EA	HD22-2EA	HD22-4EA	HD22-2EA	HD22-4EA	HD22-2EA	HD22-5EA	HD22-2EA	HD22-4EA
하부근	HD22-4EA	HD22-6EA	HD22-4EA	HD22-6EA	HD22-4EA	HD22-6EA	HD22-4EA	HD22-6EA	HD22-4EA
늑근	HD10@200	HD10@300	HD10@200	HD10@200	HD10@200	HD10@200	HD10@200	HD10@200	HD10@300

부호	FB1		FB2		FWG1				
형태	INT. / CEN. 2-HD13		INT. / CEN.		ALL 2-HD13				
크기	400×700		300×700		300×700				
상부근	HD22-4EA	HD22-2EA	HD22-3EA	HD22-2EA	HD22-3EA				
하부근	HD22-4EA	HD22-6EA	HD22-3EA	HD22-5EA	HD22-3EA				
늑근	HD10@200	HD10@300	HD10@300	HD10@300	HD10@300				

부호									
형태									
크기									
상부근									
하부근									
늑근									

지상 2층 보 리스트									
부호	**2G1**		**2G2**		**2G3**		**2G4**		**2G4A**
형태	INT.	CEN.	INT.	CEN.	INT.	CEN.	INT.	CEN.	ALL
크기	400×700		400×700		300×900		300×900		300×900
상부근	HD22-4EA	HD22-2EA	HD22-4EA	HD22-2EA	HD22-5EA	HD22-2EA	HD22-5EA	HD22-2EA	HD22-3EA
하부근	HD22-4EA	HD22-6EA	HD22-4EA	HD22-6EA	HD22-3EA	HD22-5EA	HD22-3EA	HD22-5EA	HD22-3EA
늑근	HD10@200	HD10@300	HD10@200	HD10@200	HD10@200	HD10@200	HD10@200	HD10@200	HD10@300
부호	**2B1**		**2B2**		**2B3**		**2WG1**		**b1**
형태	INT.	CEN.	INT.	CEN.	ALL		ALL		ALL
크기	400×700		300×700		300×700		300×700		200×500
상부근	HD22-4EA	HD22-2EA	HD22-3EA	HD22-2EA	HD22-3EA		HD22-3EA		HD22-2EA
하부근	HD22-4EA	HD22-6EA	HD22-3EA	HD22-5EA	HD22-3EA		HD22-3EA		HD22-2EA
늑근	HD10@200	HD10@300	HD10@300	HD10@300	HD10@200		HD10@300		HD10@200
부호									
형태									
크기									
상부근									
하부근									
늑근									

보 리스트

지상 3층 보 리스트

부호	3G1		3G2		3G3		3G4		3G4A
형태									
크기	400×700		400×700		400×800		300×800		400×800
상부근	HD22-4EA	HD22-2EA	HD22-4EA	HD22-2EA	HD22-4EA	HD22-2EA	HD22-5EA	HD22-2EA	HD22-4EA
하부근	HD22-4EA	HD22-6EA	HD22-4EA	HD22-6EA	HD22-4EA	HD22-6EA	HD22-4EA	HD22-6EA	HD22-4EA
늑근	HD10@200	HD10@300	HD10@200	HD10@200	HD10@200	HD10@200	HD10@200	HD10@200	HD10@300

부호	3G4B		3G5		3B1		3B2		3B3
형태									
크기	400×800		350×700		400×700		300×700		300×700
상부근	HD22-6EA	HD22-3EA	HD22-5EA	HD22-2EA	HD22-4EA	HD22-2EA	HD22-3EA	HD22-2EA	HD22-3EA
하부근	HD22-5EA	HD22-7EA	HD22-4EA	HD22-7EA	HD22-4EA	HD22-6EA	HD22-3EA	HD22-5EA	HD22-3EA
늑근	HD10@200	HD10@200	HD10@200	HD10@200	HD10@200	HD10@300	HD10@300	HD10@300	HD10@200

부호	3WG1	b1		
형태				
크기	300×700	200×500		
상부근	HD22-3EA	HD22-2EA		
하부근	HD22-3EA	HD22-2EA		
늑근	HD10@300	HD10@200		

지상 4층 보 리스트									
부호	**4G1**		**4G2**		**4G3**		**4G4**		**4G4A**
형태	INT. CEN.		INT. CEN.		INT. CEN.		INT. CEN.		ALL
크기	400×700		400×700		400×800		300×800		400×800
상부근	HD22-4EA	HD22-2EA	HD22-4EA	HD22-2EA	HD22-4EA	HD22-2EA	HD22-5EA	HD22-2EA	HD22-4EA
하부근	HD22-4EA	HD22-6EA	HD22-4EA	HD22-6EA	HD22-4EA	HD22-6EA	HD22-4EA	HD22-6EA	HD22-4EA
늑근	HD10@200	HD10@300	HD10@200	HD10@200	HD10@200	HD10@200	HD10@200	HD10@200	HD10@300
부호	**4G4B**		**4G5**		**4B1**		**4B2**		**4B3**
형태	INT. CEN.		INT. CEN.		INT. CEN.		INT. CEN.		ALL
크기	400×800		350×700		400×700		300×700		300×700
상부근	HD22-6EA	HD22-3EA	HD22-5EA	HD22-2EA	HD22-4EA	HD22-2EA	HD22-3EA	HD22-2EA	HD22-3EA
하부근	HD22-5EA	HD22-7EA	HD22-4EA	HD22-7EA	HD22-4EA	HD22-6EA	HD22-3EA	HD22-5EA	HD22-3EA
늑근	HD10@200	HD10@200	HD10@200	HD10@200	HD10@200	HD10@300	HD10@300	HD10@300	HD10@200
부호	**4WG1**		**b1**						
형태	ALL		ALL						
크기	300×700		200×500						
상부근	HD22-3EA		HD22-2EA						
하부근	HD22-3EA		HD22-2EA						
늑근	HD10@300		HD10@200						

보 리스트

지붕 보 리스트					

부호	RG1		RG2		RG3		RG4		RG4A
형태	2-HD13 INT.	2-HD13 CEN.	2-HD13 INT.	2-HD13 CEN.	2-HD13 INT.	2-HD13 CEN.	2-HD13 INT.	2-HD13 CEN.	3-HD13 ALL
크기	400×700		400×700		400×800		300×800		400×800
상부근	HD22-4EA	HD22-2EA	HD22-4EA	HD22-2EA	HD22-4EA	HD22-2EA	HD22-5EA	HD22-2EA	HD22-4EA
하부근	HD22-4EA	HD22-6EA	HD22-4EA	HD22-6EA	HD22-4EA	HD22-6EA	HD22-4EA	HD22-6EA	HD22-4EA
늑근	HD10@200	HD10@300	HD10@200	HD10@200	HD10@200	HD10@200	HD10@200	HD10@200	HD10@300

부호	RG4B		RG5		RB1		RB2		RB3
형태	3-HD13 INT.	3-HD13 CEN.	2-HD13 INT.	2-HD13 CEN.	2-HD13 INT.	2-HD13 CEN.	2-HD13 INT.	2-HD13 CEN.	2-HD13 ALL
크기	400×800		350×700		400×700		300×700		300×700
상부근	HD22-6EA	HD22-3EA	HD22-5EA	HD22-2EA	HD22-4EA	HD22-2EA	HD22-3EA	HD22-2EA	HD22-3EA
하부근	HD22-5EA	HD22-7EA	HD22-4EA	HD22-7EA	HD22-4EA	HD22-6EA	HD22-3EA	HD22-5EA	HD22-3EA
늑근	HD10@200	HD10@200	HD10@200	HD10@200	HD10@200	HD10@300	HD10@300	HD10@300	HD10@200

부호	RB4	RWG1	b1		
형태	2-HD13 ALL	2-HD13 ALL	ALL		
크기	300×700	300×700	200×500		
상부근	HD22-3EA	HD22-3EA	HD22-2EA		
하부근	HD22-3EA	HD22-3EA	HD22-2EA		
늑근	HD10@300	HD10@300	HD10@200		

기초 리스트

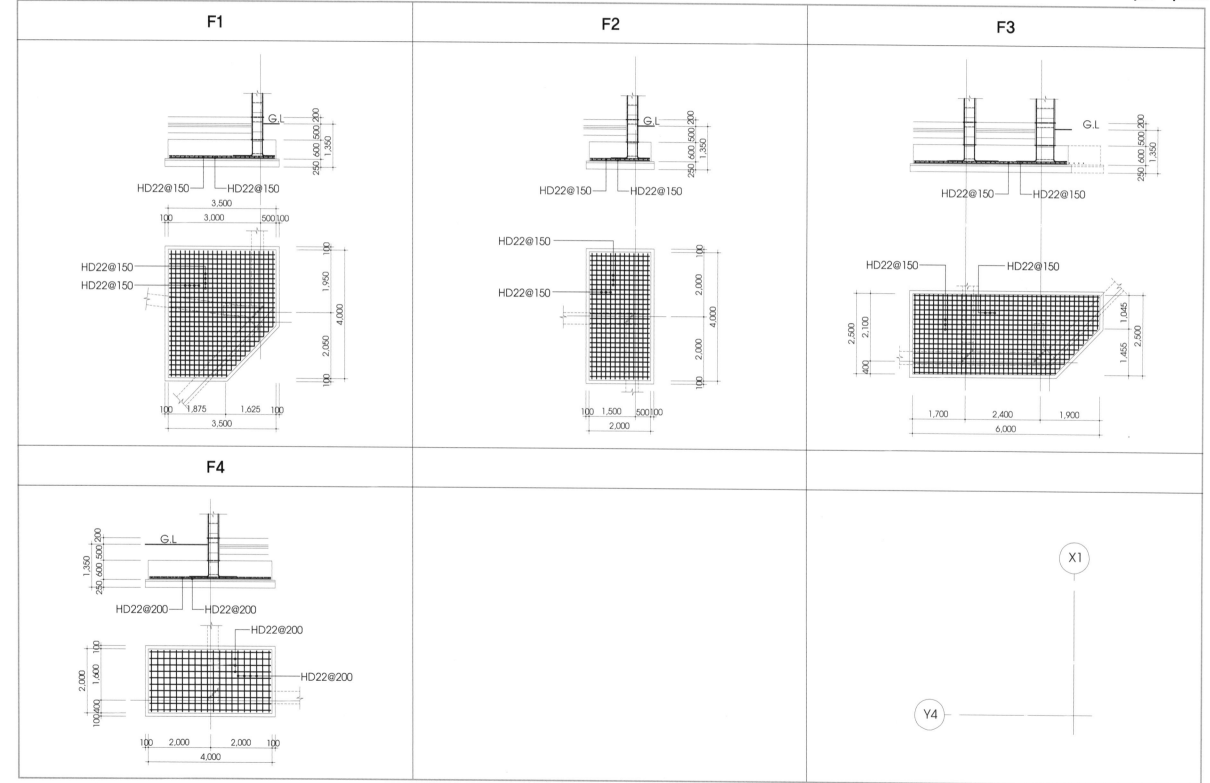

옹벽 및 난간 리스트

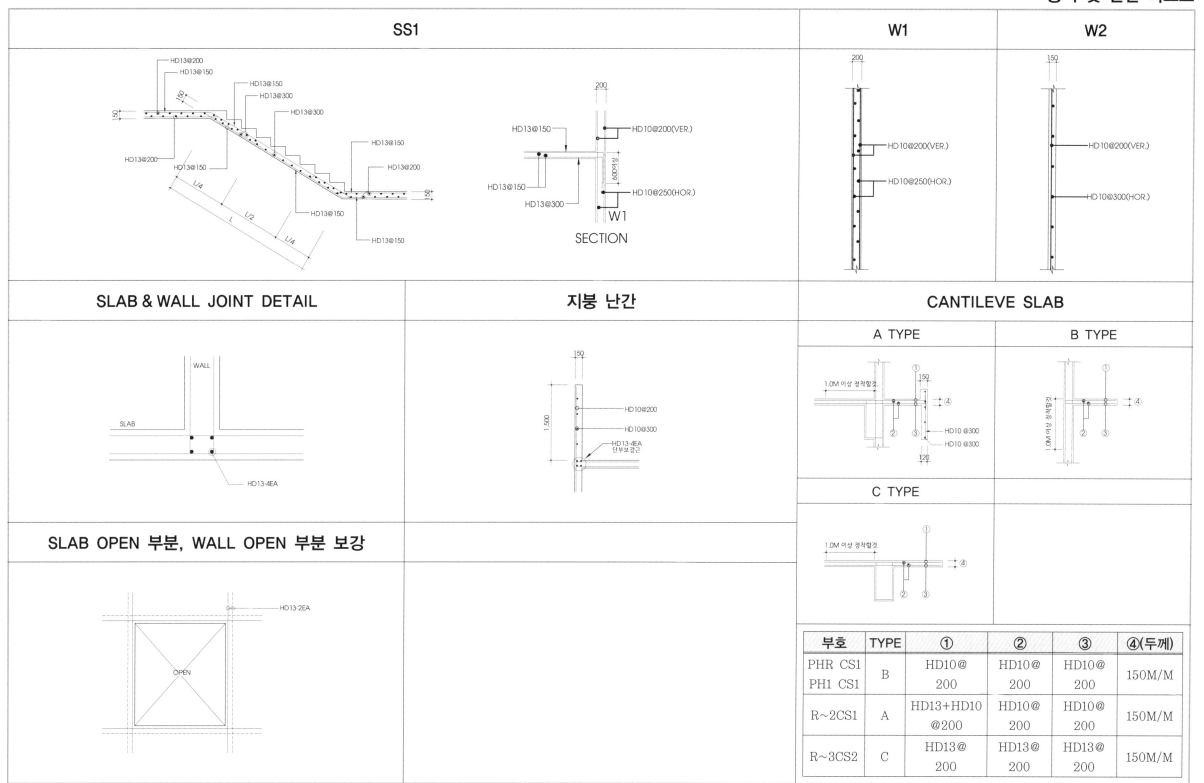

부호	TYPE	①	②	③	④(두께)
PHR CS1 PH1 CS1	B	HD10@ 200	HD10@ 200	HD10@ 200	150M/M
R∼2CS1	A	HD13+HD10 @200	HD10@ 200	HD10@ 200	150M/M
R∼3CS2	C	HD13@ 200	HD13@ 200	HD13@ 200	150M/M

슬래브 리스트

A TYPE	B TYPE
C TYPE	

부호	TYPE	THK (MM)	단변(Lx)					장변(Ly)				
			X1	X2	X3	X4	X5	Y1	Y2	Y3	Y4	Y5
PHR S1	B	120	HD10 @200	HD10 @200				HD10 @200	HD10 @200			
PH1 S1 R~FS2	B	150	HD10 @200	HD10 @200				HD10 @200	HD10 @200			
RS1	C	150	HD13 @400	HD13 @400	HD10 @400	HD10 @200	HD10 @200	HD10 @600	HD10 @600	HD10 @600	HD10 @300	HD10 @300
PH1 S2 R~FS1A	B	150	HD13 @200	HD13 @200				HD13 @200	HD13 @200			
4~F S1	A	150	HD13 @400	HD13 @400	HD10 @400	HD10 @200	HD10 @200	HD10 @600	HD10 @600	HD10 @600	HD10 @300	HD10 @300